Gerd Wöstenkühler

Grundlagen der Digitaltechnik

Elementare Komponenten, Funktionen und Steuerungen

3., überarbeitete und erweiterte Auflage

HANSER

Über den Autor:
Prof. Dr.-Ing. Gerd Wöstenkühler, Hochschule Harz, Fachbereich Automatisierung und Informatik

MIX
Papier aus verantwortungsvollen Quellen
FSC® C083411

Print-ISBN: 978-3-446-47867-1
E-Book-ISBN: 978-3-446-47884-8

Bibliografische Information der Deutschen Nationalbibliothek:
Die Deutsche Nationalbibliothek verzeichnet diese Publikation in der Deutschen Nationalbibliografie; detaillierte bibliografische Daten sind im Internet unter *http://dnb.d-nb.de* abrufbar.

www.hanser-fachbuch.de
Lektorat: Frank Katzenmayer
Herstellung: le-tex publishing services GmbH, Leipzig
Coverkonzept: Marc Müller-Bremer, www.rebranding.de, München
Titelmotiv: © shutterstock/Sashkin
Satz: Eberl & Kœsel Studio GmbH, Kempten
Druck: CPI Books GmbH, Leck
Printed in Germany

Wöstenkühler

Grundlagen der Digitaltechnik

Vorwort zur dritten Auflage

Unsere Welt wird in zunehmendem Maße digitalisiert. Moderne Verfahren ermöglichen den Einsatz immer komplexerer Bausteine. Hiermit können vorhandene Realisierungen preiswerter erstellt, mit zusätzlichen Funktionen ausgestattet und/oder durch digitale Steuerungen ersetzt werden. Die Werkzeuge zur Erstellung dieser digitalen Funktionen und Steuerungen verwenden immer häufiger Abstraktionen. Die Kenntnisse der elementaren Grundschaltungen ermöglichen eine effektivere Nutzung der eingesetzten Tools.

Dieses Buch vermittelt die Grundlagen digitaler Funktionen und Steuerungen. Es ist nicht das Ziel, komplexe Entwurfswerkzeuge durch manuelle Synthese zu ersetzen, sondern die Kenntnisse über elementare Komponenten und Strukturen zu vermitteln, mit denen moderne Entwurfswerkzeuge effizienter eingesetzt werden können.

Die Inhalte des Buches basieren auf dem Lehrplan der Grundlagen-Vorlesungen „Digitaltechnik“ und „Digitale Systeme“, die ich viele Jahren an der Hochschule Harz in Wernigerode gehalten habe. Zielgruppe sind Studierende elektrotechnischer Bachelor-Studiengänge, aber auch interessierte Studierende anderer technischer Ausbildungsrichtungen. Das Verständnis digitaler Grundlagen wird durch eine schrittweise Vertiefung und umfangreiche Übungsmöglichkeiten vermittelt. Das Buch eignet sich neben der Vorlesungsbegleitung auch zur Prüfungsvorbereitung und zum Selbststudium.

Die dritte Auflage ist eine deutliche Erweiterung der zweiten Auflage. Wesentliche Punkte sind die Fehlererkennungs- und Korrekturverfahren mit Parity- und CRC-Prüfung, eine Erweiterung der Minimierung mit KV-Diagrammen für Schaltnetze mit schaltbarem Inverter am Ausgang (XOR-Verknüpfung), eine Erweiterung der Anwendungsbeispiele bis zur Arithmetisch-logischen Einheit (ALU) und die Unterstützung der Funktionsüberprüfung mithilfe der Simulation mit Logisim (bewährte kostenfreie Simulationssoftware). Für diese Logisim-Anwendungen steht auf *plus.hanser-fachbuch.de* Begleitmaterial zur Verfügung, der Zugangscode ist auf der ersten Seite des Buches abgedruckt.

Mein Dank geht an die Mitarbeiter des Hanser Verlages, Frau Mirja Werner, die dieses Werk initiiert hat, Herrn Dr. Martin Feuchte für die Betreuung während der Abschlussphase der ersten Auflage und Frau Franziska Jacob für die Betreuung sowie Frau Franziska Kaufmann für die technische Realisierung der zweiten Auflage. Den Anstoß zur dritten Auflage verdanke ich Herrn Frank Katzenmayer, der unterstützt von Frau Christina Kubiak verlagsseitig die Überarbeitung betreut hat. Auch bedanke ich mich bei meiner Frau für die Unterstützung bei der Korrektur des Manuskripts und ihr Verständnis, dass ich viel Zeit in dieses Buch investiert habe.

Paderborn, Januar 2024 *Gerd Wöstenkühler*

Inhalt

Für die Logisim-Anwendungen steht auf *plus.hanser-fachbuch.de* Begleitmaterial und ein Anhang zur Verfügung. Der Zugangscode ist auf der ersten Seite des Buches abgedruckt.

1 Einleitung

Digitaltechnische Realisierungen sind in der heutigen Zeit nicht mehr wegzudenken. Man ist es gewohnt, Handy und Digitalfernseher zu verwenden. Die Funktionsweise ist den meisten Benutzern nicht bekannt und wird für die Benutzung digital arbeitender Geräte auch nicht benötigt. Technikinteressierte möchten jedoch mehr über die Funktionsweise wissen. Hierzu könnte man ein komplexes digitaltechnisches Gerät in seine Funktionsgruppen und weiter in seine Einzelkomponenten auflösen und deren Wirkungsweise vertiefen (**Top-Down Design**). Anschließend weiß man, wie dieses Gerät funktioniert, aber die Anpassung der Signalverarbeitung für weitere Anwendungen wurde nicht trainiert. Dieses Buch verwendet die andere Entwurfsrichtung. Basierend auf den Grundelementen wird deren Zusammenschaltung zu einfachen Funktionsgruppen beschrieben und erläutert, sodass hieraus komplexere Geräte oder deren Komponenten für verschiedene Anwendungen erstellt werden können (**Bottom-Up Design**). Dieses Buch beschreibt die rudimentären Elemente und grundlegenden Funktionsgruppen der Digitaltechnik. In der Einleitung werden Begriffe erläutert.

1.1 Analoge und digitale Darstellungsformen

1.1.1 Analoge Größendarstellung

Viele uns bekannte Größen sind analoger Natur. Hierunter fallen u.a. Abstand, Temperatur, elektrische Spannung etc. Zur Beschreibung dieser Größen wurden analoge Darstellungen verwendet, wie Länge an einem Referenzmaßstab (Metermaß), Flüssigkeitsthermometer, Zeigerinstrumente etc. Die verwendeten Werteangaben in diesem Bereich gehören zu den reellen Zahlen $\mathbb{R}$. Die Zuordnung zwischen Messwert (z.B. elektrische Spannung) und Darstellungswert (z.B. Winkel der Zeigerposition) ist eine kontinuierliche Funktion. Bild 1.1 zeigt beispielhaft den Zusammenhang einer analogen Abbildungsfunktion. Theoretisch könnte bei unendlicher Genauigkeit vom Anzeigewert auf den exakten verursachenden Messwert zurückgeschlossen werden. Grenzen sind durch die Ablesegenauigkeit gegeben, die häufig bei der dritten Stelle aufhört. Bei Mess- und Übertragungssystemen gibt es noch den unteren und oberen Grenzwert, die den Wertebereich der Anordnung vorgeben. Vorteil der analogen Darstellung ist u.a. die schnelle Erfassung sowie die Erkennung von Tendenzwerten (z.B. bei analoganzeigenden Messgeräten). Dieser Vorteil wird häufig bei der analogen Ausgabe digitaler Größen verwendet, wie z.B. bei der analoganzeigenden Digitaluhr.

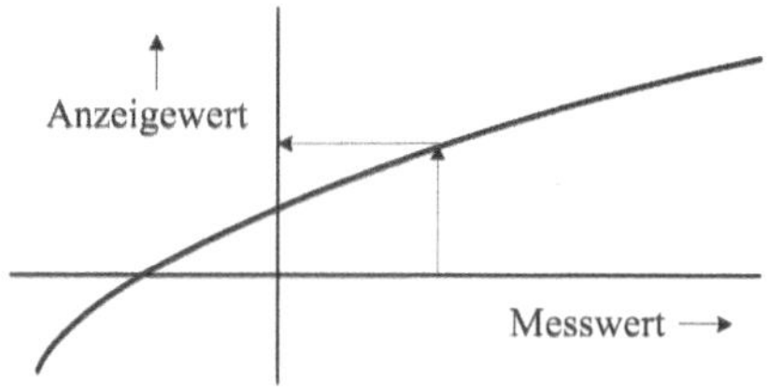

Bild 1.1
Abbildungsfunktion analog → analog

1.1.2 Digitale Größendarstellung

Die Bezeichnung „digital“ kommt aus dem Lateinischen (lat.: digitus: Finger (oder Zehe), zählen mit den Fingern). Sie beschreibt eine diskrete Größendarstellung, also eine abzählbare Menge. Einige Größen sind zählbar (z.B. Anzahl von Eiern (Grundmenge ein Ei)), andere werden durch Quantisierung analoger Größen in zählbare digitale Einheiten unterteilt (z.B. Gewichtsklassen von Eiern (Klassen S, M, L oder XL)). Verwendet man sehr viele Klassen oder Stufen (z.B. bei Digitalwaagen), so erhält man bei vernachlässigbarer Klassenbreite bzw. Stufenhöhe einen nahezu kontinuierlichen Verlauf (ähnlich der analogen Abbildung). Bild 1.2 zeigt den Zusammenhang einer digitalen Abbildungsfunktion. Bestimmte Wertebereiche werden einem Digitalwert (einer Stufe) zugeordnet. Die Werteangaben vom Messwert gehören zu den rellen Zahlen $\mathbb{R}$ (kontinuierliche, analoge Größe) und die Angaben vom Anzeigewert zu den ganzen Zahlen $\mathbb{Z}$ (diskrete, digitale Größe). Eine exakte Rekonstruktion des verursachenden Analogwertes ist hierbei prinzipiell nicht möglich, da ein Digitalwert immer einen Bereich der analogen Eingangsgröße abdeckt. Bei der Rekonstruktion wird normalerweise der Mittelwert des Wertebereiches der Stufe als Näherungswert verwendet. Ein anschaulicher Vergleich von analogen und digitalen Größen ist eine Treppe mit einer mitgeführten Fahrradrampe. Die Rampe gibt einen analogen Wert der Höhendifferenz wieder und die Stufen einen digitalen. Zu jeder digitalen Stufe gehört ein Bereich der zugehörigen analogen Höhendifferenz.

Eine häufig zu findende Darstellung entspricht Bild 1.3. Der Messwert in dem Bereich von X_{min} bis X_{max} wird in N äquidistante (gleichgroße) Bereiche mit der Breite Q unterteilt. Das **Quant Q** ist normalerweise $Q = (X_{max} - X_{min})/N$.

Der Digitalwert wird durch eine Zahl repräsentiert (Zahlendarstellungen werden im nächsten Unterkapitel erläutert), in der digitalen Welt ist dies häufig eine Dualzahl. Die Dualzahl besteht aus J binären Stellen, wodurch sich eine maximal verwendbare Anzahl von $N = 2^J$ Stufen ergibt. In Bild 1.3 ist dieser Zusammenhang mit einem 3-stelligen Dualcode dargestellt.

Durch die ziffernmäßige Darstellung des Digitalwertes ist eine eindeutige Lesbarkeit gegeben (keine Ableseunterschiede zwischen erster und letzter Stelle). Die Auflösung ergibt sich durch die Quantisierungsstufe Q.

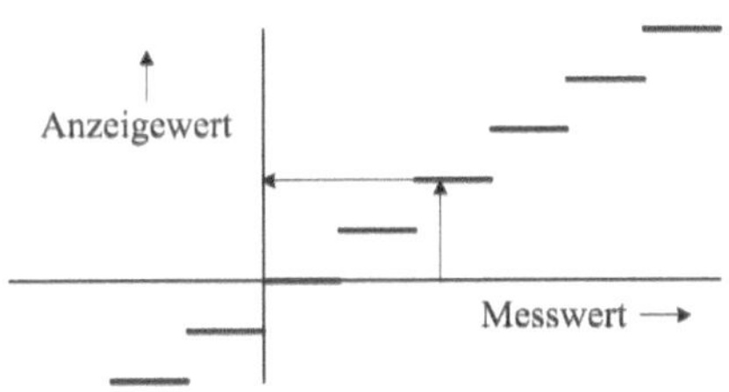

Bild 1.2
Abbildungsfunktion analog → digital

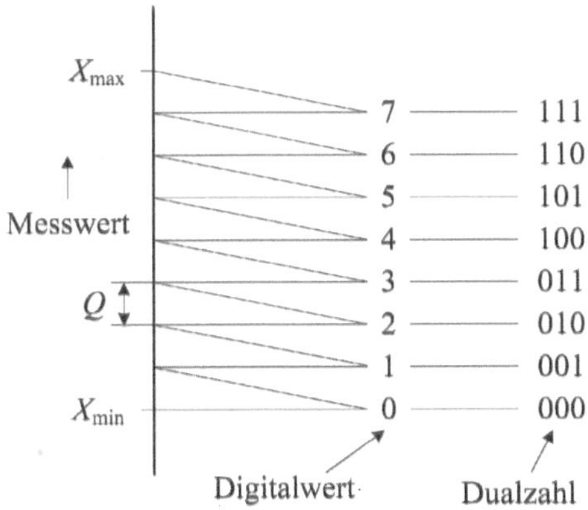

Bild 1.3
Abbildung einer Messgröße in ein digitales Signal bzw. einen digitalen Signalwert

1.2 Binäre und logische Zustände

Eine digitale Größe besteht aus abzählbaren Elementen (Stufen). Ein digitaler Spannungsverlauf ist somit eine Folge von diskreten Spannungswerten (theoretisch kein kontinuierlicher Übergang). Analoge Spannungswerte repräsentieren hierbei diskrete Werte. Die Anzahl der Stufen ist beliebig, jedoch begrenzt durch die Unterscheidungsmöglichkeit (begrenzte Genauigkeit bei der Spannungsmessung). Bild 1.4 zeigt einen digitalen Spannungsverlauf mit drei Zuständen (0 V, 5 V und 10 V). Problematisch sind bei entsprechender Verwendung die Übergänge zwischen 0 V und 10 V und zwischen 10 V und 0 V. Aufgrund des analogen Verhaltens von Spannungswerten kann dieser Übergang nicht in der Zeit $t=0$ erfolgen. Die Zeit ist ebenfalls eine analoge Größe und dadurch kann nur ein quasi digitales Signal realisiert werden.

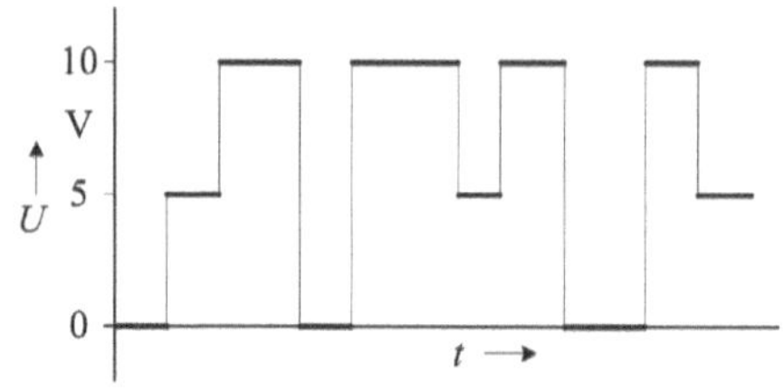

Bild 1.4 Digitales Spannungssignal mit drei Zuständen

Es wird für den Übergang immer ein gewisses, wenn auch sehr kurzes Zeitintervall benötigt. Bei schnellen Signalfolgen (häufiger Wechsel zwischen den Spannungswerten, Zeitspanne für Spannungsänderungen nicht mehr vernachlässigbar) ist der Übergang über die 5 V-Stufe problematisch. Bild 1.5 zeigt einen analogen Übergang zwischen 0 V und 10 V mit der ungewünschten Übergangszeit t_x. Der für die 5 V-Stufe verwendete Spannungsbereich (Messgenauigkeit dieser Stufe etc.) wird durchlaufen und dies könnte zur Detektion dieser nicht im eigentlichen Spannungsverlauf angezeigten Spannungsstufe führen.

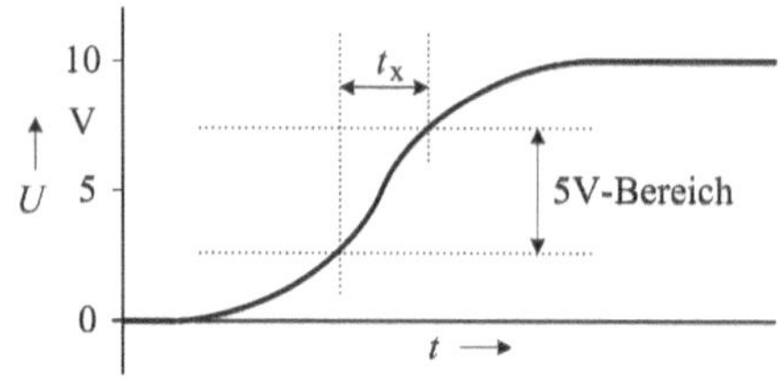

Bild 1.5
Analoger Übergang eines Spannungswechsels von 0 V auf 10 V

Ein digitales Signal mit mehr als zwei Zuständen ist deshalb für einfache Realisierungen nicht geeignet. Zwei Spannungsbereiche lassen sich durch einen Übergang (einen Schwellwert) unterscheiden. Ein zweiwertiges Signal hat zwei mögliche Zustände und wird deswegen binäres Signal genannt (lat.: binär: aus zwei Einheiten bestehend). Die allgemein angewandte Digitaltechnik arbeitet mit binären Signalen.

Vorteil dieser Signale ist, dass sich die zwei Bereiche leicht unterscheiden und, was häufig vorkommt, zur Vermeidung von Störeinflüssen vergleichsweise gut verstärken lassen (ein durch Störeinflüsse „verschwommenes" Signal wird rekonstruiert, s. auch Abschnitt 9.3.1 Spannungsbereiche und in Abschnitt 9.5 Spezielle Eingänge, Schmitt-Trigger-Eingang). Der negativere Bereich wird mit L (Low) und der positivere Bereich mit H (High) gekennzeichnet. Diesen Bereichen müssen logische Zustände zugeordnet werden. Bei positiven Betriebsspannungen entspricht normalerweise H der logischen 1 (wahr, zutreffend oder ja) und L der logischen 0 (falsch, nicht zutreffend oder nein). Es existiert auch die umgedrehte Zuordnung, die in der Regel mit negativer Betriebsspannung gekoppelt ist. Sie wird als **negative Logik** (0≙H, 1≙L) bezeichnet. Diese Zuordnung ist bei den derzeitigen Realisierungen eigentlich nicht mehr anzutreffen und man nimmt stillschweigend die **positive Logik** (1≙H, 0≙L) an. Bei der Diskussion logischer Verknüpfungen werden 0 und 1 und bei der hardwaremäßigen Realisierung mit Logikelementen die Bezeichnungen L und H verwendet.

Binäre Systeme sind in fast allen technischen Geräten vorhanden.

Vorteile

- Verarbeitet werden nur zwei Werte (0 und 1 bzw. L und H)
- Impulse (Rechteckimpulse) sind einfach und vollständig regenerierbar
- Einfache Verstärkung (Schalter, Relais, Transistoren im Schaltbetrieb)
- Verknüpfen, verteilen und sortieren von Informationen mittels logischer Schaltungen
- Speicher einfach realisierbar
- Mathematische Probleme werden auf Addition zurückgeführt und gelöst
- Verschiedene mathematische Probleme können mit derselben Schaltung gelöst werden
- Genauigkeit kann durch Vergrößern der Stellenzahl nahezu beliebig erhöht werden

Nachteile

- Prinzipieller Fehler durch Rasterung (Quantisierungsstufe Q bestimmt Fehlergröße)

1.3 Zahlensysteme

Zahlendarstellungen

Im Laufe der Zeit haben sich verschiedene, teilweise anwendungsspezifische Zahlensysteme entwickelt, von denen hier einige exemplarisch vorgestellt werden.

In der **Abzählschreibweise** werden gleichwertige Striche verwendet, wie es von Kaffeelisten oder Bierdeckeln bekannt ist. Zur Übersicht gibt es die Bündelung, bei der nach vier Strichen der fünfte über diese vier gezeichnet wird und diese Gruppe (dieses Symbol) eine Fünf repräsentiert. Die Position der Striche ist ohne Bedeutung. Diese Darstellung verwendet den Zahlenraum $\mathbb{N}$ (Natürliche Zahlen) und ist nur für kleine Mengen einsetzbar (nicht bis unendlich).

Das **Römische Zahlensystem** deckt ebenfalls nur einen begrenzten positiven Ganzzahlenbereich aus $\mathbb{N}$ ab und verwendet die Zweier- und Fünfer-Bündelung wie in Tabelle 1.1 angegeben.

Tabelle 1.1 Bündelungen des Römischen Zahlensystems

5	mal	I	wird durch	V	dargestellt	(= 5)
2	mal	V	wird durch	X	dargestellt	(= 10)
5	mal	X	wird durch	L	dargestellt	(= 50)
2	mal	L	wird durch	C	dargestellt	(= 100)
5	mal	C	wird durch	D	dargestellt	(= 500)
2	mal	D	wird durch	M	dargestellt	(= 1000)

Außerdem wird die Stellenschreibweise verwendet. Hierdurch entscheidet die Position über den Wert der Zahl. Die Zahl Vier wird z. B. nicht durch IIII (wie es auf einigen analoganzeigenden Uhren zu finden ist) sondern durch IV (5 − 1) dargestellt und unterscheidet sich aufgrund der Stellenschreibweise von der Sechs dargestellt durch VI (5 + 1). Die 1 (Symbol I) wird in der linken Position abgezogen und in der rechten Position hinzuaddiert. Das Zahlensystem ist unhandlich und eignet sich nicht für Rechenoperationen.

Bei der **Stellenschreibweise** ergibt sich der Wert nicht nur durch die verwendeten Symbole wie bei den Römischen Zahlen, sondern durch die Position innerhalb der Darstellung. Das Bildungsgesetz zeigt Formel 1.1.

$$N = \left(\sum_{j=0}^{J-1} n_j \cdot W_j \right) \tag{1.1}$$

Hierbei hat jede Stelle j einen Wert W_j. Bei der Angabe 01:02:03:04 muss der Wert jeder Stelle bekannt sein. Hier könnte es Tag:Stunde:Minute:Sekunde sein. Der Wertebereich der linken Stelle mit dem Wert 1 ist der Tag, der mit dem Faktor 24 auf eine Stundenzahl umgerechnet werden kann. Der Wert 2 (Werte von 0 bis 23 sind an dieser Stelle möglich) kann mit dem Faktor 60 auf Minuten umgerechnet werden. Der Wert 3 (Werte von 0 bis 59 sind an dieser Stelle möglich) kann mit dem Faktor 60 auf Sekunden umgerechnet werden. Der angegebene Wert umgerechnet in die kleinste Einheit, in diesem Fall die Sekunde, ergibt:

$$N = \left(1 \cdot (24 \cdot 60 \cdot 60) + 2 \cdot (60 \cdot 60) + 3 \cdot (60) + 4 \cdot (1)\right) = 93784 \tag{1.2}$$

Rechenoperationen mit der Stellenschreibweise sind aufgrund der Umrechnungsfaktoren, die z. B. bei der Umrechnung von Monaten in Tage vom jeweiligen Monat abhängen, ungünstig. Innerhalb der jeweiligen Stelle wird der Wert in dem genannten Beispiel bereits mit dem Polyadischen Zahlensystem beschrieben.

Das Bildungsgesetz des **Polyadischen Zahlensystems** für positive Ganzzahlen $\mathbb{N}_0$ (es existiert auch ein Symbol für die 0) zeigt Formel 1.3. Hierbei ergibt sich die Wertigkeit einer jeweiligen Stelle aus dem Basiswert B mit der Stellenzahl j als Exponent.

$$N = \left(\sum_{j=0}^{J-1} n_j \cdot B^j \right) \tag{1.3}$$

In dem normalerweise verwendeten **Zehnersystem** ist $B = 10$ und n ein Element der Menge $\{0, 1, 2, 3, 4, 5, 6, 7, 8, 9\}$. Die Zahl 4711 ist eine 4-stellige Zahl ($J = 4$). Die Darstellung des Wertes ist trivial und soll hier zur Verdeutlichung des Rechenweges verwendet werden.

$$N = \left(4 \cdot 10^3 + 7 \cdot 10^2 + 1 \cdot 10^1 + 1 \cdot 10^0\right) = 4711 \tag{1.4}$$

Diese Zahlendarstellung kann für verschiedene Basiswerte verwendet werden. In der binären Darstellung erhält man das **Dualsystem**. In diesem Fall ist $B = 2$ mit $n \in \{0, 1\}$. Die Dualzahl 1100101_2 (Index 2 kennzeichnet das 2er-System) hat folgenden Wert:

$$N = \left(1 \cdot 2^6 + 1 \cdot 2^5 + 0 \cdot 2^4 + 0 \cdot 2^3 + 1 \cdot 2^2 + 0 \cdot 2^1 + 1 \cdot 2^0\right) = 101_{10} \tag{1.5}$$

Nach dem gleichen System ist das **Oktalsystem** ($B = 8$, $n \in \{0, 1, 2, 3, 4, 5, 6, 7\}$) aufgebaut. Im Vergleich zu dem Dualsystem werden jeweils 3 Bit (Bit ≙ kleinste Einheit) zusammengefasst. Die Dualzahl 1100101_2 wird mit führenden Nullen auf ein Vielfaches von drei Stellen erweitert zu 001 100 101 und jede Dreiergruppe durch das zugehörige Symbol repräsentiert gemäß 145_8 oder 0O145 (Null O(ktal) 145).

Gebräuchlicher ist das **Sedezimalsystem** oder **Hexadezimalsystem**. Hierbei ist $B = 16$ und $n \in \{0, 1, 2, \ldots 8, 9, A, B, C, D, E, F\}$. Da 16 Zeichen benötigt werden, ergänzt man die gebräuchlichen Ziffern um die ersten sechs Buchstaben des Alphabets. Im Vergleich zu dem Dualsystem werden hier vier Stellen zu einer Hexadezimalziffer zusammengefasst. Die Dualzahl 1100101_2 wird wieder um führende Nullen erweitert zu 0110 0101 und jede Vierergruppe durch das zugehörige Symbol repräsentiert gemäß 65_{16} oder 0X65 (Hexadezimal 65).

Im Weiteren werden diese Zahlensysteme nicht zum Rechnen verwendet. Sie dienen gegebenenfalls zur verkürzten Schreibweise verwendeter Bitkombinationen.

Werden diese Zahlen übertragen, so muss der Empfänger wissen, in welcher Reihenfolge die Ziffern übertragen werden. Das höchstwertige Bit (in der Regel links) ist das MSB (**M**ost **S**ignificant **B**it) und das niederwertigste Bit (in der Regel rechts) ist das LSB (**L**east **S**ignificant **B**it).

Die Zahlendarstellung kann auch für Nachkommastellen erweitert werden. Eine 5-stellige Zahl mit zwei Vor- und drei Nachkommastellen hat das in Formel 1.6 angegebene Bildungsgesetz. Ein Beispiel im Dualcode zeigt Bild 1.6. Jede Nachkommastelle reduziert hierbei die Quantisierungsstufe Q auf die Hälfte. Bei drei Nachkommastellen ist dies $2^{-3} = 0{,}125$ bzw. $\pm 0{,}0625$.

$$N = \left(\sum_{n=-3}^{1} n_j \cdot B^j \right) \tag{1.6}$$

Wertigkeit	2^1	2^0	2^{-1}	2^{-2}	2^{-3}	
	1	0 .	1	0	1	$= 1 \cdot 2 + 0 \cdot 1 + 1 \cdot 0{,}5 + 0 \cdot 0{,}25 + 1 \cdot 0{,}125 = 2{,}625$

Bild 1.6 Beispiel einer Dualzahl mit Nachkommastellen

Im **Polyadischen Zahlensystem** können Addition und Subtraktion (Bild 1.7), Multiplikation (Bild 1.8) und Division (Bild 1.9) in gewohnter Weise durchgeführt werden. Die Rechenoperationen mit den Dualwerten (mittlerer Teil) und Dezimalwerten (rechter Teil) werden im Weiteren nicht verwendet. Die Entwicklung einer Schaltung zur Realisierung des in der Tabelle angegebenen Zusammenhangs (linker Teil) jedoch schon.

b	*a*	(*b*+*a*)
0	0	0 0
0	1	0 1
1	0	0 1
1	1	1 0

```
          0100        4
        + 0110      + 6
carry →  1
          ----       --
          1010       10
```

b	*a*	(*b*–*a*)
0	0	0 0
0	1	1 1
1	0	0 1
1	1	0 0

```
           1010       10
         – 0110      – 6
borrow →  1
           ----       --
           0100        4
```

Bild 1.7 Beispiele für Addition und Subtraktion im Dual- und Dezimalsystem

b	*a*	*b*·*a*
0	0	0
0	1	0
1	0	0
1	1	1

```
 11 · 0101        3 · 05
 ---------        ------
   00                0
+   11            + 15
+    00           ------
+     11             15
 ---------
   01111
```

Bild 1.8 Beispiel für die Multiplikation im Dual- und Dezimalsystem

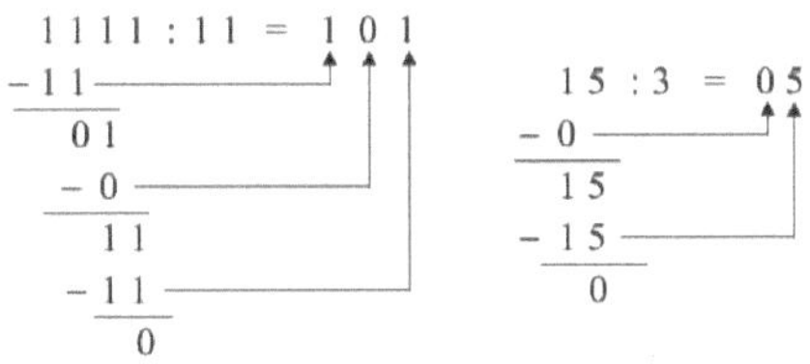

Bild 1.9
Beispiele für die Division im Dual- und Dezimalsystem

Erweitert man die Darstellung von Natürlichen Zahlen um den negativen Zahlenbereich auf Ganzzahlen (von $\mathbb{N}_0$ nach $\mathbb{Z}$), so wird ein Bit für das Vorzeichen benötigt. Dies ist das MSB (Bit mit der höchsten Wertigkeit, bisher 2^{J-1}; Wertebereich der Zahl von $0,\ldots,2^J-1$). Mit den negativen Zahlen wird nun der Zahlenraum von $\pm 2^{J-1}-1$ abgedeckt, bei vier Bit von −7 bis +7. Eine einfache Darstellung besteht aus Vorzeichen und Betrag wie in Tabelle 1.2 in der 3. Spalte zu sehen ist. Diese Darstellung eignet sich für eine Ausgabe eines Wertes mit Vorzeichen (z. B. für die Anzeige bei Messinstrumenten), für Berechnungen ist sie jedoch nicht geeignet.

Die nächste Variante ist das (b − 1)-Komplement, auch Einerkomplement genannt. Um aus einem positiven Wert einen negativen zu erhalten, müssen hierbei alle Bits invertiert und das Vorzeichenbit hinzugefügt werden. Aus $+3_{10}$ wird im Dualsystem mit Vorzeichenbit und drei Werte-Bits $0\ 011_2$ für die Zahlendarstellung der positiven 3 aus dem Bereich 0 bis 7. Eine -3_{10} wird mit $1\ 100_2$ dargestellt (die inverse Bitkombination der positiven Zahl). Das Vorzeichenbit ist bei der Betragsdarstellung und dem (b − 1)-Komplement gleich, nur die Datenbits sind invertiert (s. Tabelle 1.2 in der 4. Spalte). Eine Umwandlung zwischen diesen beiden Varianten ist dadurch recht einfach. Nachteilig ist, dass in beiden Darstellungsvarianten die Null zweimal existiert.

Für mathematische Berechnungen gibt es eine günstigere Variante, das (b)-Komplement, auch Zweierkomplement genannt. Hierbei wird der negative Zahlenbereich um einen Wert in negativer Richtung verschoben und man erhält den Wertebereich bei vier Bit von $-8,\ldots -1, 0, +1,\ldots +7$ wie in Tabelle 1.2 in der rechten Spalte dargestellt. Wertebereiche typischer Bitlängen zeigt Tabelle 1.3. Bei dieser Zahlendarstellung kann dem Vorzeichenbit wieder ein Wert zugeordnet werden, dieser ist $-(2^{J-1})$. Die Wertigkeiten der Bitstellen bei vier Bit im Dualcode für positive (natürliche) Zahlen von 8, 4, 2, 1 geht für positive und negative Ganzzahlen über in −8, 4, 2, 1. Die realisierbaren Werte lassen sich recht gut als Kreis darstellen, um Rechenoperationen wie Addition oder Subtraktion zu erläutern.

Tabelle 1.2 Gegenüberstellung verschiedener Zahlendarstellungen

Wert	Dualzahl	Vorzeichen und Betrag	(b-1)-Komplement 1er-Komplement	(b)-Komplement 2er-Komplement
8	./.	./.	./.	./.
7	111	0 111	0 111	0 111
6	110	0 110	0 110	0 110
...	...	...	...	...
...	...	...	...	...
1	001	0 001	0 001	0 001
0	000	0 000	0 000	0 000
−0	./.	1 000	1 111	./.
−1	./.	1 001	1 110	1 111
...	...	...	...	...
...	...	...	...	...
−6	./.	1 110	1 001	1 010
−7	./.	1 111	1 000	1 001
−8	./.	./.	./.	1 000
−9	./.	./.	./.	./.

Tabelle 1.3 Wertebereiche typischer Ganzzahlendarstellungen

Bitanzahl (*J*)	Vorzeichenloser Wertebereich (unsigned)	Vorzeichenbehafteter Wertebereich (signed, (b)-Komplement)
4	0, +1, +2, ..., +14, +15	−8, ..., −1, +0, +1, ..., +7
8	0, +1, +2, ..., +254, +255	−128, ..., −1, +0, +1, ..., +127
12	0, +1, +2, ..., +4094, +4095	−2048, ..., −1, +0, +1, ..., +2047
16	0, +1, +2, ..., +65 534, +65 535	−32 768, ..., −1, +0, +1, ..., +32 767

Bild 1.10 stellt die Periodizität der Integerzahlen ohne und mit Vorzeichen dar. Wird durch Addition (Anzahl der Schritte in Richtung +, auch bei der Subtraktion einer negativen Zahl) oder Subtraktion (Anzahl der Schritte in Richtung −, auch bei der Addition einer negativen Zahl) die Bereichsgrenze überschritten, entstehen Fehler (inhärenter (lat.: inhaerens: hängen, kleben, auch: innewohnend, ureigen) Modulo- (Rest einer Ganzzahldivision, wird häufig zur Begrenzung eines Wertebereiches verwendet) Effekt (manchmal ist dieser Effekt auch gewollt). Bei Berechnungen sollte dies überwacht werden. Bild 1.11 zeigt als Beispiel einige Rechenoperationen.

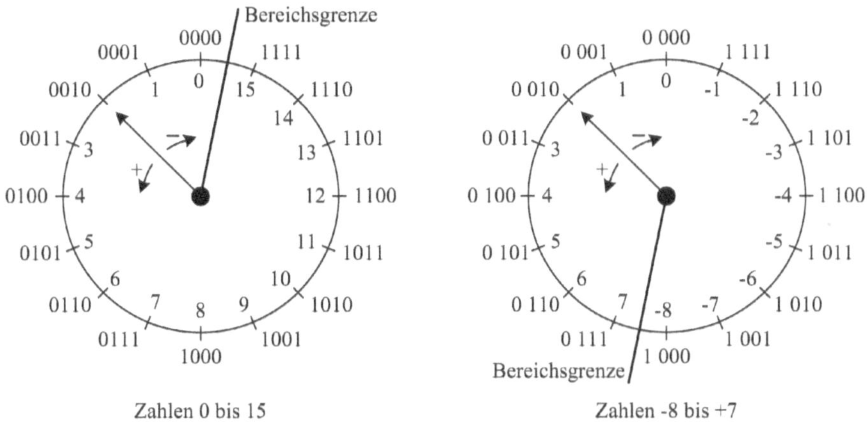

Bild 1.10 Integer Zahlen in umlaufender Darstellung

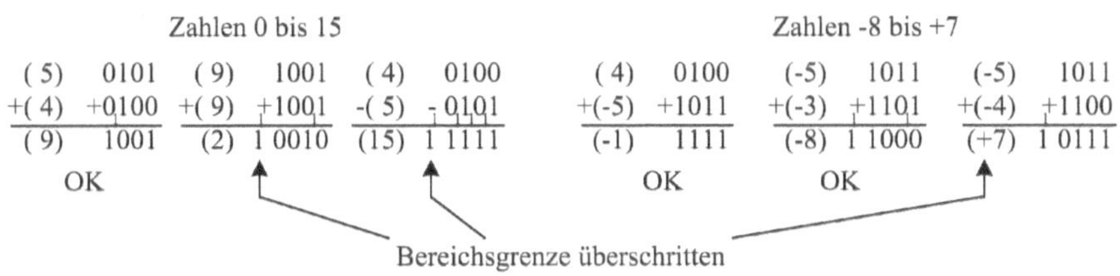

Bild 1.11 Rechenbeispiele mit 4 Bit Integer (unsigned und signed)

1.4 Codierungen

Um die Wertigkeit einer digitalen Bitkombination zu kennzeichnen, können neben den Zahlensystemen auch spezielle Codierungen verwendet werden. In diesem Abschnitt werden gebräuchliche Codierungen und einige damit verbundene Begriffe vorgestellt.

1.4.1 Binär Codierte Dezimalziffer

Für die Darstellung einer mehrstelligen dezimalen Zahl kann jede Ziffer durch einen Dualwert repräsentiert werden. Hierdurch ist die benötigte Hardware zur Umcodierung der übertragenen Bitkombination für alle Stellen gleich. Die Codierung wird **BCD-Code** (Binär Codierte Dezimalziffer) genannt.

Der Code besteht aus vier binären Stellen (4-stellig). Eine Gruppe aus vier Stellen wird **Tetrade, Halbbyte** oder **Nibble** genannt. Jeder Spalte kann ein Wert zugeordnet werden, sodass sich der Beitrag des Eintrags in der entsprechenden Spalte aus dem Wert des Symbols (hier 0 oder 1) multipliziert mit dem Wert der Spalte (hier 8, 4, 2, oder 1) ergibt. Aufgrund der Wertigkeiten wird dieser Code auch 8-4-2-1-Code genannt (s. Tabelle 1.4). Unter dem Begriff **Gewicht** versteht man die Anzahl der mit 1 besetzten Stellen. In diesem Fall beträgt das Gewicht je nach Ziffer 0 bis 3 für die jeweils betrachtete Bitkombination. Unter der **Distanz** versteht man die Anzahl der unterschiedlichen Bitstellen verschiedener Codewörter. In diesem Beispiel haben wir die geringste Distanz mit dem Wert 1 z. B. zwischen den Codierungen von 0 und 1, 0 und 2, 0 und 4 als auch zwischen 2 und 6. Die größte Differenz haben wir zwischen den Codierungen 7 und 8, bei der sich alle vier Stellen unterscheiden und wir deshalb hier die Distanz 4 haben. Unter der **Hamming-Distanz** versteht man den kleinsten Distanzwert. Die Hamming-Distanz ist ein Maß für die Erkennbarkeit von Fehlern und deren Korrigierbarkeit. Ein weiterer Begriff ist stetig. Die Codierung ist **stetig**, wenn benachbarte Codewörter sich immer um die gleiche Anzahl an Bitstellen unterscheiden. In dem BCD-Code ist das nicht der Fall (Distanz 1 zwischen den Codierungen 0 und 1 und die Distanz 4 zwischen den Codierungen 7 und 8). Die **Redundanz** R ist ein Maß, das die Menge nicht benötigter Kombinationen beschreibt. Die Wahrscheinlichkeit des Auftretens der verwendeten Bitkombinationen wird hierbei als gleichverteilt angenommen. $N_{\text{möglich}}$ ist die Anzahl aller Kombinationsmöglichkeiten (bei 4 Bitstellen sind es 16 Kombinationsmöglichkeiten), N_{genutzt} (in unserem Fall 10 Kombinationsmöglichkeiten) für die 10 Zeichen 0 bis 9 und ld (ist der Logarithmus zur Basis 2). Die Logarithmusfunktion ld ist auf den üblichen Rechnern nicht vorhanden und kann über den Zusammenhang $\text{ld}(x) = \log(x)/\log(2) = \ln(x)/\ln(2)$ entsprechend Formel 1.7 bestimmt werden.

$$R = \text{ld}\left(N_{\text{möglich}}\right) - \text{ld}\left(N_{\text{genutzt}}\right) = \frac{\log\left(N_{\text{möglich}}\right)}{\log(2)} - \frac{\log\left(N_{\text{genutzt}}\right)}{\log(2)} = \frac{\ln\left(N_{\text{möglich}}\right)}{\ln(2)} - \frac{\ln\left(N_{\text{genutzt}}\right)}{\ln(2)} \tag{1.7}$$

Für den BCD-Code ist $R = 4 - 3{,}322 = 0{,}678$ und kennzeichnet die Menge nicht benötigter Informationseinheiten. Da jedoch nur ganze Bitstellen verwendet werden, ist dieses Übermaß hinzunehmen. Die nicht verwendeten Bitkombinationen nennt man **Pseudotetraden**.

Tabelle 1.4 BCD-Code

Ziffer	Wertigkeit			
	$2^3=8$	$2^2=4$	$2^1=2$	$2^0=1$
0	0	0	0	0
1	0	0	0	1
2	0	0	1	0
3	0	0	1	1
4	0	1	0	0
5	0	1	0	1
6	0	1	1	0
7	0	1	1	1
8	1	0	0	0
9	1	0	0	1
-	1	0	1	0
-	1	0	1	1
-	1	1	0	0
-	1	1	0	1
-	1	1	1	0
-	1	1	1	1

1.4.2 (m aus n)-Code

Als Grundlage der Zahlenzuordnung muss nicht immer der Dualcode verwendet werden. Zwei Beispiele sind in Tabelle 1.5 dargestellt. Eines davon ist der (2 aus 5)-Code. Jedes verwendete Bitmuster hat das Gewicht 2, wodurch sich die Möglichkeit der Fehlererkennung (wird in Abschnitt 1.6 vertieft) ergibt. Jeder Einbitfehler führt zu einem nicht verwendeten Bitmuster (Pseudowert). Aufgrund der erhöhten Anzahl an Pseudowerten ist die Wahrscheinlichkeit, bei Mehrbitfehlern einen Pseudowert zu erhalten, deutlich höher als die Entstehung einer verwendeten Bitkombination. Als Vorteil dieser Codierung könnte die Wertigkeit der Bitstellen angegeben werden (ein Teil der Tabelle enthält den Dualcode), die bis auf die linke Spalte für das Bitmuster 11000 nicht zutrifft und als Ausnahme angesehen wird.

Tabelle 1.5 (m aus n)-Code, Beispiele zur Darstellung der Werte 0 bis 9

Ziffer	(2 aus 5)-Code Wertigkeit (7) 4 2 1 0	(1 aus 10)-Code Wertigkeit 9 8 7 6 5 4 3 2 1 0
0	1 1 0 0 0	0 0 0 0 0 0 0 0 0 1
1	0 0 0 1 1	0 0 0 0 0 0 0 0 1 0
2	0 0 1 0 1	0 0 0 0 0 0 0 1 0 0
3	0 0 1 1 0	0 0 0 0 0 0 1 0 0 0
4	0 1 0 0 1	0 0 0 0 0 1 0 0 0 0
5	0 1 0 1 0	0 0 0 0 1 0 0 0 0 0
6	0 1 1 0 0	0 0 0 1 0 0 0 0 0 0
7	1 0 0 0 1	0 0 1 0 0 0 0 0 0 0
8	1 0 0 1 0	0 1 0 0 0 0 0 0 0 0
9	1 0 1 0 0	1 0 0 0 0 0 0 0 0 0

Das zweite Beispiel zeigt einen (1 aus 10)-Code, wird auch als „One Hot" bezeichnet (die negierte Variante „One Cold"). Das Gewicht der Bitkombinationen ist 1 und Einbitfehler werden immer erkannt, Mehrbitfehler zu einem hohen Prozentsatz. Die Fehlererkennung ist in diesem Fall häufig unbedeutend für die Anwendung. Der Code dient normalerweise zur Ansteuerung von z.B. Anzeigeelementen. Jeder Ausgang hätte z.B. eine LED, die von 0 bis 9 ein Lichtband repräsentiert. Diese Bitkombination sorgt dafür, dass nur eine LED leuchtet und somit den Wert übersichtlich darstellt. Die Bitkombination wird weiterhin als Auswahlschaltung in der Mikroprozessortechnik verwendet, bei der mehrere Bausteine die gleiche physikalische Leitung benutzen, aber nur ein Baustein aktiv sein darf, um einen sicheren Datenaustausch zu ermöglichen. In beiden Anwendungsfällen ist es ein Ausgangsmuster, das z.B. aus einem Dualcode erzeugt wird (Adressdecoder, wird in Abschnitt 5.5 behandelt). Ähnlich könnten auch Tasterstellungen abgefragt werden (s. Bild 1.12). Durch eine sequenzielle Abfrage können die Taster unterschieden werden. Bei der 4×4-Taster-Matrix oder dem -Array wird die abzufragende Zeile über einen (1 aus 4)-Code aktiviert und eine gedrückte Taste über einen eingelesenen (1 aus 4)-Code erkannt. Die Abfrage des gesamten Arrays erfolgt mit einer schnellen permanenten Wiederholung. Veränderungen des Aufbaus, die das fehlerfreie Erkennen von mehreren gleichzeitig gedrückten Tasten ermöglichen, werden an dieser Stelle nicht weiter vertieft.

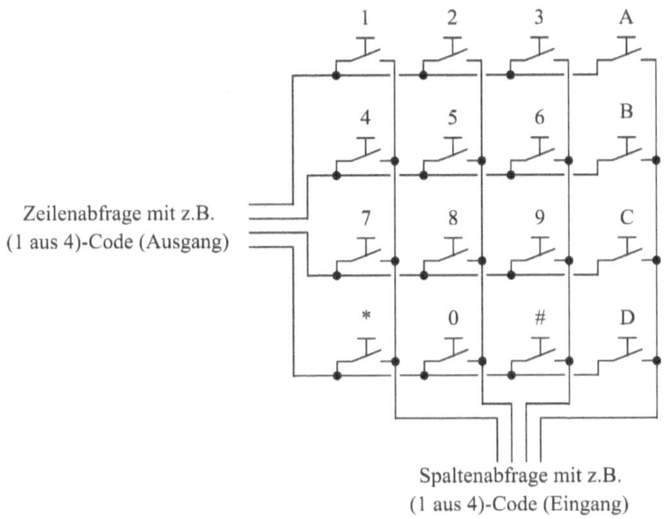

Bild 1.12 Aufbau einer 4×4-Taster-Matrix (vereinfacht)

1.4.3 Gray-Code

Ein Problem des Dualcodes ist die Detektion von Übergängen, z.B. zwischen den Codierungen für 7 und 8. Bild 1.13 zeigt einen Maßstab mit zwei möglichen Positionen eines Lesekopfes. In der linken Position sind die Markierungen auf dem Maßstab eindeutig erkennbar und der Lesekopf zur Erfassung des auf einen Maßstab aufgebrachten Bitmusters (Längenmessung oder Winkelmessung) liefert die Bitkombination 0110. In der rechten Position liegt der Lesekopf genau an dem Übergang, bei dem sich alle Bitstellen ändern. Hier macht sich der analoge Charakter der Signale bemerkbar. Exemplarisch ist dies an dem positionsabhängigen Signal der Datenspur 2^3 im unteren Bildteil erkennbar. Es gibt einen Übergang, in dem H und L nicht eindeutig zugeordnet werden können. Dies trifft bei diesem Übergang für jede Datenspur zu. Hierdurch können prinzipiell alle möglichen Bitkombinationen als Ausgangssignal auftreten; Ursache ist der Wechsel mehrerer Bitstellen benachbarter Bitkombinationen. Der Dualcode ist somit für derartige Positionsbestimmungen nicht geeignet. In diesem Beispiel ist das Problem ortsabhängig von x (Längen- oder Winkelmessung), in Bild 1.5 ist die gleiche Problematik zeitabhängig von t dargestellt.

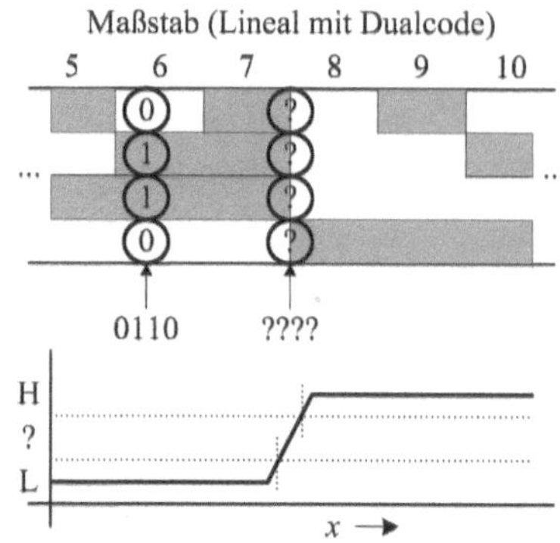

Bild 1.13
Signalwechsel zwischen 7 und 8 eines Maßstabes und der Signalverlauf der Datenspur $2^3 = 8$

Abhilfe schafft eine Codierung, bei der sich benachbarte Bitkombinationen nur um eine Bitstelle unterscheiden. Dies ist der in Tabelle 1.6 angegebene **Gray-Code.**

Tabelle 1.6 Gray-Code

Ziffer	Wertigkeit			
	-	-	-	-
0	0	0	0	0
1	0	0	0	1
2	0	0	1	1
3	0	0	1	0
4	0	1	1	0
5	0	1	1	1
6	0	1	0	1
7	0	1	0	0
8	1	1	0	0
9	1	1	0	1
10	1	1	1	1
11	1	1	1	0
12	1	0	1	0
13	1	0	1	1
14	1	0	0	1
15	1	0	0	0

Der hier angegebene Gray-Code ist vierstellig. Die jeweiligen Bitstellen sind nicht bewertbar. Es werden alle Bitkombinationen verwendet, dadurch ist die **Hamming-Distanz** eins und die **Redundanz** $R = 0$. Besonderes Kennzeichen ist, dass sich benachbarte Bitstellen immer nur um ein Bit unterscheiden, deshalb ist dieser Code **stetig**. Bei den 16 verwendeten Bitkombinationen unterscheidet sich das letzte Codewort von dem ersten Codewort ebenfalls nur um eine Bitstelle. Dadurch ist diese Codierung **zyklisch** und für die Ermittlung einer Winkelposition in rotierenden Messeinrichtungen geeignet. Der hier angegebene Gray-Code ist die Standardcodierung für absolut messende Längen- und Winkelpositionen.

1.5 Betrachtung unabhängiger binärer Größen

In den bisherigen Abschnitten wurden die Bitkombinationen als Zahl interpretiert, entweder als Summe der mit 1 ausgewählten Wertigkeiten (z. B. Dualcode) oder auch als nicht bewertbare Bitkombination (z. B. Gray-Code). Wenn die Bitkombinationen keinen Wert repräsentieren, sind deren Zustände (0 oder 1) vermutlich unabhängig. Stellen sie sich einen Flur mit mehreren Türen und Lichttastern (z. B. 4 Taster) vor. Zur Ansteuerung des Treppenhausautomaten (Gerät zum zeitlich begrenzten Einschalten der Beleuchtung) werden diese Taster parallel geschaltet. Hierdurch haben alle Taster die gleiche Funktion, sollten aber aufgrund einer geeigneten Zuordnung eindeutig gekennzeichnet sein. Eine Möglichkeit wäre die Verwendung der Bezeichnung des über die Tür erreichbaren Bereiches wie Taster(Wohnzimmer), Taster(Küche), Taster(Esszimmer) und Taster(Hauseingang). Für eine verkürzte Schreibweise kann die Zuordnung zum Taster bzw. Schalter mit s (t ist als Variablenbezeichnung ungeeignet, weil diese als Zeitvariable verwendet wird) oder x gekennzeichnet werden und die vier Taster werden einfach durchnummeriert (z. B. von 0 bis 3). So entstehen die Bits s_3, s_2, s_1, s_0. Die Zuordnung zu den Tastern sollte natürlich dokumentiert werden. Entsprechend der willkürlichen Zuordnung ergibt sich Tabelle 1.7, in der alle Tasteraktivitätszustände aufgeführt sind.

Es bietet sich an, die Bitkombination als Zahl anzugeben, aber sie hat nicht den Wert einer Zahl. Die Reihenfolge entsteht durch die Zuordnung (z. B. an der Haustür beginnend und links herum oder ...). Somit können die Spalten beliebig vertauscht werden. Nach dem Tausch sollten aus Gründen der Übersichtlichkeit die Zeilen der Tabelle sortiert werden. In unserem Beispiel ergibt sich die gleiche Tabelle nur mit geänderter Reihenfolge der Variablen im Kopf der Tabelle. Die Taster sind unabhängig und haben keine Wertigkeit.

Zahlenwerte aus dem Wertebereich $\mathbb{R}$ werden auf einem Zahlenstrahl dargestellt. Binäre Größen haben nur zwei Werte, 0 und 1. Bei einem Zahlenstrahl oder einer Achse (Koordinatenachse zur Darstellung reeller Werte) sind dies zwei Punkte, einer bei dem Wert 0 und einer bei dem Wert 1.

Tabelle 1.7 Auflistung möglicher Tasterzustände

s_3	s_2	s_1	s_0
0	0	0	0
0	0	0	1
0	0	1	0
0	0	1	1
0	1	0	0
0	1	0	1
0	1	1	0
0	1	1	1
1	0	0	0
1	0	0	1
1	0	1	0
1	0	1	1
1	1	0	0
1	1	0	1
1	1	1	0
1	1	1	1

Unabhängige Größen werden orthogonal (rechtwinklig) dargestellt. Genauso wird mit der zweiten binären Größe verfahren. Als räumliche Darstellung erhält man durch die zwei Basisvektoren $\overrightarrow{e_x}$ und $\overrightarrow{e_y}$ (Basisvektoren sind Einheitsvektoren mit der Länge 1 und geben die Richtungen in einem Koordinatensystem an) erst einmal eine Fläche, z. B. Breite und Tiefe mit vier Punkten für die Bitkombinationen 00, 01, 10 und 11. Bei dreistelligen Binärgrößen kommt eine weitere, auf den zwei vorhandenen Richtungen eine ebenfalls rechtwinklige, stehende Richtung hinzu, z. B. die Höhe $\overrightarrow{e_z}$. Hierdurch erhält man eine dreidimensionale Struktur, die normalerweise auf einer zweidimensionalen Tafel- oder Blattoberfläche als Ansicht dargestellt wird. Statt der Einheitsvektoren betrachten wir die Richtungen der Achsen in den Richtungen *x*, *y*, und *z*. Die Werte 0 und 1 sind Punkte auf diesen Achsen, die hier aufgrund der besseren Beschriftungsmöglichkeit durch Kugeln verdeutlicht werden (im Bild als Kreise dargestellt). In unserem binären Fall sind es acht Punkte, die Eckpunkte eines Würfels wie er in Bild 1.14 in der linken Darstellung zu sehen ist. Zur besseren Übersicht sind die Kanten des Würfels als dünne gestrichelte Linien eingezeichnet. Sie verbinden jeden Punkt mit den direkten Nachbarpunkten, die sich nur in einer Bitstelle von dem Ausgangspunkt unterscheiden.

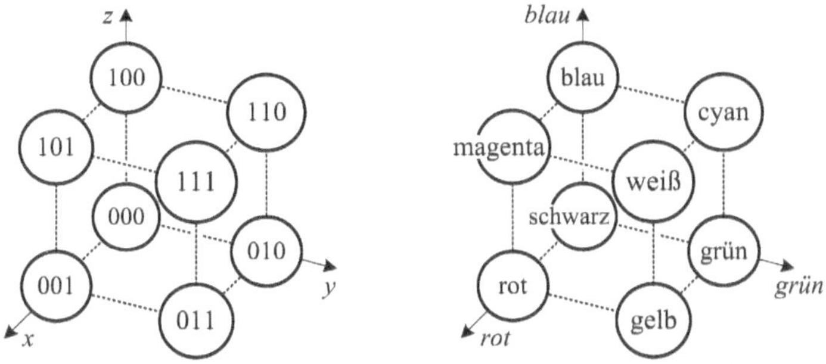

Bild 1.14 Dreidimensionale Darstellung eines Binärcodes mit 3 unabhängigen Bits

Auf der rechten Seite in Bild 1.14 werden die Variablen *rot*, *grün* und *blau* verwendet. Unter der Annahme, dass die Farben nur aus- oder eingeschaltet werden können und sich Weiß ergibt, wenn alle drei Farben eingeschaltet sind (additive Farbmischung), ergeben sich die bezeichneten Farbeindrücke. Gelb ist hierbei nicht die Spektrallinie gelb, sondern die Überlagerung der Spektrallinien Rot und Grün, die den Farbeindruck gelb im Auge entstehen lässt, wie es bei allen RGB-Farbwiedergaben (RGB steht für Rot-Grün-Blau) der Fall ist. Es ist sicher zu erkennen, dass die in der Farbe enthaltenen drei Bit gleichzeitig dargestellt und auch über eine Glasfaser optisch übertragen werden können. Diese Übertragungsart ist ein optisches Multiplexverfahren (lat.: multiplex: vielfach, vielfältig) mit drei unabhängigen Datenkanälen.

Bei einer zusätzlichen Dimension durch ein weiteres Bit scheitert das Farbbeispiel aufgrund der farblichen Wechselwirkungen im Auge (keine eindeutige Farbzusammensetzung erkennbar) als einfaches Beispiel. Das optische (Wellenlängen-)Multiplexverfahren funktioniert weiterhin aufgrund der angepassten Anzahl an Farbfiltern zur Selektion der einzelnen Farbkanäle. Diese Anwendung soll hier nicht weiter vertieft werden.

In der räumlichen Darstellung könnte man die Zeit als vierte Dimension hinzunehmen und hätte die Würfeldarstellung für den Zeitpunkt 0 und für den Zeitpunkt 1. Identische Ecken der beiden Würfel wären gedanklich wieder durch dünne gestrichelte Hilfslinien verbunden. Möglich wäre am Rechner eine GIF-Darstellung (engl.: Graphics Interchange Format, geeignet zur Darstellung kleiner Bildsequenzen), bei der abwechselnd zwischen den Würfeldarstellungen hin und her geschaltet wird (zur Unterscheidung vielleicht mit den Farben rot für 0 und grün für 1). Für eine zweidimensionale Darstellung eignet sich eine seitlich versetzte Ansicht des zweiten Würfels (zu erkennen an der Achse s_3), wie er in Bild 1.15 zu sehen ist.

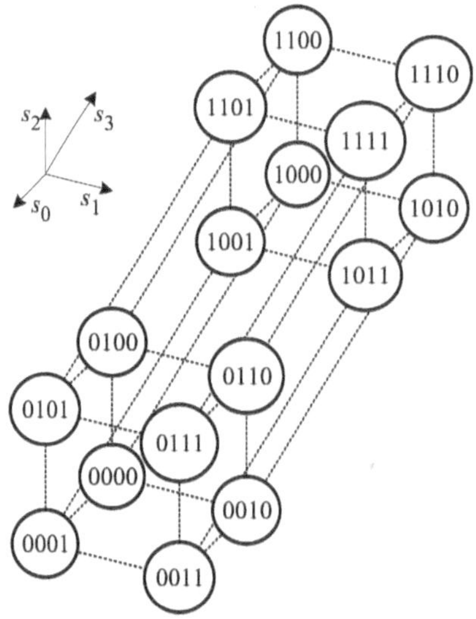

Bild 1.15
Vierdimensionale Darstellung eines Binärcodes mit vier unabhängigen Bits (s_3, s_2, s_1, s_0)

Wie bereits erwähnt verbinden die gestrichelten Linien Bitkombinationen mit der Distanz 1 (unterscheiden sich nur in einem Bit). Der Gray-Code ist ein Weg über alle Knoten entlang der Hilfslinien. Jeder Weg über die Hilfslinien ist ein einschrittiger Code (es müssen nicht alle Knoten verwendet werden); ein geschlossener Weg charakterisiert zusätzlich einen zyklischen Code. Man könnte hierüber einen problemangepassten einschrittigen Code entwerfen (z. B. 10 Bitkombinationen ohne 0000 und ohne 1111, um Unterbrechung und Kurzschluss als gültige Bitkombination auszuschließen); eine übersichtlichere Methode wird in Abschnitt 4 verwendet.

Startet man bei der Bitkombination 1111, so hat das Gewicht den Wert 4 und dies ist ein gerader Wert. Wechselt man entlang einer Hilfslinie zum direkt benachbarten Knoten, so erhält man eine Bitkombination mit ungeradem Gewichtswert und danach wieder eine mit geradem usw. (Bitkombination 0000 hat das Gewicht 0 und zählt als gerade). Diese Betrachtung wird bei der Parity-Bewertung in Abschnitt 1.6.3 vertieft.

Die Beschreibung lässt sich mit beliebig vielen Bits erweitern. In der Mathematik spricht man dann vom n-dimensionalem binären Vektorraum; in unseren Beispielen ist es ein J-dimensionaler binärer Vektorraum (J ist die Anzahl der Bitstellen).

1.6 Fehlererkennende und fehlerkorrigierende Verfahren

1.6.1 Fehlermodelle

Im Wesentlichen geht es hier um Veränderungen gespeicherter und/oder übertragener binärer Daten. Betrachten wir zunächst gespeicherte binäre Daten auf einem Speicherbaustein. Im Idealfall werden alle Daten fehlerfrei wieder ausgelesen. Stellen sie sich vor, sie schreiben z. B. die Tabelle des Gray-Codes handschriftlich auf einem Zettel auf, den sie bei guter Handschrift eindeutig und fehlerfrei lesen können. Könnte es sein, dass eine andere Person ihre Handschrift nicht so gut kennt und er/sie/es die Tabelle nicht fehlerfrei lesen kann? Negative Einflüsse wie Sonnenlicht könnten die Schrift mit der Zeit verblassen oder durch Feuchteflecken unleserlich werden lassen. Bei einer grafischen Darstellung von schwarzen und weißen Feldern könnten Bereiche heller oder dunkler und dadurch unleserlich werden.

Ähnliches Verhalten gibt es auch bei der digitalen Speicherung. Herstellungsbedingt könnte eine Speicherzelle (ein Bit) nicht richtig beschreibbar sein und nach einer gewissen Zeit nach 0 oder 1 driften. Ein sofortiges Auslesen (Schreibtest) würde keinen Fehler anzeigen, weil die ungewünschte Änderung erst nach einer gewissen Zeit auftritt. Je nach Ursache bereits nach wenigen Millisekunden oder erst nach mehreren Jahren. Wenn nur eine Zelle betroffen ist, so spricht man von Einbitfehler, die permanent (der Fehler ist bei jedem Auslesevorgang vorhanden) oder sporadisch (der Fehler tritt manchmal auf, aber nicht immer) auftreten können. Sind beim Auslesen zwei unabhängige Bits betroffen, so spricht man von einem Doppelfehler oder Zweibitfehler, bei drei Bit von einem Dreifachfehler oder Dreibitfehler usw., allgemein von Mehrfachfehlern oder Mehrbitfehlern. Haben die Fehler eine Tendenz, dass z. B. nur Nullen fehlerhaft als Einsen gelesen werden, so spricht man von einseitigen oder gleichseitigen Fehlern mit Tendenz zu 1 (1 dominierend). Gleiches gilt natürlich auch für die andere Richtung, bei der fehlerhafte Einsen als Nullen gelesen werden (0 dominierend). Dies hat unter Umständen Auswirkungen auf auszuwählende Fehlererkennungsverfahren, die aber hier nicht weiter vertieft werden sollen. Im Weiteren werden unabhängige Einzelbitfehler geringer Häufigkeit diskutiert (bei einer hohen Fehlerwahrscheinlichkeit sollte man ein anderes Speichermedium wählen).

Ähnliches gilt auch für die Datenübertragung, bei der einzelne Bits durch Störsignale verfälscht werden. Unter einer Datenübertragung versteht man einen Transport der Bitzustände an einen anderen Ort, die Speicherung von Daten als Datenübertragung in eine spätere Zeit.

Eine andere Fehlerart ist der Ausfall größerer Bereiche zusammengehöriger Bits. Ist zum Beispiel die Leitung kurzzeitig unterbrochen oder kurzgeschlossen, so fällt die Übertragung über mehrere zu übertragende Bits aus und diese werden alle als 1 oder als 0 gelesen. Ähnlich sieht es beim Lesen einer CD aus, wenn die Oberfläche einen Kratzer hat. Für den Lesekopf sind es zusammenhängende Bits und Bytes. Hier kann durch eine Verteilung der Information mit Fehlerkorrekturverfahren entgegengewirkt werden. Diese Fehlerart wird im Weiteren ebenfalls nicht weiter vertieft.

1.6.2 Mehrfachübertragung

Die einfachste Art einer sicheren Übertragung ist die Mehrfachübertragung der gleichen Bitinformation, immer vorausgesetzt wird eine kleine Fehlerrate. Wenn z. B. eine Frage verneint werden soll, kann man das „Nein“ mehrfach wiederholen, in der Hoffnung, dass genügend Wörter in ausreichender Qualität beim Fragesteller (Empfänger der Antwort) ankommen. Dieser könnte die empfangenen Wörter statistisch auswerten, indem er nicht als Antwort erkennbare Laute (unzulässige Bitkombinationen ohne Korrektur) einfach streicht (aber die Problematik des Übertragungskanals erkennen lässt), erkennbare aber nicht ganz korrekte Wörter korrigiert (Fehlererkennung mit Fehlerkorrektur) und eindeutig erkannte Wörter aufschreibt und anschließend eine Art Mehrheitsentscheid durchführt. Hierfür ist mindestens eine Dreifachübertragung notwendig.

Wird jedes Bit dreifach übertragen (Redundanz 1,585), ist die einfachste Form eine Reduzierung der Übertragungsrate um den Faktor drei. Der Empfänger fragt dieses Bit dreimal ab und erwartet, dass alle Abfragen die gleiche Information liefern. Weicht eine der drei Abfragen des um den Faktor drei gedehnten Bits ab, so zeigt sich hierdurch eine unsichere Datenübertragung. Bild 1.16 zeigt oben die ursprüngliche Nachricht mit den Daten, dem führenden Start- und dem abschließenden Stopp-Bit (Start- und Stopp-Bit stellen eine Art Umschlag für die zu übertragenden Daten dar und dienen zur Steuerung der Übertragung). Die mittlere Darstellung zeigt eine Übertragung bei der jedes Bit dreimal ausgegeben oder wichtiger, dreimal gelesen wird.

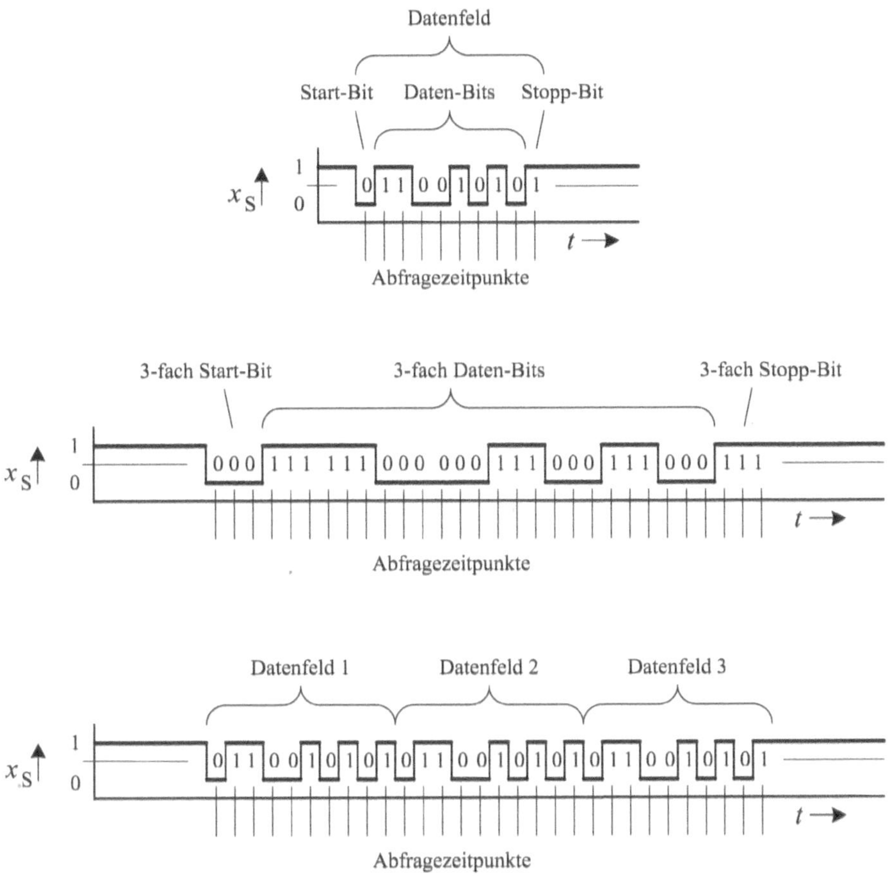

Bild 1.16 Mehrfachübertragung (Beispiel 3-fach)

Mehr Sinn macht es, die gesamte Nachricht mehrfach komplett zu übertragen, wie in Bild 1.16 unten dargestellt. Bei einem Einbitfehler wäre das keine Verbesserung, aber es könnten ja mehrere, nebeneinander übertragene Bits gestört sein (z.B. beim Lesen einer CD mit Kratzer). Diese Fehlerart wird im Weiteren nicht betrachtet.

1.6.3 Parity-Ergänzung

Um Übertragungsfehler (z.B. Einbitfehler) erkennen zu können, müssen redundante Bits hinzugefügt werden. Wie die hierzu benötigten Schaltungen erstellt werden können, wird in den weiteren Kapiteln auf allgemeine Art (nicht nur für die Parity-Ergänzung) erarbeitet. Sie können bereits mit dem zweiten Kapitel beginnen und bei Interesse hierhin zurückkommen.

Eine einfache Art der Erweiterung ist die Parity-Ergänzung über mehrere Bits. Als Beispiel starten wir mit dem 4-Bit-Gray-Code (s. Tabelle 1.6). Jeder Wert wird mit vier Bits dargestellt. Alle 16 Bitkombinationen werden verwendet. Die Redundanz hat den Wert 0. Der Code wird um ein Bit erweitert. Die Redundanz hat damit den Wert 1 und dieser kann zur Fehlererkennung verwendet werden. Jede Zeile wird z. B. erweitert auf eine gerade Anzahl an Einsen (Ergänzung auf even, gerade) oder auf eine ungerade Anzahl (Ergänzung auf odd, ungerade). Einen Ausschnitt zeigt Tabelle 1.8.

Tabelle 1.8 Ausschnitt des Gray-Codes mit Parity-Ergänzung

Ergänzung mit p auf gerade (even) $s_3,s_2,s_1,s_0,\ p$	Ergänzung mit p auf ungerade (odd) $s_3,s_2,s_1,s_0,\ p$
0 0 0 0 0	0 0 0 0 1
0 0 0 1 1	0 0 0 1 0
0 0 1 1 0	0 0 1 1 0
0 0 1 0 1	0 0 1 0 1
...	...

Bei der Betrachtung des ursprünglichen vierdimensionalen Vektorraums sind bei einem 16 Werte umfassenden 4-Bit-Code alle Knoten besetzt. Durch die Erweiterung auf gerade (even) werden die verwendeten Knoten so eingefügt, dass in dem entstandenen fünfdimensionalen Vektorraum die verwendeten Bitkombinationen bei einer Erweiterung auf gerade (even) alle geraden Knoten sind. Alle direkt benachbarten Knoten sind ungerade (odd) und liefern nicht verwendete Bitkombinationen. Tritt also ein Einbitfehler auf, so wechselt das Bitmuster von den verwendeten geraden Bitmustern zu den nicht verwendeten ungeraden Bitmustern und wird damit erkannt. Alle Einbitfehler innerhalb der fünf Bits werden zu 100 % erkannt. Tritt jedoch ein Zweibitfehler auf, so wechselt das Bitmuster zu einem verwendeten geraden Bitmuster und der Fehler wird damit nicht erkannt. Zweibitfehler werden somit nicht erkannt. Die Wahrscheinlichkeit von Zweibitfehlern ist jedoch sehr viel kleiner als die von Einbitfehlern. Gleiches gilt, wenn die Ergänzung ungerade (odd) verwendet wird. Hierbei sind lediglich die verwendeten Bitmuster mit den nicht verwendeten getauscht. Zusammengefasst kann man für einen Block fester Größe (z. B. 128 kByte (8 Bit = 1 Byte)) festhalten:

- Einbitfehler werden vollständig erkannt.
- Zweibitfehler (gerade Anzahl Mehrbitfehler) werden nicht erkannt.
- Dreibitfehler (ungerade Anzahl Mehrbitfehler) werden als Einbitfehler erkannt.

Wird die Anzahl möglicher Bitkombinationen nicht vollständig verwendet, so überlagert sich die Fehlererkennung durch die Parity-Ergänzung mit der Fehlererkennung durch nicht genutzte Bitkombinationen. Betrachten wir den BCD-Code. Hier werden von den 16 Kombinationsmöglichkeiten 10 genutzt, die Redundanz hat den Wert 0,678. Eine Erweiterung um ein Parity-Bit erhöht diesen Wert auf 1,678. Folgende Fehler werden erkannt (z. B. bei einer festen Anzahl gemeinsam bewerteter BCD-Code-Werte):

- Einbitfehler werden vollständig erkannt.
- Zweibitfehler (gerade Anzahl Mehrbitfehler) werden erkannt, wenn diese zu den sechs Pseudotetraden führen (6/16 = 37,5 %).
- Dreibitfehler (ungerade Anzahl Mehrbitfehler) werden als Einbitfehler erkannt.

Vergleichen wir dies mit dem (m aus n)-Code zur Darstellung von zehn Werten, also mit einem (2 aus 5)-Code (s. Tabelle 1.5), so haben wir hier einen identischen Aufwand wie bei dem BCD-Code. Der Redundanzwert ist wieder 1,678. Die verwendeten 16 Bitkombinationen von den $2^5 = 32$ Kombinationen sind effektiver im fünfdimensionalen Raum verteilt. Folgende Fehler werden erkannt (z. B. bei einer festen Anzahl gemeinsam bewerteter (2 aus 5)-Code-Werten):

- Einbitfehler werden vollständig erkannt.
- Zweibitfehler (gerade Anzahl Mehrbitfehler) werden nur erkannt, wenn diese einseitig (oder einseitig dominant) sind (z. B. bei zwei fehlerhaften Werten sind 00, 01, 11 und 10 möglich, hiervon sind zwei Kombinationen einseitig (00 und 11), das entspricht einer Erkennungsrate von 2/4 = 50 %.
- Dreibitfehler (ungerade Anzahl Mehrbitfehler) werden als Einbitfehler erkannt.

Eine Anwendung der Parity-Prüfung kann bei der alten seriellen Schnittstelle V24 oder RS232 (interpretiert als Recommended Standard) bzw. EIA232 (EIA: Electronic Industries Alliance) verwendet werden (Parity-Ergänzung ist jedoch nicht als Standard festgelegt). Bild 1.17 zeigt eine über eine Leitung übertragene Bitsequenz 11001010 ($s_7, \ldots s_0$). Die Datenübertragung arbeitet asynchron (ohne gemeinsamen Takt) und mit Spannungswerten von ca. −12 V und +12 V zwischen dem Sender (Anschluss TxD (Transmit Data)) und einem Empfänger (Anschluss RxD (Receive Data)). Durch die höheren Spannungen erhält man eine bessere Störfestigkeit bei langen Leitungen. Diese Leitungen entsprechen nicht den heutigen Anforderungen und es sind hierbei Ausgleichsvorgänge abzuwarten, wodurch sich eine relativ langsame und von der Leitungslänge abhängige Übertragungsgeschwindigkeit ergibt. Standardwerte sind 2400 Baud bzw. Bd (Bd; Symbole je Sekunde, hier entspricht ein Symbol ein Bit; bei einer optischen Signalübertragung mit Farben, wie in Bild 1.14 rechts dargestellt, enthält ein Farbsymbol 3 Bit), 4800 Bd, 9600 Bd usw. Die übertragenen Bits sind bei dieser Schnittstelle negiert (negativer Spannungswert entspricht 1 und positiver Spannungswert entspricht 0). Die ursprüngliche

Anwendung war die Übertragung von druckbaren Zeichen zu einfachen Druckern zur Textausgabe mit einer Bitbreite von sieben Bit zur Zeichendarstellung. Es existieren unterschiedliche Ergänzungen zur Steuerung langer Zeichenfolgen (starten und stoppen der Übertragung mit Handshake-Signalen oder XON- und XOFF-Protokoll), auf die hier nicht weiter eingegangen werden soll. Die Schnittstellen findet man heute als COM-Schnittstellen (z.B. für die Programmierung und die Monitorfunktion bei Arduino-Anwendungen (Mikroprozessor Entwicklungsumgebung), ohne Paritätsprüfung). Hier werden Spannungen zwischen 0 und 5 V (TTL-Pegel, s. Abschnitt 9.3.1 Spannungsbereiche) verwendet sowie eine nicht negierte Signalübertragung.

Die Übertragung ist asynchron. Ein für die Übertragung bereiter Empfänger bewertet permanent die Leitung und wartet auf einen Spannungswechsel von negativ nach positiv (s. Bild 1.17). Dieser wird durch das Startbit (ist immer 0) verursacht und startet damit den Lesevorgang entsprechend der eingestellten Baud-Rate. Zu den Zeitpunkten 0 bis 8 werden nun die Eingangssignale bewertet und dies liefert die Folge 010100110 (ohne Start- und Stopp-Bit). Die Übertragung startet mit LSB, was üblicherweise rechts dargestellt wird. Die Zeichenfolge ist somit 011001010 $(p, s_7, s_6, \ldots, s_0)$. Das Beispiel zeigt eine Ergänzung auf gerade (even). Wenn dies der Vereinbarung (Einstellung der Schnittstelle) entspricht, geht man von einer fehlerfreien Übertragung aus. Das Ende der Übertragung wird in dem Beispiel mit einem Stopp-Bit (ist immer 1) realisiert (häufig einstellbar sind 1 Bit, 1,5 Bit oder 2 Bit für das Stopp-Bit). Danach bleibt der Spannungswert auf negativem Niveau und es kann ein weiterer Wert übertragen werden.

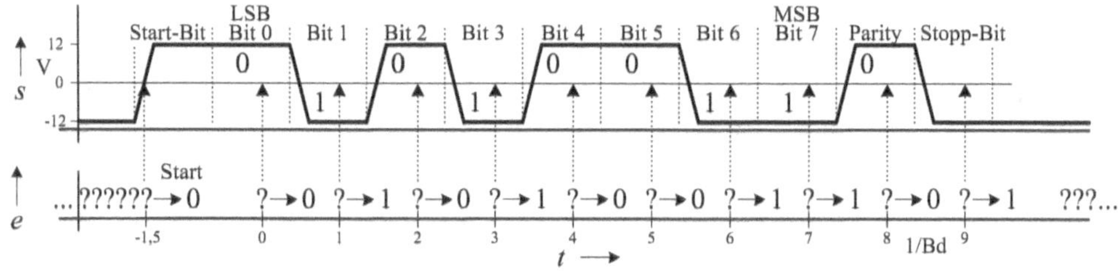

Bild 1.17 V24-Datenübertragung mit Paritätsprüfbit

1.6.4 Blockcheck

Bisher hatte wir relativ kurze Datensequenzen betrachtet, z.B. die Übertragung von einem Byte und zugehörige Fehlererkennung mit einem Paritätsbit. Hier werden nun ganze Bereiche mit vielen Bytes betrachtet, wie es z.B. in einem EPROM (Erasable Programmable Read Only Memory) der Fall ist. Dieses Bauelement wird als Speicher bezeichnet, dabei ist es lediglich eine Umcodierung von Adressen

(z. B. 15 Bit) in im Baustein hinterlegten Datenbytes mit 8 Bit (Ausgang). Es ist ein kombinatorisches digitales Bauelement und wird im Einsatz fester Datenbereiche (nicht vom Mikroprozessor direkt veränderbar), z. B. als Programmspeicher in der Mikroprozessortechnik eingesetzt. Man könnte die in einer Wahrheitstabelle darstellbare Bitinformation mit den Minimierungsmethoden optimieren und gleichungsmäßig beschreiben, was in der Mikroprozessoranwendung keinen Sinn macht. Die Wahrheitstabelle wird direkt in dem Baustein fest hinterlegt (programmiert oder gebrannt). Die Information wird durch elektrische Ladungen auf floatend (keine niederohmige Verbindung zum Rest der Schaltung) gespeichert. Dies erfolgt außerhalb der Mikroprozessorschaltung und nicht während des Einsatzes. Üblicherweise steckt der Baustein in einem Sockel und kann dadurch entnommen und wieder hinzugefügt werden. Der Speichervorgang erfolgt in einer separaten Schaltung (oder einem Gerät) und heißt Programmieren oder Brennen. Diese Bausteine haben ein kleines Quarzfenster im Gehäuse, sodass das Feld mit den Transistoren beleuchtet werden kann (man kann durch das Fenster auch den Kristall sehen). Mit energiereichem Licht können die Ladungen von den floatenden Gates entfernt werden. Der Baustein wird dadurch gelöscht und kann wieder neu programmiert werden. Das Quarzfenster wird normalerweise abgeklebt, um einen unerwünschten Löschvorgang zu verhindern. Röntgenstrahlung (z. B. im Weltraum) kann den Baustein ebenfalls löschen, dagegen hilft auch kein Abkleben. Diese Bausteine eignen sich auch zur variablen Gestaltung von kombinatorischen Schaltungen, die bei einer Änderung nicht neu verdrahtet werden müssen. Der Baustein ist alt und es gibt inzwischen bessere programmierbare Digitalschaltungen, aber zur Erläuterung der Datensicherung gut geeignet.

Zurück zu den Listen mit den Byte-Werten. Um zu überprüfen, ob die in dem EPROM gespeicherten Daten korrekt sind, gibt es nahezu unzählige Methoden. Ein paar grundlegende werden hier erläutert.

Eine Möglichkeit ist eine binäre Addition (Addition ohne Übertrag, Exklusiv-Oder-Verknüpfung) jeder Spalte. Hierdurch erhält man ein Byte. Wird dieses dem Datenfeld angehängt, so erhält man zur Kontrolle immer den Wert Null. Das Datenfeld kann mit der Methode auf jede Bitkombination als Testwert abgestimmt werden, auch auf 0X42, wenn es gewünscht ist.

Verwendet man statt der Addition ohne Übertrag die Addition mit Übertrag, so erhöht sich die Anzahl der Bits. Bei dem EPROM 27256 werden 256 kBits in 32 kBytes gespeichert. Die Summe über diese 32 kBytes wird auf 4 oder 8 HEX-Zeichen (16 oder 32 Bits) begrenzt (es werden nur die niederwertigsten 16 oder 32 Bit verwendet und in HEX dargestellt). Wer Eindruck schinden will, verwendet die 8 HEX-Zeichen, die 4 HEX-Zeichen reichen jedoch vollkommen aus. Die Checksumme wird spätestens vom Programmiergerät angezeigt und üblicherweise auf dem Baustein vermerkt. Anwendung der EPROMS sind Mikroprozessor-Realisierungen. Die Bausteine enthalten das Programm des Mikroprozessors und stecken normalerweise in einem Sockel. So kann der Baustein entnommen werden und nach löschen, brennen (programmieren), checken (auslesen der Daten mit Vergleich der Quelldaten) wieder eingesetzt werden, um Programmänderungen durchzuführen. Steht die Quelldatei nicht zu Verfügung, so kann der Inhalt ausgelesen und durch Vergleich der Checksumme mit dem auf dem Baustein vermerkten HEX-Zeichen überprüft werden. Stimmen die Werte überein, dann wird der Inhalt als korrekt angesehen. Einige Fehler werden jedoch nicht erkannt, zum Beispiel vertauschte Inhalte oder das Speichern an einer anderen Startadresse (der Block mit den relevanten Daten ist innerhalb des Speicherbereichs verschoben). Eine Erweiterung arbeitet mit zwei Checksummen (Fletcher's Checksum); die eine Checksumme ist die Addition der Bytes, eine zweite Checksumme ist die Addition aller Zwischenergebnisse. Bei dem EPROM 27256 ist der Wert des ersten Bytes aus dem Datenfeld $32 \cdot 1024 = 32768$-mal enthalten und das letzte Byte nur einmal. Hiermit werden mehr Fehler abgedeckt. Die Summen können auf 8, 16 oder auch 32 Bit begrenzt werden, ebenso ist es möglich, bei dem als Beispiel verwendeten EPROM 27256 die zwei letzten Bytes so zu besetzen, dass bei Fletcher-8 (8-Bit-Variante) die Werte 0 herauskommen.

Aufgrund der Vielfalt an Checksummen ist es natürlich notwendig, die jeweils verwendete Berechnungsart zur Prüfung des Inhaltes zu kennen.

1.6.5 Fehlerkorrigierende Bewertung

Verwendet man die Parity-Ergänzung bei einem Datenfeld sowohl für die Zeile (das Byte) als auch für die Spalte (gleiche Bitposition über die Länge des Datenfeldes), so können Einzelbitfehler lokalisiert werden. Bild 1.18 zeigt ein Datenfeld mit acht Bit Breite von b_7 (links, MSB) bis b_0 (rechts, LSB) für Zeile 0 bis $N-1$. Die Reihenfolge der Ergänzung von Zeile und Spalte ist beliebig, in diesem Beispiel wird zuerst die Parity-Ergänzung auf die Spalten und dann auf die Zeilen durchgeführt. Wendet man die Parity-Ergänzung auf die Spalten an, so erhält man ein weiteres Byte mit dem Parity-Wert ps_7 für Spalte 7 bis ps_0 für Spalte 0. Das Datenfeld verlängert sich somit um ein Byte auf $N+1$ Bytes (0 bis N, ps_j entspricht hierbei $b_{j,N}$ für $j=0$ bis $J-1$ mit $J=8$ Bits). Hierdurch erhöht sich der Vektorraum um eine weitere Dimension, wodurch sich ein Abstand zwischen den genutzten Bitkombinationen von zwei ergibt. Bei einer geringen Fehlerrate werden Einzelbitfehler in dem Feld erkannt und auf Spalte j lokalisiert. Erweitert man jetzt jede Zeile ebenfalls um ein Parity-Bit, so kommt in der Zeilendarstellung eine weitere Dimension hinzu und erhöht den Abstand der verwendeten Bitkombinationen auf vier. Die Datenbreite erhöht sich um ein Bit auf neun Spalten, oder allgemein auf $J+1$ (pz_n entspricht $b_{J,n}$ für $j=0$ bis J, in dem Beispiel für $J=8$). Einzelbitfehler in dem Feld werden jetzt durch Spalte j und Zeile n lokalisiert und damit ist der Fehler der Bitstelle $b_{j,n}$ zuzuordnen und kann korrigiert werden. Die Diskussion über mehrere Einbitfehler in einer Zeile bzw. Spalte oder anderweitig verteilt etc. soll hier nicht weiter vertieft werden.

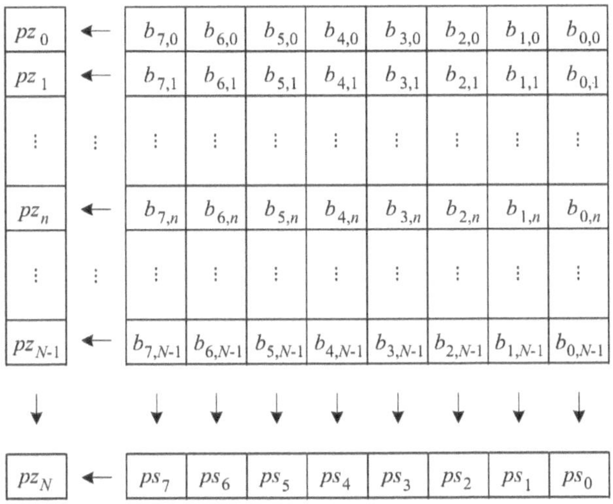

Bild 1.18 Parity-Ergänzung für Zeile und Spalte eines Datenfeldes mit $8 \times N$ Bits

1.6.6 Fehlerkorrigierender Code nach Hamming

Eine Optimierung der Fehlerkennung mit Korrektur von Einbitfehlern ist die Methode nach Hamming. Bei einen aus J Bits bestehenden Bitfeld b_0 bis b_{J-1} werden K überlappende Gruppen gebildet und jeweils mit einer Parity-Ergänzung p_0 bis p_{K-1} gesichert. Aus den Überdeckungen der den Parity-Bits zugeordneten Bereichen ist die Position f des Einbitfehlers in dem gemeinsamen Feld c_1 bis c_F (ein Element c_0 ist nicht vorhanden) mit $F=J+K$ erkennbar und kann dadurch korrigiert (negiert) werden. Den prinzipiellen Aufbau zeigt Bild 1.19.

Wir beschränken uns hier auf das Feld c_1 bis c_{15} ($F=15$). An den Positionen mit $f=2^i$ mit $i \in \mathbb{N}_0$ befinden sich die Paritätsbits. Dies sind die Positionen 1, 2, 4 und 8. Die nicht besetzten Bitpositionen werden mit den eigentlich genutzten unabhängigen (im Allgemeinen keine Wertigkeit besitzenden) Datenbits aufgefüllt. Dies sind $J=11$ Bits von b_0 bis b_{10}. Innerhalb der Gruppen werden die Paritätsbits gesetzt. Hiermit ist das gesamte fehlerfreie Datenfeld definiert. Die Prüfung der vier überlappenden Bereiche liefert mit der Wertigkeit $2^3=8$ für p_3 bis $2^0=1$ für p_0 den Wert $f=0$; dies verweist auf das nicht verwendete Bit c_0 und zeigt die Fehlerfreiheit des gesamten Datenfeldes c_1 bis c_{15} an. Wird ein Bit verändert, z. B. c_{10}, so wechseln p_1 und p_3 auf 1 und liefern den Wert $f=8+2=10$. Hiermit ist c_{10} als fehlerhaftes Bit lokalisiert und kann korrigiert werden.

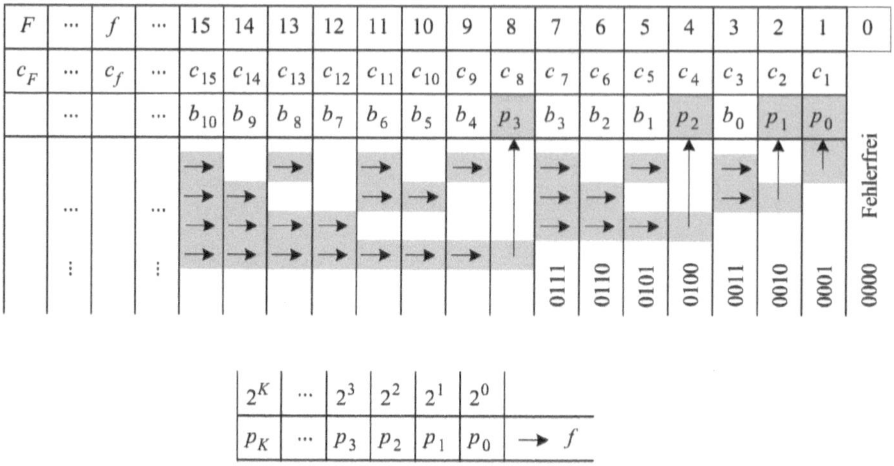

Bild 1.19 Aufbau und Funktion des einbitfehlerkorrigierenden Hamming-Codes

1.6.7 CRC-Summe

Eine andere Methode ist die CRC-Summe (Cyclic Redundancy Check), die eine hohe Fehlererkennung ermöglicht, jedoch ohne Fehlerkorrektur. Die Korrektur wird ersetzt durch eine Wiederholung der Datenübertragung (oder des Lesevorganges bei Speichermedien, z. B. DVDs). Dies erfordert eine Rückmeldung des Empfangs als Quittung des fehlerfreien Erhalts der Bitfolge oder Anforderung einer Wiederholung. Bei Erreichen einer festgelegten Anzahl an Wiederholungen wird abgebrochen und eine Fehlermeldung ausgegeben (z. B. Abbruch des Lesevorganges, fehlerhafte CRC).

Hier soll zunächst die Funktion erläutert werden. Bild 1.20 zeigt den Aufbau. Benötigt wird ein definierter Startpunkt (Rücksetzen der Summe), ausgeführt durch ein Reset-Signal (*reset*). Hiernach erfolgt eine Zusammenfassung einer Bitfolge fester Länge durch den Dateneingang (*daten*), bei dem bei jedem Bit ein Taktsignal (*clk*) die Übergabe synchronisiert. Das Ergebnis wird in diesem Beispiel über eine Anzeige ausgegeben. Die übergeordnete Steuerung der Bitübertragung wertet dieses Signal aus und fordert ggf. eine erneute Übertragung an. Übliche CRC-Summen sind 8 Bit (CRC-8), 16 Bit (CRC-16) oder 32 Bit (CRC-32) lang. In dem hier verwendeten einfachen Beispiel wird die Funktionsweise an einer 4-Bit-CRC-Summe (CRC-4) demonstriert.

Die Schaltung der Summenbildung ist ein Zähler mit einer speziellen Eigenschaft. Er basiert auf einem pseudorandom oder deterministischen (lat.: determinare: festgelegt) Zufallszahlengenerator mit einer festen, jedoch zufällig erscheinenden Zahlenfolge. Die Wiederholrate ist üblicherweise so niedrig, dass dieser Effekt häufig vernachlässigt werden kann. Wir betrachten einen 4-Bit-Zähler, der 16 Bitkombinationen ausgeben kann. Hierbei hat der Wert 0 (0X0 = 0b0000) eine besondere Bedeutung und wird bei der Generierung der Zufallszahlen nicht verwendet. Die verbliebenen 15 Bitkombinationen (die Hex-Zahlen 1 bis F) sind in Bild 1.20 aufgeführt (obere Folge) und werden mit dem Taktsignal fortlaufend Tetrade für Tetrade zyklisch ausgegeben. Hätten wir einen 16-Bit-Zufallszahlengenerator, so wären $2^{16} - 1 = 65\,535$ Bitkombinationen (mit zwei Byte Bitbreite) in einem Zyklus vorhanden. Die Schaltung des Zahlengenerators wird erweitert, sodass über den Eingang Daten auf eine andere pseudorandom Sequenz gewechselt wird. Bild 1.20 zeigt die Sequenz für Eingangssignal *daten* = 0 (obere Sequenz) und *daten* = 1 (untere Sequenz).

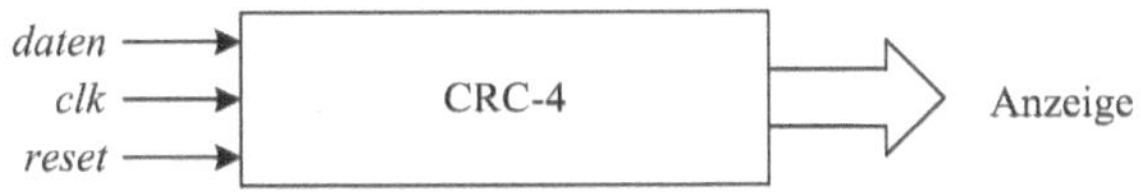

Sequenz mit *daten* = 0

.. / 0 / 0 / ... ... / F / D / 9 / 1 / 2 / 4 / 8 / 3 / 6 / C / B / 5 / A / 7 / E / F / ...

Sequenz mit *daten* = 1

.. / F / F / ... ... / 1 / 3 / 7 / E / C / A / 6 / D / 8 / 2 / 5 / B / 4 / 9 / 0 / 1 / ...

Bild 1.20 Anschlüsse und Sequenzen eines CRC-4-Generators (das Bild ist Bestandteil der Aufgabe 1-8)

Die interne Funktion ist eine binäre (keine duale, wie in Bild 1.9) Polynomdivision wie in Bild 1.21 dargestellt. Die Division wird nur demonstriert und nicht weiter vertieft. Hier interessiert die Schaltung (wird am Ende in Abschnitt 7.3 Schieberegister behandelt) und nicht die mathematische Herleitung. Die Addition ist binär, also ohne Übertrag. Die Verknüpfung wird als Exklusiv-Oder bezeichnet und in Abschnitt 2.2.3 Antivalenz-Verknüpfung näher behandelt. Für die hier dargestellte Berechnung reicht folgende Bewertung:

- wenn beide Eingangswerte der bitweisen Betrachtung gleich sind, so ist das Ergebnis 0;
- sind sie ungleich, so ist das Ergebnis 1;
- zudem sind Addition und Subtraktion identisch (kein Übertrag (carry) und kein Borgen (borrow)).

In Bild 1.21 ist oben links ein typisches Beispiel dargestellt. Es werden die acht Bit der Sequenz 11001010 (wird als Polynom $x^{J-1} + \ldots + x^2 + x^1 + x^0$ interpretiert) durch das Polynom 10011 ($x^4 + x^1 + 1$, hierbei ist x^3 und x^2 gleich 0 und $x^0 = 1$) in acht ($J = 8$) Schritten (Takten) dividiert. Wir starten mit dem Anfangswert 0000. Das höchstwertige Bit (x^4) liefert das Ausgangssignal für das Ergebnis und wird nach dem Takt nicht mehr verwendet, hinzugefügt wird das nächste Bit und die vier Bit des Anzeigewertes verschieben sich (dünn umrandetes Feld verschiebt sich nach rechts). Wir befinden uns in der Sequenz 0 für *daten* = 0 in Bild 1.20. (solange *daten* = 0 ist, bleibt der Anzeigewert 0X0, dargestellt durch .../0/0/...). Dies wiederholt sich so lange, bis die erste 1 am Dateneingang anliegt (Wechsel in die untere Sequenz für *daten* = 1, in der langen Sequenz sieht man am Ende den Wechsel von 0X0 nach 0X1, dargestellt durch 0/1) und mit dem Takt übernommen wird. Das Ergebnis ist die erste (schwarze) 0 und der Ausgabewert wechselt von 0000 (0X0) nach 0001 (0X1) (im ersten dünn eingezeichneten Kasten in Bild 1.21). Der Wert x^4 bleibt 0 und es wird 0000 addiert (oder subtrahiert, ist im binären gleich). Mit dem zweiten relevanten Taktsignal erhält man die zweite 0 als Ergebnis und den Anzeigewert 0011 (0X3). Dies wiederholt sich bis nach dem vierten Taktsignal x^4 den Wert 1 bekommt mit Anzeigewert 1100 (0XC). Jetzt wird mit Takt 5 das Polynom 10011 addiert und als Ergebnis erscheint die erste 1 (mit Anzeigewert 1010 (0XA)). Dies wiederholt sich im Takt 6 und die Anzeige wechselt auf 0111 (0X7). Jetzt folgen noch eine 0 und eine 1 und nach Takt 8 haben wir den Anzeigewert 1101 (0XD). Dies ist unser CRC-4-Wert. Das Ergebnispolynom wird nicht benötigt. Die zweite Polynomdivision zeigt ein Beispiel mit einem CRC-Wert von 0.

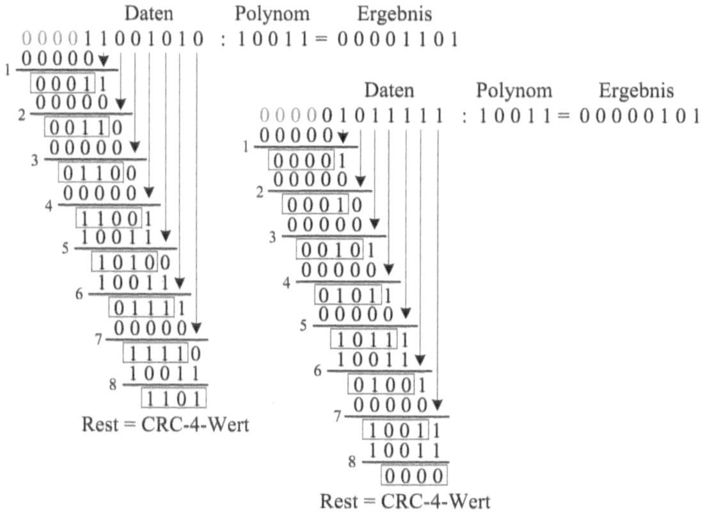

Bild 1.21 Beispiele binärer Polynomdivisionen

Die CRC-Summe beginnt mit der ersten 1 im Datenfeld und hat bei einer langen Sequenz von Eingangsbits (die Sequenzlänge ist fest, z. B. 512 Bits als zu bewertender Datenblock) einen der 16 möglichen Ausgangswerte. Die Fehlererkennungsrate ist hierbei $15/16 = 0{,}9375$. Eine CRC-16 hat eine Fehlererkennungsrate von $(2^{16}-1)/2^{16} = 0{,}99985$. Auf die Diskussion bestimmter Fehlerarten (z. B. Einbitfehler) wird hier verzichtet.

Bei einer Datenübertragung erwartet man einen CRC-Wert von 0. Dies wird erreicht, wenn nach der CRC-Wertbestimmung des Datensatzes noch weitere Takte entsprechend der Länge des CRC-Wertes (in dem Beispiel vier Takte) mit einem Datenwert von 0 eingegeben werden. Hierdurch erhält man Platz für den mitzuführenden CRC-Wert. Ergänzt man unser Beispiel, so erhält man nach den vier weiteren Takten den CRC-4-Wert 0100 (0X4). Fügt man diesen Wert an der ergänzten freien Position ein, erhält man die Bitfolge 11001010 0100. Die so verlängerte Bitfolge hat damit 0000 (0X0) als CRC-4-Checksumme. Ein Test erfolgt in der Regel auf diesen Wert.

Das wichtige Kriterium der Schaltung ist die lange Sequenz mit 2^J-1 Zuständen und ein einziger separater Zustand bei den Eingangssignalen 0 und 1 wie in Bild 1.20 dargestellt. Durch die Exklusiv-Oder -Verknüpfungen lassen sich der Datenstrom fester Länge und der zugehörige CRC-Wert zerlegen in einen fehlerfreien Datenstrom (z. B. 11001010; CRC-4-Wert 0XD), einen fehlerhaften Datenstrom (z. B. 11101010; CRC-4-Wert 0XB) und einen fehleranzeigenden Datenstrom (z. B. 00100000; CRC-4-Wert 0X6). Liefert der nicht nur aus Nullen bestehende fehleranzeigende Datenstrom einen CRC-Wert von 0, dann sind die anderen CRC-Werte gleich und die Fehler sind nicht erkennbar. Die Wahrscheinlichkeit hierfür ist sehr klein und beträgt für lange Datenströme mit Mehrfachfehlern maximal $1/(2^J-1)$ (das letzte Fehlerbit wechselt von der langen Kette mit 2^J-1 Zuständen in den Zustand 0). Bei 8 Bit liegt die Nichterkennungsrate etwas unter 0,4 % und bei 16 Bit etwas unter 0,00153 %.

1.7 Verarbeitungsgeschwindigkeit

Vorteil einer „einfachen“ digital arbeitenden Schaltung ist die Geschwindigkeit. Aufgrund der hohen Anzahl an (Rechen-)Operationen mit deren Steuerung ergeben sich bei rechnergestützten Anwendungen merkliche Verzögerungen. In diesem Abschnitt wird eine Übersicht gegeben, die die Vorstellung der Verarbeitungsgeschwindigkeit verdeutlicht, ohne zu sehr ins Detail zu gehen.

Die höchste Geschwindigkeit, die aus dem Physikunterricht bekannt ist, ist die Lichtgeschwindigkeit *c* mit ca. 300 000 km/s. Die Verarbeitungsgeschwindigkeiten bzw. die Reaktionszeiten verarbeitender Systeme werden durch Distanzen repräsentiert, die Licht in diesem Zeitintervall durchläuft. Eine Übersicht zeigt Tabelle 1.9.

Tabelle 1.9 Gegenüberstellung Zeiteinheit und Strecke (Lichtgeschwindigkeit)

Strecke (technisch)	Zeiteinheit	Strecke (Größenordnung)
300 000 km	1 s	Größenordnung Erde-Mond (ca. 370 000 km)
30 000 km	0,1 s	Größenordnung Erdumfang (ca. 44 000 km)
3000 km	0,01 s	Größenordnung Europa (Nordkap-Sizilien)
300 km	0,001 s = 1 ms	ca. Luftlinie Hamburg-Frankfurt
30 km	0,1 ms	(bitte selbst ergänzen)
3 km	0,01 ms	(bitte selbst ergänzen)
300 m	0,001 ms = 1 µs	(bitte selbst ergänzen)
30 m	0,1 µs	ca. Steinwurf
3 m	0,01 µs	ca. Deckenhöhe in Schulgebäuden
0,3 m	0,001 µs = 1 ns	ca. Länge eines DIN-A4-Blattes

Im normalen Tagesablauf reicht eine Zeitauflösung bis in den Sekundenbereich aus. Dies ist eine Größe, die bekannt und dadurch sehr gut vorstellbar ist. Licht benötigt ca. 1 s für die Strecke von der Erde zum Mond. Mechanische Systeme haben aufgrund ihrer Trägheit Reaktionszeiten von ms (Millisekunden). Dies ist 1000-mal schneller als eine Sekunde (Verhältnis Millimeter im Vergleich zum Meter). Licht benötigt ca. 1 ms für die Strecke von Hamburg nach Frankfurt.

Normale Rechnersysteme (keine Hochgeschwindigkeitsrechner), die zur Steuerung einfacher Vorgänge verwendet werden, haben Reaktionszeiten von µs (Mikrosekunden). Die auszuführenden Operationen umfassen wenige Rechenschritte. Dies ist 1000-mal schneller als eine Millisekunde (Verhältnis Millimeter im Vergleich zum Meter). Licht benötigt ca. 1 µs für die Strecke von 300 m (3/4 einer Stadionrunde).

Digitale Verarbeitungseinheiten haben Reaktionszeiten von wenigen Nanosekunden. Das ist 1000-mal schneller als eine Mikrosekunde (Verhältnis Millimeter im Vergleich zum Meter). Bis das Ergebnis einer einfachen Logikverknüpfung bei Standardgattern vorliegt, legt Licht näherungsweise die Strecke einer Schreibtischlänge zurück. Der Vorteil dieser hohen Geschwindigkeit ist ohne technische Hilfsmittel wie Oszilloskope etc. schwer nachvollziehbar. Die Längenangabe bei Lichtgeschwindigkeiten soll hierbei helfen.

Je nach Verarbeitungsgeschwindigkeiten sind auch die Einflüsse einer signalübertragenden Leitung zu berücksichtigen. Normalerweise wird die Ausbreitungsgeschwindigkeit über Leitungen vernachlässigt und man spricht von elektrisch kurzen Leitungen. Im Weiteren wird ebenso verfahren. Hier soll nur kurz vorgestellt werden, was passiert, wenn das nicht mehr der Fall ist. Sind die Leitungen lang und/oder sind die Verarbeitungsgeschwindigkeiten sehr hoch und die Leitungslänge hat Einfluss auf die Signalqualität, so spricht man von elektrisch langen Leitungen. Die Ausgangssignale benötigen eine gewisse Zeit für einen Logikwechsel. Ist die Laufzeit (Leitungslänge multipliziert mit der Signalgeschwindigkeit auf der Leitung, ca. 2/3 der Lichtgeschwindigkeit) größer als 25 % (ist kein fester Wert, dient hier zur Orientierung) der Zeit für einen Logikwechsel (s. Bild 1.5), so ist der Leitungseinfluss zu berücksichtigen.

Bild 1.22 zeigt in der oberen Darstellung eine Verbindung zwischen zwei Logikelementen und einen zugehörigen Spannungsverlauf, der die Daten vom Ausgang zum Eingang weiterleitet. In dieser Betrachtung stellt die Leitung einen konzentrierten Schaltungsknoten dar, der unabhängig vom Ort der Messung des Signals entlang der Leitung den gleichen Signalverlauf liefert. Der Leitungseinfluss wird hier vernachlässigt. Diese Betrachtung wird im Weiteren verwendet.

Ist der Leitungseinfluss nicht vernachlässigbar, so gibt es zwei wesentliche Betrachtungsweisen. Jede elektrische Leitung hat physikalische Parameter wie Kupferwiderstand R'_{Cu} (R'_{Cu} ist der auf einen Meter Leitung bezogene Wert, der mit der Leitungslänge zu multiplizieren ist), Isolationsleitwert G', Leitungsinduktivität L' und Leitungskapazität C'. In der klassischen Betrachtung wird gewartet, bis die Leitung vollständig den neuen Logikpegel aufweist. Die Signalwechselgeschwindigkeit ist im Vergleich zu modernen Schaltungen langsam (ältere Bausteine) und die Leitung wird hierfür als umzuladender Kondensator $C_L = C' \cdot s_L$ (s_L ist die Leitungslänge) aufgefasst. Die anderen Parameter R'_{Cu}, G' und L' sind bei dieser vereinfachten Betrachtung vernachlässigbar. Ebenso die Einflüsse einer kapazitiven und/oder induktiven Kopplung mit anderen Signalleitungen. Eine ca. 100 m lange Leitung hat z. B. einen Kapazitätswert von $C_L = 5\,\text{nF}$ ($C' = 50\,\text{pF/m}$). Der Ladevorgang erfolgt über Widerstand R_i, der Innenwiderstand des Ausgangs der Logikschaltung, dieser könnte z. B. $R_i = 300\,\Omega$ betragen, wodurch sich eine Zeitkonstante des Umladevorgang von $\tau_{RC} = R_i \cdot C_L = 1{,}5\,\mu\text{s}$ ergibt. Für die Zeitspanne des Umladevorgangs können $3\tau_{RC}$ angesetzt werden, also 4,5 µs. Die Übertragungsrate einer aus dieser Zeit stammenden Verbindung ist die V24-Schnittstelle (s. Ende von Abschnitt 1.6.3). Bei einer Leitungslänge von 100 m sollte die Übertragungsrate z. B. nicht größer als 9600 Bd sein, dies entspricht 0,000 104 s = 104 µs je Symbol, hier für 1 Bit. Der Umladevorgang ist mit ca. 4,3 % deutlich kleiner als die Dauer des Signalbits, aber deutlich erkennbar. In der Zeitdarstellung links unten in Bild 1.22 ist diese Verzerrung eingezeichnet (nicht maßstabsgerecht).

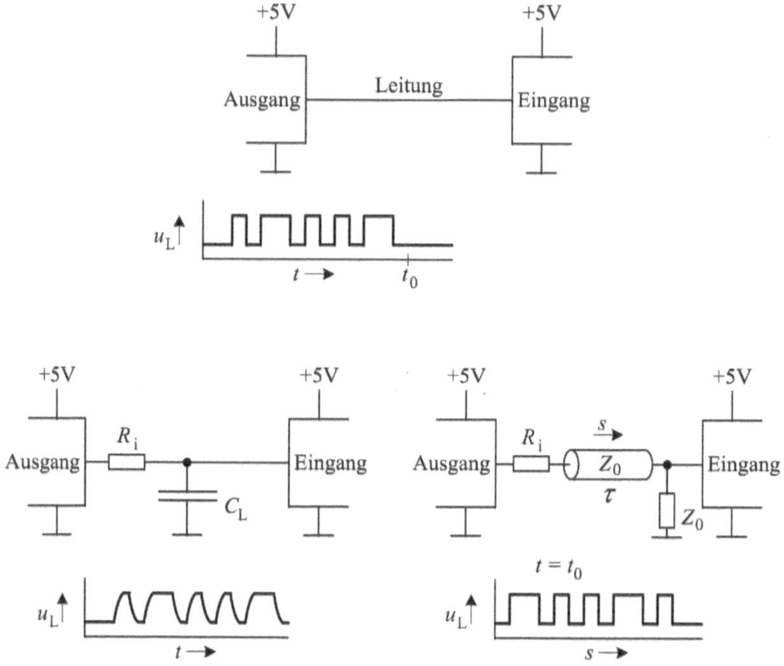

Bild 1.22 Leitungseigenschaften

Die Datenrate der klassischen Betrachtung reicht inzwischen nicht mehr aus. Die Weiterentwicklung benötigt homogene Leitungen, besonders dürfen die physikalischen Werte der Leitungselemente (Leitungen, Stecker, ...) der Übertragungsstrecke nicht zu stark schwanken. Die Größen R'_{Cu} und G' werden bei dieser vereinfachten Betrachtung vernachlässigt, aus L' und C' ergibt sich ein sogenannter Wellenwiderstand $Z_0 = \sqrt{L'/C'}$. Dies ist ein reeller Wert. Labor-Koaxialkabel haben standardmäßig 50 Ω (ist u. a. auf dem Kabel aufgedruckt und kann mit einem Ohmmeter nicht gemessen werden). Ein weiterer Parameter ist die Laufzeit τ, die eine Signalübertragung mit dieser Leitung benötigt. Um Reflexionen (entstehen durch Sprünge des Wellenwiderstandes entlang der Leitung) auf der Leitung zu vermeiden, dürfen die Werte L' und C' nicht zu stark variieren und die Leitungsanschlüsse müssen mit einem Widerstand Z_0 am Ende der Leitung und sollten durch den Innenwiderstand $R_i = Z_0$ am Anfang der Leitung abgeschlossen sein. In der

Zeitdarstellung rechts unten in Bild 1.22 ist der Verlauf der Spannung entlang der Leitung als Funktion von s zum Zeitpunkt t_0 dargestellt. Der Sender hat zu diesem Zeitpunkt über den Ausgang das Bitmuster vollständig ausgegeben, während der Empfänger am Eingang noch nichts erhalten hat. In der Darstellung bewegen sich die Bits mit $v = 1/\sqrt{L' \cdot C'}$ vom Ausgang zum Eingang und befinden sich gleichzeitig in der Leitung. Die Datenrate bei USB 3.0 ist mit 5 GB/s angegeben. Dies entspricht 0,2 ns/Bit und bei den eingezeichneten ca. 12 Bit sind das 2,4 ns, was ca. 72 cm bei Lichtgeschwindigkeit bedeutet oder ein ca. 50 cm langes USB-Kabel mit $\tau \approx 2{,}5$ ns. Aufgrund der Laufzeiten können nur große Datenpakete mit dieser Geschwindigkeit übertragen werden und keine kurzen Sequenzen inklusive ein Umschalten der Transferrichtung (Schreiben zum und Lesen vom USB-Gerät).

1.8 Aufgaben

1. Schreiben Sie die Tabelle 1.2 in vollständiger Form auf.
2. Ein 12 Bit ADU (Analog-/Digital-Umsetzer) konvertiert einen Spannungswert in einen Integerwert. Hierbei wird der Wert für X_{min} mit 00...00 umgesetzt und $X_{max} - Q$ mit 11...11 (X_{max} entspricht 2^J).
   - Wie groß ist der Wertebereich (wie viele Bitkombinationen sind vorhanden) bei einer Bitbreite von 12 Bit?
   - Wie groß ist das Quant Q_{DC} bei einem Eingangsspannungsbereich von 0 V bis 10 V (X_{min} bis X_{max}) (s. Bild 1.3)?
   - Wie könnten die Ausgangssignale des 12 Bit ADU auf ein 16 Bit Integer umgesetzt bzw. abgebildet werden?
   - Wie groß ist das Quant Q_{AC} bei einem Eingangsspannungsbereich von −10 V bis +10 V (X_{min} bis X_{max}) (s. Bild 1.3 und Tabelle 1.2)?
   - Wie könnten die Ausgangssignale auf ein 16 Bit Integer umgesetzt werden?
3. Erstellen Sie eine Tabelle zur Gegenüberstellung verschiedener Zahlensysteme mit den Werten von 0 bis 19. Die erste Spalte zeigt die Dezimalwerte, die zweite Spalte Dualzahlen, die dritte Spalte Oktalzahlen und die vierte Spalte Hexadezimalzahlen.
4. Vervollständigen Sie den (2 aus 5)-Code beginnend mit 0 entspricht 00011, 1≙00101, 2≙00110, 3≙01010, ... zu einem stetigen und zyklischen Code.
   - Wie viele Werte können dargestellt werden?
   - Ist die Codierung zur Längen- und/oder Winkelmessung geeignet?

5. Bestimmen Sie die Fletchers Checksumme über die 4-Bit-Darstellung (Dualwerte) der Werte 0, 8, 1 und 5. Geben Sie das Ergebnis in hexadezimaler Form an.
6. Demonstrieren Sie die Fehlerlokalisierung entsprechend Bild 1.18 durch zweidimensionale Parity-Ergänzung auf gerade (even) an einem 3-Bit-Gray-Code. Das Bitmuster 010 wird z. B. durch Einbitfehler auf 000 verändert.
7. Erstellen Sie eine Tabelle zur Übertragung von 4-Bit-Werten d_3 bis d_0 mit der Fehlerkorrekturmöglichkeit nach Hamming und der Parität gerade (even).
   - Wie viele Parity-Bits werden benötigt? Welche Anordnung (Reihenfolge der Bits) wäre günstig?
   - Erstellen Sie die Tabelle (Gray-Code, Parity-Bits, zusammengesetzte Bitfolge).
   - Zeigen Sie die Funktionsweise an frei wählbaren Beispielen (fehlerfreier Fall und Einbitfehler mit Fehlerkorrektur).
8. In Bild 1.20 hat sich in der Sequenzdarstellung für *daten* = 1 ein Fehler eingeschlichen. Finden und korrigieren Sie diesen Fehler.

2 Logische Verknüpfungen

In diesem Kapitel werden logische Verknüpfungen erläutert. Zunächst eine Zusammenfassung der für dieses Kapitel benötigten Kenntnisse. Die verwendeten Signale können nur einen von zwei Zuständen annehmen, die 0 oder 1 sind und gegebenenfalls auch als „falsch" oder „wahr" interpretiert werden können. Zwischenwerte gibt es in der binären Darstellung nicht, so ist ein Schalter entweder geschlossen oder offen. Eine Berechnung analoger Signalwerte unter Berücksichtigung von Widerstandswerten etc. entsprechend der analogen Schaltungstechnik entfällt. Hierdurch wird die Beschreibung der Zusammenhänge deutlich einfacher, sodass sich der enorme Vorteil binär arbeitender Schaltungen ergibt. Aus den Grundelementen, die sehr schnelle Verarbeitungszeiten (Reaktionszeiten) haben, können komplexe Verknüpfungen zusammengesetzt werden bis hin zu den bekannten Rechnersystemen. In einigen Fällen ist es jedoch notwendig, den analogen Charakter der verwendeten Signalgrößen zu betrachten, da sie durch analoge Spannungsübergänge (wie in Abschnitt 1.2 Binäre und Logische Zustände erläutert) und Laufzeiten auf Leitungen (wie in Abschnitt 1.7 Verarbeitungsgeschwindigkeit dargestellt) etc. nicht immer vernachlässigbares Störverhalten aufweisen. Die Realisierung digitaler Schaltungen strebt jedoch an, dass diese Effekte in der normalen Anwendung vernachlässigt werden können. Wahrscheinlichkeiten oder Zwischenwerte, wie sie in der statistischen Beschreibung oder der Fuzzy-Logik verwendet werden, gibt es in der binären Darstellung nicht.

Die Darstellung von Formeln und Symbolen ist in verschiedenen Normen festgelegt. Diese sind u. a.:

- *DIN 1338 Formelschreibweise und Formelsatz*
- *DIN 5473 Logik und Mengenlehre - Zeichen und Begriffe*
- *DIN EN 60617-7 Graphische Symbole für Schaltpläne - Teil 7: Schaltzeichen für Schalt- und Schutzeinrichtungen*
- *DIN EN 60617-12 Graphische Symbole für Schaltpläne - Teil 12: Binäre Elemente*
- *DIN 66 000 Informationsverarbeitung - Mathematische Zeichen und Symbole der Schaltalgebra*

2.1 Grundfunktionen und Grundglieder

2.1.1 UND-Verknüpfung

Die Aussage „Wenn es Tag ist und es wolkenlos ist, dann scheint die Sonne“ enthält eine **UND-Verknüpfung**. Die Schlussfolgerung z = „Es scheint die Sonne“ ist dann und nur dann zutreffend oder wahr, wenn a = „Es ist Tag“ und b = „Es ist wolkenlos“ zutreffend ist (beide Aussagen müssen wahr ≙ 1 sein). Da in der binären Darstellung nur wahr ≙ 1 und falsch ≙ 0 existiert, gibt es z. B. den Zustand „teilbewölkt“ nicht.

Tabelle 2.1 Wahrheitstabelle einer UND-Verknüpfung

b	*a*	*z*
0	0	0
0	1	0
1	0	0
1	1	1

Logische Verknüpfungen können in Tabellenform dargestellt werden. Diese Darstellungen heißen **Wahrheitstabelle** oder **Schaltbelegungstabelle**. Bei zwei zu verknüpfenden Aussagen gibt es vier Kombinationsmöglichkeiten $b{:}a \in \{0{:}0;\ 0{:}1;\ 1{:}0;\ 1{:}1\}$. Tabelle 2.1 zeigt den Zusammenhang in tabellarischer Form.

Am Ausgang einer **UND-Verknüpfung** wird nur dann eine 1 ausgegeben, wenn alle Eingänge den Zustand 1 haben. Eine mögliche schaltungstechnische Realisierung ist die Reihenschaltung von Schaltkontakten. Bild 2.1 zeigt beispielhaft eine mögliche Relaisschaltung (ein Relais ist ein elektrisch betätigter Schaltkontakt), die eine UND-Verknüpfung darstellt. Eine grundlegende Realisierung von Logikverknüpfungen durch Schaltkontakte als Basis anwendbarer Rechenregeln wird im nächsten Kapitel vertieft.

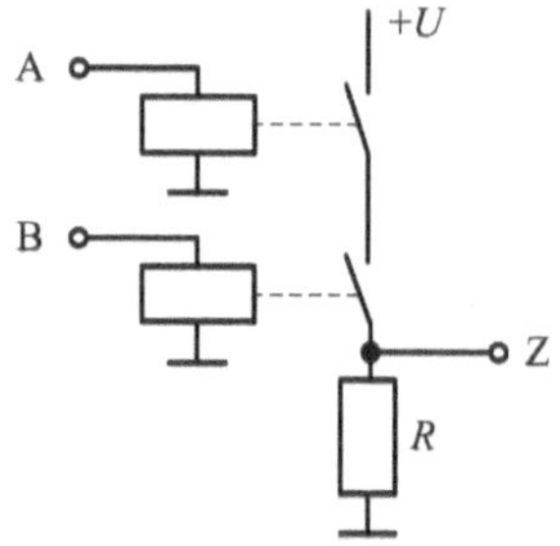

Bild 2.1
Realisierung einer UND-Verknüpfung mit einer Relaisschaltung

Bei einer UND-Verknüpfung (Sprechweise: „*a* und *b*") reicht eine 0 an den Eingängen aus, um eine 0 am Ausgang zu erzeugen. Die 0 setzt sich durch.

Am Ausgang Z liegt nur dann der Zustand $z = 1$ (H-Pegel) an, wenn beide Eingänge A und B die Zustände $a = b = 1$ (H-Pegel) aufweisen und beide Relais aktiv und dadurch die Schaltkontakte geschlossen sind. In der Darstellung ist berücksichtigt, dass die Großbuchstaben A, B und Z (nicht kursiv geschrieben) den physikalischen Schaltungsknoten (Anschluss bzw. Leitungselement) repräsentieren und die Kleinbuchstaben *a*, *b* und *z* (kursiv geschrieben) die zugehörigen Logikwerte, die jeweils den Zustand 0 oder 1 annehmen können. Hierbei wird die Zuordnung zwischen Schaltungsknoten und der zugehörigen Variable durch den Buchstaben selbst repräsentiert (z. B. *a* ist der Zustand auf Leitung A).

Ein nicht kursiv geschriebener Großbuchstabe verweist auf einen physikalischen Knoten (eine Kontaktstelle), der zugehörige kursiv geschriebene Kleinbuchstabe auf dessen logischen Zustand (Variable, zunächst mit den Werten 0 oder 1, später auch X für unbekannt oder Z für inaktiv).

Jede Schaltung, die die Wahrheitstabelle einer UND-Verknüpfung erfüllt, ist ein UND-Glied. Weitere Bezeichnungen sind z. B. **UND-Gatter**, **UND-Element**, **Konjunktion** (lat.: conjunctio: Verbindung) oder **AND-Glied**.

Eingänge werden, wenn keine andere Randbedingung eine Abweichung erfordert, mit den ersten Buchstaben des Alphabets und Ausgänge mit den letzten Buchstaben des Alphabets gekennzeichnet.

Formel 2.1 zeigt gebräuchliche formelmäßige Darstellungen einer UND-Verknüpfung. Im Weiteren wird das Symbol „∧" verwendet, bei eingeschränktem Zeichensatz das Symbol „&".

$$z = a \wedge b \quad \text{bzw.} \quad z = a \cdot b \quad \text{bzw.} \quad z = a \,\&\, b \tag{2.1}$$

Eine grafische Darstellung der UND-Verknüpfung zeigt Bild 2.2. Diese Symbole dienen zur grafischen Beschreibung. Die linke Darstellung wird im Weiteren verwendet. Die rechte Darstellung ist häufig im englischsprachigen Raum zu finden.

Bild 2.2
Schaltzeichen für eine UND-Verknüpfung

2.1.2 ODER-Verknüpfung

Die Aussage „Wenn ich Hunger habe oder wenn ich Durst habe, dann gehe ich in ein Restaurant“ enthält eine **ODER-Verknüpfung**. Die Aussage z = „Ich gehe in ein Restaurant“ ist dann zutreffend oder wahr, wenn die Aussage a = „Ich habe Hunger“ oder die Aussage b = „Ich habe Durst“ zutreffend oder wahr ist. Tabelle 2.2 zeigt diesen Zusammenhang in Form einer Wahrheitstabelle.

Tabelle 2.2 Wahrheitstabelle einer ODER-Verknüpfung

b	*a*	*z*
0	0	0
0	1	1
1	0	1
1	1	1

Das Ausgangssignal einer **ODER-Verknüpfung** ist dann 1, wenn einer oder mehrere der Eingänge den Zustand 1 haben, also ein 1-Signal führen. Eine mögliche schaltungstechnische Realisierung mit Relais zeigt Bild 2.3. Das Ausgangssignal z hat dann ein 1-Signal, wenn einer oder beide Relaiskontakte über die Eingangszustände a bzw. b über ein 1-Signal aktiviert und geschlossen sind.

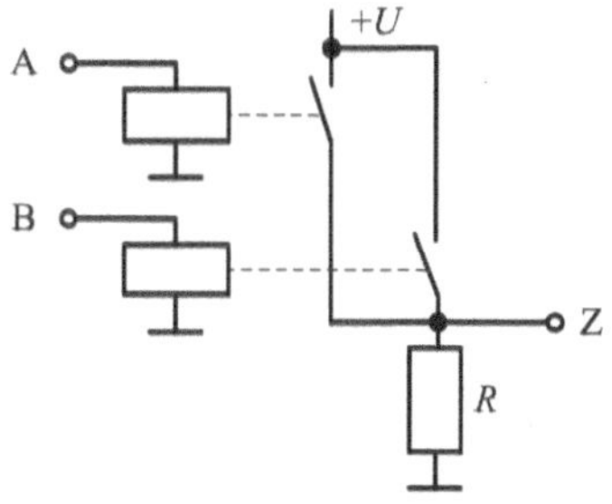

Bild 2.3
Realisierung einer ODER-Verknüpfung mit einer Relaisschaltung

Bei einer ODER-Verknüpfung (Sprechweise: „*a* oder *b*“) reicht eine 1 an den Eingängen aus, um eine 1 am Ausgang zu erzeugen. Die 1 setzt sich durch.

Jede Schaltung, die die Wahrheitstabelle einer **ODER-Verknüpfung** erfüllt, ist ein ODER-Glied. Weitere Bezeichnungen sind **ODER-Gatter**, **ODER-Element**, **Disjunktion** (lat.: disjungere: unterscheiden, nicht vermengen, ...) oder **OR-Glied**.

Formel 2.2 zeigt gebräuchliche formelmäßige Darstellungen einer ODER-Verknüpfung. Im Weiteren wird das Symbol „∨“ verwendet, bei eingeschränktem Zeichensatz das Symbol „#“.

$$z = a \vee b \quad \text{bzw.} \quad z = a + b \quad \text{bzw.} \quad z = a \# b \quad \text{bzw.} \quad z = a \mid b \tag{2.2}$$

Eine grafische Darstellung der ODER-Verknüpfung zeigt Bild 2.4. Diese Symbole dienen zur grafischen Beschreibung. Die linke Darstellung wird im Weiteren verwendet. Die rechte Darstellung ist häufig im englischsprachigen Raum zu finden.

Bild 2.4
Schaltzeichen für eine ODER-Verknüpfung

2.1.3 NEGATION

Die Aussage „Wenn ich nicht genügend Punkte in der Klausur habe, dann bin ich durch die Prüfung gefallen" enthält eine **NEGATION**. Die Aussage z = „Ich bin durch die Prüfung gefallen" ist dann zutreffend oder wahr, wenn a = „Ich habe genügend Punkte in der Klausur" nicht zutrifft bzw. falsch ist. Der Zusammenhang wird in Tabelle 2.3 dargestellt.

Tabelle 2.3 Wahrheitstabelle einer NEGATION

a	*z*
0	1
1	0

Die NEGATION invertiert den Logikwert, sodass aus einer 1 (wahr) eine 0 (falsch) wird und umgekehrt. Bild 2.5 zeigt mögliche schaltungstechnische Realisierungen. Die linke Schaltung verwendet einen Öffner. Im nicht aktivierten Zustand sind die Kontakte geschlossen und im aktivierten Zustand geöffnet. Die rechte Schaltung arbeitet mit einem Schließer. Dieser hat im nicht aktivierten Zustand offene Kontakte, die im aktivierten Zustand geschlossen werden.

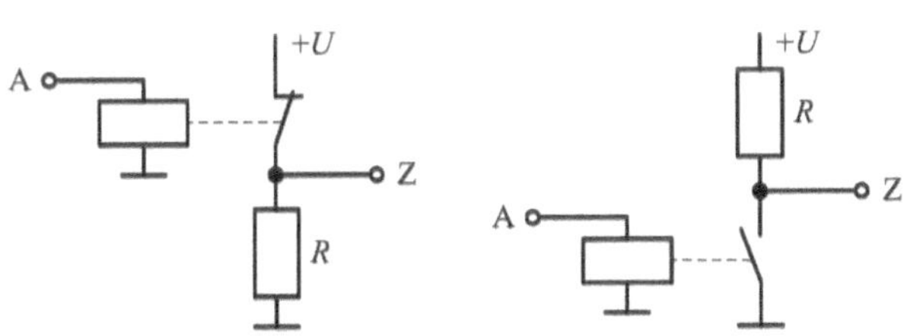

Bild 2.5 Realisierung einer NEGATION

> Bei einer NEGATION (Sprechweise: „nicht *a*" bzw. „nicht [...]") wird der Logikzustand gewechselt (durch eine Negation wird aus einer wahren Aussage (1) eine falsche Aussage (0) und umgekehrt).

Jede Schaltung, die die Wahrheitstabelle einer **NEGATION** erfüllt, ist ein NICHT-Glied. Weitere Bezeichnungen sind **NICHT-Element** oder **NOT-Glied.**

Formel 2.3 zeigt gebräuchliche Darstellungen für eine NEGATION. Im Weiteren wird der Überstrich (Negationsstrich) verwendet, bei eingeschränktem Zeichensatz das Symbol „!“.

$$z = \overline{a} \quad \text{bzw.} \quad z = \neg a \quad \text{bzw.} \quad z = /a \quad \text{bzw.} \quad z = !a \tag{2.3}$$

Eine grafische Darstellung der NEGATION zeigt Bild 2.6. Die linke Darstellung wird im Weiteren verwendet. Der Negationskreis wird bei der Negation an den Ausgang gezeichnet. Bei komplexeren Symbolen kann er jedoch auch an den Eingängen auftreten. Die rechte Darstellung ist häufig im englischsprachigen Raum zu finden.

Bild 2.6
Schaltzeichen für eine NEGATION

2.1.4 Verstärker

Im Zusammenhang der Grundelemente sei noch der Verstärker erwähnt. Die Logikaussage des Signals wird dabei nicht verändert. Er wird verwendet, um Signale, die z. B. übertragungsbedingt die Logikpegel nicht mehr sicher repräsentieren können (durch Störeinflüsse „verrauscht“ sind), zu regenerieren. Ein weiterer Punkt ist die eindeutige Datenflussrichtung, da das Eingangssignal das Ausgangssignal beeinflusst aber das Ausgangssignal keine Rückwirkung auf das Eingangssignal hat. Hiermit können Übertragungspunkte (Eingangsverstärker einer Schaltung oder eines IC (Integrated Circuit)) definiert werden.

Formel 2.4 zeigt eine übliche Darstellung.

$$z = a \tag{2.4}$$

Eine grafische Darstellung der Verstärkung zeigt Bild 2.7. Die linke Darstellung wird im Weiteren verwendet. Die rechte Darstellung ist häufig im englischsprachigen Raum zu finden. Das nach rechts zeigende Dreiecksymbol wird allgemein auch als Verstärkungssymbol verwendet.

Bild 2.7
Schaltzeichen für eine Verstärkung

Die Datenflussrichtung ist in dem eigentlichen Symbol (Bild 2.7 links) nicht zu erkennen. Es ist jedoch allgemein üblich, eine Datenflussrichtung in einem Schaltbild von links oben nach rechts unten zu zeichnen (in den bisherigen Darstellungen von links nach rechts). Hieraus ergibt sich die Datenflussrichtung von A nach Z. Ausnahmen bestätigen jedoch manchmal die Regel.

2.2 Zusammengesetzte Elemente

2.2.1 NAND-Verknüpfung

Die NAND-Verknüpfung ist eine Zusammenschaltung einer UND-Verknüpfung mit einer nachgeschalteten NEGATION (s. Bild 2.8).

Bild 2.8
Aufbau eines NAND-Gliedes

Tabelle 2.4 zeigt die Wahrheitstabelle einer NAND-Verknüpfung und Formel 2.5 die gleichungsmäßige Beschreibung in verschiedenen Darstellungsvarianten. Im Weiteren wird die erste Darstellung verwendet, da hier der Negationsstrich gleichzeitig eine Klammerwirkung über der unter ihm angegebenen Verknüpfung beinhaltet, wodurch sich eine übersichtliche Darstellung ergibt.

Tabelle 2.4 Wahrheitstabelle einer NAND-Verknüpfung

b	*a*	*z*
0	0	1
0	1	1
1	0	1
1	1	0

$$z = \overline{a \wedge b} \quad \text{bzw.} \quad z = a \mathbin{\overline{\wedge}} b \quad \text{bzw.} \quad z = a \uparrow b \quad \text{bzw.} \quad z = \neg(a \cdot b) \tag{2.5}$$

Bei einer NAND-Verknüpfung (Sprechweise: „*a* nand *b*") reicht eine 0 an den Eingängen aus, um eine 1 am Ausgang zu erzeugen. Eine 0 erzwingt die 1.

Eine grafische Darstellung der NAND-Verknüpfung zeigt Bild 2.9. Die linke Darstellung wird im Weiteren verwendet. Die rechte Darstellung ist häufig im englischsprachigen Raum zu finden.

Bild 2.9
Schaltzeichen für eine NAND-Verknüpfung

2.2.2 NOR-Verknüpfung

Die NOR-Verknüpfung ist eine Zusammenschaltung einer ODER-Verknüpfung mit einer nachgeschalteten NEGATION (s. Bild 2.10).

Bild 2.10
Aufbau eines NOR-Gliedes

Tabelle 2.5 Wahrheitstabelle einer NOR-Verknüpfung

b	*a*	*z*
0	0	1
0	1	0
1	0	0
1	1	0

Tabelle 2.5 zeigt die Wahrheitstabelle einer NOR-Verknüpfung und Formel 2.6 die gleichungsmäßige Beschreibung in verschiedenen Darstellungsvarianten. Im Weiteren wird die erste Darstellung verwendet, da hier der Negationsstrich gleichzeitig eine Klammerwirkung über der unter ihm angegebenen Verknüpfung beinhaltet.

$$z = \overline{a \vee b} \quad \text{bzw.} \quad z = a \mathbin{\overline{\vee}} b \quad \text{bzw.} \quad z = a \downarrow b \quad \text{bzw.} \quad z = \neg(a+b) \tag{2.6}$$

Bei einer NOR-Verknüpfung (Sprechweise: „*a* nor *b*") reicht eine 1 an den Eingängen aus, um eine 0 am Ausgang zu erzeugen. Eine 1 erzwingt die 0.

Eine grafische Darstellung der NOR-Verknüpfung zeigt Bild 2.11. Die linke Darstellung wird im Weiteren verwendet. Die rechte Darstellung ist häufig im englischsprachigen Raum zu finden.

Bild 2.11
Schaltzeichen für eine NOR-Verknüpfung

2.2.3 ANTIVALENZ-Verknüpfung

Die ANTIVALENZ-Verknüpfung gibt am Ausgang eine 1 aus, wenn beide Eingänge unterschiedliche Logikzustände haben. Das Verhalten zeigt Tabelle 2.6.

Tabelle 2.6 Wahrheitstabelle einer ANTIVALENZ-Verknüpfung

b	*a*	*z*
0	0	0
0	1	1
1	0	1
1	1	0

Die ANTIVALENZ-Verknüpfung gilt als eine der Grundverknüpfungen und hat deshalb ein eigenes Symbol. Eine wichtige Eigenschaft dieser Verknüpfung ist, dass auf ein unbekanntes Eingangssignal durch Kenntnis des zweiten Eingangssignals und zugehörigem Ausgangssignal zurückgeschlossen werden kann. Die mathematische Beschreibung zeigt Formel 2.7 und die grafische ist in Bild 2.12 dargestellt. Im Weiteren wird das Symbol „$\oplus$“ verwendet.

$$z = a \nleftrightarrow b \quad \text{bzw.} \quad z = a \nLeftrightarrow b \quad \text{bzw.} \quad z = a \oplus b \tag{2.7}$$

Bild 2.12
Schaltzeichen für eine ANTIVALENZ-Verknüpfung

> Bei einer ANTIVALENZ-Verknüpfung (Sprechweise: „*a* xor *b*“) wird dann eine 1 ausgegeben, wenn nur einer der beiden Eingänge den Zustand 1 aufweist.

Als elektronisches Grundelement wird diese Verknüpfung aus den bereits bekannten Grundelementen zusammengesetzt. Eine Realisierung zeigt Bild 2.13 und eine weitere Bild 2.14.

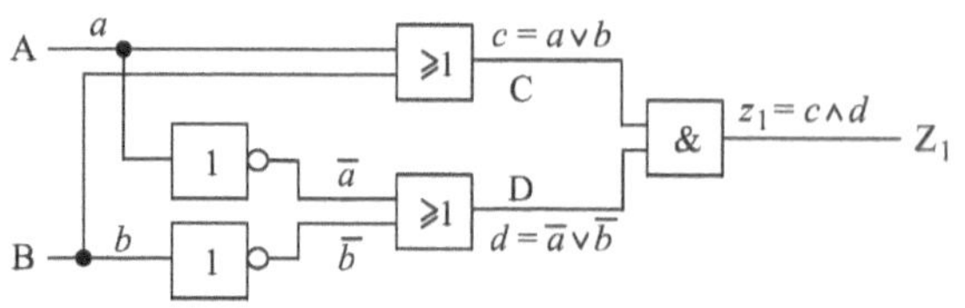

Bild 2.13 Mögliche Realisierung einer Antivalenz-Verknüpfung aus Grundelementen

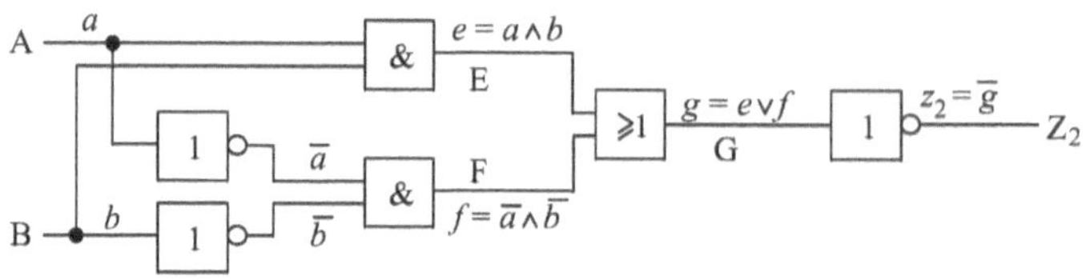

Bild 2.14 Eine alternative Realisierung einer Antivalenz-Verknüpfung aus Grundelementen

Die zugehörigen Schaltfunktionen zeigt Formel 2.8. Die Gültigkeit kann mithilfe einer Wahrheitstabelle überprüft werden. Für jeden internen Schaltungsknoten wird der Logikwert basierend auf den Eingangssignalen bestimmt. Tabelle 2.7 zeigt diesen Zusammenhang. Es ist zu erkennen, dass beide Schaltungen die ANTIVALENZ-Verknüpfung realisieren.

$$z_1 = c \wedge d = (a \vee b) \wedge (\bar{a} \vee \bar{b}) \qquad \text{bzw.} \qquad z_2 = \bar{g} = \overline{e \vee f} = \overline{(a \wedge b) \vee (\bar{a} \wedge \bar{b})} \tag{2.8}$$

Tabelle 2.7 Wahrheitstabelle der Realisierungen einer ANTIVALENZ-Verknüpfung

b	a	$\bar{b}$	$\bar{a}$	c $a \vee b$	d $\bar{a} \vee \bar{b}$	z_1 $c \wedge d$	e $a \wedge b$	f $\bar{a} \wedge \bar{b}$	g $e \vee f$	z_2 $\bar{g}$
0	0	1	1	0	1	0	0	1	1	0
0	1	1	0	1	1	1	0	0	0	1
1	0	0	1	1	1	1	0	0	0	1
1	1	0	0	1	0	0	1	0	1	0

Sie können das Verhalten digitaler Schaltungen auch mithilfe einer Simulation überprüfen. Hierfür stehen verschiedene Programme im Internet zur Verfügung. Unterstützt wird das Programm Logisim. Bild 2.15 zeigt die beiden Schaltungen im Arbeitsbereich der Benutzungsoberfläche. Die Datei mit der Schaltung steht als Zusatzmaterial auf *https://plus.hanser-fachbuch.de/* zur Verfügung und die Simulation kann direkt nach dem Laden der Datei durchgeführt werden. Hinweise zur Anwendung des Programms befinden sich im Anhang.

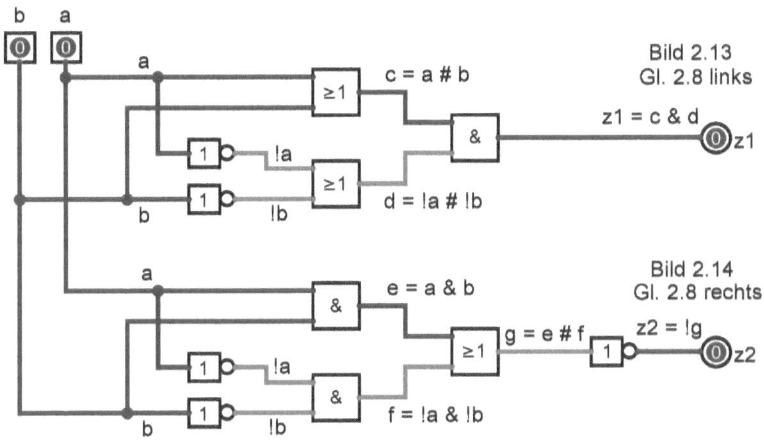

Bild 2.15 Schaltbild der Antivalenz-Verknüpfung in Logisim (im Zusatzmaterial auf *https://plus.hanser-fachbuch.de/*: Bild 2_13 und 14.circ)

Andere Bezeichnungen sind ANTIVALENZ-Glied, EXKLUSIVE-ODER-Glied, XOR-Verknüpfung oder EXKLUSIVE-ODER-Verknüpfung.

2.2.4 ÄQUIVALENZ-Verknüpfung

Die ÄQUIVALENZ-Verknüpfung gibt am Ausgang eine 1 aus, wenn beide Eingänge identische Logikzustände haben. Das Verhalten wird in Tabelle 2.8 in der Wahrheitstabelle angegeben.

Tabelle 2.8 Wahrheitstabelle einer ÄQUIVALENZ-Verknüpfung

b	*a*	*z*
0	0	1
0	1	0
1	0	0
1	1	1

Die ÄQUIVALENZ-Verknüpfung gilt als eine der Grundverknüpfungen und hat deshalb ein eigenes Symbol. Die mathematische Beschreibung zeigt Formel 2.9 und die grafische ist in Bild 2.16 dargestellt.

$$z = a \leftrightarrow b \quad \text{bzw.} \quad z = a \Leftrightarrow b \quad \text{bzw.} \quad z = a \odot b \quad \text{bzw.} \quad z = \overline{a \oplus b} \tag{2.9}$$

Bild 2.16
Schaltzeichen für eine ÄQUIVALENZ-Verknüpfung

Bei einer ÄQUIVALENZ-Verknüpfung (Sprechweise: „*a* Doppelpfeil *b*“) wird dann eine 1 ausgegeben, wenn alle Eingänge den gleichen Zustand aufweisen.

Als elektronisches Grundelement wird diese Verknüpfung ähnlich der Antivalenz zusammengesetzt. Da ANTIVALENZ- und ÄQUIVALENZ-Verknüpfung invers sind, kann hierfür die Schaltung Bild 2.13 am Ausgang negiert bzw. in der Schaltung aus Bild 2.14 die letzte Negation weggelassen werden.

Weitere Bezeichnungen sind ÄQUIVALENZ-Glied oder XNOR-Verknüpfung.

2.2.5 Implikation

Die Implikation beschreibt eine logische Folgebeziehung. Sie beschreibt den Zusammenhang „wenn *b*, so *a*“ oder „aus *b* folgt *a*“ bzw. „*b* implizit *a*“. Ist Aussage *b* wahr, so muss Aussage *a* ebenfalls wahr sein. Ist dies nicht der Fall, so ist diese Relation falsch. Aussage *a* kann jedoch richtig sein, auch wenn *b* falsch ist. Die Implikation gibt somit am Ausgang eine 0 (falsch) aus, wenn am ersten Eingang eine 1 (erste Aussage ist richtig) und am zweiten Eingang eine 0 (zweite Aussage ist falsch) anliegt („aus wahr folgt falsch“ ist falsch). Das Verhalten gibt Tabelle 2.9 in der Wahrheitstabelle an.

Tabelle 2.9 Wahrheitstabelle der IMPLIKATION

b	*a*	*z*
0	0	1
0	1	1
1	0	0
1	1	1

Die Implikation gilt als eine wichtige Verknüpfung in der Aussagenlogik. Die mathematische Beschreibung zeigt Formel 2.10.

$$z = b \rightarrow a \quad \text{bzw.} \quad z = b \Rightarrow a \tag{2.10}$$

In der Digitaltechnik wird dieser Zusammenhang aus den einfach zu realisierenden Grundelementen ODER und NEGATION entsprechend Formel 2.11 zusammengesetzt.

$$z = a \vee \overline{b} \tag{2.11}$$

2.2.6 Inhibition

Der Begriff Inhibition bedeutet Hemmung oder Unterdrückung einer Einflussgröße. In der Logik entspricht dies der negierten Implikation. Tabelle 2.10 zeigt diesen Zusammenhang als Wahrheitstabelle und Formel 2.12 als mathematische Beschreibung basierend auf der Implikation.

Tabelle 2.10 Wahrheitstabelle der INHIBITION

b	*a*	*z*
0	0	0
0	1	0
1	0	1
1	1	0

$$z=\overline{b\rightarrow a}\quad \text{bzw.}\quad z=\overline{a\vee\overline{b}}\quad \text{bzw.}\quad z=\overline{a}\wedge b \tag{2.12}$$

2.2.7 Verknüpfungen bei Gliedern mit zwei Eingängen

Zwei Eingangsvariablen mit binären Signalen können vier Eingangskombinationen repräsentieren (vier Zeilen in der Wahrheitstabelle). Diese vier Kombinationsmöglichkeiten können 16 binäre Ausgangskombinationen aufweisen. Tabelle 2.11 stellt diese Möglichkeiten in einer Übersicht dar.

Es gibt durchaus unterschiedliche Darstellungsmöglichkeiten einer Schaltfunktion, sodass die Äquivalenz durch die Gleichung entsprechend Realisierung Bild 2.13 oder die Gleichung entsprechend Bild 2.14 repräsentiert werden kann. Ein Vorteil (oder Nachteil) ist, dass einige Zusammenhänge durch unterschiedliche, aber gleich komplexe (gleichwertige) Beschreibungen dargestellt werden können. Beispiele zeigen Formel 2.13 bis Formel 2.16 bei der gleichungsmäßigen Beschreibung einer XOR-Verknüpfung.

$$z=a\oplus b=\overline{\left(a\wedge b\right)\vee\left(\overline{a}\wedge\overline{b}\right)} \tag{2.13}$$

$$z=a\oplus b=\left(a\vee b\right)\wedge\left(\overline{a}\vee\overline{b}\right) \tag{2.14}$$

$$z=a\oplus b=\left(a\wedge\overline{b}\right)\vee\left(\overline{a}\wedge \mathrm{b}\right) \tag{2.15}$$

$$z=a\oplus b=\overline{\left(a\vee\overline{b}\right)\wedge\left(\overline{a}\vee \mathrm{b}\right)} \tag{2.16}$$

Tabelle 2.11 Verknüpfungen bei Gliedern mit zwei Eingängen (Übersicht)

Wahrheitstabelle z(*b*, *a*) mit *b*,*a* = 00, 01, 10, 11	Schaltfunktion (Math. Gleichung)	Logische Verknüpfung	Schaltsymbol (Beispiel)
0 0 0 0	$z=0$	Konstante 0 (Falsum)	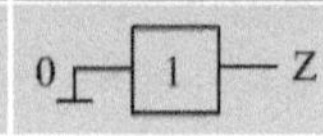
0 0 0 1	$z=a\wedge b$	*a* UND *b*	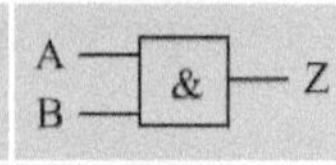
0 0 1 0	$z=\bar{a}\wedge b$	Inhibition	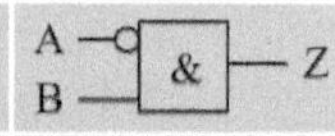
0 0 1 1	$z=b$	Identität *b*	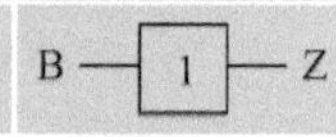
0 1 0 0	$z=a\wedge\bar{b}$	Inhibition	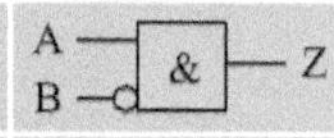
0 1 0 1	$z=a$	Identität *a*	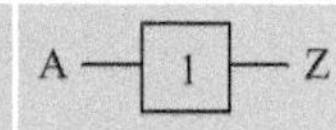
0 1 1 0	$z=a\oplus b$	*a* XOR *b*	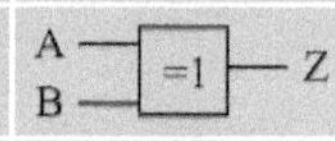
0 1 1 1	$z=a\vee b$	*a* ODER *b*	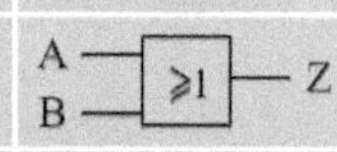
1 0 0 0	$z=\overline{a\vee b}$	*a* NOR *b*	
1 0 0 1	$z=a\odot b$	*a* Äquivalent *b*	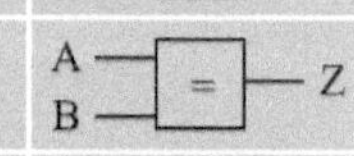
1 0 1 0	$z=\bar{a}$	Nicht *a*	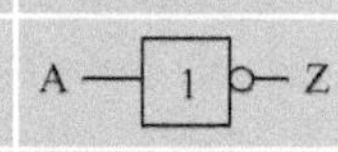
1 0 1 1	$z=\bar{a}\vee b$	Implikation	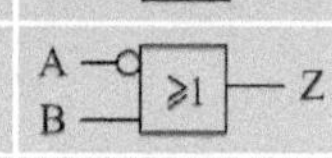
1 1 0 0	$z=\bar{b}$	Nicht *b*	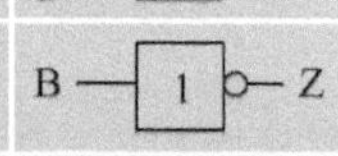
1 1 0 1	$z=a\vee\bar{b}$	Implikation	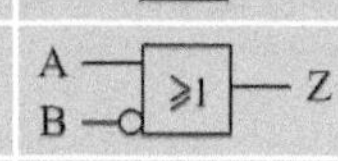
1 1 1 0	$z=\overline{a\wedge b}$	*a* NAND *b*	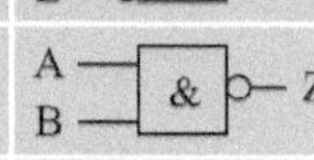
1 1 1 1	$z=1=\bar{0}$	Konstante 1 (Verum)	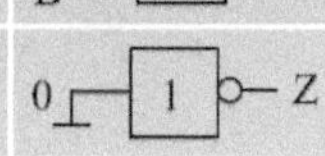

Die Umwandlung von Gleichungen wird in Kapitel 3 und systematisches Vorgehen bei einer Minimierung in Kapitel 4 vertieft.

2.2.8 Wichtige Glieder mit mehr als zwei Eingängen

Die elektronischen Grundelemente sind neben der NEGATION die UND- als auch die ODER-Verknüpfung sowie deren Kombinationen zur NAND- und NOR-Verknüpfung. Antivalenz und Äquivalenz werden aus diesen Elementen aufgebaut. In vielen Anwendungen werden Antivalenz und Äquivalenz allerdings auch als Grundelemente angesehen. In diesem Abschnitt wird das Verhalten aufgezeigt, wenn mehr als zwei Eingänge verwendet werden.

Bei der UND- als auch ODER-Verknüpfung (mit und ohne nachfolgender Negation) bleibt weiterhin erhalten, dass nur eine 0 oder nur eine 1 in der Ausgangsspalte auftaucht. Die grafische Darstellung zeigt Bild 2.17. Tabelle 2.12 zeigt die Ausgangssignale bei 4 Eingangssignalen.

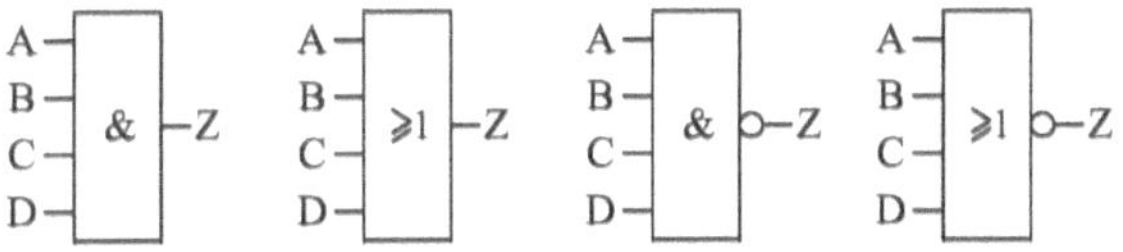

Bild 2.17 Schaltzeichen mit vier Eingängen (UND, ODER, NAND, NOR)

Tabelle 2.12 Verknüpfungen bei Gliedern mit vier Eingängen

d c b a	&	≥1	=	2k	2k+1	=2	≥2
0 0 0 0	0	0	1	1	0	0	0
0 0 0 1	0	1	0	0	1	0	0
0 0 1 0	0	1	0	0	1	0	0
0 0 1 1	0	1	0	1	0	1	1
0 1 0 0	0	1	0	0	1	0	0
0 1 0 1	0	1	0	1	0	1	1
0 1 1 0	0	1	0	1	0	1	1
0 1 1 1	0	1	0	0	1	0	1
1 0 0 0	0	1	0	0	1	0	0
1 0 0 1	0	1	0	1	0	1	1
1 0 1 0	0	1	0	1	0	1	1
1 0 1 1	0	1	0	0	1	0	1
1 1 0 0	0	1	0	1	0	1	1
1 1 0 1	0	1	0	0	1	0	1
1 1 1 0	0	1	0	0	1	0	1
1 1 1 1	1	1	1	1	0	0	1

Bei der Äquivalenz müssen bei mehreren Eingängen alle Eingangssignale identisch sein, sodass dies nur in der ersten und letzten Zeile der Wahrheitstabelle (mit im Dualcode sortierten Eingangskombinationen) zu einer 1 im generierten Ausgangssignal führt. Dieses Verhalten ist häufig unerwünscht. Der Baustein wird deshalb zu einer Paritätserkennung (GERADE-Element) erweitert. Bei zwei Eingängen entspricht dies der ÄQUIVALENZ-Verknüpfung. Bei mehreren Eingängen wird am Ausgang eine 1 erzeugt, wenn eine gerade Anzahl an 1-Signalen an den Eingängen anliegt, also eine binäre Addition (duale Addition ohne Übertrag) eine 0 liefert. Das Symbol hat die Kennzeichnung „2k" und wird in Bild 2.18 dargestellt. Das Verhalten beschreibt Tabelle 2.12.

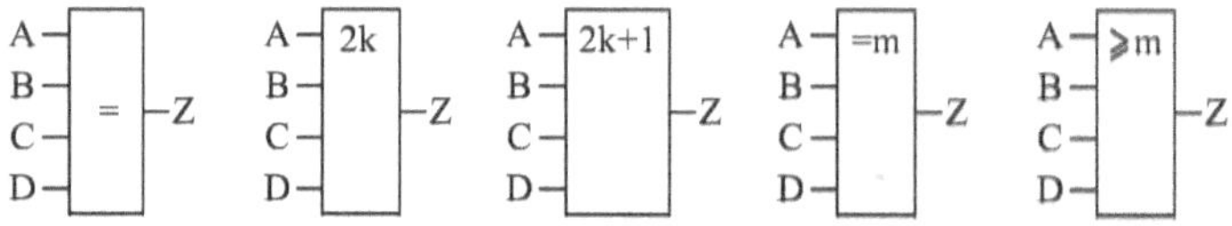

Bild 2.18 Weitere Schaltzeichen mit vier Eingängen (Äquivalenz-, Gerade-, Ungerade-, m-aus-n-, Schwellwert-Element)

Die Antivalenz wird ähnlich erweitert und man erhält eine negierte Paritätserkennung (UNGERADE-Element, Modulo-2-Element). Das Ausgangssignal liefert eine 1, wenn die Anzahl der an den Eingängen anliegenden 1-Signale ungerade ist, also die binäre Addition aller Eingangssignale eine 1 liefert. Das Symbol hat die Kennung „2k+1" und wird in Bild 2.18 dargestellt. Das Verhalten beschreibt Tabelle 2.12.

Eine andere Erweiterung der Antivalenz ist die Bezeichnung „=*m*" und führt zu dem *m*-aus-*n*-Element (mit *n* Eingangsanschlüssen). Liegt genau die Anzahl an 1-Signalen an, wie in dem Symbol mit *m* angegeben ist, so führt das Ausgangssignal ein 1-Signal. Bei allen anderen Kombinationen ist das Ausgangssignal 0. Tabelle 2.12 zeigt ein Beispiel für $m = 2$ (Symbolkennung „=2").

Eine andere Erweiterung der ODER-Verknüpfung ist das Schwellwert-Element. Verwendet man mehrere Eingänge, so ist das Ausgangssignal 1, wenn die Anzahl der an den Eingängen anliegenden 1-Signale größer oder gleich der im Symbol „≥*m*" angegebenen Anzahl *m* ist. Dabei ist *m* immer kleiner als die Anzahl der Eingangsanschlüsse *n*. Für $m = 1$ erhält man das Symbol ≥1 und somit die Beschreibung der bekannten ODER-Verknüpfung mit zwei Eingängen. Tabelle 2.12 zeigt ein Beispiel für $m = 2$ und vier Eingänge (Symbolkennung „≥2").

2.3 Schaltungsanalyse

Bei der Schaltungsanalyse ist die Schaltung als Verknüpfung von Logikelementen gegeben. Die Aufgabe besteht darin, eine mathematische Beschreibung des Verhaltens zu ermitteln. Bild 2.19 zeigt z. B. eine Schaltung, deren Verhalten ermittelt werden soll.

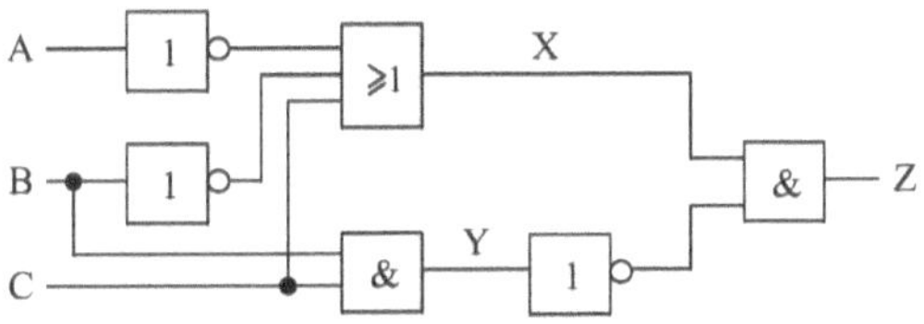

Bild 2.19
Digitale Verknüpfung

Eine Möglichkeit besteht darin, die Struktur der Schaltung durch die Gleichung auszudrücken, wie es auch schon bei der Antivalenzschaltung angewendet wurde. Formel 2.17 bestimmt die Gleichung aus der Topologie (lat.: topos: Lage, Anordnung).

$$z = x \wedge \overline{y} = \left(\overline{a} \vee \overline{b} \vee c\right) \wedge \overline{b \wedge c} \tag{2.17}$$

mit

$$x = \overline{a} \vee \overline{b} \vee c$$
$$y = b \wedge c$$

Es ist auch möglich, das Verhalten mithilfe einer Wahrheitstabelle zu bestimmen, um somit eine äquivalente Schaltungsbeschreibung zu erhalten, die das Verhalten der Schaltung wiedergibt, aber mit anderer Topologie. Tabelle 2.13 demonstriert das Vorgehen. Es werden drei Eingangsvariablen verwendet und somit sind $2^3 = 8$ Eingangskombinationen möglich. Die Kombinationen sind unabhängig, lediglich zur besseren Übersicht sind sie entsprechend des Dualcodes sortiert. Da einige Eingangsgrößen negiert verwendet werden, sind alle Eingangsgrößen auch in der negierten Form aufgeführt. Die Zwischengröße x ist die ODER-Verknüpfung der Größen $\overline{a}$, $\overline{b}$ und c. Es bietet sich an, entsprechend des Zusammenhangs der ODER-Verknüpfung (die „1"-en setzen sich durch) die von jedem verwendeten Eingang erzeugten „1"-en in die Spalte x einzutragen und anschließend die freien Plätze mit den „0"-en aufzufüllen. So erhält man die Zwischengröße x. Die Zwischengröße y ist die UND-Verknüpfung der Größen b und c. Es empfiehlt sich, entsprechend des Zusammenhangs der UND-Verknüpfung (die „0"-en setzen sich durch) die von jedem verwendeten Eingang erzeugten „0"-en in die Spalte y einzutragen und anschließend die freien Plätze mit den „1"-en aufzufüllen. Dieses Signal wird invertiert und man erhält damit die Zwischengröße $\overline{y}$. Das Ausgangssignal ist die UND-

Verknüpfung der Zwischengrößen x und $\overline{y}$. Ergänzt man die Spalte z, so erhält man das Verhalten der Schaltung.

Tabelle 2.13 Verhaltensanalyse der Schaltung aus Bild 2.18

c	b	a	$\overline{c}$	$\overline{b}$	$\overline{a}$	x	y	$\overline{y}$	z
0	0	0	1	1	1	1	0	1	1
0	0	1	1	1	0	1	0	1	1
0	1	0	1	0	1	1	0	1	1
0	1	1	1	0	0	0	0	1	0
1	0	0	0	1	1	1	0	1	1
1	0	1	0	1	0	1	0	1	1
1	1	0	0	0	1	1	1	0	0
1	1	1	0	0	0	1	1	0	0

Das Verhalten der so ermittelten Wahrheitstabelle kann z. B. in den in Formel 2.18 angegebenen zwei Formen gleichungsmäßig beschrieben werden.

$$z = \overline{(a \wedge b \wedge \overline{c}) \vee (\overline{a} \wedge b \wedge c) \vee (a \wedge b \wedge c)} = \overline{b} \vee (\overline{a} \wedge \overline{c}) \tag{2.18}$$

Es ist problemlos möglich, die Funktionsweise mithilfe einer Simulation zu überprüfen, indem entsprechend der in den Gleichungen dargestellten Zusammenhänge die Logikgatter zusammengeschaltet werden. Bild 2.20 zeigt die ursprüngliche Schaltung sowie die zwei Schaltungen entsprechend Formel 2.18 im Arbeitsbereich der Benutzungsoberfläche von Logisim. Die Datei mit der Schaltung steht als Zusatzmaterial auf *https://plus.hanser-fachbuch.de/* zur Verfügung. Weitere Informationen befinden sich im Anhang.

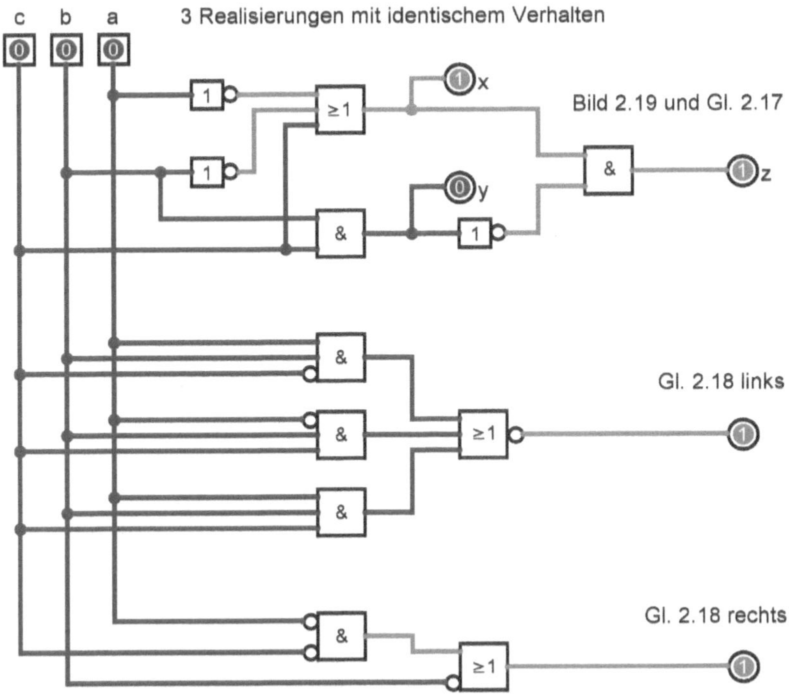

Bild 2.20 Unterschiedliche Realisierungen einer digitaler Verknüpfung in Logisim (im Zusatzmaterial auf ***https://plus.hanser-fachbuch.de/***: Bild 2_19.circ)

Somit ist das Verhalten der Schaltung in diesem Beispiel bereits durch drei Gleichungen (eine Beschreibungsform in Formel 2.17 und zwei Formen in Formel 2.18) definiert worden. Je nach Vorgehen können sich unterschiedliche Gleichungen ergeben. In Kapitel 3 werden grundlegende Rechenregeln behandelt, mit denen in Kapitel 4 ein strukturiertes Vorgehen bei der Bestimmung der günstigsten (kürzesten) Gleichung demonstriert und geübt wird.

2.4 Aufgaben

1. Kontrollieren Sie mithilfe der Wahrheitstabelle die Gültigkeit von Formel 2.13 bis Formel 2.16 für die Realisierung einer XOR-Verknüpfung.
2. Überprüfen Sie mithilfe der Wahrheitstabelle die Äquivalenz der in Formel 2.17 (Tabelle 2.13) und in Formel 2.18 angegebenen Verknüpfungen (drei Beschreibungen).

3. Überprüfen Sie mithilfe der Wahrheitstabelle die Behauptung der in Bild 2.21 angegebenen Topologien der Verknüpfungselemente für UND-Verknüpfungen („*“ entspricht „&“ entspricht „**“).

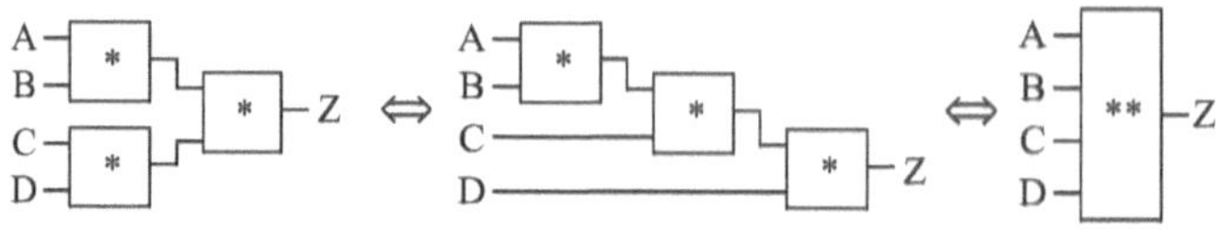

Bild 2.21 Digitale Verknüpfungsstrukturen

4. Überprüfen Sie den in Aufgabe 2-3 verifizierten Zusammenhang für NAND-Verknüpfungen.
5. Welche Verknüpfung liefern die in Bild 2.21 angegebenen Topologien, wenn „*“ eine XOR-Verknüpfung repräsentiert („*“ entspricht „=1“)? Bestimmen Sie das Element, das mit „**“ gekennzeichnet ist.
6. Lässt sich das in Bild 2.21 mit „**“ gekennzeichnete Element auch für ÄQUIVALENZ-Verknüpfungen („*“ entspricht „=“) bestimmen?
7. Vergleichen Sie das Verhalten der in Bild 2.22 angegebenen Topologie für die Verknüpfung „=1“ („*“ entspricht „=1“) und die Verknüpfung „=“ („*“ entspricht „=“).

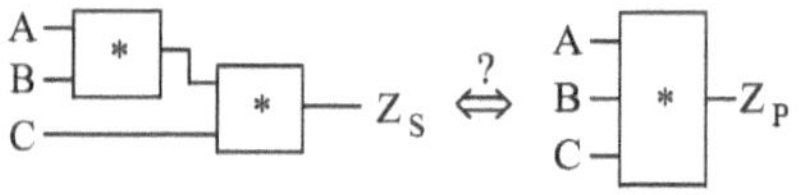

Bild 2.22 Digitale Verknüpfungsstrukturen

Um die Zusammenhänge zu vertiefen, können Sie die Schaltungen in Logisim kontrollieren. Für Aufgabe 2-4 steht ein Beispiel zur Verfügung. Informationen zu Logisim befinden sich im Anhang.

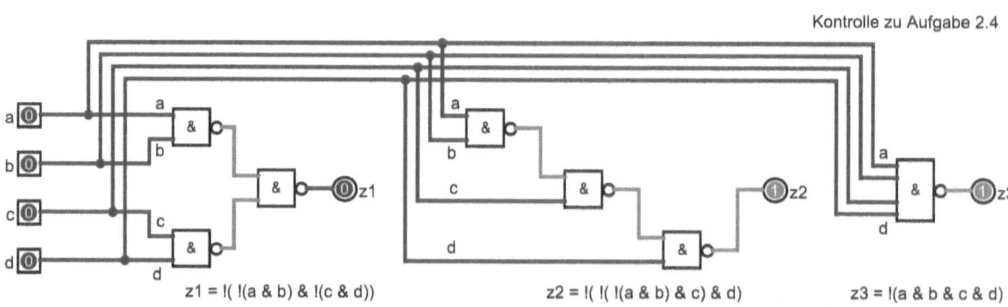

Bild 2.23 Schaltung in Logisim zur Gegenüberstellung verschiedener Verknüpfungen von Logikelementen (hier NAND-Gatter für Aufgabe 4 im Zusatzmaterial auf *https://plus.hanser-fachbuch.de/*: Aufgabe 2_4.circ)

3 Schaltalgebra

In diesem Kapitel werden die Grundlagen der Schaltalgebra beschrieben. Es ist die formale Darstellung logischer Verknüpfungen. Hiermit lassen sich die Zusammenhänge darstellen und vereinfachen.

Erste Verknüpfungen der mathematischen Aussagenlogik gehen zurück auf Sokrates, Platon und Aristoteles (500 - 300 v. Chr.). Wichtige Vorarbeiten zur Algebra der Logik lieferte u. a. William Hamilton (schott. Philosoph und Logiker, 1788 - 1856). Eine geschlossene Darstellung logischer Probleme in algebraischer Form entwickelte George Boole (brit. Mathematiker und Logiker, 1815 - 1864). Er drückte logische Begriffe durch mathematische Symbole aus und wendete algebraische Gesetze an. Die hieraus entstandene **Boolesche Algebra** ist eine Mengenalgebra. Eine Untergruppe, die **Schaltalgebra**, dient zur Beschreibung und Optimierung von Schaltungen.

Weiterentwicklungen erfolgten von Augustus De Morgan (engl. Mathematiker, 1806 - 1871) durch die nach ihm benannten Gesetze zur Umwandlung von UND-Verknüpfungen in ODER-Verknüpfungen und umgekehrt. Weiterentwickelt wurde das Gesetz von Claude Shannon (US-amerikanischer Mathematiker, 1916 - 2001). Ursprünglich diente es zur Analyse und Minimierung von Relaisschaltungen und wird inzwischen zur formalen Beschreibung und Umformung von Schaltnetzen verwendet.

3.1 Variable und Konstante

Die Schaltalgebra basiert auf der Darstellung binärer Größen. Es gibt somit nur zwei Werte, den Wert 1 und den Wert 0. Eine **Konstante** repräsentiert diesen Wert unabhängig von irgendwelchen Einflussgrößen. Eine **Schaltvariable** oder **logische Variable** ist von Eingangsgrößen abhängig und repräsentiert je nach Randbedingung den Wert 1 oder den Wert 0. Den Werten können Aussagen zugeordnet werden wie „fährt Fahrrad“ oder „hat Urlaub“. Bei einer 1 ist die Aussage wahr bzw. zutreffend. Bei einer 0 ist die Aussage falsch bzw. nicht zutreffend. Zwischenwerte gibt es aufgrund der binären Darstellung nicht. Zur Darstellung der Variable werden Buchstaben verwendet $(a, b, c, \ldots)$. Hierbei beschreiben Kleinbuchstaben (kursiv geschrieben) den Logikzustand der Variable. In einer schaltungstechnischen Realisierung sind diese Logikwerte auf Leitungen, auch Knoten genannt, vorhanden, die in diesem Buch mit dem entsprechenden Großbuchstaben (nicht kursiv) gekennzeichnet sind (A, B, C, ...).

Zur grundlegenden Beschreibung des Verhaltens bedient man sich mechanischer Schaltkontakte (z. B. Relaiskontakte). Wie bei der Zuordnung einer positiven ($1 \triangleq H$, $0 \triangleq L$) oder negativen Logik ($1 \triangleq L$, $0 \triangleq H$) könnte man auch hier eine andere Zuordnung festlegen. Es wird bei dieser Zuordnung die Leitfähigkeit eines Netzwerkes mit (Relais-)Kontakten verwendet. Das Netzwerk kann z. B. eine Unterbrechung aufweisen („Unterbrechung" entspricht 0) oder einen Strompfad („Kurzschluss" entspricht 1).

In der Kontaktdarstellung logischer Grundfunktionen repräsentiert ein offener Kontakt oder eine offene Verbindung den Wert 0 und ein geschlossener Kontakt oder eine geschlossene Verbindung den Wert 1.

Die Konstante mit dem Wert 1 (Verum, lat.: verum: wahr) stellt einen immer geschlossenen Schaltkontakt (Kurzschluss) und mit dem Wert 0 (Falsum, lat.: falsum: das Falsche) einen immer vorhandenen offenen Schaltkontakt (Unterbrechung) dar. Diese Beschreibung eignet sich zur anschaulichen Darstellung von einfachen Logikverknüpfungen. Bild 3.1 zeigt die binären Konstanten und logischen Variablen mit den beiden Zuständen in der Kontakt- oder Schalterdarstellung.

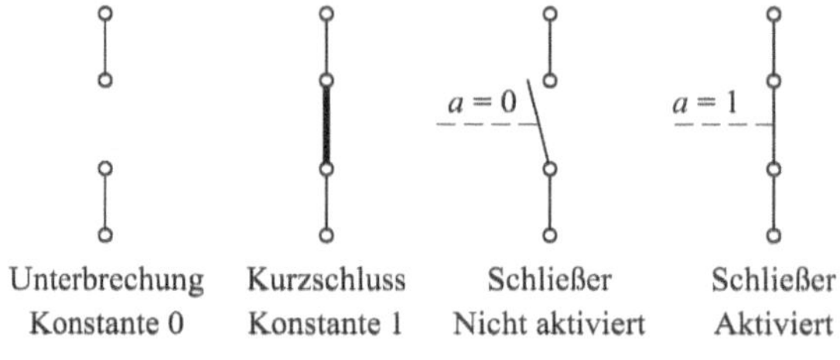

Bild 3.1
Darstellung von logischen Konstanten und Variablen durch Schaltkontakte

3.2 Rechenregeln

3.2.1 Postulate

Postulate (lat.: postulatus: Gefordertes, Erbetenes) oder **Axiome** (lat.: acioma: Forderung, Grundsatz, ...) sind die Verknüpfungen von Konstanten. Sie zeigen in anschaulicher Weise die UND- und die ODER-Verknüpfung sowie die NICHT-Realisierung. Eine Übersicht dieser Wirkungsweise zeigt Tabelle 3.1 für die Reihenschaltung als Repräsentant der UND-Verknüpfung.

Tabelle 3.2 zeigt die Parallelschaltung als Repräsentant der ODER-Verknüpfung. Die Gültigkeit dieser Funktionsdarstellung bedarf sicher keiner weiteren Herleitung. Der Vollständigkeit halber zeigt Tabelle 3.3 die Negation in der Konstanten-Darstellung.

Tabelle 3.1 Postulate der Schaltalgebra (UND-Verknüpfung)

$0 \wedge 0 = 0$	$0 \wedge 1 = 0$	$1 \wedge 0 = 0$	$1 \wedge 1 = 0$

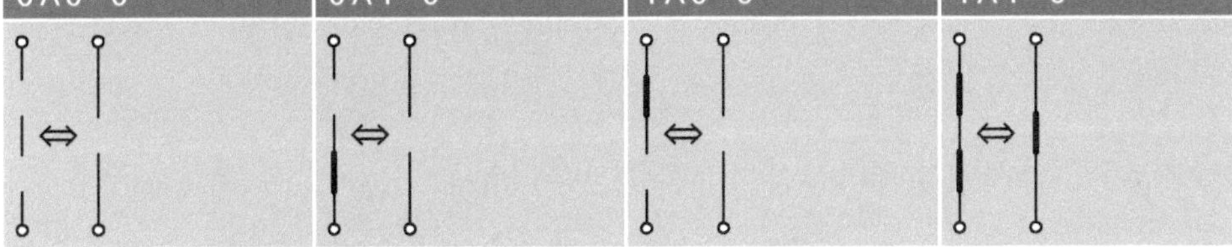

Tabelle 3.2 Postulate der Schaltalgebra (ODER-Verknüpfung)

$0 \vee 0 = 0$	$0 \vee 1 = 0$	$1 \vee 0 = 1$	$1 \vee 1 = 1$

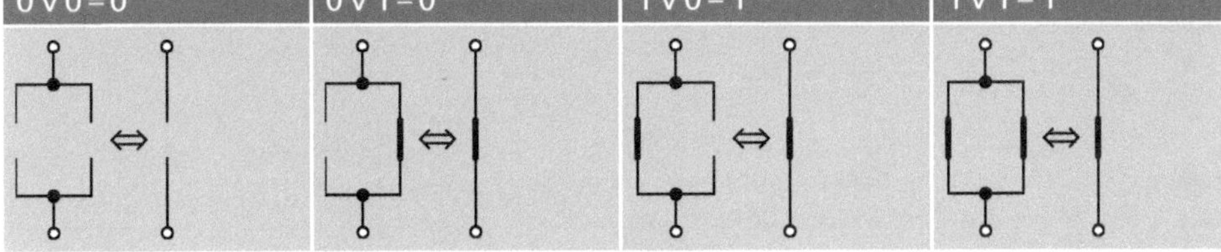

Tabelle 3.3 Postulate der Schaltalgebra NEGATION)

$\overline{1} = 0$	$\overline{0} = 1$

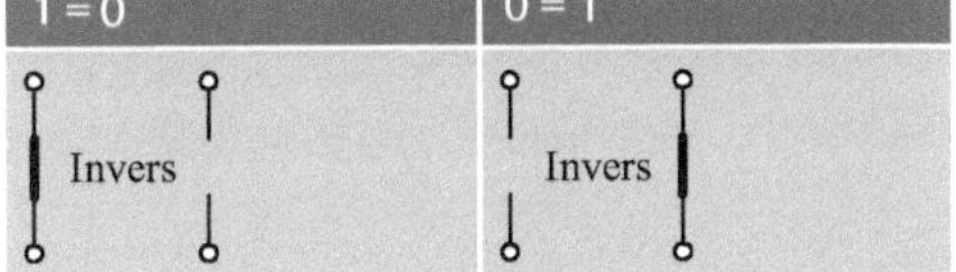

3.2.2 Theoreme der Schaltalgebra

Als weitere, nicht weiter zu beweisende Zusammenhänge stellen die **Theoreme** (lat.: theorema: Lehrsatz, ...) die Verknüpfung einer Variable mit einer Konstante oder mit der eigenen Variable in nicht negierter (Schließer; nicht aktiviert = 0, aktiviert = 1) oder negierter Form (Öffner; nicht aktiviert = 1, aktiviert = 0) dar. Die Logikverknüpfungen sind wiederum UND (Reihenschaltung) und ODER (Parallelschaltung) sowie die Darstellung der doppelten Negation.

Tabelle 3.4 Theoreme der Schaltalgebra (UND-Verknüpfung)

$a \wedge 0 = 0$	$a \wedge 1 = a$	$a \wedge a = a$	$a \wedge \bar{a} = 0$

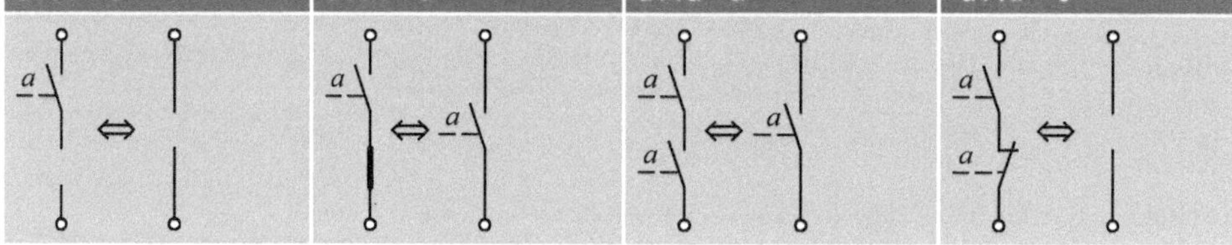

Auf diesen sehr einfach anmutenden Zusammenhängen basieren die Rechenregeln der Schaltalgebra.

Tabelle 3.5 Theoreme der Schaltalgebra (ODER-Verknüpfung)

$a \vee 0 = a$	$a \vee 1 = 1$	$a \vee a = a$	$a \vee \bar{a} = 1$

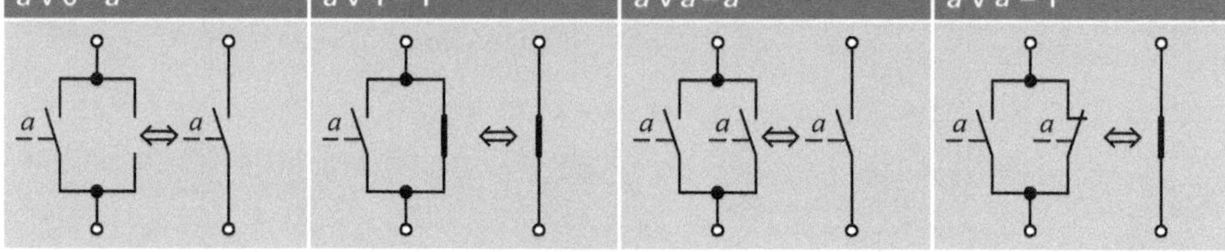

Tabelle 3.6 Theoreme der Schaltalgebra (NEGATION)

$\overline{\overline{0}} = \overline{1} = 0$	$\overline{\overline{1}} = \overline{0} = 1$

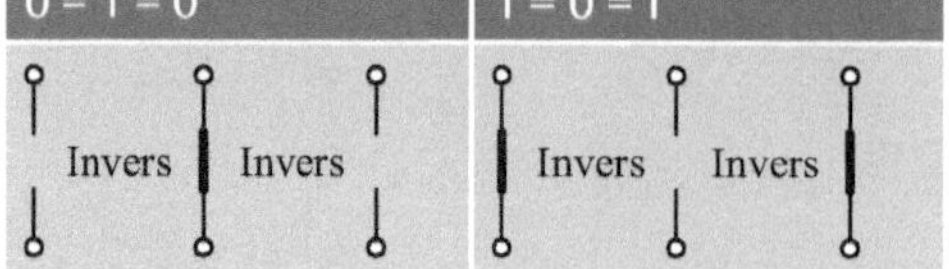

3.2.3 Kommutativgesetz

Das **Kommutativgesetz** (lat.: commutatio; Veränderung, Wechsel) oder **Vertauschungsgesetz** erlaubt es, die Variablen innerhalb einer Verknüpfungsart zu vertauschen. Die Reihenfolge ist damit beliebig. In der elementaren Algebra (Schulmathematik) ist dies die Vertauschbarkeit von Summanden (Addition) oder Faktoren (Multiplikation). Tabelle 3.7 zeigt dies für die UND- und für die ODER-Verknüpfung. Dieses Gesetz ist aus der Mathematik bekannt und wird normalerweise intuitiv angewendet.

Tabelle 3.7 Kommutativgesetz der Schaltalgebra

$a \wedge b \wedge c = c \wedge a \wedge b$ $a \cdot b \cdot c = c \cdot a \cdot b$	$a \vee b \vee c = c \vee a \vee b$ $a + b + c = c + a + b$
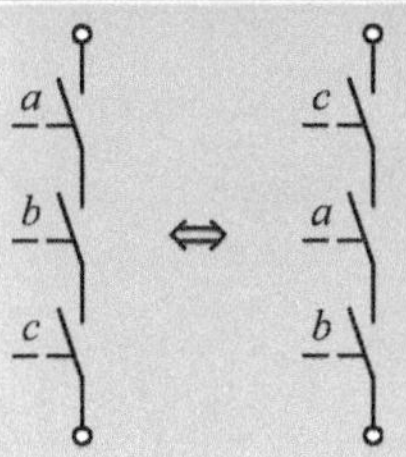	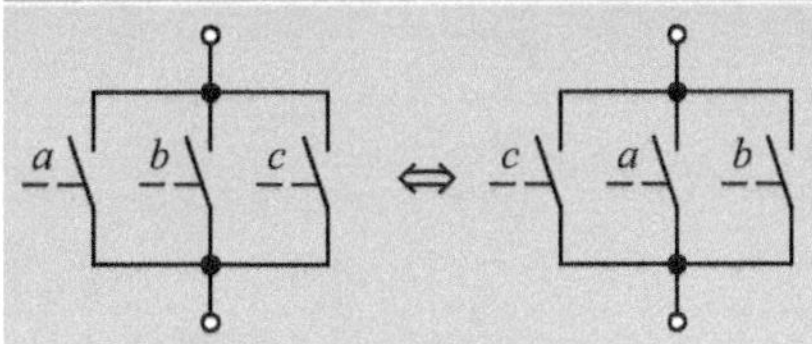

3.2.4 Assoziativgesetz

Das **Assoziativgesetz** (lat.: sociare: vereinen, verbinden) oder **Verknüpfungsgesetz** erlaubt es, die Reihenfolge der Verknüpfung innerhalb einer Verknüpfungsart beliebig durchzuführen. Damit ist es innerhalb einer Operationsart egal, ob man die Zusammenfassung von links nach rechts oder von rechts nach links durchführt. Tabelle 3.8 zeigt dies für die UND- und für die ODER-Verknüpfung. Dieses Gesetz ist ebenfalls aus der Mathematik bekannt und wird normalerweise intuitiv angewendet.

Tabelle 3.8 Assoziativgesetz der Schaltalgebra

$(a \wedge b) \wedge c = a \wedge (b \wedge c)$ $(a \cdot b) \cdot c = a \cdot (b \cdot c)$	$(a \vee b) \vee c = a \vee (b \vee c)$ $(a + b) + c = a + (b + c)$
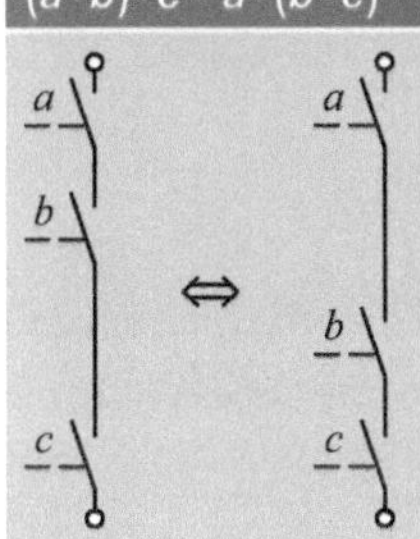	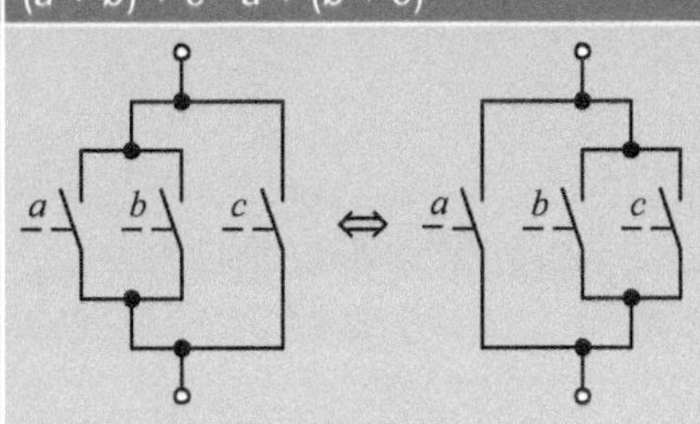

3.2.5 Distributivgesetz

Das **Distributivgesetz** (lat.: tribuere: teilen, zuteilen, …, und lat.: tribus: Bezirk) oder **Verteilungsgesetz** (auch Ausklammern genannt) ermöglicht die Vereinfachung einer gleichungsmäßigen Beschreibung. Gleichlautende Variablen (oder (Sub-)Terme) können bei ebenfalls gleicher Verknüpfungsart innerhalb zwei verknüpfter Terme herausgenommen werden. Eine übersichtliche Darstellung und die gleichungsmäßige Beschreibung in zwei Darstellungsarten zeigt Tabelle 3.9.

Tabelle 3.9 Distributivgesetz der Schaltalgebra

$(a \wedge b) \vee (a \wedge c) = a \wedge (b \vee c)$ $(a \cdot b) + (a \cdot c) = a \cdot (b + c)$	$(a \vee b) \wedge (a \vee c) = a \vee (b \wedge c)$ $(a + b) \cdot (a + c) = a + (b \cdot c)$
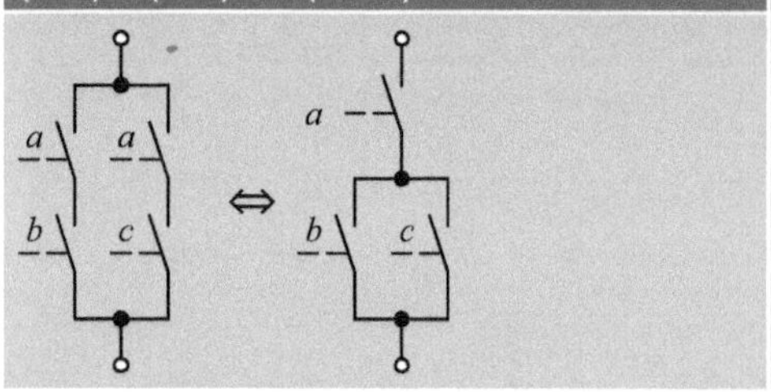	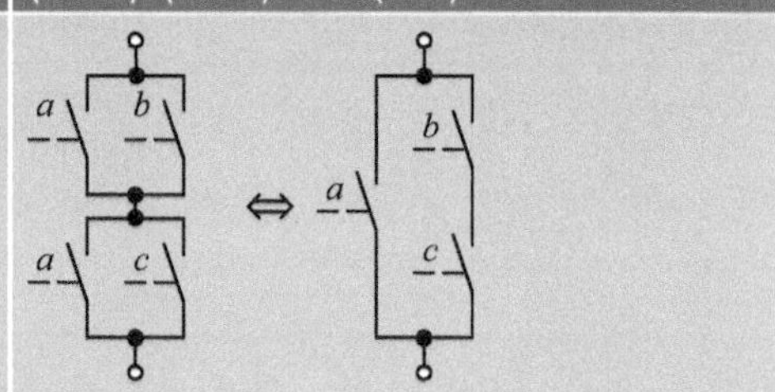

Im Gegensatz zu der Mathematik, bei der nur „Faktoren“ (UND-Verknüpfungen) ausgeklammert werden können, ist es in der Logik auch bei „Summanden“ (ODER-Verknüpfungen) erlaubt.

3.2.6 De-Morgansche-Gesetze

Der englische Mathematiker hat die Boolesche Algebra mit dem nach ihm benannten Gesetz erweitert. Mit ihr werden u. a. Verknüpfungen auf NAND- bzw. auf NOR-Verknüpfungen umgewandelt. Die Aufteilung eines Gleichungsterms mit einem „langen Negationsstrich“ ist eine wichtige Anwendung. Die Grundgesetze zeigen Formel 3.1 und Formel 3.2. Tabelle 3.10 stellt die Gültigkeit in Form der Wahrheitstabelle dar.

Tabelle 3.10 Gültigkeitstest der De-Morganschen-Gesetze

b	a	$\overline{b}$	$\overline{a}$	$a \wedge b$	$\overline{a \wedge b}$	$\overline{a} \vee \overline{b}$	$a \vee b$	$\overline{a \vee b}$	$\overline{a} \wedge \overline{b}$
0	0	1	1	0	1	1	0	1	1
0	1	1	0	0	1	1	1	0	0
1	0	0	1	0	1	1	1	0	0
1	1	0	0	1	0	0	1	0	0

$$z = \overline{a \wedge b} = \overline{a} \vee \overline{b} \tag{3.1}$$

$$z = \overline{a \vee b} = \overline{a} \wedge \overline{b} \tag{3.2}$$

Die De-Morganschen-Gesetze gelten auch für Verknüpfungen mit beliebig vielen Variablen mit der gleichen Verknüpfungsart (UND bzw. ODER, s. Formel 3.3 und Formel 3.4).

$$z = \overline{a \wedge b \wedge c \wedge d \wedge \ldots} = \overline{a} \vee \overline{b} \vee \overline{c} \vee \overline{d} \vee \ldots \tag{3.3}$$

$$z = \overline{a \vee b \vee c \vee d \vee \ldots} = \overline{a} \wedge \overline{b} \wedge \overline{c} \wedge \overline{d} \wedge \ldots \tag{3.4}$$

Hiermit kann jede UND- in eine ODER-Verknüpfung umgewandelt werden oder umgekehrt (s. Formel 3.5 und Formel 3.6).

$$z = a \wedge b = \overline{\overline{a \wedge b}} = \overline{\overline{a} \vee \overline{b}} \tag{3.5}$$

$$z = a \vee b = \overline{\overline{a \vee b}} = \overline{\overline{a} \wedge \overline{b}} \tag{3.6}$$

Eine Art Verallgemeinerung ist das Shannonsche Theorem das besagt, dass man das negierte Ausgangssignal eines logischen Ausdrucks erhält, wenn alle Eingänge invertiert und die Logikelemente UND mit ODER (als auch XOR mit XNOR, die in der Schaltungstechnik durch UND- und ODER-Verknüpfungen realisiert werden) vertauscht werden. Formel 3.7 stellt diesen allgemeinen Zusammenhang für die Grundelemente dar.

$$z = \overline{f\left(a,b,c\ldots,\wedge,\vee\right)} = f\left(\overline{a},\overline{b},\overline{c},\ldots,\vee,\wedge\right) \tag{3.7}$$

3.2.7 Bindungsregel

Die höchste Bindungskraft hat die Negation. Hier braucht bei einer Variable keine Klammer gesetzt werden. Bezieht sich die Negation auf einen Ausdruck mit mehreren Variablen, so sind Klammern zu setzen. Bei der hier bevorzugten Schreibweise der Negation wird diese Klammerfunktion durch die Länge des Negationsstriches realisiert (s. Formel 3.8).

$$z = \overline{a \wedge b \wedge c} = \neg\left(a \wedge b \wedge c\right) = \left(a \wedge b\right) \overline{\wedge} c \tag{3.8}$$

Bei der Verknüpfung von Variablen kann es zu Mehrdeutigkeiten kommen. Zum Beispiel ist die Verknüpfung in Formel 3.9 nicht eindeutig, da sie auf zwei Arten interpretiert werden könnte.

$$z = a \vee b \wedge c \tag{3.9}$$

Die Operatoren UND als auch ODER haben nach Vorschlag der DIN 5473 gleiche Bindungskraft, wodurch sich diese Mehrdeutigkeit ergibt. Tabelle 3.11 zeigt die Ergebnisse in der Wahrheitstabelle für $(a \vee b) \wedge c$, die nicht mit $a \vee (b \wedge c)$ übereinstimmt. Leicht bevorzugt ist die Berechnung von links nach rechts also $(a \vee b) \wedge c$.

Tabelle 3.11 Unterschiedliche Interpretation einer Gleichung

c	b	a	$a \vee b$	$(a \vee b) \wedge c$	$b \wedge c$	$a \vee (b \wedge c)$
0	0	0	0	0	0	0
0	0	1	1	0	0	1
0	1	0	1	0	0	0
0	1	1	1	0	0	1
1	0	0	0	0	0	0
1	0	1	1	1	0	1
1	1	0	1	1	1	1
1	1	1	1	1	1	1

In Anlehnung an die Mathematik mit der „Punkt- vor Strich-Rechnung“ wird im normalen Gebrauch die UND- vor der ODER-Verknüpfung berechnet, da die UND-Verknüpfung als Multiplikationspunkt und die ODER-Verknüpfung als Pluszeichen geschrieben werden kann. Hierdurch wird die Berechnung $a \vee (b \wedge c)$ allgemein bevorzugt. Es ist eine nicht durch die DIN begründete, jedoch angewendete Regel „UND vor ODER “.

Ebenfalls in Anlehnung an die Mathematik, bei der der Multiplikationspunkt in vielen Fällen ohne Beeinflussung der Interpretation weggelassen werden kann, kann auf das UND-Symbol in vielen Fällen verzichtet werden (s. Formel 3.10). Hierdurch werden die Gleichungen bevorzugt, die mit UND-Verknüpfungen beginnen. Es ergibt sich hierbei eine kompakte und übersichtliche Darstellung.

$$z = a \vee b \wedge c = a \vee \left(b \wedge c\right) = a \vee bc \qquad (3.10)$$

In der Beschriftung der Wahrheitstabellen kann „cba“ für drei (Eingangs-) Größen stehen (drei Logikwerte in der Spalte) oder für die UND-Verknüpfung dieser drei Variablen (ein Logikwert in der Spalte).

3.3 Aufgaben

1. Vereinfachen Sie algebraisch folgende Gleichungen durch Anwenden der in diesem Abschnitt behandelten Rechenregeln:

$$z_1 = a \vee (a \wedge b) = (a \wedge 1) \vee (a \wedge b) \tag{3.11}$$

$$z_2 = a \wedge (a \vee b) \tag{3.12}$$

$$z_3 = a \vee (\overline{a} \wedge b) \tag{3.13}$$

$$z_4 = a \wedge (\overline{a} \vee b) \tag{3.14}$$

$$z_5 = (a \wedge b) \vee (a \wedge \overline{b}) \tag{3.15}$$

$$z_6 = (a \vee b) \wedge (a \vee \overline{b}) \tag{3.16}$$

$$z_7 = (a \wedge b \wedge c) \vee (\overline{a} \wedge b \wedge c) \tag{3.17}$$

$$z_8 = (\overline{a} \wedge \overline{b} \wedge \overline{c} \wedge \overline{d}) \vee (\overline{a} \wedge b \wedge \overline{c} \wedge \overline{d}) \vee (\overline{a} \wedge \overline{b} \wedge \overline{c} \wedge d) \vee (\overline{a} \wedge b \wedge \overline{c} \wedge d) \tag{3.18}$$

$$z_9 = \overline{\overline{a} \vee \overline{b}} \wedge \overline{\overline{a} \wedge \overline{b}} \tag{3.19}$$

$$z_{10} = (a \wedge \overline{b} \wedge c) \vee (\overline{a} \wedge \overline{b} \wedge \overline{c}) \vee (a \wedge b \wedge c) \vee (\overline{a} \wedge b \wedge \overline{c}) \tag{3.20}$$

2. Kontrollieren Sie ihr Ergebnis für z_{10} aus Aufgabe 3-1 mithilfe der Wahrheitstabelle.
3. Entwickeln Sie die Schaltfunktion $z=f(a,b,c)$ zu der in Bild 3.2 angegebenen Schaltung und minimieren Sie diese algebraisch durch Anwendung der in diesem Abschnitt erläuterten Rechenregeln.

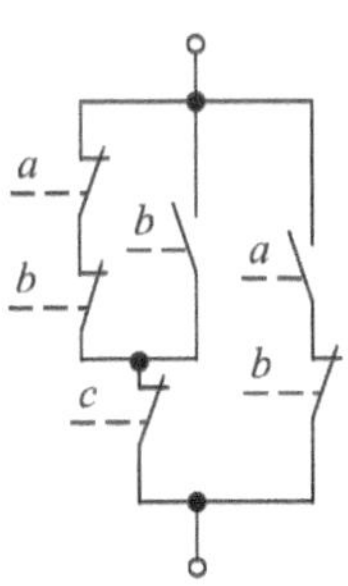

Bild 3.2
Schaltkontakte

4. Entwickeln Sie die Schaltfunktion $z=f(a,b)$ zu der in Bild 3.3 angegebenen Schaltung und minimieren Sie diese algebraisch durch Anwendung der in diesem Abschnitt behandelten Rechenregeln. Zeichnen Sie die minimierte Schaltfunktion in der Kontaktdarstellung.

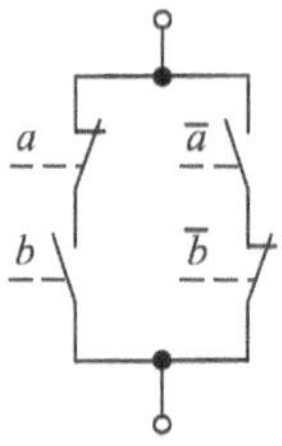

Bild 3.3
Schaltkontakte

5. Entwickeln Sie die Schaltfunktion $z=f(a,b,c)$ zu der in Bild 3.4 angegebenen Schaltung und minimieren Sie diese algebraisch durch Anwendung der algebraischen Rechenregeln. Stellen Sie zuerst die vier Gleichungen für die Schaltungsknoten D, E, F und Z auf und fügen Sie diese dann zu einer Gleichung zusammen. Es könnte hilfreich sein, die ursprünglichen vier Gleichungen auch für die negierten Größen nach De-Morgan umzuwandeln.

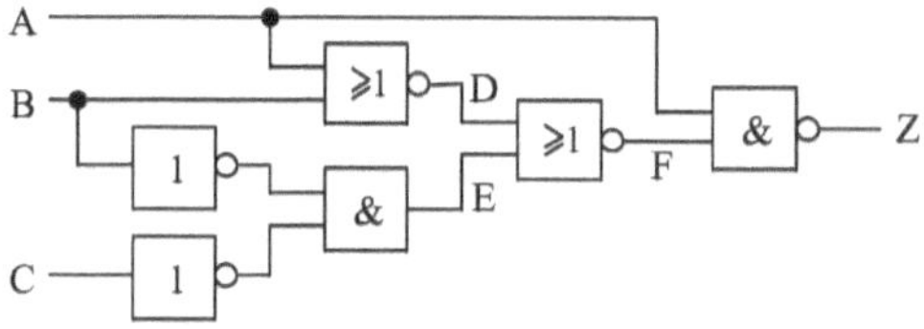

Bild 3.4
Beispielschaltung

6. Belegen Sie die Gültigkeit des in Formel 3.21 und Formel 3.22 angegebenen Zusammenhangs.

$$z_1 = (a \wedge b) \vee (c \wedge d) = (a \vee c) \wedge (a \vee d) \wedge (b \vee c) \wedge (b \vee d) \tag{3.21}$$

$$z_2 = (a \vee b) \wedge (c \vee d) = (a \wedge c) \vee (a \wedge d) \vee (b \wedge c) \vee (b \wedge d) \tag{3.22}$$

7. Formen Sie die Formel 3.23 so um, dass eine Realisierung mit NAND-Verknüpfungen mit jeweils nur 2 Eingängen möglich ist.

$$z = (a \vee b \vee c) \wedge (\overline{a} \vee \overline{b} \vee c) \wedge (a \vee b \vee \overline{c}) \wedge (\overline{a} \vee \overline{b} \vee \overline{c}) \tag{3.23}$$

4 Schaltungssynthese

Die **digitale Schaltungssynthese** ist der Entwurf logischer Verknüpfungsschaltungen für Steuerungs- und Rechenzwecke. Der systematische Entwurf erfolgt üblicherweise in folgenden Schritten:

1. Widerspruchsfreie und vollständige Formulierung der Aufgabe (beinhaltet auch Freiheitsgrade des Entwurfs).
2. Definition der Ein- und Ausgangsvariablen (Bezeichnungen a, b, c oder z_1, z_2, z_3) und der Bedingungen, wann diese Variablen den logischen Wert 1 = „wahr" bzw. 0 = „falsch" haben.
3. Erstellen der Wahrheitstabelle. Sie beschreibt eindeutig die Arbeitsweise der zu synthetisierenden Schaltung.
4. Ableiten der logischen Verknüpfung (Gleichung) entsprechend der Wahrheitstabelle.
5. Vereinfachen bzw. umformen der Gleichung, sodass die Gleichung unter Berücksichtigung der zur Verfügung stehenden Schaltelemente (Logikverknüpfungen) realisiert werden kann.

4.1 Normalformen

Die Wahrheitstabelle beschreibt das Verhalten einer binären Verknüpfung. Für eine Minimierung und Umformung werden als Grundlage allgemeine Beschreibungsformen verwendet. Die Normalformen basieren auf zweilagigen Netzwerken, die entweder aus vorbereitenden UND-Verknüpfungen mit abschließender ODER-Verknüpfung (Disjunktive Normalform) oder aus vorbereitenden ODER-Verknüpfungen mit abschließender UND-Verknüpfung (Konjunktive Normalform) bestehen. Die **Kanonischen Normalformen** sind die Darstellungen der Wahrheitstabellen in nicht minimierter Form (Grundform).

4.1.1 Disjunktive Normalform

Die **K**anonische **D**isjunktive **N**ormal**f**orm (KDNF) wird auch als ODER-Normalform bezeichnet. Es ist die disjunktive Verknüpfung von Vollkonjunktionen. Bei drei Eingangsvariablen ist dies z. B.:

$$z = (a \wedge b \wedge c) \vee (a \wedge \bar{b} \wedge \bar{c}) \vee (\bar{a} \wedge \bar{b} \wedge c) \vee \ldots \tag{4.1}$$

Die Wahrheitstabelle beschreibt das Verhalten der zu erstellenden Schaltung. Jede Bitkombination, die zu einer „1" am Ausgang führt, stellt einen Minterm dar. Der **Minterm** ist eine Vollkonjunktion (UND-Verknüpfung) aller Eingangsvariablen. Der Minterm erzeugt für diese an den Eingängen anliegende Bitkombination die am Ausgang benötigte „1". Alle Minterme werden über eine Disjunktion (ODER-Verknüpfung) zusammengefasst und liefern damit die vollständige Verhaltensbeschreibung in der KDNF. Die Anzahl der „1"-Zustände der Wahrheitstabelle ist die Anzahl vorhandener Minterme in der KDNF.

Tabelle 4.1 Beispielverknüpfung für KDNF und KKNF

i	b	a	z	$\bar{z}$	z_0	z_3	Z_1	Z_2
0	0	0	1	0	1	0	1	1
1	0	1	0	1	0	0	0	1
2	1	0	0	1	0	0	1	0
3	1	1	1	0	0	1	1	1

Beispiel 4.1 Kanonische Disjunktive Normalform (KDNF)

Ausgehend von der Wahrheitstabelle (Tabelle 4.1) werden die Zeilen, bei denen die Ausgangsvariable den Wert „1" annimmt, durch UND-Verknüpfung aller Eingangsvariablen ausgewählt. Die so definierten Minterme werden disjunktiv verknüpft und die Gleichung beschreibt das Verhalten mit:

$$z = z_0 \vee z_3 = (\bar{a} \wedge \bar{b}) \vee (a \wedge b) \tag{4.2}$$

Werden die Logikverknüpfungen durch einen Punkt für die UND-Verknüpfung und mit einem Pluszeichen für die ODER-Verknüpfung dargestellt (z. B. in der englischsprachigen Literatur), so ist das Ergebnis die Summe der einzelnen Produktterme, woraus sich die Bezeichnung **S**um **O**f **P**roducts (SOP) ergibt.

Der Zusammenhang lässt sich unter Verwendung der Punkt- und Strichrechnung in der Summenform schreiben, wobei $m(i)$ der Minterm (kursiv geschriebener Kleinbuchstabe) der als Dualzahl interpretierten Eingangskombination $(\ldots, b = 2^1, a = 2^0)$ i ist und $z(i)$ der Logikwert des zugehörigen Ausgangssignals.

$$z = \sum_{i=0}^{2^n-1} z(i) \cdot m(i) \tag{4.3}$$

Für das o.a. Beispiel erhält man somit die Schreibweise (Terme mit $z(i) = 0$ entfallen):

$$z(b,a) = \sum m\{0;3\} = m(0) + m(3) = m(00_2) + m(11_2) = \overline{b}\overline{a} + ba \tag{4.4}$$

Die KDNF kann auch aus der KKNF der negierten Ausgangsgröße durch Umwandlung nach De Morgan bestimmt werden.

Minimierungsverfahren fassen Minterme zusammen. Sowohl die Anzahl der benötigten Gatter als auch die Anzahl benötigter Eingänge können dadurch reduziert werden. Bleibt die zweilagige Struktur (UND/ODER-Verknüpfung) erhalten, dann spricht man von der Disjunktiven Normalform. Durch Umwandlung der ODER-Verknüpfung gemäß der De-Morganschen-Regel erhält man eine NAND/NAND-Verknüpfung. NAND-Bausteine waren in den Anfängen der Logikschaltungen aufgrund ihrer kompakten Struktur sehr beliebt. Auch heute noch wird die DNF zur Beschreibung logischer Verknüpfungen am häufigsten verwendet.

4.1.2 Konjunktive Normalform

Die **K**anonische **K**onjunktive **N**ormal**f**orm (KKNF) wird auch als UND-Normalform bezeichnet. Es ist die konjunktive Verknüpfung von Volldisjunktionen. Mit drei Eingangsvariablen ist dies z. B.:

$$z = (\overline{a} \vee \overline{b} \vee \overline{c}) \wedge (\overline{a} \vee b \vee c) \wedge (a \vee b \vee \overline{c}) \wedge \ldots \tag{4.5}$$

Die Wahrheitstabelle beschreibt das Verhalten der zu erstellenden Schaltung. Jede Bitkombination, die zu einer „0" am Ausgang führt, stellt einen Maxterm dar. Der **Maxterm** ist eine Volldisjunktion (ODER-Verknüpfung) aller Eingangsvariablen. Der Maxterm erzeugt für diese Bitkombination die am Ausgang benötigte „0". Alle Maxterme werden über eine Konjunktion (UND-Verknüpfung) zusammengefasst und liefern die vollständige Verhaltensbeschreibung in der KKNF. Die Anzahl der „0"-Zustände der Wahrheitstabelle ist die Anzahl vorhandener Maxterme in der KKNF.

Beispiel 4.2 Kanonische Konjunktive Normalform (KKNF)

Ausgehend von der Wahrheitstabelle der Tabelle 4.1 werden die Zeilen, bei denen die Ausgangsvariable den Wert „0" annimmt, durch ODER-Verknüpfung aller Eingangsvariablen ausgewählt. Die so definierten Maxterme werden konjunktiv verknüpft und die Gleichung beschreibt das Verhalten mit:

$$z = Z_1 \wedge Z_2 = (\overline{a} \vee b) \wedge (a \vee \overline{b}) \tag{4.6}$$

Werden die Logikverknüpfungen durch einen Punkt für die UND-Verknüpfung und mit einem Pluszeichen für die ODER-Verknüpfung dargestellt (z. B. in der englischsprachigen Literatur), so ist das Ergebnis das Produkt der einzelnen Summen, woraus sich die Bezeichnung **P**roduct **O**f **S**ums (POS) ergibt.

Der Zusammenhang lässt sich unter der Verwendung der Punkt- und Strichrechnung in der Produktform schreiben, wobei *M*(*i*) der Maxterm (kursiv geschriebener Großbuchstabe) der als Dualzahl interpretierten Eingangskombination (…, $b = 2^1$, $a = 2^0$) *i* ist und *Z*(*i*) der Logikwert des zugehörigen Ausgangssignals.

$$z = \prod_{i=0}^{2^n-1} \left(Z(i) + M(i) \right) \tag{4.7}$$

Für das o.a. Beispiel erhält man somit die Schreibweise (Terme mit $Z(i) = 1$ entfallen):

$$z(b,a) = \Pi M\{1;2\} = M(1) \cdot M(2) = M(01_2) \cdot M(10_2) = (b + \overline{a}) \cdot (\overline{b} + a) \tag{4.8}$$

Die KKNF kann auch aus der KDNF der negierten Ausgangsgröße durch Umwandlung nach De Morgan bestimmt werden. Die Gleichung der negierten Ausgangsgröße *z* ist:

$$\overline{z} = (a \wedge \overline{b}) \vee (\overline{a} \wedge b) = \overline{(\overline{a} \vee \overline{\overline{b}}) \wedge (\overline{\overline{a}} \vee \overline{b})} \tag{4.9}$$

Nach einer weiteren Negation auf beiden Seiten (aufheben der Negation durch doppelte Negierung) erhält man die KKNF der Ausgangsgröße *z* gemäß:

$$z = \overline{\overline{z}} = \overline{\overline{(\overline{a} \vee b) \wedge (a \vee \overline{b})}} = (\overline{a} \vee b) \wedge (a \vee \overline{b}) = (\overline{a} + b) \cdot (a + \overline{b}) \tag{4.10}$$

Minimierungsverfahren fassen Maxterme zusammen. Sowohl die Anzahl der benötigten Gatter als auch die Anzahl benötigter Eingänge können dadurch reduziert werden. Bleibt die zweilagige Struktur (ODER/UND-Verknüpfung) erhalten, dann spricht man von der Konjunktiven Normalform. Durch Umwandlung der UND-Verknüpfung gemäß der De-Morganschen-Regel erhält man eine NOR/NOR-Verknüpfung.

4.2 Schaltungsvereinfachung

Die Grundgleichungen KDNF bzw. KKNF können in der Regel vereinfacht werden. Nachfolgend werden drei Methoden für eine systematische Vereinfachung beschrieben.

4.2.1 Algebraische Vereinfachung

Basierend auf der Grundgleichung ist in der Regel eine Vereinfachung mithilfe des Distributivgesetzes möglich. Hier ein Beispiel basierend auf der KDNF:

Beispiel 4.3 Algebraische Vereinfachung

Der Ausdruck

$$z=(\bar{a}\wedge b\wedge c)\vee(\bar{a}\wedge b\wedge\bar{c})(\bar{a}\wedge\bar{b}\wedge c)\vee(\bar{a}\wedge\bar{b}\wedge\bar{c}) \tag{4.11}$$

ist zu vereinfachen. Hier können die Ausdrücke $(\bar{a}\wedge b)$ sowie $(\bar{a}\wedge\bar{b})$ als Variable aufgefasst werden und man erhält:

$$z=((\bar{a}\wedge b)\wedge c)\vee((\bar{a}\wedge b)\wedge\bar{c})\vee((\bar{a}\wedge\bar{b})\wedge c)\vee((\bar{a}\wedge\bar{b})\wedge\bar{c}) \tag{4.12}$$

Ausklammern und Vereinfachen ergibt:

$$z=(\bar{a}\wedge b)\wedge(c\vee\bar{c})\vee(\bar{a}\wedge\bar{b})\wedge(c\vee\bar{c})=(\bar{a}\wedge b)\vee(\bar{a}\wedge\bar{b})=\bar{a}\wedge(b\vee\bar{b})=\bar{a} \tag{4.13}$$

■

Die algebraische Vereinfachung ist sehr unübersichtlich und gibt im Allgemeinen nicht die Sicherheit, die kürzeste Gleichung ermittelt zu haben.

Hauptanwendung der algebraischen Vereinfachung ist eine algebraische Anpassung einer vorliegenden Gleichung an die Kriterien der zu verwendenden Hardwarekomponenten. Stehen z.B. nur NAND- oder nur NOR-Gatter zur Verfügung und ist evtl. die Anzahl der nutzbaren Eingänge begrenzt, so muss die Gleichung den Gegebenheiten angepasst werden. Wirtschaftlich gesehen, müssten den unterschiedlichen Realisierungen Kosten zugeordnet werden, um hiermit die „günstigste“ Realisierung zu ermitteln. Die hier verwendeten Optimierungskriterien sind die Anzahl der Gatter (Gesamtanzahl der Gatter als Hardwareaufwand bzw. Anzahl der Gatter in der längsten Kette als Geschwindigkeitskriterium).

Beispiel 4.4 Algebraische Umformung

Die Realisierung der Gleichung

$$z=\bar{a}bc\vee a\bar{b}c \tag{4.14}$$

mit NAND-Gliedern führt zu:

$$z=\overline{\overline{\bar{a}bc\vee a\bar{b}c}}=\overline{\overline{\bar{a}bc}\wedge\overline{a\bar{b}c}} \tag{4.15}$$

Die Realisierung dieser Gleichung benötigt drei NAND-Glieder und zwei NICHT-Glieder (fünf Gatter). Die längste Kette beinhaltet drei Glieder. Soll der gleiche Zusammenhang mit NOR-Gliedern realisiert werden, so liefert die Umformung:

$$z=\overline{\overline{\bar{a}bc}}\vee\overline{\overline{a\bar{b}c}}=\overline{a\vee\bar{b}\vee\bar{c}}\vee\overline{\bar{a}\vee b\vee\bar{c}}=\overline{\overline{\overline{a\vee\bar{b}\vee\bar{c}}\vee\overline{\bar{a}\vee b\vee\bar{c}}}} \tag{4.16}$$

Die doppelte Negation am Ausgang ist notwendig durch die Vorgabe mit NOR-Gliedern, die mindestens eine Negation nach der ODER-Verknüpfung verlangt. Die zweite Negation hebt die hardwarebedingte erste Negation auf. Diese Realisierung benötigt drei NOR-Glieder und vier NICHT-Glieder (sieben Gatter). Die längste Kette besteht hierbei aus vier Gliedern. Der Aufwand ist bei dieser Gleichung also höher als bei der Realisierung mit NAND-Gliedern.

Beginnt man mit Ausklammern der Anfangsgleichung, erhält man eine andere Lösung:

$$z=c\land\left(\left(\bar{a}\land b\right)\lor\left(a\land\bar{b}\right)\right)=c\land\left(\overline{a\lor\bar{b}}\lor\overline{\bar{a}\lor b}\right)=\overline{\bar{c}\lor\overline{\overline{a\lor\bar{b}}\lor\overline{\bar{a}\lor b}}} \qquad (4.17)$$

Die so ermittelte Lösung benötigt vier NOR-Glieder (mit je zwei Eingängen) und drei NICHT-Glieder, also ebenfalls sieben Gatter. Die längste Kette beinhaltet ebenfalls vier Gatter. Vorteilhaft ist eventuell die Anzahl benötigter Eingänge, die günstiger für eine Realisierung sein kann.

Erheblich kleiner wird der Aufwand, wenn man das zweilagige Netzwerk verlässt und das XOR-Glied auch als Einzelelement zur Verfügung steht. Bei dieser Möglichkeit liefert die Umformung

$$z=c\land\left(a\oplus b\right) \qquad (4.18)$$

Der Aufwand reduziert sich auf zwei Glieder. Auch die Reaktionsgeschwindigkeit basiert auf zwei Gliedern. Das wäre die günstigste Lösung. ■

Schaltungen werden häufig durch zweistufige Verknüpfung realisiert. Bei den programmierbaren Schaltungen (z. B. PAL, GAL, PLD, CPLD) sind dies eine vorbereitende UND-Verknüpfung (erste Ebene) mit einer abschließenden ODER-Verknüpfung (zweite Ebene). Alle Eingangssignale stehen aufgrund vorhandener Signalverstärkung (Eingangsverstärker zur Entkopplung) in negierter und nicht negierter Form zur Verfügung. Die Anzahl benötigter NICHT-Glieder für die Eingangssignale ist dadurch irrelevant. Mit Hinblick auf diese Realisierung macht es keinen Sinn die Anfangsgleichung, wie in dem letzten Beispiel, weiter zu vereinfachen. Eine zweistufige UND-ODER-Verknüpfung (DNF) ist günstig für ein Gleichungssystem basierend auf der KDNF. Durch eine häufig vorhandene schaltbare Negation am Ausgang kann auch die KNF realisiert werden (DNF der negierten Ausgangsgröße). Rechnergestützte Programme ermitteln häufig beide Varianten (DNF und KNF) und verwenden dann die kürzeste Gleichung.

4.2.2 Grafische Vereinfachung

Die Möglichkeit der grafischen Umformung wurde von Veitch und Karnaugh entwickelt und dient zur Darstellung und Optimierung logischer Verknüpfungen. Die Darstellung wird **KV-Diagramm** bzw. **Karnaugh-Veitch-Tafel (KV-Tafel)** genannt.

Sie besteht aus einem Rechteck, das in Quadrate unterteilt ist. Jedes Quadrat steht für eine Bitkombination der Eingangsvariablen. Jede Zeile der Wahrheitstabelle wird durch ein Feld repräsentiert. Benachbarte Felder unterscheiden sich horizontal und vertikal nur in einem Bit. Hierdurch wird die Anwendbarkeit des Distributivgesetzes übersichtlich dargestellt. Am häufigsten ist die Anwendung der KV-Tafel für die KDNF zu finden. Das Ergebnis liegt dann in der DNF vor. Für die KKNF kann das Verfahren mit der Umwandlung nach De Morgan in ähnlicher Form angewendet werden. Um die Darstellung einfach zu halten, wird im Weiteren nur das Verfahren basierend auf der KDNF erläutert. Es empfiehlt sich bei der KKNF vor der Minimierung eine Umwandlung nach De Morgan in die KDNF der negierten Ausgangsgröße durchzuführen und dann das hier beschriebene Verfahren anzuwenden. Bei Bedarf kann die Umwandlung nach De Morgan nach der Minimierung wieder angewendet werden, um die Lösung in der KNF zu erhalten.

Die Minimierung basiert auf der Visualisierung des Theorems $\overline{a} \vee a = 1$. Die disjunktiv verknüpften Terme $\overline{a}$ und a der Gleichung $z = \overline{a} \vee a$ werden durch zwei waagerecht angeordnete Felder dargestellt (rechtes Feld für $a = 1$ und linkes Feld für $\overline{a} = 1$). Da bei beiden Zuständen der Variable a die Ausgangsgröße 1 ist, können die Felder zusammengefasst werden, was die Unabhängigkeit der Ausgangsgröße von dieser Variable symbolisiert. In Bild 4.1 sind die vier Kombinationsmöglichkeiten dargestellt. In der linken Darstellung ist die Ausgangsgröße unabhängig von a immer 0 (beide Felder sind leer), also ist $z = 0$. In der nächsten Darstellung ist die Ausgangsgröße 1 wenn $a = 1$ ist (1 im rechten Feld) und 0 wenn $a = 0$ ist (leeres linkes Feld). Dies kennzeichnet den Zusammenhang $z = a$. In der dritten Darstellung ist das linke Feld mit einer 1 besetzt für $\overline{a} = 1$ und das rechte Feld ist leer. Dies symbolisiert $z = \overline{a}$. In der rechten Darstellung sind beide Felder mit einer 1 besetzt. Dies zeigt, dass z unabhängig von a immer 1 ist, also $z = 1$. Die Zusammenfassung der beiden Felder wird durch die dünn eingezeichnete Umrandung dargestellt.

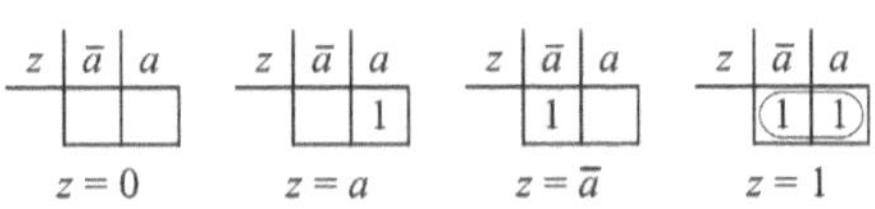

Bild 4.1
Zuordnungsmöglichkeiten bei einer Variable

Die in Bild 4.1 dargestellten zwei Felder mit der Variable a (anwendungsbezogene Variablen haben natürlich abweichende Bezeichnungen) ist für die hier verwendete Herleitung das Grundelement und mit der rechten Variable (interpretierte Wertigkeit 2^0) einer Wahrheitstabelle verknüpft. Diese Variable beginnt in der oberen Zeile mit dem Wert 0 gefolgt von der zweiten Zeile mit dem Wert 1. Bei einer Erweiterung um ein Bit werden in der Wahrheitstabelle für die bestehenden Zeilen führende Nullen hinzugefügt (der alte Tabellenteil bleibt unverändert) und die vorhandenen Kombinationen werden mit einer führenden 1 wiederholt. Aus diesem Grund ist die entstehende Reihenfolge bei vier Eingangsgrößen d, c, b, a mit der interpretierten Wertigkeit $2^3, 2^2, 2^1, 2^0$. Ähnlich strukturiert ist der Aufbau des KV-Diagramms. Eine Erweiterung um ein Bit beeinflusst nicht die bereits vorhandene Struktur und deren Zuordnung zur Wahrheitstabelle.

4.2.2.1 KV-Diagramm mit zwei Variablen

Die benötigten Vollkonjunktionen der Wahrheitstabelle werden durch eine „1" in die zugehörigen Felder der KV-Tafel eingetragen. Nicht benötigte Vollkonjunktionen werden durch eine „0" oder üblicherweise durch ein freies Feld abgebildet. Das KV-Diagramm für mehrere Variablen kann auf unterschiedlichen Wegen realisiert werden. Dadurch ergeben sich unterschiedliche Verteilungen der einzelnen Felder. Die Regeln der Minimierung etc. gelten für alle Realisierungen. Der Bereich der zweiten Variable kann durch Spiegeln des bisherigen Feldes an der rechten Seite erfolgen. Hierdurch ergibt sich eine Reihe von vier Feldern. Da sich das äußerst linke Feld von dem äußerst rechten Feld nur in der neuen Variable unterscheidet, sind auch diese Felder direkt benachbart und können zusammengefasst werden. Die Reihe kann als Abwicklung eines Ringes angesehen werden. Bild 4.2 zeigt das KV-Diagramm für zwei Variablen (für z_5, eine Übungsaufgabe aus Kapitel 3).

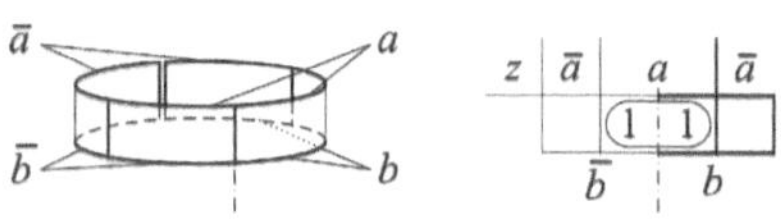

Bild 4.2 Darstellungen der Gleichung $z_5 = (a \wedge b) \vee (a \wedge \overline{b})$ im KV-Diagramm mit zwei Variablen

Aufgrund der einfachen Aufgabenstellung hätte man das Ergebnis auch über die KDNF der negierten Ausgangsgröße bestimmen können.

$$\overline{z} = \overline{a}b \Rightarrow z = \overline{\overline{z}} = \overline{\overline{a} \wedge b} = a \vee \overline{b} \tag{4.22}$$

Tabelle 4.2 Beispielverknüpfung mit zwei Variablen

b	a	z	$\overline{z}$
0	0	1	0
0	1	1	0
1	0	0	1
1	1	1	0

Beispiel 4.5 Grafische Vereinfachung mit zwei Variablen

Die Wahrheitstabelle (Tabelle 4.2) wird mit folgender KDNF beschrieben:

$$z = \left(\bar{a} \wedge \bar{b}\right) \vee \left(a \wedge \bar{b}\right) \vee \left(a \wedge b\right) \tag{4.19}$$

Bild 4.3 zeigt das KV-Diagramm. In der linken Darstellung stehen in den Feldern oben links die zugehörigen Eingangs-Bitkombinationen *ba* und in den unteren rechten Ecken der Wert bei einer Interpretation nach dem Dualcode (Dualäquivalent). Strukturiert man die Wahrheitstabelle und das KV-Diagramm in einer bestimmten Weise, so ergibt sich eine definierte Zuordnung zwischen einer Zeile in der Wahrheitstabelle und dem Feld im KV-Diagramm. Kennt man die Reihenfolge, so ist eine zeitsparende Übertragung der Minterme möglich.

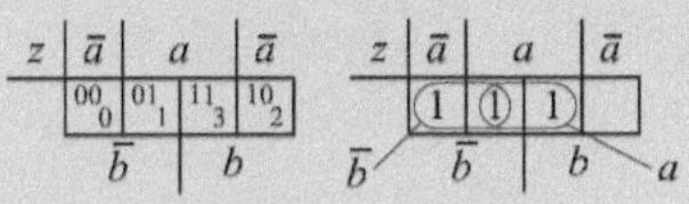

Bild 4.3 Minimierung im KV-Diagramm mit zwei Variablen

In der rechten Darstellung ist das KV-Diagramm für die Ausgangsgröße z mit den eingetragenen Mintermen und die Zusammenfassung (Gruppenbildung) zu sehen. Das Zusammenfassen benachbarter Felder ergibt die zwei eingezeichneten Gruppen, die die Bereiche a und $\bar{b}$ abdecken. Diese Bereiche werden über eine Disjunktion (ODER-Verknüpfung) zusammengefasst. Dies liefert das Ergebnis:

$$z = a \vee \bar{b} \tag{4.20}$$

In der grafischen Darstellung ist zu sehen, dass es günstig ist, den Term $a \wedge \bar{b}$ mehrfach zu verwenden. Das algebraische Äquivalent der dargestellten Minimierung ist:

$$z = \bar{a}\,\bar{b} \vee a\bar{b} \vee ab = ab \vee a\bar{b} \vee a\bar{b} \vee \bar{a}\,\bar{b} = a \wedge \left(b \vee \bar{b}\right) \vee \bar{b}\left(a \vee \bar{a}\right) = a \vee \bar{b} \tag{4.21}$$

4.2.2.2 KV-Diagramm mit drei Variablen

Das KV-Diagramm für zwei Variablen wird um die untere waagerechte Begrenzung gespiegelt. Die neue Variable unterscheidet die obere und untere Position in den einzelnen Spalten.

Beispiel 4.6 Grafische Vereinfachung mit drei Variablen

Die Gleichung

$$y = a\bar{b}\bar{c} \vee \bar{a}b\bar{c} \vee \bar{a}\bar{b}c \vee \bar{a}bc \qquad (4.23)$$

ist in dem KV-Diagramm (Bild 4.4) bereits eingetragen. Drei Minterme können wie im vorherigen Abschnitt zusammengefasst werden zu den Termen $(\bar{a}b)$ und $(\bar{a}c)$, während ein Minterm $(a\bar{b}\bar{c})$ keine direkten Nachbarn hat und nicht minimiert werden kann. Das Ergebnis ist die disjunktive Verknüpfung der ermittelten Terme:

$$y = a\bar{b}\bar{c} \vee \bar{a}b \vee \bar{a}c \qquad (4.24)$$

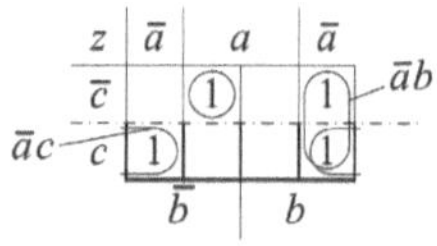

Bild 4.4
KV-Diagramm mit drei Variablen

Bei der Minimierung kann es vorkommen, dass es mehrere Lösungen gibt. Gesucht ist allgemein die kürzeste Gleichung. In der in Bild 4.5 dargestellten Verteilung der Minterme gibt es zwei gleichwertige Lösungen (Formel 4.25). Bild 4.6 zeigt eine funktionierende, aber nur suboptimale Lösung.

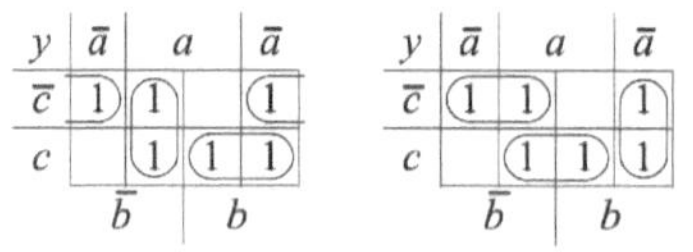

Bild 4.5
KV-Diagramme mit zwei unterschiedlichen Lösungsmöglichkeiten

$$y = \bar{a}\bar{c} \vee a\bar{b} \vee bc = \bar{c}\bar{b} \vee ac \vee \bar{a}b \qquad (4.25)$$

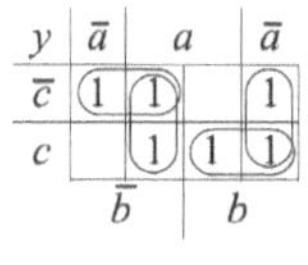

$y = \bar{a}b \vee a\bar{b} \vee \bar{b}\bar{c} \vee bc$

Bild 4.6
KV-Diagramm mit suboptimaler Lösung

4.2.2.3 KV-Diagramm mit vier Variablen

Die Erweiterung des KV-Diagramms erfolgt ähnlich der Erweiterung auf zwei Variablen, in diesem Fall wird das Feld nach unten gespiegelt. Hierdurch sind die Felder der oberen Reihe mit den Feldern der gleichen Spalte in der unteren Reihe über die waagerechte Schnittkante direkt benachbart. Je nach Trennlinie kann das Diagramm als Abwicklung eines senkrechten oder waagerechten Zylinders angesehen werden. Die Interpretation einer Kugel wird schwierig, da dann alle Randbereiche zusammenlaufen würden. Eine weitere Vorstellung wäre eine periodische

Ergänzung. Betrachtet man das Diagramm als quadratische Badfliese, die von identischen Fliesen umgeben ist, können über die Fugen benachbarte Felder zusammengefasst werden. Bild 4.7 zeigt drei Varianten eines KV-Diagramms mit vier Variablen. Aufgrund des gewählten Aufbaus (Reihenfolge der Spiegelungen) ergibt sich bei den hier gezeigten drei Darstellungen die gleiche Verteilung der einzelnen Felder. Das Eintragen der Minterme ist aus meiner Sicht aufgrund der Beschriftung in der mittleren und rechten Darstellung etwas einfacher, das Ermitteln der minimierten Terme ist in der linken Darstellung übersichtlicher. Aus diesem Grund wird die linke Darstellung des KV-Diagramms von mir bevorzugt.

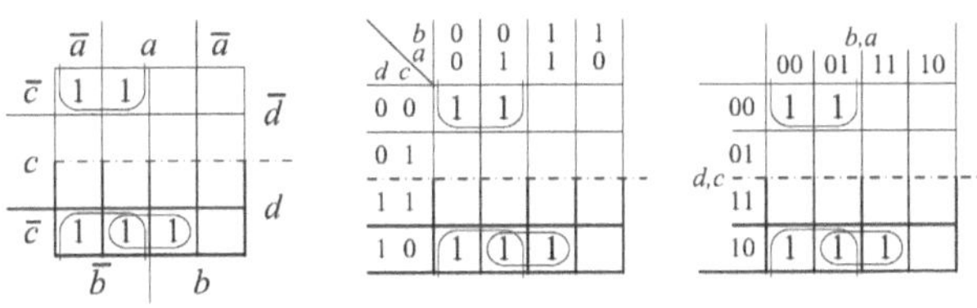

Bild 4.7 Minimierung im KV-Diagramm mit vier Variablen

Beispiel 4.7 Grafische Vereinfachung mit vier Variablen

Bild 4.7 zeigt die Position der Minterme folgender Gleichung im KV-Diagramm:

$$y = \bar{a}\,\bar{b}\,\bar{c}\,\bar{d} \lor a\,\bar{b}\,\bar{c}\,\bar{d} \lor \bar{a}\,\bar{b}\,\bar{c}\,d \lor a\,\bar{b}\,\bar{c}\,d \lor a\,b\,\bar{c}\,d \quad (4.26)$$

Die Gruppenbildung (Zusammenfassung von Mintermen in den Größen 2, 4, 8, ...) führt zu folgender Gleichung:

$$y = \left(\bar{b}\,\bar{c}\right) \lor \left(a\,\bar{c}\,d\right) \quad (4.27)$$

Im KV-Diagramm können Bereiche zusammengefasst werden, die vollständig nebeneinander liegen. Bei jeder Zusammenfassung entfällt die Variable, die diese beiden Bereiche unterscheidet. Entsteht eine Zweiergruppe, so ist eine Variable eliminiert, bei einer Vierergruppe entfallen zwei Variable und bei einer Achtergruppe sind es drei Variable usw. Bild 4.8 zeigt Beispiele zulässiger und nicht zulässiger Gruppenbildung.

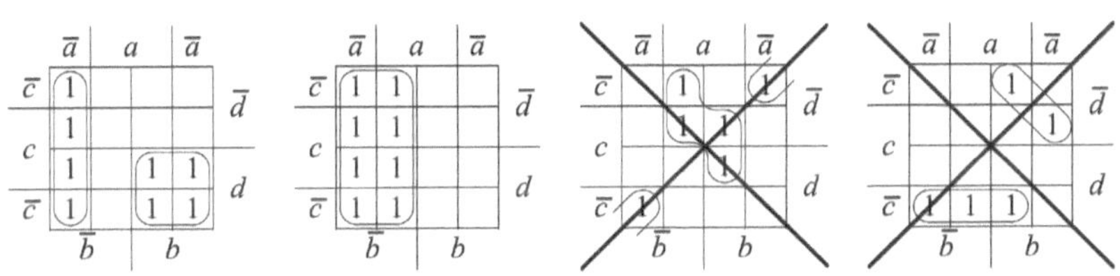

Bild 4.8 Beispiele zulässiger und nicht zulässiger Gruppierungen

Bei Einhaltung der Struktur wird eine feste Zuordnung zwischen Wahrheitstabelle und KV-Diagramm verwendet. Bild 4.9 zeigt ein Beispiel mit 16 Bitmustern (4 Bit). Bei 8 Bitmustern bricht man mit der Reihenfolge ab (Spalte 2^3 ist nicht vorhanden, der gestrichelte Bereich entfällt), bei 32 oder 64 Bitmustern ist die Reihenfolge in den Diagrammen die gleiche, jedoch mit einem Offset von 16, 32, 48, 64, ... behaftet, wie im nächsten Kapitel erläutert. Die Eintragung mit dem Dualäquivalent *i* geht immer, eine auswendig gelernte Reihenfolge bei der Übertragung der Werte in das KV-Diagramm setzt natürlich den vollständigen und sortierten Dualcode in der Wahrheitstabelle voraus.

	2^3	2^2	2^1	2^0	
i	*d*	*c*	*b*	*a*	*y*
0	0	0	0	0	1
1	0	0	0	1	1
2	0	0	1	0	0
3	0	0	1	1	0
4	0	1	0	0	1
5	0	1	0	1	0
6	0	1	1	0	1
7	0	1	1	1	0
8	1	0	0	0	0
9	1	0	0	1	1
A	1	0	1	0	0
B	1	0	1	1	1
C	1	1	0	0	0
D	1	1	0	1	0
E	1	1	1	0	1
F	1	1	1	1	1

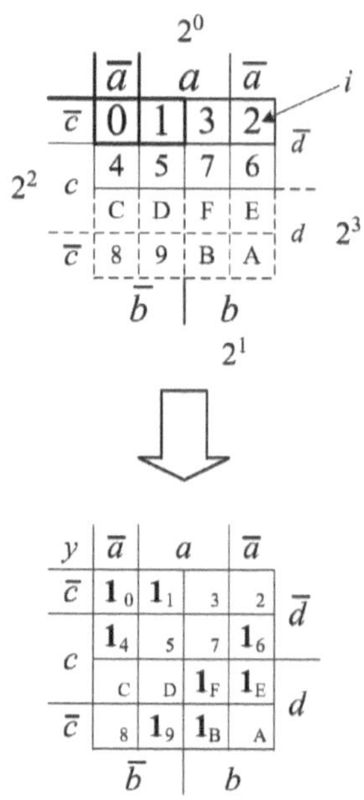

Bild 4.9
Verwendete Zuordnung zwischen Wahrheitstabelle und KV-Diagramm

4.2.2.4 KV-Diagramm mit fünf Variablen

Zur Darstellung des KV-Diagramms mit fünf Variablen reicht die zweidimensionale Papieroberfläche nicht mehr aus. Um die Bedingung benachbarter Felder realisieren zu können, werden zwei Diagramme für vier Variablen gezeichnet, die in der Vorstellung übereinanderliegen. Bild 4.10 zeigt die räumliche Darstellung des KV-Diagramms für fünf Variablen, bei denen jeder mögliche Minterm durch einen Würfel repräsentiert wird und benachbarte Würfel sich nur in einem Bit unterscheiden.

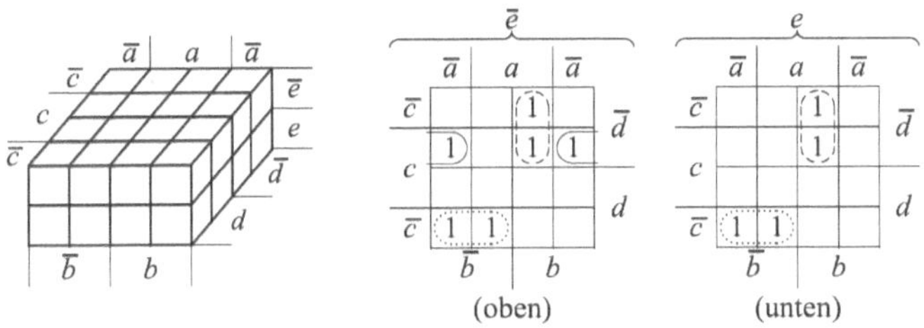

Bild 4.10 Minimierung im KV-Diagramm mit fünf Variablen

In dem KV-Diagramm sind bereits die Minterme der Tabelle 4.3 eingetragen. Hilfreich ist u. a. die Zuordnung über das Dualäquivalent (Beschreibung der Eingangs-Bitkombination als Dualwert). Das linke Feld deckt die Werte 0 bis 15 und das rechte die Werte 16 bis 31 ab. Die Reihenfolge innerhalb der Felder ist gleich. Es lassen sich zwei Gruppen mit vier Blöcken (es werden zwei Variablen wegoptimiert) und eine Gruppe mit zwei Blöcken (es wird eine Variable wegoptimiert) bilden. Die verbliebenen Terme werden mit ODER zusammengefasst entsprechend der Gleichung:

$$y = \left(\overline{b}\,\overline{c}\,d\right) \vee \left(a\,b\,\overline{d}\right) \vee \left(\overline{a}\,c\,\overline{d}\,\overline{e}\right) \qquad (4.28)$$

Tabelle 4.3 Minterme einer Beispielverknüpfung mit fünf Variablen

„Wert“	*e d c b a*
3	0 0 0 1 1
4	0 0 1 0 0
6	0 0 1 1 0
7	0 0 1 1 1
8	0 1 0 0 0
9	0 1 0 0 1
19	1 0 0 1 1
23	1 0 1 1 1
24	1 1 0 0 0
25	1 1 0 0 1

4.2.2.5 KV-Diagramm mit sechs und mehr Variablen

Die Erweiterung auf sechs Variablen kann, wie bereits mehrfach angewendet, durch Spiegeln des bisherigen Bereiches erfolgen. Bild 4.11 zeigt die räumliche Interpretation eines KV-Diagramms für sechs Variablen. Gegenüberliegende Felder des Würfels unterscheiden sich in einem Bit und können zusammengefasst werden. Eine Darstellung der vier Ebenen zeigt Bild 4.12.

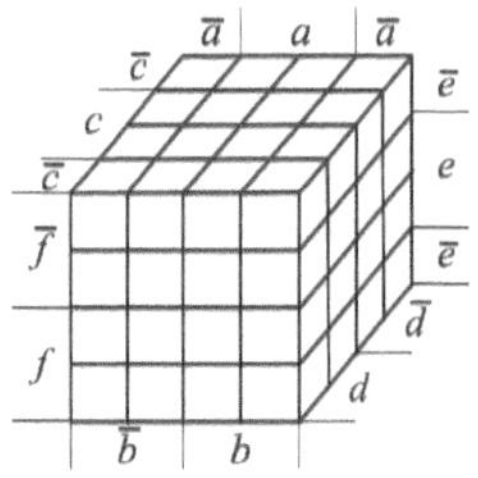

Bild 4.11
Räumliche Darstellung des KV-Diagramms mit sechs Variablen

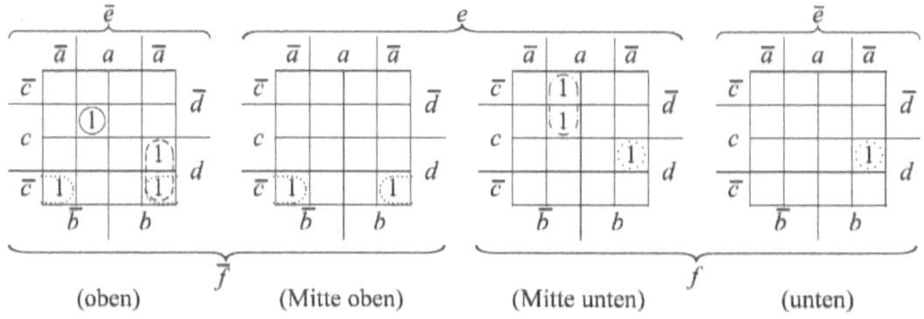

Bild 4.12 Minimierung im KV-Diagramm mit sechs Variablen

In dem KV-Diagramm sind bereits die 10 Minterme der Tabelle 4.4 eingetragen. Das Feld links deckt den Bereich der Dualäquivalente 0 bis 15, das Feld Mitte-links den Bereich 16 bis 31, das Feld rechts den Bereich 32 bis 47 und das Feld Mitte-rechts den Bereich 48 bis 63 ab. Die Reihenfolge innerhalb der Felder ist gleich. Der Minterm für den Wert 5 $\left(\overline{f}\,\overline{e}\,\overline{d}\,c\,\overline{b}\,a\right)$ hat keinen direkten Nachbarn und kann nicht minimiert werden. Der Minterm mit dem Wert 14 $\left(\overline{f}\,\overline{e}\,d\,c\,b\,\overline{a}\right)$ hat zwei geeignete Nachbarn zur Bildung einer Zweiergruppe (eine Variable wird eliminiert). Es könnte die Variable c (wie eingezeichnet) oder die Variable f eliminiert werden. Hierdurch ergeben sich zwei Lösungen mit gleicher Komplexität. Die eingezeichnete Lösung ist:

$$y=\left(a\overline{b}\,c\,\overline{d}\,\overline{e}\,\overline{f}\right)\vee\left(\overline{a}\,b\,d\,\overline{e}\,\overline{f}\right)\vee\left(a\overline{b}\,\overline{d}\,e\,f\right)\vee\left(\overline{a}\,b\,c\,d\,f\right)\vee\left(\overline{a}\,\overline{c}\,d\,\overline{f}\right) \tag{4.29}$$

Ab sechs Variablen wird auch die grafische Minimierung unübersichtlich. Prinzipiell kann die Methode erweitert werden. In der Struktur der Variablen e und f erkennt man das KV-Diagramm für zwei Variablen (Bild 4.13). Eine Erweiterung mit zusätzlichen Eingangsvariablen erfolgt in gleicher Weise. Die Minterme, die in den benachbarten Sub-Feldern an der gleichen Koordinatenstelle stehen, können zusammengefasst werden.

Tabelle 4.4 Minterme einer Beispielverknüpfung mit sechs Variablen

„Wert"	*f e d c b a*
5	0 0 0 1 0 1
8	0 0 1 0 0 0
10	0 0 1 0 1 0
14	0 0 1 1 1 0
24	0 1 1 0 0 0
26	0 1 1 0 1 0
46	1 0 1 1 1 0
49	1 1 0 0 0 1
53	1 1 0 1 0 1
62	1 1 1 1 1 0

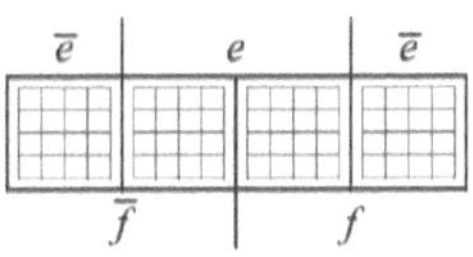

Bild 4.13
Minimierung im KV-Diagramm mit sechs Variablen

4.2.2.6 Don't-Care-Felder

In den bisherigen Beispielen sind für alle Bitkombinationen des Eingangs die Ausgangswerte vorgegeben. In praktischen Anwendungen ist das nicht immer der Fall. Es ergeben sich hierdurch Freiheitsgrade, die bei der Minimierung genutzt werden können. Als Beispiel soll eine Gleichung ermittelt werden, die im BCD-Code das Vorhandensein einer geraden Zahl anzeigt (Null wird als gerade angenommen). Der Ausgangswert y ist nur für den Bereich 0 bis 9 definiert (s. Tabelle 4.5). Eine Vervollständigung der Wahrheitstabelle mit dem Wert „0" liefert die Ausgangsgröße y_1 und eine Erweiterung mit dem Wert „1" die Ausgangsgröße y_2. Beide Gleichungen liefern nicht das optimale Ergebnis. Die generierten Ausgangswerte für die nicht benötigten Bitkombinationen 10 bis 15 sind für die Anwendung nicht von Bedeutung und werden deswegen mit einem „X" als „Don't-Care" vorgegeben. Bei der Minimierung kann festgelegt werden, ob bei der jeweiligen Bitkombination der Wert „0" oder der Wert „1" für eine kürzere Gleichung günstiger ist. In dem Beispiel sind sechs Bitkombinationen frei wählbar und es ist für eine optimale Minimierung die hierfür günstigste von den $2^6 = 64$ möglichen Bitkombinationen zu verwenden.

Tabelle 4.5 zeigt verschiedene Realisierungen. Bild 4.14 stellt die Minimierung im KV-Diagramm dar. Es ist zu sehen, dass für y_1 und für y_2 nicht die günstigste Gleichung ermittelt wird. Bei dem Ausgangswert y_3 sind die Dont-Care-Felder mit einem „X" gekennzeichnet. Das „X" bedeutet, dass hier sowohl eine „0" als auch eine „1" stehen könnte. Im KV-Diagramm ist leicht zu sehen, welche Bitkombination eine „0" oder eine „1" generieren sollte.

Tabelle 4.5 Wahrheitstabelle zur Erkennung einer geraden BCD-Zahl

d	c	b	a	y_1	y_2	y_3	y
0	0	0	0	1	1	1	1
0	0	0	1	0	0	0	0
0	0	1	0	1	1	1	1
0	0	1	1	0	0	0	0
0	1	0	0	1	1	1	1
0	1	0	1	0	0	0	0
0	1	1	0	1	1	1	1
0	1	1	1	0	0	0	0
1	0	0	0	1	1	1	1
1	0	0	1	0	0	0	0
1	0	1	0	0	1	X	1
1	0	1	1	0	1	X	0
1	1	0	0	0	1	X	1
1	1	0	1	0	1	X	0
1	1	1	0	0	1	X	1
1	1	1	1	0	1	X	0

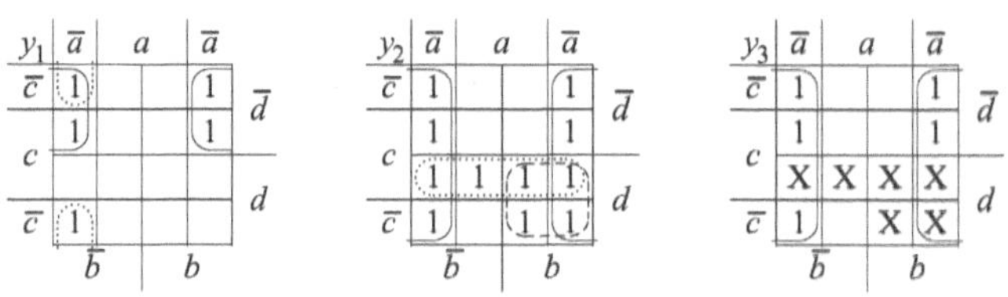

Bild 4.14 KV-Diagramm zur Erkennung gerader Zahlen im BCD-Code

$$y_1 = (\bar{a}\,\bar{d}) \vee (\bar{a}\,\bar{b}\,\bar{c}) \tag{4.30}$$

$$y_2 = \bar{a} \vee (b\,d) \vee (c\,d) \tag{4.31}$$

$$y_3 = \bar{a} = y \tag{4.32}$$

Die gefundene Gleichung $y = \bar{a}$ liefert das Ergebnis mit dem geringsten Hardwareaufwand. Die ermittelte Gleichung liefert für die nicht vorgegebenen Bitkombinationen die in Tabelle 4.5 angegebene Bitkombination. Die Freiheitsgrade wurden ausgenutzt, und das Ergebnis ist nun aufgrund der Gleichung für alle Eingangskombinationen vollständig definiert.

4.2.2.7 Minimierung mit XOR-Gate

Bei bestimmten Verteilungen von Mintermen im KV-Diagramm ist eine Vereinfachung mit einem XOR-Gatter möglich (nicht bei einem zweilagigen Netzwerk). Es wird eine Variable verwendet, um das Ausgangssignal der um diese Variable reduzierten Schaltung mit XOR zu verknüpfen und damit die Gesamtschaltung zu realisieren. Bild 4.15 zeigt vier KV-Diagramme mit eingezeichneten Mintermen. Bei genauem Hinsehen sind „Spiegelachsen" (Trennlinie zwischen negierter und nicht negierter Variable) erkennbar, bei denen die zwei Bereiche invers zueinander sind. Bei derartigen Konstellationen ist die Realisierung einer reduzierten Schaltung mit nachgeschaltetem XOR-Gatter möglich

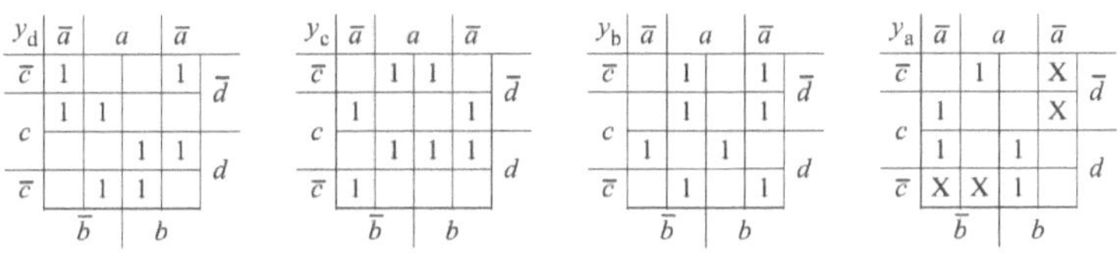

Bild 4.15 Mögliche KV-Diagramme mit „Spiegelachsen"

Ein Problem ist es, diese Konstellation zu erkennen. Hier eine Zusammenfassung für das linke KV-Diagramm (für y_d). Falten Sie gedanklich das Diagramm um die mittlere waagerechte Linie. Jetzt liegen die acht Felder für d auf den acht Feldern für $\overline{d}$. Nun gibt es zwei Sonderfälle. Liegen bei allen acht Feldern gleiche Ausgabewerte übereinander (beide 0 oder beide 1 oder irgendwas mit X), dann kann die Eingangsvariable vollständig wegoptimiert werden (Sonderfall der normalen Minimierung). Ist bei allen acht Feldern jedes Feld mit einer 1 belegt (1 auf 0 oder 0 auf 1 oder irgendwas mit X), dann können beide Bereiche invers zueinander realisiert werden. Hierbei entfällt zunächst die Variable d. Die Schaltung wird für die Variablen c, b, a optimiert. Dies sind die Ausgangswerte für den Bereich $\overline{\mathrm{d}}$. Mit einem schaltbaren Inverter (XOR-Gatter) kann über d jetzt auch der andere Bereich abgedeckt werden. Wenn die Variable c für die Minimierung mit XOR-Gatter verwendet werden kann, müssen die oberen zwei und die unteren zwei Zeilen übereinandergelegt werden, bei der Variable b wird die rechte Hälfte über die linke gefaltet und bei Variable a die zwei linken und die zwei rechten Spalten übereinander gelegt (immer entlang der Trennlinie der negierten und nicht negierten Variable falten).

Hat man eine geeignete Verteilung erkannt, so kann die entsprechende Variable aus dem KV-Diagramm entfernt werden. Eine Variante der Minimierung der reduzierten Schaltung wäre eine neue Wahrheitstabelle mit den verbliebenen Variablen. Mit dieser Tabelle kann dann eine erneute Bewertung durchgeführt werden. Abweichend davon ist zur besseren Erläuterung in Bild 4.16 der durch das XOR-Gatter invertierte Bereich grau eingezeichnet (links das Feld für $d = 1$ bis rechts das Feld für $a = 1$). In den Feldern sind die „1"-en und „0"-en vertauscht (die „X"-

Felder bleiben). Jede Zusammenfasssung muss in dieser Darstellung identische Bereiche auf beiden Seiten der „Spiegelachse" abdecken. Unter den Diagrammen stehen die so ermittelten Gleichungen. Ein Vergleich des Schaltungsaufwandes wird in Bild 4.17 exemplarisch für Ausgangssignal y_d mit Logisim (Logiksimulator) dargestellt.

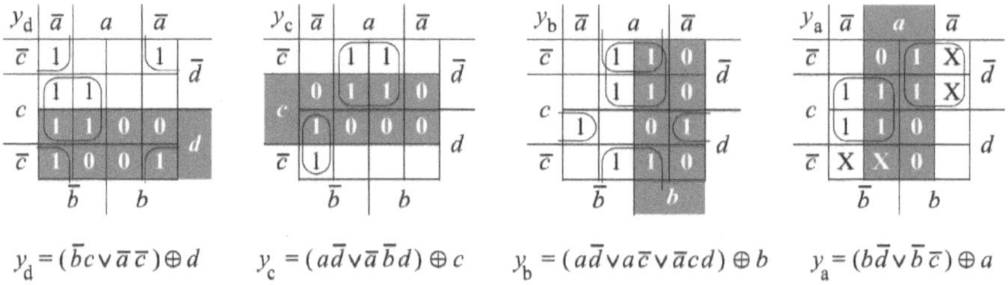

Bild 4.16 Minimierung im KV-Diagramm für nachgeschaltetes XOR-Gatter

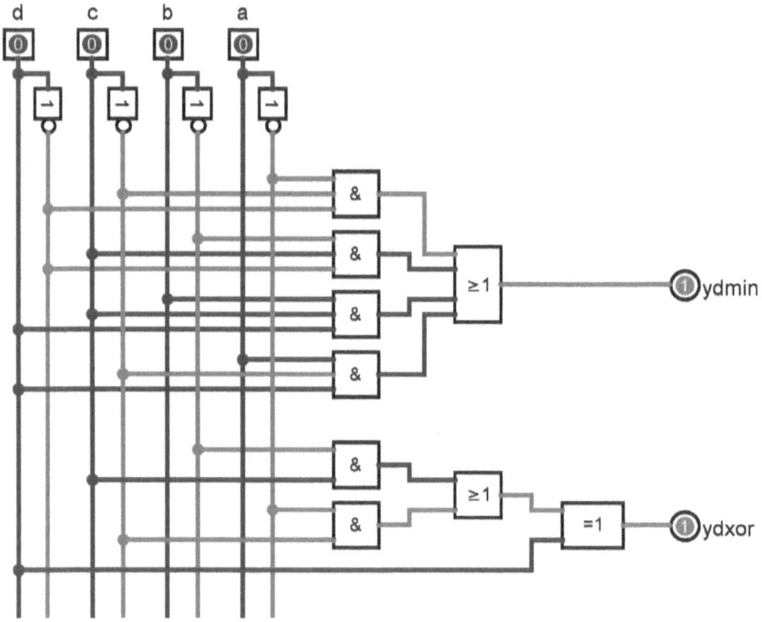

Bild 4.17 Vergleich des Schaltungsaufwandes für y_d (normal minimiert und mit XOR-Gatter)

4.2.2.8 KV-Diagramm und Gray-Code

Der Gray-Code ist ein einschrittiger Code und benachbarte Felder im KV-Diagramm unterscheiden sich um ein Bit. Zeichnet man den vollständigen Gray-Code in ein KV-Diagramm ein, so erhält man eine zusammenhängende Sequenz. Bild 4.18 zeigt dies für den vollständigen 4-Bit-Gray-Code. Er beginnt mit dem Dualäquivalent 0 und verläuft entsprechend der angegebenen Sequenz bis zum Dualäquivalent 8. Die 8 ist direkt benachbart zum Feld 0 und dies ist das Kennzeichen eines zyklischen Codes, geeignet für Winkelmessungen mit einem Zyklus für eine Umdrehung (360°).

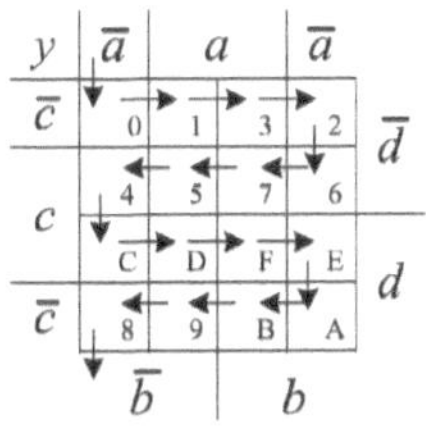

Sequenz: 0 / 1 / 3 / 2 / 6 / 7 / 5 / 4 / C / D / F / E / A / B / 9 / 8 / 0

Bild 4.18 Wertefolge des 4-Bit-Gray-Codes im KV-Diagramm

Werden bestimmte Randbedingungen vorgegeben, die neben einem einschrittigen Verhalten z. B. 10 Werte ohne die Bitkombinationen 0000 und 1111 verlangt und zusätzlich noch zyklisch sein muss, so kann eine entsprechende Sequenz mithilfe des KV-Diagramms leicht bestimmt werden. Bild 4.19 zeigt ein Beispiel. Die Werte für 0X0 und für 0XF sind grau hinterlegt (dürfen nicht verwendet werden). Es ist eine geschlossene Sequenz über 10 Felder zu finden, von denen hier eine Variante eingezeichnet ist (Anfang könnte 0X1 sein).

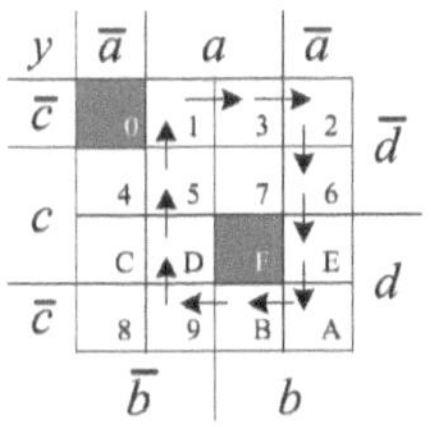

Mögliche Sequenz: 1 / 3 / 2 / 6 / E / A / B / 9 / D / 5 / 1

Bild 4.19
Wertefolge eines 10 Werte umfassenden einschrittigen zyklischen 4-Bit-Codes ohne die Bitkombinationen 0000 und 1111

4.2.3 Algorithmische Umformung (Quine-McClusky)

Die algebraischen und grafischen Verfahren eignen sich nicht für eine programmtechnische Realisierung. Hierfür eignet sich das von Quine entwickelte und von McClusky erweiterte Minimierungsverfahren. Aus Gründen der Übersicht wird hier nur das auf der KDNF basierende Verfahren erläutert. Aufgrund der Äquivalenz könnte man das Verfahren auch für die KKNF anpassen. Um die Minimierung einfach zu halten, wird empfohlen, bei Bedarf die KKNF in die KDNF der negierten Ausgangsgröße umzuformen, um dann das hier beschriebene Verfahren anwenden zu können. Das so erhaltene Ergebnis kann dann durch eine Negation in das minimierte Ergebnis in der KNF umgeformt werden.

Das Verfahren arbeitet mit Listen. Es beginnt mit den Mintermen der Wahrheitstabelle. Es empfiehlt sich, die Minterme entsprechend ihres Gewichtes (Anzahl der „1"-en), auch **Index** genannt, zu sortieren und aus Gründen der Übersicht durch einen waagerechten Strich zu trennen. Für die spätere Zuordnung muss jeder Minterm eine Kennung erhalten, was entweder durch sein Dualäquivalent (Interpretation als Dualzahl) oder durch einfaches Nummerieren erfolgen kann. Tabelle 4.7 zeigt in der zweiten Spalte die nach dem Index sortierten Minterme der in Tabelle 4.6 dargestellten Wahrheitstabelle.

Tabelle 4.6 Wahrheitstabelle

d	*c*	*b*	*a*	*y*
0	0	0	0	1
0	0	0	1	0
0	0	1	0	1
0	0	1	1	1
0	1	0	0	1
0	1	0	1	0
0	1	1	0	0
0	1	1	1	0
1	0	0	0	1
1	0	0	1	0
1	0	1	0	1
1	0	1	1	1
1	1	0	0	1
1	1	0	1	0
1	1	1	0	0
1	1	1	1	1

Bitkombinationen benachbarter Indexbereiche können sich in einem Bit unterscheiden. Ist dies der Fall, so kann diese Variable entfallen. Dies entspricht dem Distributivgesetz und dem Zusammenfassen (Gruppenbildung) im KV-Diagramm. Die identischen Variablen der zusammengefassten Bitkombinationen bleiben erhalten und die Variable, die diese beiden Terme unterscheidet, wird durch ein „x" oder „-" („Don't Care" der Eingangsgröße) ersetzt. Aus Gründen der Übersichtlichkeit wird im Weiteren das „-" verwendet. Es gibt an, dass die Ausgangsgröße „1" ist, unabhängig von dem Zustand dieser eliminierten Variable. Wird ein Term zur Minimierung verwendet, so ist dieser zu kennzeichnen. In Tabelle 4.7 ist dies durch den Haken ✓ dargestellt. Die neue Spalte, beginnend mit „1,2 00-0" gibt an, dass hier der mit „1“ und „2“ gekennzeichnete Minterm verwendet wurde und die gefundene Minimierung $\left(\overline{d} \wedge \overline{c} \wedge \overline{a}\right)$ lautet (Variable *b* ist entfallen). Identische Ausdrücke brauchen nur einmal verwendet werden. In diesem Stadium sind alle Terme nur einmal vorhanden. Im Vergleich zum KV-Diagramm sind in dieser Spalte alle möglichen 2er-Gruppen aufgeführt.

Der Vergleich der Bitkombinationen wird innerhalb der neuen Spalte wiederholt. Es brauchen nur Terme benachbarter Indexbereiche verglichen werden, bei denen das „-“ an der gleichen Stelle steht (bei denen die gleiche Variable wegoptimiert wurde). Die zusammengefassten Terme werden in einer neuen Spalte eingetragen. In Tabelle 4.7 ist dies die Spalte beginnend mit „1,2,4,6 -0-0“. Dieser Term beinhaltet die Minterme 1, 2, 4 und 6 (Term „1,2“ und Term „4,6“ sind durch einen Haken gekennzeichnet) und wird durch den Ausdruck $\left(\overline{c} \wedge \overline{a}\right)$ beschrieben (Variable *d* ist zusätzlich entfallen). Der Vergleich liefert durch verschiedene Permutationen der Reihenfolge der verwendeten Minterme doppelte Terme. Diese Dopplungen entfallen und sind deshalb durchgestrichen. Im KV-Diagramm entspricht dies der Zusammenfassung benachbarter 2er-Gruppen zu einer 4er-Gruppe. Da hier zwei Möglichkeiten bestehen, müssen immer Dopplungen entstehen.

Der Vergleich ist so lange zu wiederholen, bis keine weitere Minimierung gefunden wird. In dem gezeigten Beispiel ist das bereits der Fall, da die verbliebenen drei Terme sich in mehr als eine Variable unterscheiden und nicht weiter zusammengefasst werden können. Die übriggebliebenen Terme in allen Spalten sind die ermittelten **Primterme**. Die Primterme sind zu kennzeichnen, in der Regel durch Buchstaben. In Tabelle 4.7 sind es die Primterme „A“, „B“, „C“ und „D“. Die gleichungsmäßige Repräsentation ist $\left(\overline{a} \wedge \overline{c}\right), \left(\overline{a} \wedge \overline{b}\right), \left(b \wedge \overline{c}\right)$ und $(a \wedge b \wedge d)$.

Tabelle 4.7 Primterm-Ermittlung nach Quine

Index	Minterme *n*	*dcba*	*n*	*dcba*	Primterme	*n*	*dcba*	Primterme
0	1	0000 ✓	1,2	00-0 ✓		1,2,4,6	-0-0	**A** $(\bar{c} \wedge \bar{a})$
1	2	0010 ✓	1,3	0-00 ✓		1,3,4,7	--00	**B** $(\bar{b} \wedge \bar{a})$
	3	0100 ✓	1,4	-000 ✓		~~1,4,2,6~~	~~-0-0~~	
	4	1000 ✓	2,5	001- ✓		~~1,4,3,7~~	~~--00~~	
2	5	0011 ✓	2,6	-010 ✓		2,5,6,8	-01-	**C** $(\bar{c} \wedge b)$
	6	1010 ✓	3,7	-100 ✓		~~2,6,5,8~~	~~-01-~~	
	7	1100 ✓	4,6	10-0 ✓				
3	8	1011 ✓	4,7	1-00 ✓				
4	9	1111 ✓	5,8	-011 ✓				
			6,8	101- ✓				
			8,9	1-11	**D** $(d \wedge b \wedge a)$			

Als nächstes erfolgt die Auswahl benötigter Primterme, da nicht immer alle benötigt werden. Nach McClusky wird eine Tabelle erstellt, die die berücksichtigten Minterme in den ermittelten Primtermen übersichtlich darstellt. Horizontal sind die Minterme mit ihrer Kennung aufgeführt und senkrecht die Kennungen der gefundenen Primterme. Die in den Primtermen enthaltenen Minterme sind durch Kreise in der Tabellenmatrix gekennzeichnet. Bild 4.20 zeigt links die Aufstellung zur Primtermauswahl. Wird ein Minterm nur in einem Primterm berücksichtigt, so muss dieser verwendet werden. Die Minterme 3 und 7 sind nur im Primterm B, der Minterm 5 ist nur im Primterm C und Minterm 9 im Primterm D enthalten (durch schwarze Kreise gekennzeichnet). Werden Primterm B, C und D verwendet, so sind auch die anderen darin enthaltenen Minterme berücksichtigt. In Bild 4.20 ist dies rechts durch graue Kreise gekennzeichnet. Sind alle Spalten (Minterme) berücksichtigt, so sind die notwendigen Primterme bestimmt, ansonsten wird der Vorgang mit den verbliebenen Mintermen wiederholt. Es kann vorkommen, dass über einzelne noch zu verwendende Minterme kein Primterm ausgewählt werden kann. In diesem Fall ist die Kombination mit den meisten Mintermen zu verwenden (größte Vereinfachung). Es können auch mehrere gleichwertige Lösungen entstehen.

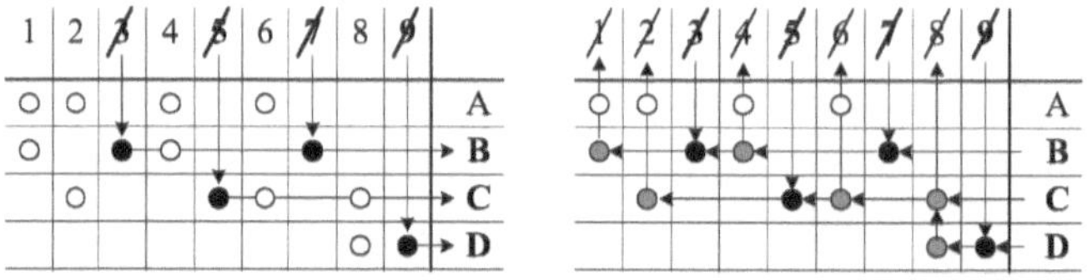

Bild 4.20 Primtermauswahl

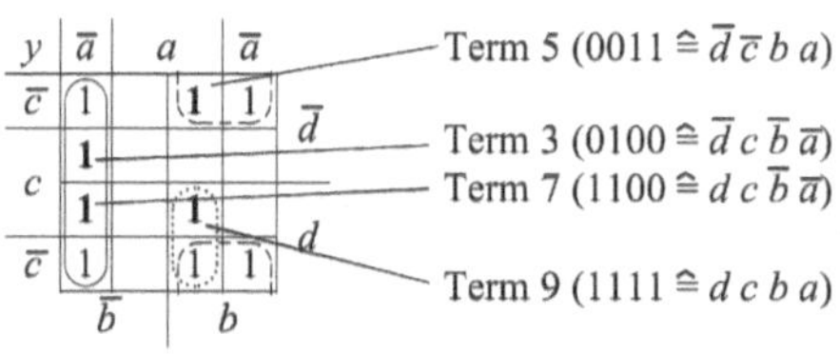

Bild 4.21 Minimierung im KV-Diagramm

Die Terme der ausgewählten Primterme, die in Tabelle 4.7 angegeben sind, werden über ODER zusammengefasst. Hierdurch erhalten wir das Ergebnis:

$$y = \bar{a}\,\bar{b} \vee b\,\bar{c} \vee a\,b\,d \tag{4.33}$$

Zur Kontrolle zeigt Bild 4.21 die vergleichbare Minimierung im KV-Diagramm. Alle algorithmischen Minimierungsschritte können in dem KV-Diagramm nachvollzogen werden. Die notwendigen Gruppen kennzeichnenden Minterme (ausgefüllte Kreise in Bild 4.20) werden in diesem KV-Diagramm durch eine fettgedruckte 1 dargestellt.

4.3 Aufgaben

1. Kontrollieren Sie das Ergebnis $z = \left(\overline{a} \wedge \overline{b}\right) \vee \left(a \wedge \overline{b}\right) \vee \left(a \wedge b\right) = a \vee \overline{b}$ mit den Methoden der algebraischen Vereinfachung und vergleichen Sie den Rechenweg mit der grafischen Bestimmung der minimierten Gleichung.
2. Vereinfachen Sie die Gleichung $y = \overline{a}\overline{b} \vee \overline{a}b \vee a\overline{b}$ mithilfe des KV-Diagramms.
3. Vereinfachen Sie die Gleichung $z_{10} = a\ \overline{b}\ c \vee \overline{a}\ \overline{b}\ \overline{c} \vee a\ b\ c \vee \overline{a}\ b\ \overline{c}$ (Übung aus dem Abschnitt über algebraische Umformung) mithilfe des KV-Diagramms für drei Variablen.
4. Vereinfachen Sie die Gleichung $y = \overline{a}bc \vee \overline{a}b\overline{c} \vee \overline{a}\overline{b}\overline{c} \vee a\overline{b}\overline{c}$ mithilfe des KV-Diagramms für drei Variablen.
5. Vereinfachen Sie die Gleichung $z = \overline{a}\overline{b}\overline{c} \vee a\overline{b}\overline{c} \vee \overline{a}b\overline{c} \vee ab\overline{c} \vee \overline{a}bc \vee abc$ mithilfe des KV-Diagramms für drei Variablen.
6. Vereinfachen Sie die Gleichung $z_8 = \overline{a}\overline{b}\overline{c}\overline{d} \vee \overline{a}b\overline{c}\overline{d} \vee \overline{a}\overline{b}\overline{c}d \vee \overline{a}b\overline{c}d$ (Übung aus dem Abschnitt über algebraische Umformung) mithilfe des KV-Diagramms für vier Variablen.
7. Vereinfachen Sie die Gleichung $z = \overline{a}\overline{b}\overline{c}\overline{d} \vee a\overline{b}\overline{c}\overline{d} \vee \overline{a}b\overline{c}\overline{d} \vee ab\overline{c}\overline{d} \vee a\overline{b}\overline{c}d \vee ab\overline{c}d$ mithilfe des KV-Diagramms für vier Variablen und zeichnen Sie die Schaltung.
8. Die Dualäquivalente der Bitkombinationen für $y = 1$ sind {1, 5, 6, 14, 17, 21, 22, 26, 27, 30}. Vereinfachen Sie die Gleichung mithilfe des KV-Diagramms für fünf Variablen und zeichnen Sie die Schaltung.
9. Die Dualäquivalente der Bitkombinationen für $y = 1$ sind {7, 8, 15, 24, 32, 33, 48, 49, 63}. Vereinfachen Sie die Gleichung mithilfe des KV-Diagramms für sechs Variablen und zeichnen Sie die Schaltung.
10. Ermitteln Sie die minimierte Gleichung zu der in Tabelle 4.8 angegebenen Wahrheitstabelle unter Berücksichtigung der Don't-Care-Felder.

Tabelle 4.8 Wahrheitstabelle

c	*b*	*a*	*y*
0	0	0	1
0	0	1	X
0	1	0	X
0	1	1	X
1	0	0	1
1	0	1	0
1	1	0	X
1	1	1	0

11. In Bild 4.15 sind Beispiele einer Schaltungsreduzierung mithilfe eines nachgeschalteten XOR-Gatters aufgeführt. Bei einem der KV-Diagramme gibt es zwei Lösungen gleicher Komplexität. Ermitteln Sie das Diagramm und die Gleichung der zweiten Lösung.
12. In einem KV-Diagramm mit den Variablen d, c, b, a sind die „1"-en wie auf einem Schachbrett verteilt. Eine 1 befindet sich auf dem Dualäquivalent 0. Versuchen Sie, die Gleichung der minimierten Schaltung zu bestimmen, und zeichnen Sie die Schaltung. Welches Logikelement aus Bild 2.17 hat dieses Verhalten?
13. Bild 5.4 im nächsten Kapitel zeigt eine Wahrheitstabelle zur Umcodierung des Dualcodes in den 3-Exzess-Code. Versuchen Sie diese KV-Diagramme mithilfe eines nachgeschalteten XOR-Gatters zu minimieren und bestimmen Sie die minimierten Gleichungen.
14. Bei der Umsetzung des BCD-Codes in die Signale zur Ansteuerung der Segmente einer 7-Segment-Anzeige werden nur 10 der 16 Kombinationsmöglichkeiten genutzt. Des Weiteren kann die Sechs mit oder ohne den oberen waagerechten Strich (Segment A), die Sieben mit oder ohne den Aufstrich (Segment F) und die Neun mit oder ohne den unteren waagerechten Strich (Segment D) dargestellt werden (s. Bild 4.22). Hierdurch ergeben sich Don't-Care-Felder, die zur Minimierung genutzt werden können. Erstellen Sie eine Wahrheitstabelle mit den Eingangssignalen d, c, b, a und den Ausgangssignalen y_0 (für Segment A) bis y_6 (für Segment G). Minimieren Sie die Gleichungen für die Ansteuerung der einzelnen Segmente. Geben Sie in der Wahrheitstabelle die von den Gleichungen verwendeten Bitkombinationen auch für die Don't-Care-Felder an (für y_0^* bis y_6^*). Zeichnen Sie die sechs Symbole für die nicht zum Umfang des BCD-Codes gehörenden Bitkombinationen.

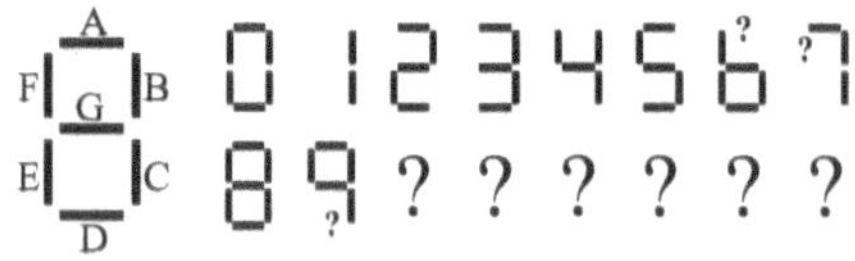

Bild 4.22
Anordnung der Segmente einer 7-Segment-Anzeige

15. Entwickeln Sie nach dem algorithmischen Verfahren und dem grafischen Verfahren die Gleichung für eine Schaltung, die bei vierstelligen Dualzahlen das Vorhandensein einer der folgenden Dualäquivalente der Eingangskombinationen mit $y = 1$ anzeigt: {0, 1, 2, 3, 4, 5, 6, 9, 10, 11, 13}.
16. Entwickeln Sie nach dem algorithmischen Verfahren und dem grafischen Verfahren die Gleichung für eine Schaltung, die bei fünfstelligen Dualzahlen das Vorhandensein einer der folgenden Dualäquivalente der Eingangskombinationen mit $y = 1$ anzeigt: {0, 1, 2, 3, 4, 5, 6, 7, 8, 12, 14, 18, 26, 27, 30}.

17. In Aufgabe 1-8 wurde die 3-Bit-Parity-Erweiterung eines mit der Hamming-Codierung zu übertragenden 4-Bit-Daten d_3, d_2, d_1, d_0 erstellt.
    - Ermitteln Sie die drei Gleichungen der benötigten Parity-Ergänzung p_2, p_1, p_0 (ohne Wahrheitstabelle).
    - Die 7 Bits aus Daten- und Parity-Bits werden übertragen und es können Einzelbitfehler entstehen. Erstellen Sie die drei Gleichungen zur Generierung der Signale (im Dualcode) a_2, a_1, a_0 für eine Anzeige der fehlerhaften Bitstelle (ohne Wahrheitstabelle).
    - Ermitteln Sie Gleichungen eines Code-Umsetzers von 3 Bit Dual (a_2, a_1, a_0) auf den (1 aus 8)-Code $(y_7, \ldots, y_0)$ für eine Anzeige und Korrektur des fehlerhaften Bits.
18. Gegeben ist die in Bild 4.23 dargestellte Schaltung eines Codeumsetzers.
    - Welche Standardcodierung wird in welche Standardcodierung umgesetzt?
    - Entwerfen Sie eine Schaltung für eine Umsetzung in die inverse Richtung.

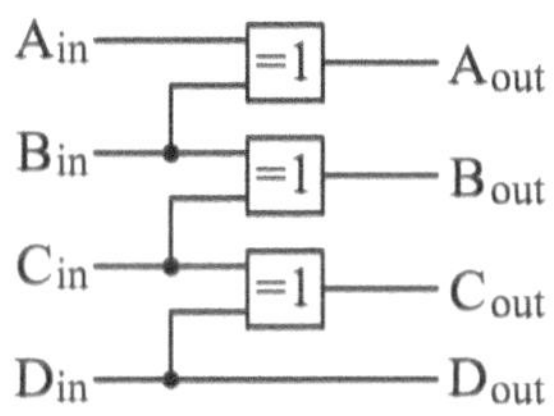

Bild 4.23
Codeumsetzer

5 Schaltnetze

Schaltnetze sind Basis-Funktionseinheiten digitaler Schaltungen. Man unterscheidet Speicher (Speicherelemente werden in einem späteren Kapitel behandelt), die als weitere Basis-Funktionseinheiten dienen, und den Schaltnetzen (Schaltungsbereiche ohne Speicher), die die eigentliche Funktion der Schaltung festlegen. Da Schaltnetze keinen Speicher enthalten, hängen die generierten Ausgangssignale nur von den momentanen Zuständen der Eingangssignale ab (Reaktionszeiten der Verknüpfungsschaltung vernachlässigt). Die anliegenden Bitkombinationen sind unabhängig und können deshalb beliebig gewechselt werden. Die Schaltung wird entsprechend ihrer Reaktionsgeschwindigkeit (die sehr schnell ist) das zum Eingangsbitmuster gehörende Ausgangsbitmuster erzeugen und ausgeben.

In diesem Abschnitt werden einige Grundelemente von Verknüpfungsschaltungen vorgestellt und erläutert. Sie dienen als Übungselemente zur Vertiefung der bisher erläuterten Synthesemöglichkeiten. Die Grundelemente stehen zudem in Datenbanken komplexerer Synthesetools als Funktionselemente zur Verfügung. Die Kenntnis dieser Funktionselemente unterstützt die Einsatzmöglichkeiten und vereinfacht deren Auswahl.

Die Beschreibung von Schaltnetzen erfolgt über Wahrheitstabellen oder Schaltfunktionen. Die Realisierungsmöglichkeiten hängen von verschiedenen Faktoren ab. Die Tendenz geht zu komplexeren und programmierbaren Strukturen (CPLDs, FPGAs etc.). Eine klassische Einteilung zeigt Tabelle 5.1.

Tabelle 5.1 Realisierungsmöglichkeiten von Schaltnetzen

<table>
<tr><td>Wenig Min- oder Maxterme, wenige Variablen</td><td>Gatterschaltung</td></tr>
<tr><td colspan="2">→ die Verknüpfungen stecken in der Verdrahtung der Gatter (dem Layout der Baugruppe)
→ Änderungen sind nicht möglich.</td></tr>
<tr><td>Wenig Min- oder Maxterme, viele Variablen</td><td>PAL, GAL, ...</td></tr>
<tr><td colspan="2">→ die Verknüpfungen stecken in der internen Programmierung der Bauelemente und diese können durch Austausch der ICs oder in aktuellen Realisierungen durch Umprogrammieren der eingebauten Bauelemente z. B. ispGAL (isp, In System Programmable) aktualisiert werden.</td></tr>
</table>

Tabelle 5.1 *Fortsetzung*

Viele Minterme	ROM (PROM, EPROM, ...)
→ die Verknüpfungen werden als Wahrheitstabelle (nicht minimiert) in dem Baustein hinterlegt und diese können durch Austausch der ICs aktualisiert werden (auslaufende Realisierung).	

Es werden immer häufiger programmierbare Schaltungen eingesetzt, die neben der Möglichkeit, die Funktion zu verändern (z. B. zur Optimierung und Fehlerbehebung (Update)), inzwischen auch preisgünstig zu erwerben sind. Die Komplexität dieser Schaltungen beinhaltet Speicher, Schnittstellen etc., die den momentanen Stand der bisher behandelten Grundlagen bei Weitem übersteigt und auf die am Ende des Buches deshalb nochmals eingegangen wird.

5.1 Darstellung

Bei der Darstellung von Funktionsbausteinen werden die Eingänge in steuernde und gesteuerte Eingänge unterschieden. Dies ist besonders bei Funktionsbausteinen der Fall, in denen eine bestimmte Verknüpfung mehrfach verwendet wird und die auf alle Verknüpfungen einwirkenden Eingänge eine steuernde Funktion haben. Steuereingänge werden in der Regel oberhalb des Symbols platziert und mit einer Steuerkontur gekennzeichnet. Die Funktion wird in einem Rechteck (Element der Darstellung) unterhalb des Steuerblocks beschrieben. Bei gleichen Verknüpfungen werden diese Elemente ohne weitere Inhaltsangabe an das obere Rechteck gezeichnet. Bei werteabhängigen Elementen ist das oberste Element das mit der niedrigsten Wertigkeit. Bild 5.1 zeigt die allgemeine Struktur eines Funktionsbausteins mit Steuerblock und drei gleichartigen Verknüpfungen. Die Kennzeichnung „**“ enthält eine Beschreibung der Steuerung und „*“ der Funktion.

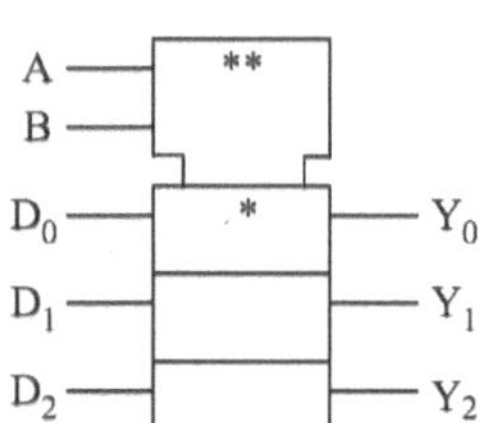

Bild 5.1
Veranschaulichung eines Funktionsbausteins

Die hier behandelten Bausteine können zur Synthese komplexer Schaltungen verwendet werden. Hierzu stehen sie als fertige Komponenten in den Bibliotheken der Entwurfswerkzeuge (Synthesetools) zur Verfügung. Für eine hardwaremäßige Realisierung mit einzelnen ICs können diese häufig als Baustein verfügbaren Schaltungen auf Steckbrettern (Breadboards) oder Versuchsplatinen (Rasterplatinen) zu Test- oder Ausbildungszwecken aufgebaut werden. Bei den hardwarebasierten Darstellungen wird L und H anstelle der Logikwerte 0 und 1 verwendet (positive Logik vorausgesetzt).

Bild 5.2 zeigt den klassischen Grundbaustein 74 00, der vier NAND-Gatter mit je zwei Eingängen enthält. Ein „x" oder „-" in der Funktionstabelle stellt einen beliebigen Eingangswert dar. Ein Dreieck in der Symboldarstellung repräsentiert den Negationskreis (NICHT). An den Anschlüssen des Symbols stehen Zahlen, die den zugehörigen Anschlusspin des realen Bausteins angeben. Die Pinbezeichnung (Pinnummer) hängt von dem Gehäusetyp ab. Die Bezeichnung in Bild 5.2 symbolisiert und zeigt den klassischen Dual-Inline-Typ (DIL). Die Spannungsversorgung (hier Pin 7 für Masse (GND) und Pin 14 für Versorgungsspannung (U_V, U_{CC} oder U_{DD} (engl.: V_{CC} bzw. V_{DD} mit Indexkennung für die Zusammenschaltung mehrerer Kollektoranschlüsse C bzw. Drainanschlüsse D) oder ähnliches, z. B. +5 V) wird normalerweise nicht im Symbol angegeben. Hardware-Realisierungen werden in späteren Kapiteln vertieft.

B	A	Y
H	H	L
L	-	H
-	L	H

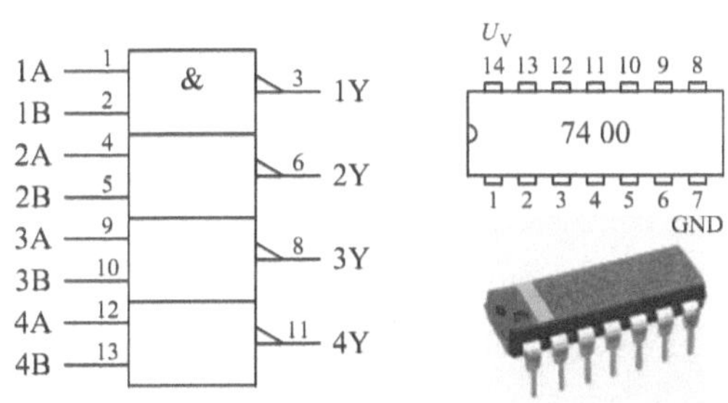

Bild 5.2 Darstellung von Hardwarekomponenten (74 00)

Jedes Schaltnetz ist eine einfache Umcodierung der Eingangssignale auf zugehörige Ausgangssignale. Dies entspricht in der Mengendarstellung der Relation. Bild 5.3 zeigt eine beispielhafte Relation mit den Bitmustern der Eingangssignale auf der linken Seite (hier sollten alle Bitkombinationen vertreten sein) zu den Bitmustern der Ausgangssignale auf der rechten Seite (nicht alle Kombinationen sind notwendig und verschiedene Eingangsbitkombinationen können auf eine gemeinsame Ausgangsbitkombination verweisen).

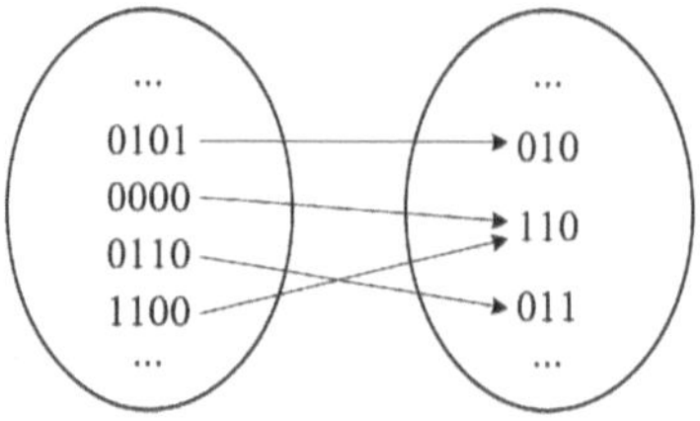

Bild 5.3
Abbildung von Mustermengen

■ 5.2 Codeumsetzer

Ein einfaches Schaltnetz ist eine Umcodierung von Zahlendarstellungen. Tabelle 5.2 zeigt die Umcodierungstabelle vom Dualcode (BCD) in den 3-Exzess-Code (X-3). Wird dieser Zusammenhang in die KV-Diagramme eingetragen (für jeden Ausgang ein KV-Diagramm, also vier KV-Diagramme mit jeweils vier Eingängen), so erhält man die in Bild 5.4 gezeigte Darstellung. Die eingezeichnete Minimierung und die Umstellung auf Verknüpfungen mit NAND-Gattern mit je zwei Eingängen führt zu den Formel 5.1 bis Formel 5.4.

Tabelle 5.2 Umcodierungstabelle (BCD → X-3)

d	c	b	a	y_D	y_C	y_B	y_A
0	0	0	0	0	0	1	1
0	0	0	1	0	1	0	0
0	0	1	0	0	1	0	1
0	0	1	1	0	1	1	0
0	1	0	0	0	1	1	1
0	1	0	1	1	0	0	0
0	1	1	0	1	0	0	1
0	1	1	1	1	0	1	0
1	0	0	0	1	0	1	1
1	0	0	1	1	1	0	0
1	0	1	0	X	X	X	X
1	0	1	1	X	X	X	X
1	1	0	0	X	X	X	X
1	1	0	1	X	X	X	X
1	1	1	0	X	X	X	X
1	1	1	1	X	X	X	X

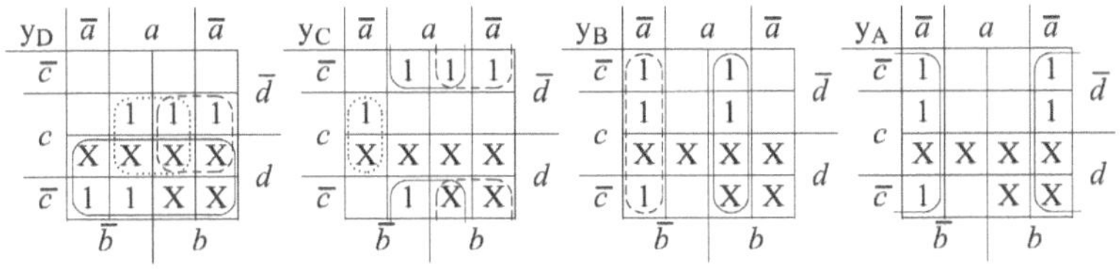

Bild 5.4 KV-Diagramm Codeumsetzer (BCD → X-3)

$$y_A = \overline{a} \tag{5.1}$$

$$y_B = ab \vee \overline{a}\,\overline{b} = \overline{\overline{a \wedge b} \wedge \overline{\overline{a} \wedge \overline{b}}} \tag{5.2}$$

$$y_C = a\overline{c} \vee b\overline{c} \vee \overline{a}\,\overline{b}\,c = \overline{\overline{\overline{\overline{a} \wedge \overline{b}}} \wedge \overline{c} \wedge \overline{\overline{a} \wedge \overline{b} \wedge c}} \tag{5.3}$$

$$y_D = d \vee ac \vee bc = \overline{\overline{\overline{a} \wedge \overline{b}} \wedge c \wedge \overline{d}} \tag{5.4}$$

Die Gleichungen wurden so umgestellt, dass der Term $\overline{\overline{a} \wedge \overline{b}}$ mehrfach auftaucht. Dieser braucht nur einmal erzeugt und kann dann mehrfach verwendet werden. Hierdurch ist bei Gleichungssystemen mit mehreren Ausgängen neben der Minimierung der Gleichungen auch eine zusätzliche Hardwarereduzierung durch Vermeidung mehrerer gleicher Verknüpfungen möglich. Dies ist die Ausnutzung **Konformer Terme**. Bild 5.5 zeigt die zu den Gleichungen gehörende Logik-Schaltung und Bild 5.6 das Logiksymbol für die Umcodierung des BCD-Codes (BCD) auf den 3-Exzess-Code (X-3).

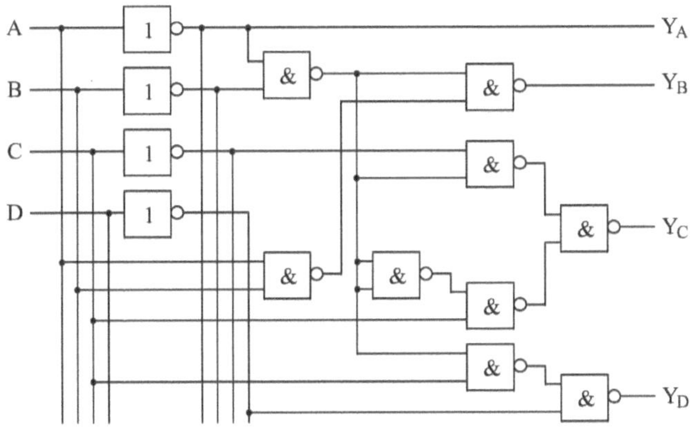

Bild 5.5 Schaltung eines Codeumsetzers (BCD-Code → X-3)

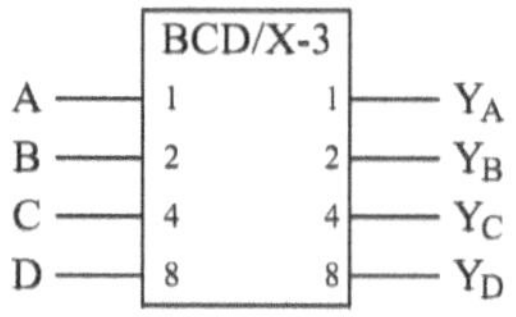

Bild 5.6
Symbol eines Codeumsetzers (BCD-Code → X-3-Code)

5.3 Datenselektor

Beim **Datenselektor** wird über Steuereingänge das Signal eines Einganges von mehreren Eingängen auf dem Ausgang ausgegeben. Bild 5.7 zeigt links eine vereinfachte Prinzipdarstellung mit einem beweglichen Kontakt. Im eigentlichen Baustein wird jedoch kein Kontakt bewegt, sondern mithilfe der bekannten Grundbausteine (UND, ODER, NICHT) wird das selektierte Eingangssignal freigegeben und erscheint auf der Ausgangsleitung. Ein Signalfluss wäre bei einem Kontakt in beide Richtungen möglich. Bei dem Datenselektor kann das Signal jedoch nur vom Eingang zum Ausgang übertragen werden (bei einer gleichzeitigen Verstärkung). Werden die Steuersignale über einen Zeitgeber gesteuert, so spricht man von einem **Multiplexer** (MUX). Die inverse Funktion, dass ein Signal auf einen von mehreren Ausgängen durchgeschaltet wird, heißt **Demultiplexer** und wird im nächsten Abschnitt vertieft.

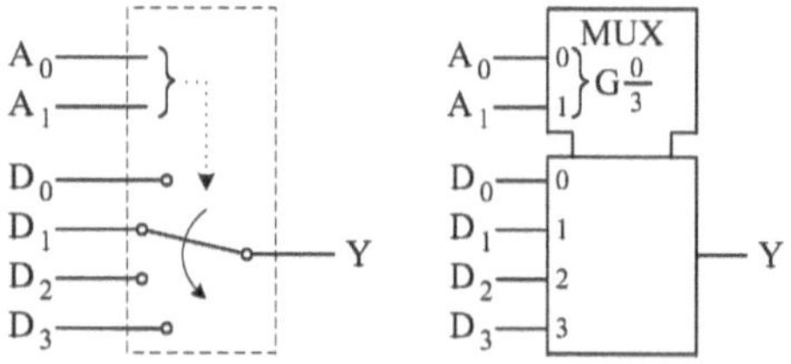

Bild 5.7
Prinzipdarstellung und Schaltsymbol eines Datenselektors

An den zwei Steuereingängen A_1 und A_0 liegt eine von den vier möglichen Kombinationsmöglichkeiten an und der hierdurch selektierte Eingang wird durchgeschaltet. Die Funktion kann in einer Wahrheitstabelle angegeben werden, die bei den sechs Eingängen $2^6 = 64$ Zeilen umfasst. Man bedient sich bei der Beschreibung einer kompakten Darstellung (s. Tabelle 5.3), da bei der Selektion eines Einganges die anderen Eingänge nicht berücksichtigt werden brauchen. Hierbei deckt jede Zeile der kompakten Darstellung acht Zeilen der vollständigen Wahrheitstabelle ab, da jeweils drei Eingangssignale mit „-“ gekennzeichnet sind und dadurch jede Zeile $2^3 = 8$ Kombinationen abdeckt.

Tabelle 5.3 Wahrheitstabelle eines Datenselektors

a_1	a_0	d_3	d_2	d_1	d_0	y
0	0	-	-	-	0	0
0	0	-	-	-	1	1
0	1	-	-	0	-	0
0	1	-	-	1	-	1
1	0	-	0	-	-	0
1	0	-	1	-	-	1
1	1	0	-	-	-	0
1	1	1	-	-	-	1

Eine noch kompaktere Darstellung zeigt Tabelle 5.4. Hier sind die sechs Eingänge nicht mehr so offensichtlich (keine sechs Spalten auf der Eingangsseite der Wahrheitstabelle).

Tabelle 5.4 Wahrheitstabelle eines Datenselektors (kompakte Darstellung)

a_1	a_0	y
0	0	d_0
0	1	d_1
1	0	d_2
1	1	d_3

Trägt man die Werte in ein KV-Diagramm für sechs Eingangsvariablen ein, so ergeben sich starke Vereinfachungen, die bei günstiger Reihenfolge der Variablen deutlich zu sehen sind (s. Bild 5.8). Das Ergebnis zeigt Formel 5.5.

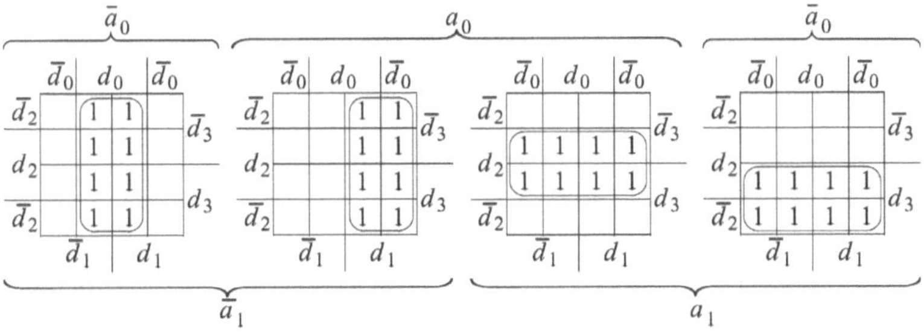

Bild 5.8 KV-Diagramm eines 1-aus-4-Datenselektors

$$y = (\overline{a_1}\,\overline{a_0})\; d_0 \vee (\overline{a_1}\; a_0)\; d_1 \vee (a_1\,\overline{a_0})\; d_2 \vee (a_1\; a_0)\; d_3 \tag{5.5}$$

Die Auswahl erfolgt mit einer Auswahlschaltung bestehend aus UND-Verknüpfungen. Jede dieser UND-Verknüpfungen wird über eine Kombinationsmöglichkeit der

Steuergrößen a_1 und a_0 freigeschaltet (das Tor wird geöffnet). Die Ausgänge dieser Tor-Schaltungen werden über eine ODER-Verknüpfung zusammengefasst und das Signal am Ausgang ausgegeben. Die schaltungstechnische Realisierung zeigt Bild 5.9.

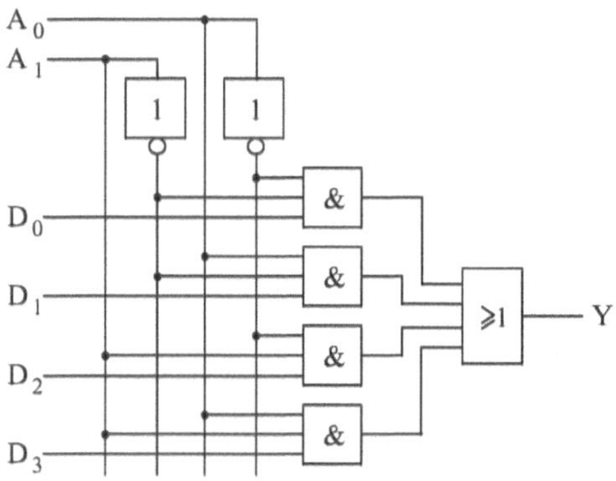

Bild 5.9
Schaltung eines 1-aus-4-Datenselektors (Multiplexers)

Mit der Funktion des Datenselektors lässt sich jede beliebige Verknüpfung realisieren. Mit den Steuereingängen A_1 und A_0 wird ein Dateneingang ausgewählt. Schließt man z. B. diesen Dateneingang entsprechend der Vorgabe einer Wahrheitstabelle den Logikwert an (Verbindung mit GND (0) oder U_V (1)), der bei der anliegenden Bitkombination ausgegeben werden soll, so wird hiermit diese Zeile der Wahrheitstabelle erfüllt. Die Information der Wahrheitstabelle wird also einfach an die Eingänge angeschlossen. Mit der in Bild 5.10 angegebenen Schaltung kann über die Schalter S_3 bis S_0 eine der 16 möglichen Bitkombinationen eingestellt werden. Mit dieser Schaltung sind alle mit den zwei Eingängen A und B in Tabelle 2.11 (Verknüpfung bei Gliedern mit zwei Eingängen) angegebenen Möglichkeiten realisierbar. Dieses Verfahren wird in modernen programmierbaren Logikelementen zur Einstellung der Logikfunktion verwendet und hat die Bezeichnung **Look Up Table** (LUT). Die jeweilige Funktion der universellen Basis-Elemente steckt in den programmierbaren Tabellen.

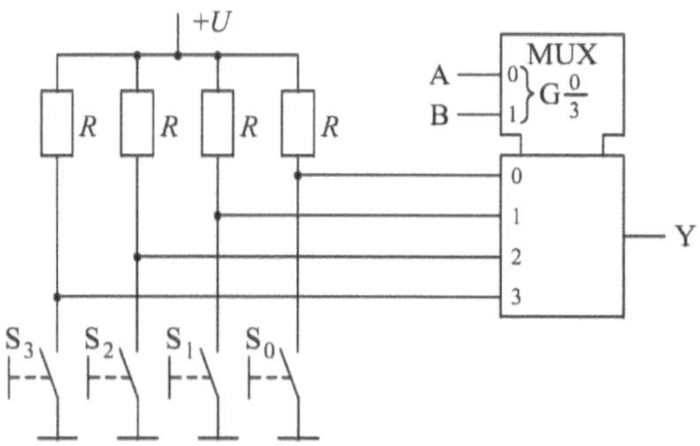

Bild 5.10
Universelle Logikfunktion mit einem 1-aus-4-Datenselektor

5.4 Demultiplexer

Die inverse Operation eines Multiplexers ist ein **Demultiplexer**. Je nach der an den Steuereingängen A_1 und A_0 anliegenden Kombination wird der am Eingang D anliegende Datenstrom an dem ausgewählten Ausgang ausgegeben. Im Gegensatz zu der Darstellung mit den Kontakten, bei der die Spannungswerte der nicht ausgewählten Leitungen floaten (spannungsmäßig keinen Bezug haben) und damit die Logikwerte undefiniert sind, wird bei dem Demultiplexer ein fester Logikwert ausgegeben. In der Grundvariante ist dies die 0. Bild 5.11 zeigt die vereinfachte Prinzipschaltung mit Kontakten und das zugehörige Schaltsymbol eines Demultiplexers.

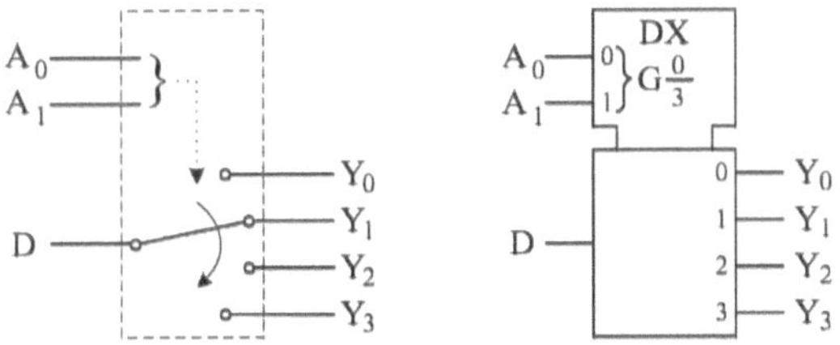

Bild 5.11 Prinzipdarstellung und Schaltsymbol eines Demultiplexers

Die Funktion dieses Umcodierungsnetzwerkes zeigt Tabelle 5.5 in einer Wahrheitstabelle. Diese ist reduziert, da der dritte Eingang (Dateneingang D) keine eigene Spalte auf der linken Seite der Wahrheitstabelle hat.

Tabelle 5.5 Wahrheitstabelle eines Demultiplexers

a_1	a_0	y_3	y_2	y_1	y_0
0	0	0	0	0	*d*
0	1	0	0	*d*	0
1	0	0	*d*	0	0
1	1	*d*	0	0	0

Die Minimierung müsste z. B. mit vier KV-Diagrammen mit je drei Eingangsvariablen durchgeführt werden, von denen jede Darstellung nur eine 1 enthält und somit keine Möglichkeit zur Vereinfachung bietet. Die Gleichungen der vier Ausgangsgrößen zeigen die Formel 5.6 bis Formel 5.9.

$$y_0 = \left(\overline{a_1}\,\overline{a_0}\right)\,d \tag{5.6}$$

$$y_1 = \left(\overline{a_1}\,a_0\right)\,d \tag{5.7}$$

$$y_2 = \left(a_1 \overline{a_0}\right) d \tag{5.8}$$

$$y_3 = \left(a_1\ a_0\right) d \tag{5.9}$$

Die Schaltung besteht aus den vier Torschaltungen, die bereits im Datenselektor eingesetzt werden. In diesem Fall gibt das hierdurch freigegebene Tor den am Eingang D anliegenden Datenstrom auf den ausgewählten Ausgang aus. Die zugehörige Schaltung zeigt Bild 5.12.

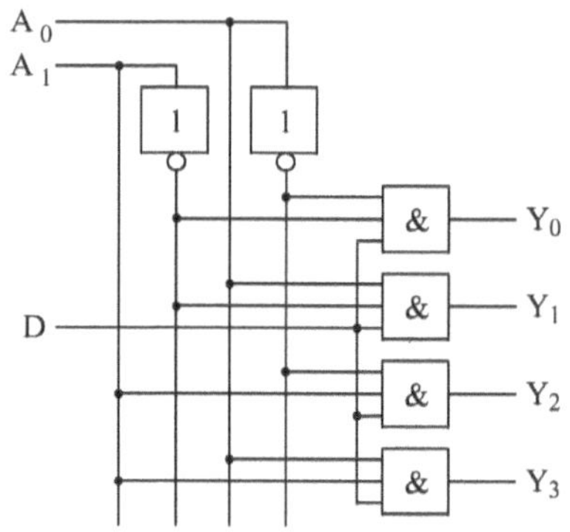

Bild 5.12
Schaltung eines 1-auf-4-Demultiplexers

5.5 Adressdecoder

Ein weiteres Grundelement ist der **Adressdecoder**, der in Mikrocontrollersystemen eingesetzt wird, damit der Mikrorechner bei jedem Speicherzugriff (schreiben und lesen) den von ihm ausgewählten Speicherbereich hardwaremäßig aktivieren kann. Es ist eine Umcodierung der in der Regel höheren Adressleitungen auf einen 1-aus-*n*-Code. In dieser Einführung werden drei Adressleitungen durch die Eingangsanschlüsse A, B und C repräsentiert. Hiermit können acht Ausgangsanschlüsse (Y_0 bis Y_7) selektiert werden. Als zusätzliches Freigabesignal dient der Eingang G. Tabelle 5.6 zeigt die Wahrheitstabelle dieses 1-aktiven (selektierter Ausgang hat den Wert 1) Adressdecoders.

Tabelle 5.6 Wahrheitstabelle eines Adressdecoders (1-aktiv)

g	c	b	a	y_7	y_6	y_5	y_4	y_3	y_2	y_1	y_0
0	-	-	-	0	0	0	0	0	0	0	0
1	0	0	0	0	0	0	0	0	0	0	1
1	0	0	1	0	0	0	0	0	0	1	0
1	0	1	0	0	0	0	0	0	1	0	0
1	0	1	1	0	0	0	0	1	0	0	0
1	1	0	0	0	0	0	1	0	0	0	0
1	1	0	1	0	0	1	0	0	0	0	0
1	1	1	0	0	1	0	0	0	0	0	0
1	1	1	1	1	0	0	0	0	0	0	0

Die Beschreibung führt zu acht Gleichungen, von denen hier nur die Gleichung für den Ausgang Y_0 beispielhaft betrachtet wird. Die anderen Ausgänge werden durch die zugehörigen Bitkombinationen der drei Adressleitungen A, B und C aktiviert.

$$y_0 = \bar{a}\,\bar{b}\,\bar{c}\,g \tag{5.10}$$

Die Bitkombinationen gehen auf eine Art Torschaltung. Jede Bitkombination der Adressleitungen hat ein eigenes Tor. Wird die Schaltung mit $g=1$ aktiviert, so schaltet der ausgewählte Ausgang auf den Wert 1 (alle anderen Ausgänge führen den Wert 0). Wird die Schaltung mit $g=0$ deaktiviert, so führen alle Ausgänge den Wert 0.

Die Funktion der Schaltung entspricht somit der eines Demultiplexers, mit dem Unterschied, dass beim Demultiplexer die Anschlüsse A, B und C Steuerleitungen sind und bei dem Adressdecoder die Datenleitungen. Die Datenleitung D des Demultiplexers entspricht der Steuerleitung G des Adressdecoders. Eine Gegenüberstellung der Schaltsymbole zeigt Bild 5.13.

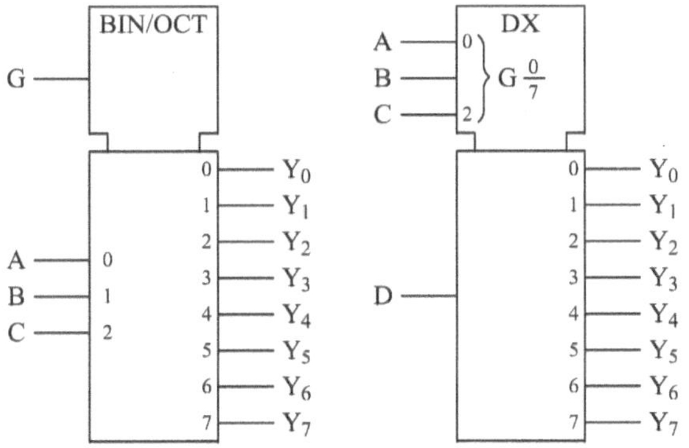

Bild 5.13
Schaltsymbole eines Adressdecoders und eines Demultiplexers

Da der Schaltkreis für beide Anwendungen eingesetzt werden kann, sind keine eindeutigen Steueranschlüsse vorhanden und alle Eingänge führen zu dem Funktionsblock.

Um zu dem Grundbaustein Adressdecoder zu gelangen, sind noch zwei Veränderungen einzuführen. Zum einen arbeitet die Bausteinauswahl in Rechnersystemen mit 0-aktiven Signalen (ausgewählter Baustein wird mit einem 0-Signal aktiviert) und das Freigabesignal *g* setzt sich aus drei Eingangssignalen zusammen. Für die erste Veränderung müssen die Ausgangssignale negiert werden und für die zweite Veränderung wird das Freigabesignal aus den Eingängen G_1, $\overline{G_{2A}}$ und $\overline{G_{2B}}$ entsprechend Formel 5.11 zusammengesetzt. Aus Gründen der Kompatibilität sind die Anschlüsse $\overline{G_{2A}}$ und $\overline{G_{2B}}$ 0-aktiv. Die Wahrheitstabelle des „Standard"-Adressdecoders 74 138 zeigt Tabelle 5.7 und Bild 5.14 das zugehörige Logik- und Hardwaresymbol.

$$g = g_1 \wedge \overline{\overline{g_{2A}}} \wedge \overline{\overline{g_{2B}}} = g_1 \wedge g_{2A} \wedge g_{2B} \tag{5.11}$$

Tabelle 5.7 Wahrheitstabelle des Adressdecoders 74138

$\overline{g_{2B}}$	$\overline{g_{2A}}$	g_1	c	b	a	$\overline{y_7}$	$\overline{y_6}$	$\overline{y_5}$	$\overline{y_4}$	$\overline{y_3}$	$\overline{y_2}$	$\overline{y_1}$	$\overline{y_0}$
0	0	1	0	0	0	1	1	1	1	1	1	1	0
0	0	1	0	0	1	1	1	1	1	1	1	0	1
0	0	1	0	1	0	1	1	1	1	1	0	1	1
0	0	1	0	1	1	1	1	1	1	0	1	1	1
0	0	1	1	0	0	1	1	1	0	1	1	1	1
0	0	1	1	0	1	1	1	0	1	1	1	1	1
0	0	1	1	1	0	1	0	1	1	1	1	1	1
0	0	1	1	1	1	0	1	1	1	1	1	1	1
-	-	0	-	-	-	1	1	1	1	1	1	1	1
-	1	-	-	-	-	1	1	1	1	1	1	1	1
1	-	-	-	-	-	1	1	1	1	1	1	1	1

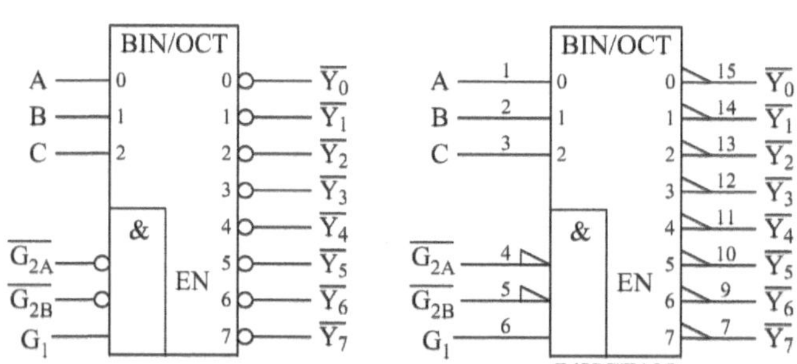

Bild 5.14 Symbole des Adressdecoders 74 138

Die Hardwareschaltung bestehend aus den Grundelementen zeigt Bild 5.15. Aus Platzgründen sind nur die ersten drei Ausgänge $\overline{y_0}$ bis $\overline{y_2}$ dargestellt.

Die Eingänge G_1, $\overline{G_{2A}}$ und $\overline{G_{2B}}$ dienen zur einfachen Erweiterung, falls z. B. mehr als 8 Ausgänge benötigt werden. Wird nur ein Baustein benötigt, so sind die 0-aktiven Eingänge $\overline{G_{2A}}$ und $\overline{G_{2B}}$ auf Masse zu legen (GND) und der 1-aktive Eingang G_1 auf die Versorgungsspannung (U_V).

Steuereingänge (z. B. für Schreib- und Lesesignal) sind häufig 0-aktive Signale. Werden diese auf einen 0-aktiven Eingang geschaltet (z. B. $\overline{G_{2A}}$), so wird das hier anliegende Signal auf den über *a*, *b* und *c* ausgewählten Ausgang durchgeschaltet. Hiermit erfolgt z. B. die Verteilung von Steuersignalen eines Mikrorechners.

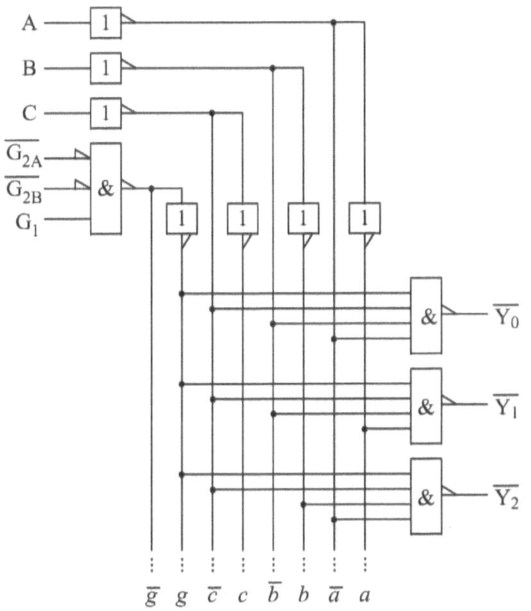

Bild 5.15
Interne Schaltung des Adressdecoders 74138

Zur Verdoppelung der Anzahl benötigter Ausgänge können zwei Bausteine verwendet werden. Die Signale *a*, *b* und *c* liegen an beiden Bausteinen parallel an und das zusätzliche Adresssignal *d* wird bei dem niederwertigen Baustein an $\overline{G_{2B}}$ angeschlossen (liefert die Signale $\overline{y_0}$ bis $\overline{y_7}$) und an dem höherwertigen Baustein an G_1 (liefert die Signale $\overline{y_8}$ bis $\overline{y_{15}}$.

Reicht die Anzahl der Ausgänge nicht aus, so kann ein 0-aktiver Eingang, z. B. $\overline{G_{2A}}$ zur Kaskadierung verwendet werden. Die anderen zwei Freigabe-Eingänge werden entsprechend der gewünschten Funktion beschaltet oder derart mit konstanten Eingangssignalen versorgt, dass die Freigabe-Funktion nicht blockiert wird. Aus Platzgründen wird beispielhaft eine Kaskadierung mit fünf 1-auf-4-Demultiplexern in Bild 5.16 gezeigt. Man erhält $4 \cdot 4 = 16$ Ausgangssignale. Bei der Verwendung von 1-auf-8-Demultiplexern (Adressdecoder) erhält man 8 · 8 = 64 Ausgangssignale mit einem negierten 1-aus-64-Code, der über 6 Anschlüsse gesteuert wird. Mit der o. a. parallelen Erweiterung erhält man mit diesem Adressdecoder 128 Ausgangssignale.

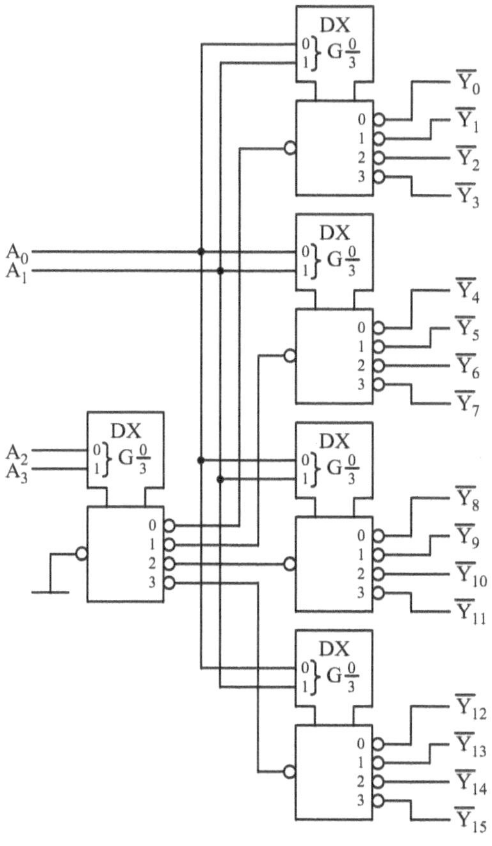

Bild 5.16
Kaskadierung von 1-auf-4-Demultiplexer für 16 Ausgangssignale

■ 5.6 Addierer

5.6.1 Halbaddierer

Ein wichtiges Schaltnetz ist der **Addierer**. Die Addition von Binärzahlen wurde bereits in Kapitel 1 angewendet. Für eine schaltungstechnische Realisierung zeigt Tabelle 5.8 die Wahrheitstabelle eines 1-Bit-Addierers mit den Ausgangssignalen c (Übertrag bzw. Carry) und s (Summe oder Sum). Für die KDNF ergeben sich die Formel 5.12 und Formel 5.13.

$$c = ab \quad (5.12)$$

$$s = a\bar{b} \vee \bar{a}b = a \oplus b \quad (5.13)$$

Für den Übertrag c wird die UND-Verknüpfung benötigt und für die Summe s die XOR-Verknüpfung. Eine schaltungstechnische Realisierung zeigt Bild 5.17.

Tabelle 5.8 Bit-Addierer

b	*a*	*c*	*s*
0	0	0	0
0	1	0	1
1	0	0	1
1	1	1	0

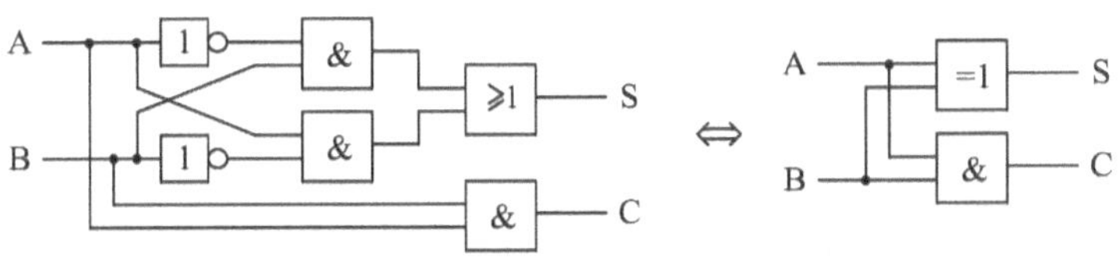

Bild 5.17 Schaltung eines Halbaddierers

Für Hardwarerealisierungen waren NAND-Verknüpfungen sehr beliebt. Bild 5.18 zeigt eine einfache Schaltung eines Halbaddierers aus NAND-Bausteinen mit je zwei Eingängen. Der untere NAND-Baustein ist als einfaches NICHT-Glied geschaltet und führt keine Verknüpfung durch.

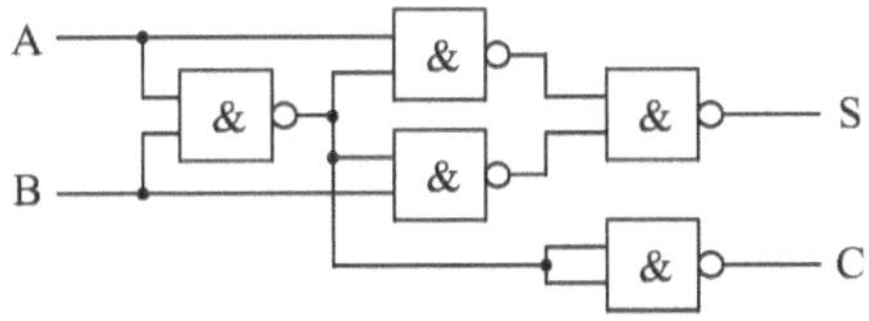

Bild 5.18
Halbaddierer aus NAND-Bausteinen

Der **Halbaddierer** eignet sich für die Verknüpfung von zwei 1-Bit-Werten. Um die anderen Bitstellen einer Dualzahl berechnen zu können, ist es notwendig, den jeweiligen Übertrag der nächstniedrigeren Stelle in die Addition mit einzubeziehen. Erst mit dieser Verknüpfung erhält man den Volladdierer für eine beliebige Bitstelle.

5.6.2 Volladdierer

Der **Volladdierer** berechnet die Werte der Bitstelle *i* und verwendet den Übertrag der Bitstelle *i*-1. Die Wahrheitstabelle zeigt Tabelle 5.9.

Tabelle 5.9 Volladdierer

c_{i-1}	b_i	a_i	c_i	s_i
0	0	0	0	0
0	0	1	0	1
0	1	0	0	1
0	1	1	1	0
1	0	0	0	1
1	0	1	1	0
1	1	0	1	0
1	1	1	1	1

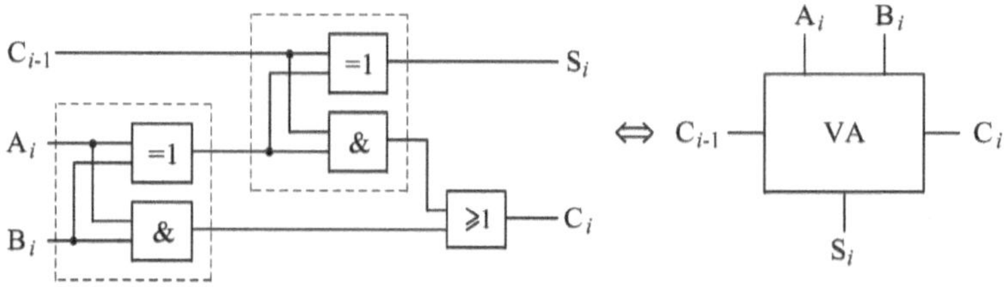

Bild 5.19 Schaltung eines Volladdierers für Bitstelle *i*

Für die Realisierung eines Volladdierers können zwei Halbaddierer und ein ODER-Gatter verwendet werden. Die Schaltung zeigt Bild 5.19.

Hiermit hat man eine Lösung, die für jede Bitstelle einer Addition verwendet werden kann. Die Lösung verwendet die **Bit-Slice-Technik.** Die gesuchte allgemeine Verknüpfung wird als Kette gleichartiger Elemente (Kettenglieder) aufgefasst und man ermittelt die Lösung für ein Kettenglied und den Anfang der Kette. Durch Verwendung dieser Lösung ist dann die Gesamtaufgabe lösbar. Die Schaltung ist ebenso skalierbar, da sie für beliebige Längen relativ problemlos angepasst werden kann. Bild 5.20 zeigt die Lösung eines 4-Bit-Addierers. Für die Verknüpfung der niederwertigsten Bitstelle ist hier ein Volladdierer verwendet worden, dessen Eingang C_{i-1} auf Masse liegt. An dieser Bitstelle könnte auch ein Halbaddierer eingesetzt werden.

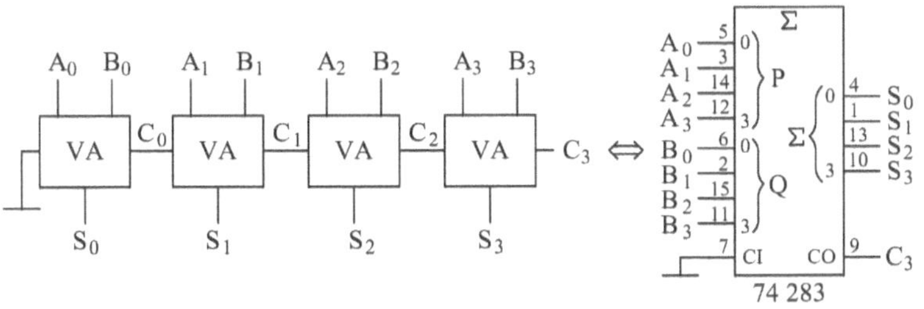

Bild 5.20 4-Bit-Addierer mit seriellem Übertrag und zugehöriges Schaltsymbol

Mit dem Grundelement Volladdierer kann eine beliebige Bitlänge realisiert werden. Nachteil dieser Kette ist jedoch, dass das höchstwertige Bit von dem Übertrag der niederwertigsten Bitstelle abhängen kann. Für die Bearbeitungszeit ist somit die Verzögerungszeit der gesamten Kette zu verwenden. Aus diesem Grund ist der Eingang $C_{i\text{-}1}$ in Bild 5.19 an dem oberen Halbaddierer angeschlossen, um dessen Durchlaufzeit (Bearbeitungszeit) minimal zu halten (ansonsten könnten die Eingänge beliebig vertauscht werden, da sie gleichwertig sind). Bei sehr langen Addierschaltungen werden Beschleuniger eingesetzt, die den Übertrag einer Bitgruppe separat bestimmen und damit die gesamte Durchlaufzeit reduzieren. Dieser Optimierungsvorgang soll hier nicht weiter vertieft werden.

Eine beliebte Erweiterung der Addition ist die Subtraktion. Sie wird realisiert mit der Addition des (b)Komplementes des Subtrahenden. Das (b-1)-Komplement erhält man durch eine XOR-Verknüpfung der Datenbits mit dem Umschaltsignal *sub/add* (subtrahieren nicht addieren). Hat diese Variable den Wert 0, dann werden die Werte für *b* nicht verändert, bei einer 1 erfolgt die Negierung aller Bits. Um aus dem (b-1)-Komplement ein (b)-Komplement zu erhalten, muss eine 1 hinzuaddiert werden. Hierzu bietet sich das $C_{i\text{-}1}$ der niederwertigsten Stufe (CI des Bausteins) an. Bei der Addition hat es den Wert 0 und bei der Subtraktion den Wert 1 für das (b)-Komplement des Wertes aus b_3, b_2, b_1, b_0. Bild 5.21 zeigt die Erweiterung, die neben der Addition von *a* und *b* auch die Differenz mit *a* minus *b* bestimmen kann

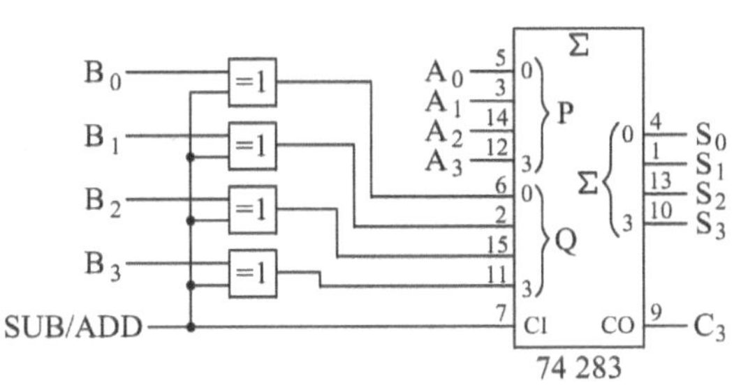

Bild 5.21 Erweiterung des Addierers zu einem schaltbaren Subtrahierer/Addierer

5.7 Komparator

Ein **Komparator** vergleicht zwei Werte. Im reellen Zahlenraum reicht hierfür eine Ausgangsgröße aus, um das Ergebnis größer oder kleiner anzuzeigen. Die Wahrscheinlichkeit, dass zwei reelle Werte aus dem Zahlenraum $\mathbb{R}$ wirklich gleich sind, geht gegen null und dessen Detektion kann somit vernachlässigt werden. Dies ist bei binären Größen nicht der Fall. Es werden mindestens zwei Bit für das Ausgangssignal benötigt. Von den vier Kombinationsmöglichkeiten werden jedoch nur drei verwendet. Aus Gründen der Übersichtlichkeit verwendet man häufig sogar drei Ausgangsgrößen (3 Bit). Tabelle 5.10 zeigt eine entsprechende Aufstellung. Die Lösung für eine Breite von 1 Bit zeigt Tabelle 5.11.

Tabelle 5.10 Komparator

Eingangsbedingungen	x	y	z
$a<b \Rightarrow a$ kleiner b	1	0	0
$a=b \Rightarrow a$ gleich b	0	1	0
$a>b \Rightarrow a$ größer b	0	0	1

Tabelle 5.11 Wahrheitstabelle eines 1-Bit-Vergleichers

b	a	x	y	z
0	0	0	1	0
0	1	0	0	1
1	0	1	0	0
1	1	0	1	0

Es ist zu erkennen, dass immer nur ein Ausgang den Wert 1 haben kann. Die gleichungsmäßige Beschreibung zeigen die Formel 5.14 bis Formel 5.16. Die Ausgangsgröße y enthält keine zusätzliche Information und kann aus den beiden anderen Ausgangsgrößen abgeleitet werden. Bild 5.22 zeigt eine schaltungstechnische Realisierung.

$$x = \overline{a}\,b \tag{5.14}$$

$$y = ab \vee \overline{a}\,\overline{b} = \overline{\overline{a}\,b \vee a\,\overline{b}} = \overline{x \vee z} \tag{5.15}$$

$$z = a\overline{b} \tag{5.16}$$

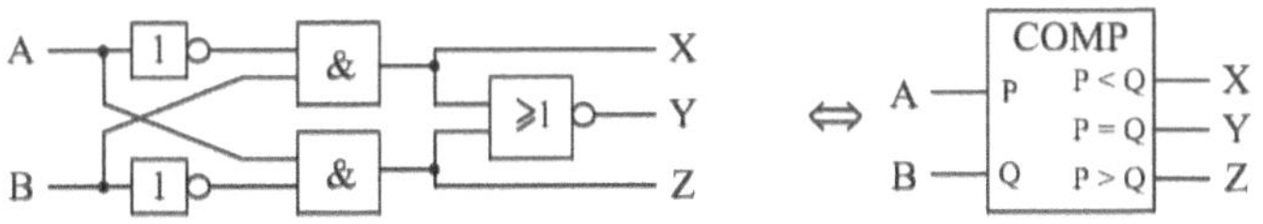

Bild 5.22 Schaltung eines 1-Bit-Vergleichers

Bei der Erweiterung auf mehrere Bit bietet sich wieder die Bit-Slice-Technik an. Bei einem manuellen Vergleich beginnt man mit dem höchstwertigen Bit. Wird hier kein Unterschied gefunden, so vergleicht man das nächstniedrigere Bit. Wird hier auch kein Unterschied festgestellt, so benötigt man wiederum das nächstniedrigere Bit. Man beginnt also bei dem Höchstwertigen und geht bei Bedarf die Bitfolge durch bis zum Niederwertigsten. Werden bei allen Bitstellen keine Unterschiede gefunden, so ist das Ergebnis $y=1$. Um nicht benötigte Vergleiche auszublenden, kann die Schaltung mit einem Freigabe- bzw. Enable-Eingang erweitert werden. Bild 5.23 zeigt eine entsprechende Schaltung. Für $e=1$ wird der Vergleich durchgeführt, während bei $e=0$ alle Ausgänge auf 0 gesetzt werden.

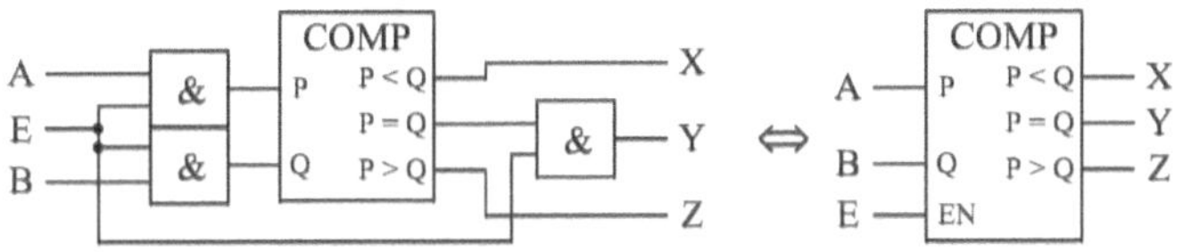

Bild 5.23 Schaltung eines 1-Bit-Vergleichers mit Enable-Eingang E

Mit diesem Element können Vergleicher für beliebig lange Bitzahlen aufgebaut werden. Nachteil ist wie bei dem Addierer die steigende Bearbeitungszeit bei langen Ketten. Die Realisierung eines 3-Bit-Vergleichers zeigt Bild 5.24.

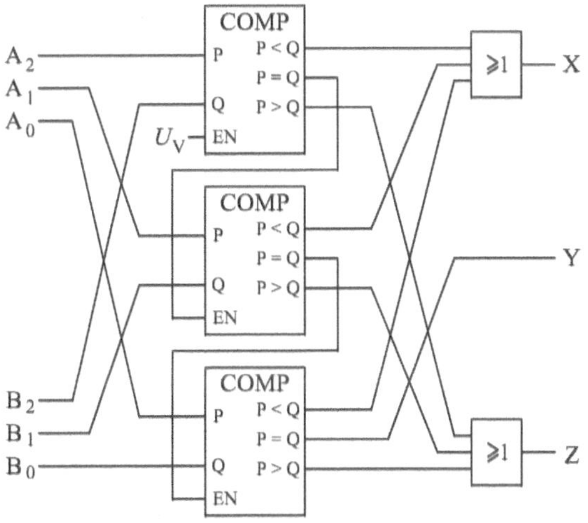

Bild 5.24
Kaskadierter Vergleicher für 3 Bit

Die höchste Priorität hat Bitstelle 3 (a_2 verglichen mit b_2). Der 1-aktive Enable-Eingang dieses Komparators ist mit der Versorgungsspannung (U_V) verbunden und damit aktiviert. Wird hier ein Unterschied festgestellt, so werden alle folgenden Komparatoren ausgeblendet (deaktiviert) und deren Ausgangssignale sind 0. Wird kein Unterschied festgestellt, so haben x_2 und z_2 den Wert 0 und die nächste Bitstufe, hier Bitstelle 2, wird freigegeben. Hier erfolgt die gleiche Bewertung. Werden bei allen Bitstellen keine Unterschiede festgestellt, so erscheint an dem Ausgang P = Q der niederwertigsten Stelle die Ausgangsgröße $y = 1$. Wird in der Kette ein Unterschied festgestellt, so hat lediglich ein Ausgang der Komparatoren den Wert 1. Durch die ODER-Verknüpfungen wird dieser Wert auf Ausgang X bzw. Z ausgegeben.

Es existieren unterschiedliche Realisierungen kaskadierbarer Vergleicher. Ein häufig zu findender Baustein ist der 74 85, dessen Funktion in der Wahrheitstabelle (Tabelle 5.12) angegeben ist. Bild 5.25 zeigt den Baustein in der Logikdarstellung.

Tabelle 5.12 Wahrheitstabelle des 74 85 (Logikdarstellung mit 0 und 1)

2^3	2^2	2^1	2^0	<	=	>	$a<b$	$a=b$	$a>b$
$b_3\ a_3$	$b_2\ a_2$	$b_1\ a_1$	$b_0\ a_0$	x_i	y_i	z_i	x_o	y_o	z_o
1 0	–	–	–	–	–	–	1	0	0
0 1	–	–	–	–	–	–	0	0	1
$b_3=a_3$	1 0	–	–	–	–	–	1	0	0
$b_3=a_3$	0 1	–	–	–	–	–	0	0	1
$b_3=a_3$	$b_2=a_2$	1 0	–	–	–	–	1	0	0
$b_3=a_3$	$b_2=a_2$	0 1	–	–	–	–	0	0	1
$b_3=a_3$	$b_2=a_2$	$b_1=a_1$	1 0	–	–	–	1	0	0
$b_3=a_3$	$b_2=a_2$	$b_1=a_1$	0 1	–	–	–	0	0	1
$b_3=a_3$	$b_2=a_2$	$b_1=a_1$	$b_0=a_0$	1	0	0	1	0	0
$b_3=a_3$	$b_2=a_2$	$b_1=a_1$	$b_0=a_0$	0	1	0	0	1	0
$b_3=a_3$	$b_2=a_2$	$b_1=a_1$	$b_0=a_0$	0	0	1	0	0	1
$b_3=a_3$	$b_2=a_2$	$b_1=a_1$	$b_0=a_0$	–	1	–	0	1	0
$b_3=a_3$	$b_2=a_2$	$b_1=a_1$	$b_0=a_0$	1	0	1	0	0	0
$b_3=a_3$	$b_2=a_2$	$b_1=a_1$	$b_0=a_0$	0	0	0	1	0	1

Der Baustein verfügt über 11 Eingangssignale, wodurch sich eine vollständige Wahrheitstabelle mit $2^{11} = 2048$ Zeilen ergibt. Diese Darstellung ist unübersichtlich und nicht handhabbar. In Tabelle 5.12 ist sie anschaulich zusammengefasst. Die höchste Priorität haben die Eingänge mit der Wertigkeit 2^3. Diese entscheiden über den Zustand der Ausgangsgrößen x_0, y_0 und z_0. Jede Zeile deckt $2^9 = 512$ Zeilen der vollständigen Darstellung ab. Wird bei dieser Wertigkeit kein Unterschied festgestellt, weil die Eingangssignale b_3 und a_3 beide ein 1-Signal oder ein 0-Signal führen, so wird die nächstniedrigere Prioritätsstufe aktiviert. Nun entscheiden die Eingänge mit der Wertigkeit 2^2. Jede Zeile deckt 2^7 = 128 Zeilen der vollständigen Wahrheitstabelle ab. Wird auch hier kein Unterschied festgestellt, dann folgt die Wertigkeit 2^1 und bleibt dies erfolglos, dann folgt Wertigkeit 2^0. Sollte auch hier kein Unterschied festgestellt werden, so sind die Datenleitungen a und b an allen verglichenen Stellen identisch, und es wird die Bitkombination der Eingangssignale x_i, y_i und z_i durchgereicht. Sie stellen das Vergleichsergebnis einer untergeordneten Vergleichsstufe dar.

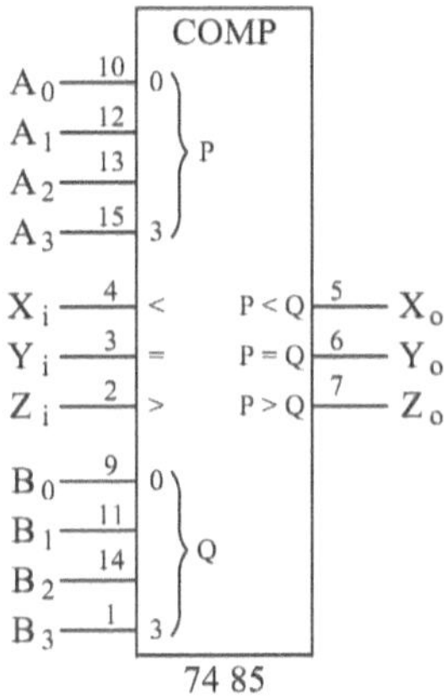

Bild 5.25
Logikdarstellung des 74 85 (IEC logic symbol)

Bis zu dieser Stelle der Wahrheitstabelle sind alle sinnvollen Eingangssignale abgedeckt. Das Verhalten des Bausteins muss jedoch auch für unsinnige Eingangssignale definiert sein. Unsinnig wären u. a. Eingangssignale eines untergeordneten Vergleichers an den Eingängen X_i, Y_i und Z_i mit einer Bitdarstellung, die sowohl „kleiner“ als auch „größer“ angibt. Die Bitkombination ist möglich, aber deren Interpretation entsprechend der Bedeutung der Signalleitungen widerspricht der Logik. Ein Vergleich kann nicht gleichzeitig „kleiner“ und „größer“ als Ergebnis ausgeben (beide Signale 1). Es können jedoch beide Signale inaktiv sein (beide Signale 0), dies entspricht der Gleichheit. Die unteren drei Zeilen der Wahrheitstabelle decken diese noch fehlenden Bitkombinationen ab.

Wird ein Vergleich mit mehr als 4 Bit benötigt, so kann dieser Baustein kaskadiert werden. Bild 5.26 zeigt die serielle Kaskadierung für 12 Bit, bei der die Bausteine hintereinander geschaltet werden. Die höchstwertigen Bitstellen werden von dem rechten Baustein verglichen. Kann hier keine Entscheidung getroffen werden, so verwendet dieser die Bitkombination der Eingänge „<“, „=“ und „>“. Der mittlere Baustein vergleicht die mittleren Bitstellen und der linke Baustein die niederwertigsten Bitstellen. Wird bei allen 12 Bitstellen Gleichheit festgestellt, so ist die Bitkombination der Gleichheit an den Anschlüssen „<“, „=“ und „>“ des linken Bausteins zu verwenden. Eingezeichnet ist der logisch sinnvolle Wert 0, 1, 0. Aufgrund des Bausteinverhaltens ist jedoch nur das 1-Signal an dem Eingang „=“ notwendig, da alle weiteren Kombinationen an dem Ausgang des linken Bausteins die Signale 0, 1, 0 erzeugen. Bei einer sehr großen Bitstellenzahl hat man wieder die hohen Verarbeitungszeiten, die sich aus der Summe der in der Kette befindlichen Komponenten ergeben (s. Abschnitt 5.6 Addierer).

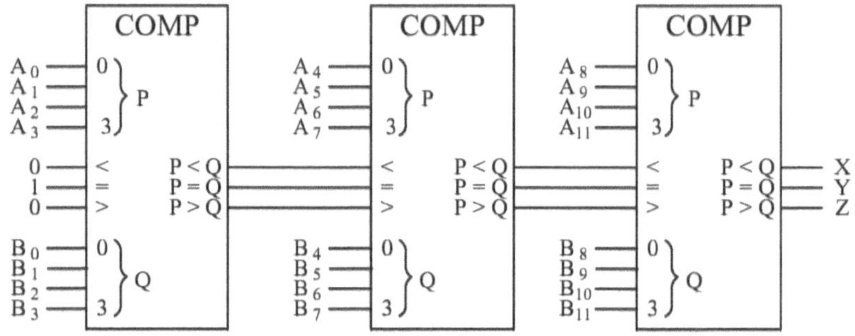

Bild 5.26 Serielle Erweiterung einer Komparatorschaltung

Eine andere Erweiterung ist die parallele Erweiterung, die in Bild 5.27 dargestellt ist. Hier liegen lediglich zwei Bausteine in Reihe und es könnten mit dieser Struktur bis zu 20 Bit verglichen werden. Die niederwertigsten Bit sind entsprechend einer seriellen Erweiterung angeschlossen (unterer Komparator). Die Gruppe der höchstwertigen Bitstellen und der mittleren Bitstellen werden jeweils von einem Baustein verglichen. Wird z. B. bei der höchstwertigen Bitgruppe festgestellt, dass $a < b$ ist, so liefert dieser Baustein an den Ausgängen die Kombination 1, 0, 0. Die hierin steckende Information muss von dem rechten Komparator richtig interpretiert werden, damit die Ausgangsgrößen x, y und z ebenfalls die Bitkombination 1, 0, 0 ausgeben. Hierzu ist es notwendig, dass die 1, die $(p < q)$ anzeigt, an den höchstwertigen Anschluss Q und die 0, die für $(p > q)$ zuständig ist, an den höchstwertigen Anschluss P angeschlossen werden. Hiermit wird die ermittelte Information des Unterschieds richtig weitergegeben. Bei Gleichheit haben beide weitergereichten Ausgänge den Wert 0, was auch als Gleichheit interpretiert wird. Das gleiche Vorgehen trifft für die mittleren Bitstellen zu. Die Ausgangssignale sind an den Eingängen P und Q mit gleicher Wertigkeit anzuschließen. Hiernach sind an den Eingängen für P und Q des rechten Bausteins jeweils zwei Eingänge offen. Diese müssen so beschaltet werden, dass sie als identisch interpretiert werden und damit als Ergebnis des Vergleichs, das Ergebnis der niederwertigsten Gruppe verwendet wird.

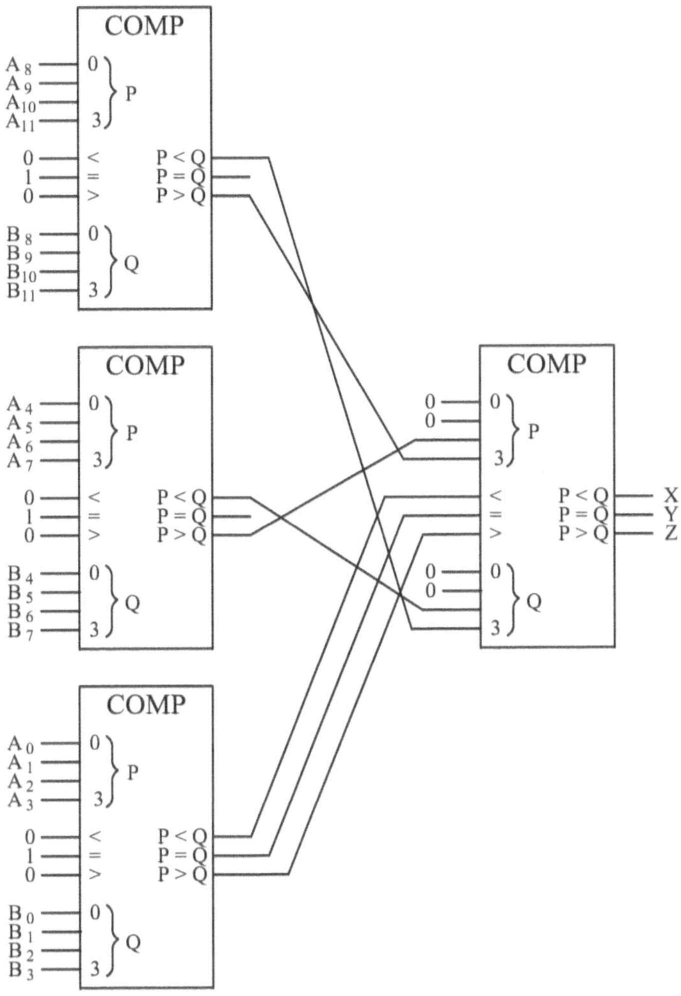

Bild 5.27 Parallele Erweiterung einer Komparatorschaltung

■ 5.8 Arithmetisch-logische Einheit

Die Arithmetische-logische Einheit, auch ALU (engl: Arithmetic Logic Unit) ist das zentrale Rechenelement eines Rechners. Mit ihr können verschiedene logische und mathematische Grundfunktionen zur Verknüpfung von Bitkombinationen, auch Registerinhalte oder Daten genannt, vorgenommen werden. Im Arithmetischen sind es häufig Addition, Subtraktion, Vergleicher und manchmal auch Multiplikation und Division. Bei den logischen Operationen sind es häufig UND-, ODER- und XOR-Verknüpfung und Negation, sowie rechts- und linksschieben (nachrückender Wert ist 0) oder -rollen (nachrückender Wert ist der herausgeschobene Wert) und Bit-Veränderungen (ausgewählte Bits setzen oder löschen). Benötigt werden für die Realisierung eines Rechners noch mindestens die Adresssierungen des Programmcodes mit einem Programmzähler zur Abarbeitung der Programmsequenz von Verarbeitungsanweisungen und einem Stackverwalter (last in first out (LIFO-)Datenspeicher; Speicher mit Stapelstruktur) zur Speicherung von Zuständen und Registerwerten zur Programmweiterführung nach Programmablaufunterbrechungen.

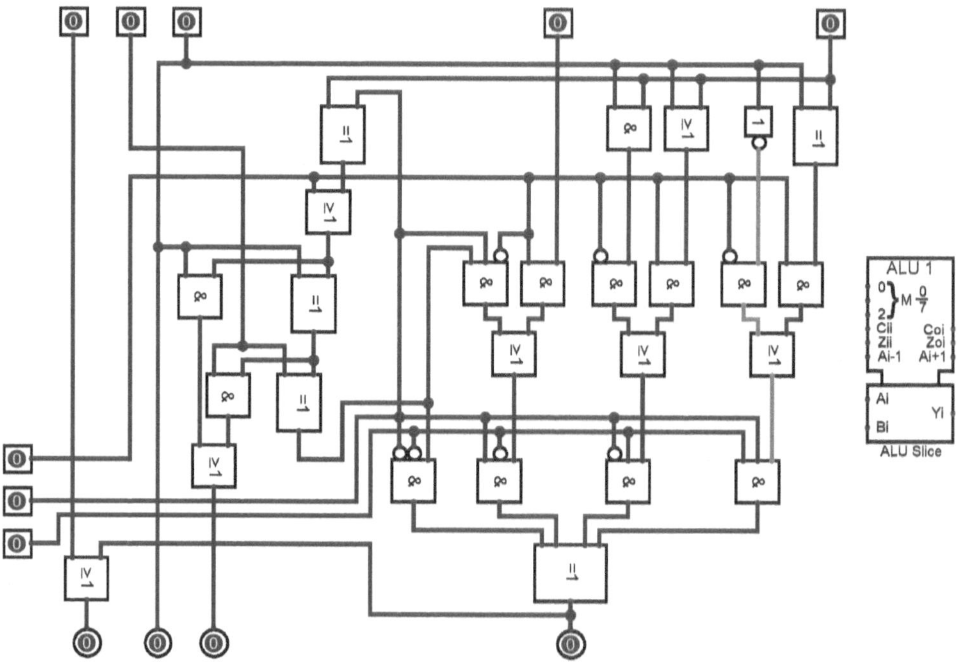

Bild 5.28 Beispiel einer 1-Bit-ALU in Bit-Slice-Technik mit Logiksymbol (siehe Aufgabe 5-10)

Bild 5.28 zeigt eine auf eine Bitbreite von einem Bit ausgelegte ALU in der Bit-Slice-Technik. Sie enthält zur einfachen Verdeutlichung einige Ihnen inzwischen bekannte Schaltungen zur Bitverarbeitung, die über die Funktionsauswahl (Op.-Code, engl.: operational code) ausgewählt werden kann. Neben dem Ergebnis der Verknüpfung stehen noch sogenannte Flags im Statusregister zur Verfügung, die bestimmte für den Programmablauf wichtige Informationen zur Verfügung stellen; diese müssen damit nicht erst durch Programmcode bestimmt werden. Dies sind z. B. Übertrags- oder Überlaufbit, ein Bit, das den Wert 0 anzeigt, Vorzeichenbit zur Anzeige negativer Zahlen bis hin zu Paritätsbits des bestimmten Ergebnisses der Verarbeitung.

Aus diesem Bit-Slice kann durch Zusammenschalten eine ALU für beliebige Bitbreite realisiert werden. In diesem Beispiel für 4 Bit (üblich sind Potenzen von 2 wie 8, 16, 32 oder 64 Bits). Bild 5.29 zeigt die Zusammenschaltung zu einem 4-Bit-Modul. In Kapitel 8 wird die Verwendung mit einer kleinen Steuerung für eine Multiplikation demonstriert.

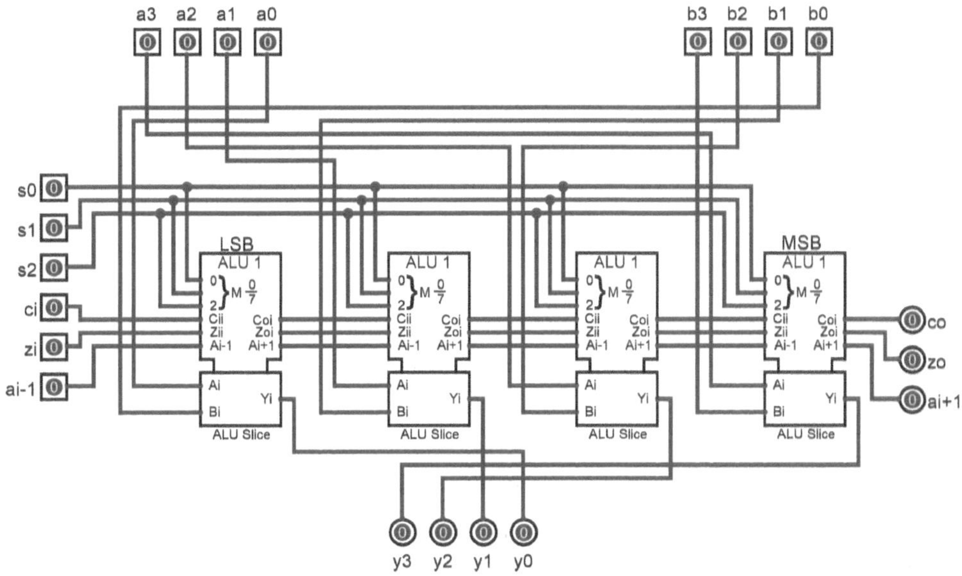

Bild 5.29 Realisierung einer 4-Bit-ALU aus 1-Bit ALUs

5.9 Aufgaben

1. Ermitteln Sie eine Schaltung, die bei vierstelligen Dualzahlen (Signale: d, c, b und a für die Wertigkeiten 8, 4, 2 und 1) das Vorhandensein einer Primzahl mit $y = 1$ anzeigt.
2. Erstellen Sie die Gleichungen zur Umcodierung eines vierstelligen Dualcodes für die Signale zur Ansteuerung einer 7-Segment-Anzeige für die Darstellung der Werte 0, 1, …, 9, A, b, c, d, E, F. Die Eingangssignale seien d, c, b und a und die Ausgangssignale $y_0, y_1, \ldots, y_6$ zur Ansteuerung der Segmente A, B, …, G. Die Ansteuerung soll mit 0-aktiven-Signalen erfolgen (0 für leuchtend, 1 für nicht leuchtend).

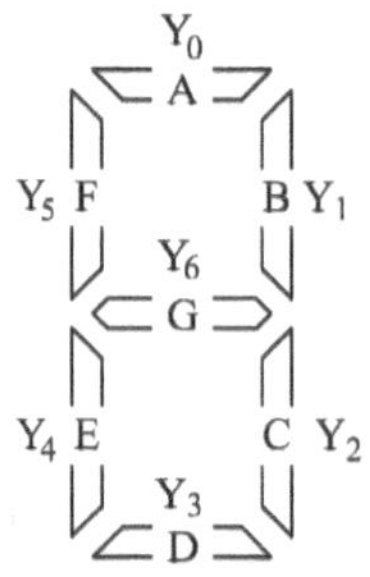

Bild 5.30
7-Segment-Anzeige

3. Es ist ein Windrichtungsanzeigesystem zu vervollständigen. Die Windrichtung wird mit einem direkt messenden optischen System erfasst. Die Werte stehen als 3-Bit-Gray-Code zur Verfügung (Signale: c, b und a, Nord ≙ 000, in mathematisch negativer Drehrichtung). Die Anzeige erfolgt über vier Segmente, die die Hauptrichtungen Nord, Ost, Süd und West repräsentieren (Signale: n, o, s und w). Bei der Windrichtung Nordost sollen die Segmente für Nord und Ost aktiviert sein. Die anderen Zwischenwerte sind entsprechend darzustellen. Das Anzeigesystem arbeitet mit 0-aktiven-Signalen (0 für aktiviert). Erstellen Sie die Wahrheitstabelle und bestimmen Sie die minimierten Gleichungen.
4. Verändern Sie die Schaltung des 1-aus-4-Multiplexers (Bild 5.9), sodass dieser nur aus NAND-Bausteinen (mit beliebig vielen Eingängen) aufgebaut werden kann.
5. Zur Realisierung der Wahrheitstabelle in Tabelle 5.13 stehen nur Datenselektoren mit vier Dateneingängen (und zwei Steuereingängen) zur Verfügung. Zeichnen Sie einen kaskadierten Aufbau mit fünf dieser Datenselektoren zur Realisierung einer LUT.

Tabelle 5.13 Wahrheitstabelle

d	*c*	*b*	*a*	*y*
0	0	0	0	0
0	0	0	1	0
0	0	1	0	1
0	0	1	1	0
0	1	0	0	1
0	1	0	1	1
0	1	1	0	1
0	1	1	1	0
1	0	0	0	1
1	0	0	1	0
1	0	1	0	1

d	c	b	a	y
1	0	1	1	0
1	1	0	0	1
1	1	0	1	0
1	1	1	0	1
1	1	1	1	1

6. Zur Realisierung der Wahrheitstabelle in Tabelle 5.13 steht nur ein Datenselektor mit acht Dateneingängen (und drei Steuereingängen) zur Verfügung. Ermitteln Sie die günstigste Ansteuerung und zeichnen Sie die Schaltung. Drei Eingänge können direkt mit den Steuereingängen verbunden werden (z.B. die Signale d, c, b). Der ausgewählte Eingang verwendet dann ein Signal aus der Menge $\{1, \overline{a}, a, 0\}$.
7. Belegen Sie die funktionale Gleichheit der in Bild 5.17 (Schaltung eines Halbaddierers) und Bild 5.18 (Halbaddierer aus NAND-Bausteinen) angegebenen Schaltung mithilfe der Wahrheitstabelle und durch algebraische Umformung der Gleichungen.
8. Ermitteln Sie eine Schaltung des Volladdierers entsprechend Bild 5.19, der nur aus NAND-Gattern mit je 2 Eingängen besteht (siehe hierzu Bild 5.18).
9. Bei der Verwendung von Drehschaltern (Dimmer, Lautstärke etc.) wird häufig ein Drehencoder mit einem 2-Bit-Gray-Code verwendet. An einem Steuergerät mit einem 2-Bit-Eingang sollen zwei Drehencoder angeschlossen werden. Entwerfen Sie eine Schaltung, die zwei 2-Bit-Gray-Code-Signale addiert und als Ausgangssignal ein auf 2 Bit begrenztes Gray-Code-Signal für den Eingang des Steuergerätes generiert. Gehen Sie davon aus, dass nicht beide Drehschalter gleichzeitig betätigt werden.
10. Analysieren Sie die in Bild 5.28 dargestellte Schaltung und ordnen Sie die im Symbol benannten Ein- und Ausgänge den Anschlüssen der Schaltung zu. Bestimmen Sie die Funktion der über OC2.. OC0 (oc bzw. opcode für „operational code“; die linken Anschlüsse, OC0 oben und OC2 unten) auswählbaren Funktionen und stellen Sie diese in einer Tabelle dar.

6 Zeitabhängige binäre Schaltungen

6.1 Übersicht

Digital arbeitende Schaltungen unterscheidet man aufgrund ihrer hardwaremäßigen Realisierung in **kombinatorische Schaltungen** (**Schaltnetze**) und **sequenzielle Schaltungen** (**Schaltwerke**).

Kombinatorische Schaltungen (**Schaltnetze**) sind aus UND, ODER, NAND, NOR und NEGATION zusammengesetzte Schaltungen **ohne Rückführungen**. Hieraus ergeben sich folgende Eigenschaften:

- Der Zustand der Ausgangsgrößen hängt nur vom aktuellen Zustand der Eingangsgrößen ab. Gleiche Eingangsgrößen führen immer zu den gleichen Ausgangsgrößen.
- Änderungen führen unmittelbar zu Änderungen am Ausgang (nur durch Reaktionszeiten der Bausteine verzögert).
- Es existiert nur eine Signalflussrichtung.

Sequenzielle Schaltungen (**Schaltwerke**) bestehen aus zusammengesetzten Gattern **mit Rückführungen**, die als Speicher für mindestens ein binäres Signal (1 Bit) dienen können. Die kleinste sequenzielle Schaltung speichert ein Bit und wird als **Flipflop** (FF), **bistabile Kippstufe** oder **bistabiler Multivibrator** bezeichnet. Es ergeben sich folgende Eigenschaften:

- Der Zustand der Ausgangsgrößen hängt vom aktuellen Zustand und vorher vorhandenen Zuständen der Eingangsgrößen ab. Das Speicherelement kann das Eingangssignal (oder Zwischengrößen) speichern und auf Anforderung wieder ausgeben oder mit neuen Eingangssignalen verknüpfen.
- Aufgrund der Rückführung von Gatterausgängen auf davorliegende Gattereingänge treten zwei Signalflussrichtungen auf.

Es existieren viele verschiedene Arten von Flipflops. Bild 6.1 zeigt eine Übersicht der in diesem Abschnitt behandelten Arten. Basierend auf dem Grundelement werden hieraus alle weiteren Flipflop-Arten Schritt für Schritt entwickelt.

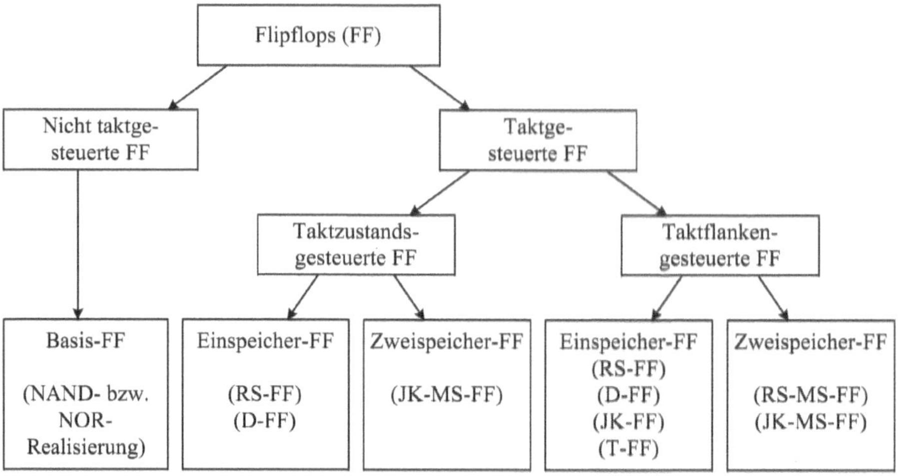

Bild 6.1 Übersicht gebräuchlicher Flipflop-Arten

Zur Vorbereitung und leichteren Lesbarkeit dieses Abschnittes hier zunächst eine Übersicht der verwendeten Darstellungsmöglichkeiten. Bild 6.2 zeigt einen Funktionsblock, der z. B. auch ein Flipflop sein kann. Die Ausgangssignale stehen in der Grundvariante in nicht negierter und negierter Form zur Verfügung und werden häufig mit der Bezeichnung Q gekennzeichnet. In der linken Darstellung werden 1-aktive Signale verwendet, während in der rechten Darstellung 0-aktive Signale den Funktionsblock ansteuern. Die Negation ist sowohl an dem Negationskreis am Funktionsblock zu erkennen als auch an dem Negationsstrich oberhalb der Eingangsbezeichnung der angeschlossenen Leitung. **Statische Signale** führen die Funktion aus (sind aktiv), wenn ihr Zustand dem logischen Wert 1 entspricht, bei negierten Signalen ist es der Wert 0.

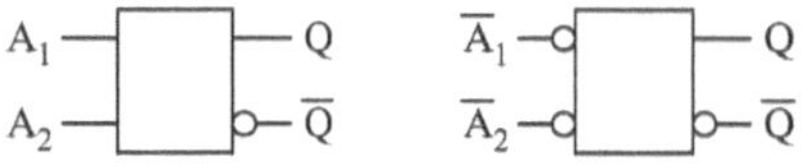

Bild 6.2
FF mit statischen Eingängen (*links* 1-aktiv, *rechts* 0-aktiv)

In diesem Kapitel werden auch **dynamische Eingänge** verwendet. Die Funktion wird bei diesen Eingängen ausgeführt, wenn sich der Logikwert ändert. In der Grundvariante wird die Funktion ausgeführt, wenn ein Signalwechsel von 0 nach 1 vorliegt, also eine ansteigende Flanke oder ein positiver Signalwechsel (nach 1 wechselnd) vorliegt. Bild 6.3 zeigt sowohl die Kennzeichnung dynamischer Eingänge im Logiksymbol als auch den funktionsausführenden Signal- oder Flankenwechsel. Durch den Negationskreis am Eingang wird die aktive Phase auf eine fallende Flanke, also einen Logikwechsel von 1 nach 0 bzw. einen negativen Signalwechsel (nach 0 wechselnd) verändert.

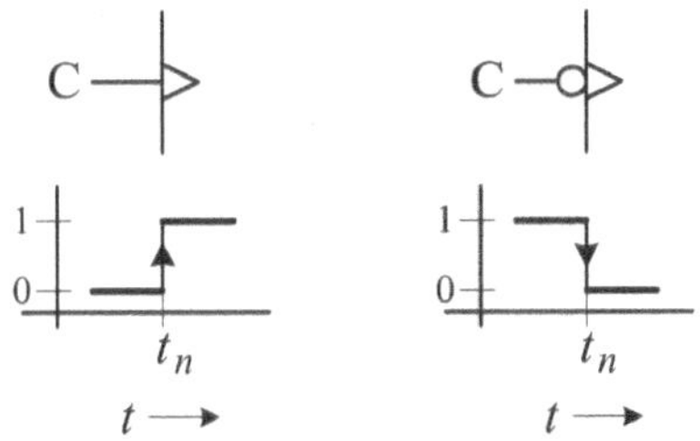

Bild 6.3
Kennzeichnung dynamischer Eingänge
(*links* ohne Negationskreis für steigende Flanke und *rechts* mit Negationskreis für fallende Flanke)

Zur übersichtlichen Darstellung können einfache Logikverknüpfungen in das Symbol des Funktionsblocks hineingezogen werden. Dieses wurde bereits im vorherigen Abschnitt bei dem Adressdecoder angewendet. Bild 6.4 zeigt ein Beispiel gemäß DIN EN 60617-12.

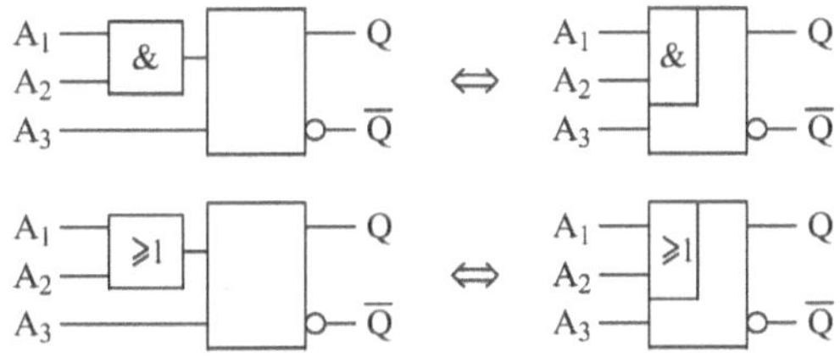

Bild 6.4
Darstellung verknüpfter Eingänge

Die Logikverknüpfungen oder genauer gesagt häufig vorkommende Abhängigkeiten werden durch einen Kennbuchstaben angegeben. Eine Übersicht gemäß DIN EN 60617-12 zeigt Tabelle 6.1. Gebräuchliche Zeichen, die auch in diesem Kapitel behandelt werden, sind S und R für Setz- und Rücksetzeingänge, mit denen der im Speicher vorhandene Logikwert beeinflusst werden kann, G als Freigabesignal (manchmal auch als Tor oder Gate-Eingang bezeichnet), C für eine allgemeine Steuerfunktion (Control) und M für die Kennzeichnung einer Funktionsweise (Function Mode).

Tabelle 6.1 Abhängigkeitsarten (nach DIN EN 60617-12)

Buchstabe	Funktion	1-Zustand	0-Zustand
A	Adresse	erlaubt Aktion (Adresse)	verhindert Aktion (Adresse)
C	Steuerung	erlaubt Aktion	verhindert Aktion
EN	Freigabe	erlaubt Aktion	verhindert Aktion (verschiedene Möglichkeiten)
G	UND	erlaubt Aktion	bewirkt 0-Zustand
M	Modus	erlaubt Aktion (Modus ausgewählt)	verhindert Aktion (Modus nicht ausgewählt)
N	Negation	komplementiert den Zustand	keine Wirkung

Tabelle 6.1 *Fortsetzung*

Buchstabe	Funktion	1-Zustand	0-Zustand
R	Rücksetz	Ausgang reagiert gemäß $s = 0, r = 1$	keine Wirkung
S	Setz	Ausgang reagiert gemäß $s = 1, r = 0$	keine Wirkung
V	ODER	bewirkt 1-Zustand	erlaubt Aktion
X	Transmission	Weg durchgeschaltet	kein Weg durchgeschaltet
Z	Verbindung	bewirkt 1-Zustand	bewirkt 0-Zustand

Die Kennzeichnung für eine UND-Verknüpfung, die in den Funktionsblock hineingezogen wurde, ist das G. Der steuernde Eingang wird mit G gekennzeichnet gefolgt von einer Nummer, die lediglich der Zuordnung dient. In Bild 6.5 ist G die erste (und einzige) steuernde Funktion und wird mit 1 gekennzeichnet. Gesteuert werden alle Eingänge, deren Bezeichnungen mit einer 1 beginnen. In diesem Beispiel ist es der Setz- und der Rücksetzeingang, die deswegen mit 1S und 1R gekennzeichnet sind.

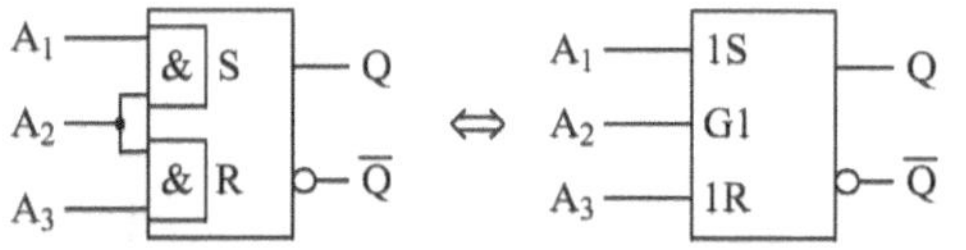

Bild 6.5
Bezeichnung verknüpfter Eingänge

Weitere Beispiele entsprechend der DIN EN 60617-12 sind auszugsweise in den folgenden Bildern dargestellt. Bild 6.6 zeigt Möglichkeiten einer UND-Verknüpfung, Bild 6.7 einer ODER-Verknüpfung und Bild 6.8 einer über den Eingang schaltbaren NEGATION.

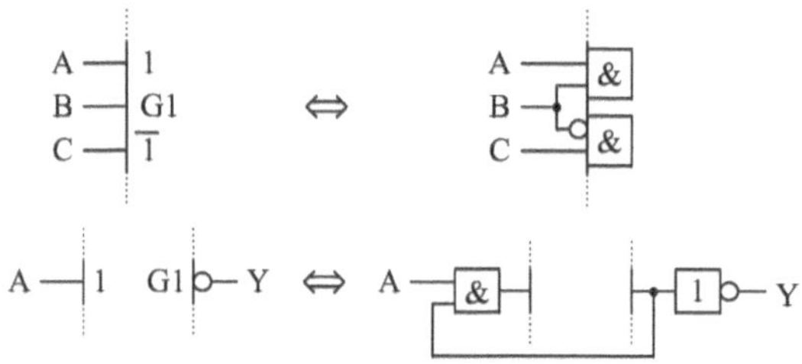

Bild 6.6
G-Abhängigkeit (UND)

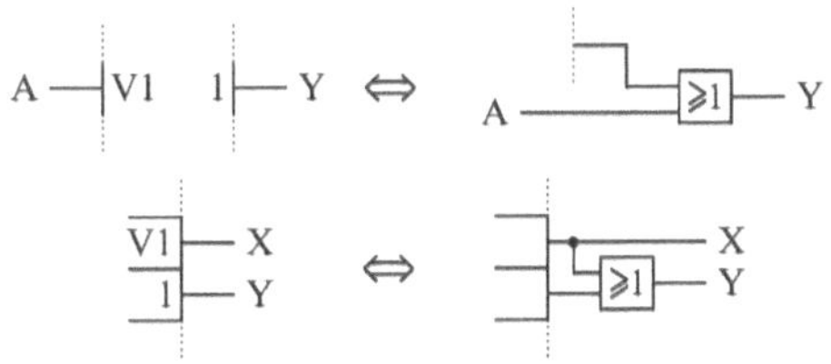

Bild 6.7
V-Abhängigkeit (ODER)

Bild 6.8
N-Abhängigkeit (schaltbare NEGATION)

Im Weiteren werden Zeitdiagramme verwendet. Hier gibt es je nach Bedeutung verschiedene Darstellungsmöglichkeiten, die in Bild 6.9 auszugsweise aufgeführt sind. Alle stellen einen Verstärker bzw. zwei hintereinander geschaltete Inverter dar. Die erste Darstellung zeigt die mittlere Verzögerungszeit des Bauelementes (des Schaltungsabschnittes). Die Reaktionszeit des Bausteins ist mit t_{pd} (Propagation Delay) gekennzeichnet. Normalerweise sind die Reaktionszeiten bei steigender und fallender Flanke unterschiedlich. Wenn dies von Bedeutung ist, müsste der Übergang z. B. mit t_{pd01} oder hardwarebezogen (positive Logik) t_{pdLH} für einen LOW-HIGH-Wechsel angegeben werden. Eine detailliertere Darstellung zeigt das zweite Bild. Da die Reaktionszeiten realer Bauelemente nicht alle gleich sind, gibt es eine kürzeste Reaktionszeit ($t_{pd01min}$) und eine längste Reaktionszeit ($t_{pd01max}$). Die nach rechts steigende Schraffur gibt diesen Zeitbereich an, in dem der Logikwechsel von 0 nach 1 stattfindet. Zeitbereiche mit nach rechts abfallend gezeichneter Schraffur geben einen Zeitbereich an, in dem ein Wechsel von 1 nach 0 erfolgt. Zeitbereiche unbedeutender Abschnitte könnten mit dieser Darstellungsart durch Überlagerung beider Schraffuren dargestellt werden (0-1- als auch 1-0-Wechsel sind möglich). Die folgende Darstellung gibt z. B. den Zeitbereich der längsten Reaktionszeit durch eine Rampenfunktion an. Häufig wird diese Darstellung verwendet, um lediglich die Abhängigkeit der Signale zu kennzeichnen. Die Rampenlänge entspricht dann nicht der realen Reaktionszeit, sondern deutet an, dass sich dieses Signal unmittelbar nach dem Wechsel des Eingangssignals ändert. Letzteres kann auch durch einen Pfeil, wie in der rechten Darstellung gezeigt, angegeben werden.

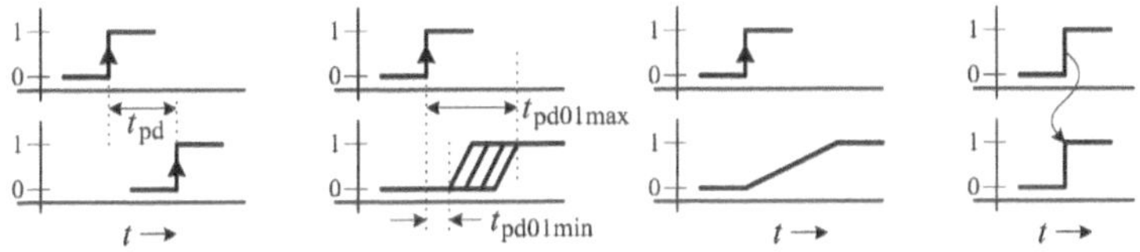

Bild 6.9 Beispiel für die Darstellung von Verzögerungszeiten (Reaktionszeiten)

In diesem Abschnitt werden sich ändernde Signale betrachtet. Der aktuelle Zeitpunkt ist t mit den Signalen a_t, b_t, $a_{1,t}$ oder q_t. Bezieht man sich auf den Zeitpunkt nach dem zum Zeitpunkt t vorhandenen Signalzustand, genauer gesagt, auf den stabilen Zustand der Signale nach Abklingen aller Ausgleichsvorgänge (z. B. Reaktionszeiten der Bausteine), dann ändert sich der Index auf $t+1$ und die Signale haben z. B. die Bezeichnung q_{t+1} oder y_{t+1}. Bezieht man sich auf einen Signalzustand, der vor der letzten Aktion vorhanden war, so lautet der Index $t-1$ und die Bezeichnung lautet z. B. q_{t-1} oder y_{t-1}. Werden die entsprechenden Übergänge über einen Takt gesteuert, so hat der aktuelle Takt den Wert n und die zeitlich zugehörenden Signale z. B. die Bezeichnung a_n, b_n, $a_{1,n}$ oder q_n. Die Signalbezeichnung nach der nächsten Taktflanke (und den resultierenden Ausgleichsvorgängen) werden mit $n+1$ gekennzeichnet und könnten z. B. q_{n+1} oder y_{n+1} lauten. Taktflankengesteuerte Signale vor dem aktuellen Zeitpunkt werden entsprechend mit $n-1$ gekennzeichnet, gemäß q_{n-1} oder y_{n-1}. Es ist auch möglich, auf weitere Vorgänger zurückzugreifen. Der Index ändert sich dann auf $n-2$, $n-3$ und $n-4$ für den zwei, drei oder vier Taktflanken zurückliegenden Wert. Eine Übersicht zeigt Tabelle 6.2.

Tabelle 6.2 Kennzeichnung aufeinanderfolgender Zustände

vorher	jetzt	nachher	Bezeichnung
q_{t-1}	q_t	q_{t+1}	üblich bei Zeitbezug
q_{n-1}	q_n	q_{n+1}	üblich bei Taktbezug

6.2 RS-Flipflop (RS-FF)

6.2.1 Realisierung mit NOR-Gatter

Das einfachste Flipflop ist das Reset-Set-Flipflop (**RS-FF**), es ist die Zusammenschaltung von zwei NOR-Gattern. Bild 6.10 zeigt die Schaltung. Jeweils ein Eingang der NOR-Gatter dient als Eingang der Flipflop-Schaltung. Der jeweils andere Eingang wird mit dem Ausgangssignal des anderen NOR-Gatters versorgt. Beide Ausgangssignale dienen als Ausgang des RS-FF. In der üblichen Darstellung, Bild 6.10 links, hat es den Eindruck, dass zwei Rückführungen vorhanden sind. In der rechten Darstellung ist zu erkennen, dass es nur eine gibt. Je nach Zeichnung könnte man sich auch für eine Rückführung des Signals q entscheiden. Für die Verhaltensbeschreibung wird hier, wie im Bild dargestellt, das Signal q^* verwendet und bei der Diskussion des Verhaltens als bekannt angenommen sowie für beide binären Möglichkeiten betrachtet.

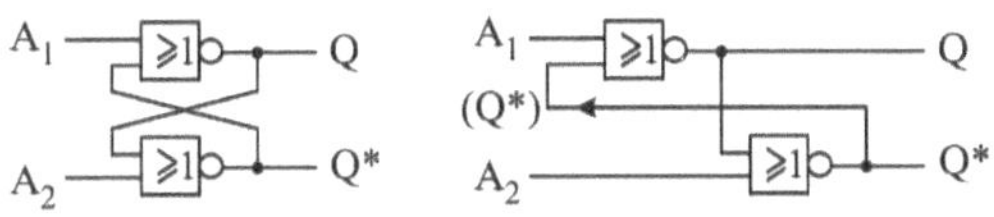

Bild 6.10
RS-FF aus NOR-Gattern

Die Schaltung hat zwei Eingangssignale, die zurzeit mit a_1 und a_2 gekennzeichnet sind. Zur Verhaltensbeschreibung wird q^* auch als Eingang betrachtet. Hierdurch lässt sich das Verhalten entsprechend der Betrachtung von Schaltnetzen herleiten. Tabelle 6.3 zeigt die Wahrheitstabelle mit den Eingangssignalen a_2, a_1 und q^*.

Tabelle 6.3 Wahrheitstabelle eines RS-FF aus NOR-Gatter (erweitert)

a_2	a_1	q_t^*	q_{t+1}	q_{t+1}^*	Bezeichnung
0	0	0	1	0	Speichern
0	0	1	0	1	Speichern
0	1	0	0	1	Rücksetzen
0	1	1	0	1	Rücksetzen
1	0	0	1	0	Setzen
1	0	1	1	0	Setzen
1	1	0	0	0	„verbotener Zustand“
1	1	1	0	0	„verbotener Zustand“

In den ersten zwei Zeilen sind die Eingangssignale a_2 und a_1 auf 0 gelegt. In der ersten Zeile hat q_t^* zum Zeitpunkt t den angenommenen Zustand 0. Hiermit liegen zwei 0-Signale am Eingang des oberen NOR-Gatters an. Dieses generiert hieraus ein 1-Signal am Ausgang q. Dieses 1-Signal liegt am Eingang des unteren NOR-Gatters an. Eine 1 am Eingang eines NOR-Gatters erzwingt eine 0 am Ausgang. Dieses Signal wurde zu Beginn der Betrachtung dieser Zeile der Wahrheitstabelle bereits angenommen. Es ergeben sich somit keine Signaländerungen und der stabile Zustand dieser angenommenen Eingangssignale ist $q_{t+1} = 1$ und $q_{t+1}^* = 0$.

In der zweiten Zeile wird q_t^* zum Zeitpunkt t mit 1 angenommen. Hierdurch hat q den Wert 0 und die beiden 0-Signale am Eingang des unteren NOR-Gatters erzeugen ein 1-Signal am Ausgang q^*. Dies ist der bereits angenommene Zustand und es ergeben sich keine weiteren Signaländerungen. Der stabile Zustand dieses angenommenen Bitmusters (Zeile 2) ist $q_{t+1} = 0$ und $q_{t+1}^* = 1$.

In der dritten Zeile hat a_2 den Wert 0, a_1 den Wert 1 und q_t^* den Wert 0. Die 1 an dem oberen NOR-Gatter erzwingt eine 0 an q. An dem unteren Gatter liegen somit zwei 0-Signale an. Hierdurch erscheint eine 1 an q^*. Aufgrund der Rückführung ändert sich das angenommene Startbitmuster q^* zu einer 1. An dem oberen Gatter liegen nun zwei 1-Signale an. Das Signal q behält den Wert 0. Somit sind alle Signalübergänge abgeschlossen und wir haben den stabilen Zustand erreicht mit $q_{t+1} = 0$ und $q_{t+1}^* = 1$.

In der vierten Zeile hat a_2 den Wert 0, a_1 den Wert 1 und q_t^* den angenommenen Wert 1. Die 1 am oberen NOR-Gatter erzwingt eine 0 für das Signal q. Hiermit liegen zwei 0-Signale an dem unteren Gatter an und generieren eine 1 für q^*. Dies ist das bereits angenommene Signal. Es ergeben sich keine weiteren Änderungen und wir haben den stabilen Zustand mit $q_{t+1} = 0$ und $q_{t+1}^* = 1$ erreicht.

In der fünften und sechsten Zeile haben wir nur die Signale a_2 mit a_1 getauscht. Aufgrund der Symmetrie der Schaltung müssen sich inverse Signale zu Zeile drei und vier ergeben und wir erhalten $q_{t+1} = 1$ und $q_{t+1}^* = 0$. Das Vorgehen kann entsprechend der o. a. Betrachtung übungshalber vom Leser durchgeführt werden.

In der siebten und achten Zeile haben a_2 und a_1 jeweils ein 1-Signal. Diese erzwingen bei beiden NOR-Gattern jeweils ein Ausgangssignal mit dem Wert 0. Der stabile Ausgangszustand wird von den beiden Eingangssignalen erzwungen zu $q_{t+1} = 0$ und $q_{t+1}^* = 0$.

Die Signale q und q^* sollen im Normalbetrieb invers sein. Dies ist aufgrund der Eingangssignale in den letzten beiden Zeilen nicht gegeben. Das Verhalten des FF nach Verlassen dieses Zustands ist nicht vorhersagbar und deshalb gilt es, diesen Zustand zu vermeiden, was zu der Bezeichnung „verbotener Zustand" geführt hat. In einigen Erläuterungen wird auch bei dieser Realisierung (RS-FF aus NOR-Gatter) der zweite Ausgang mit $\overline{q}$ angegeben, was bei diesem Eingangszustand ($a_2 = a_1 = 1$) einen logischen Widerspruch ergibt, da q und $\overline{q}$ (im stabilen Zustand nach den Reaktionszeiten der Bausteine) nicht invers zueinander sind. Auch hieraus kann der „verbotene Zustand" abgeleitet werden.

Das Verhalten des RS-FF aus NOR-Gatter kann in einer übersichtlicheren Tabelle angegeben werden (s. Tabelle 6.4). Die Funktion des Speicherns wird hier durch $q_{t+1} = q_t$ angegeben, was bedeutet, dass der vorhandene Zustand (0 oder 1) nicht verändert wird.

Tabelle 6.4 Wahrheitstabelle eines RS-FF aus NOR-Gatter

a_2	a_1			Bezeichnung
s	r	q_{t+1}	q_{t+1}^*	
0	0	q_t	$\overline{q_t}$	Speichern
0	1	0	1	Rücksetzen
1	0	1	0	Setzen
1	1	0	0	„verbotener Zustand"

Den Eingängen können entsprechend der Funktion Namen zugeordnet werden. A_2 erhält die Bezeichnung S für Setzen, da hiermit der Ausgang Q auf den Wert 1 gesetzt wird. A_1 erhält die Bezeichnung R für Rücksetzen, da hiermit der Ausgang Q auf 0 (zurück-)gesetzt wird. Der „verbotene Zustand" ergibt sich aus der nicht realisierbaren Anweisung, Setzen und Rücksetzen gleichzeitig durchzuführen.

Unter der Voraussetzung, dass der verbotene Zustand nicht verwendet wird, kann das Verhalten des RS-FF für den Arbeitsbereich in einem Zustandsdiagramm dargestellt werden. Die beiden Kreise, die mit 0 und 1 gekennzeichnet sind, stellen den Ausgangszustand des FF dar. Entweder ist dieser 0 und man befindet sich in dem linken Kreis oder er ist 1 und man befindet sich in dem rechten Kreis. Die Funktion Speichern wird durch einen Zeiger auf den aktuellen Zustand gekennzeichnet. Für den Zustand 0 ist dies $s=0$ und $r=\text{x}$. Die Bezeichnung $r=\text{x}$ deckt die beiden Kombinationen $r=0$ und $r=1$ ab (ist unabhängig von r). Man verweilt so lange im Zustand 0 wie der Eingang S den Wert 0 behält. Vergleichbares gilt für den Zustand 1, bei dem der Eingang R den Wert 0 haben muss. Die Bitmuster für den Wechsel zwischen den Zuständen sind an den Übergängen (Zeigern) angegeben.

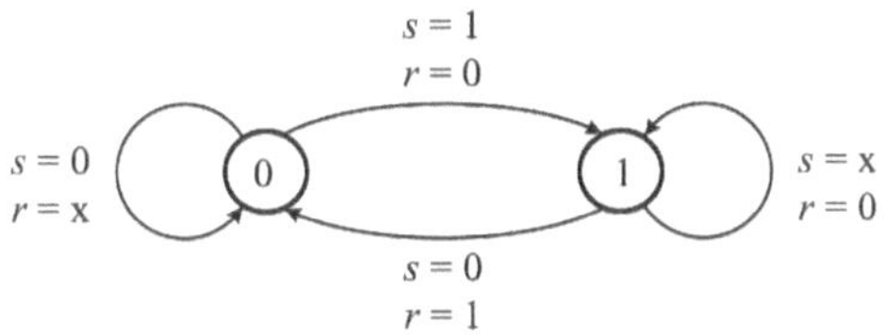

Bild 6.11
Zustandsdiagramm eines RS-FF

Eine weitere Darstellung liefert das (Impuls-)Zeit-Diagramm (s. Bild 6.12). Hier werden die Signalabläufe unter Vorgabe der Eingangssignale in einem Diagramm dargestellt, das einen zeitlichen Ablauf nachbildet und in ähnlicher Form mit einem Oszilloskop aufgenommen werden könnte. Für Übungszwecke werden z.B. die Eingangs-(zeit-)verläufe von s und r angegeben und entsprechend des zu betrachtenden FF sind die weiteren Zeitverläufe zu ermitteln und in das Diagramm einzuzeichnen. Die Darstellung in Bild 6.12 ist bereits vollständig.

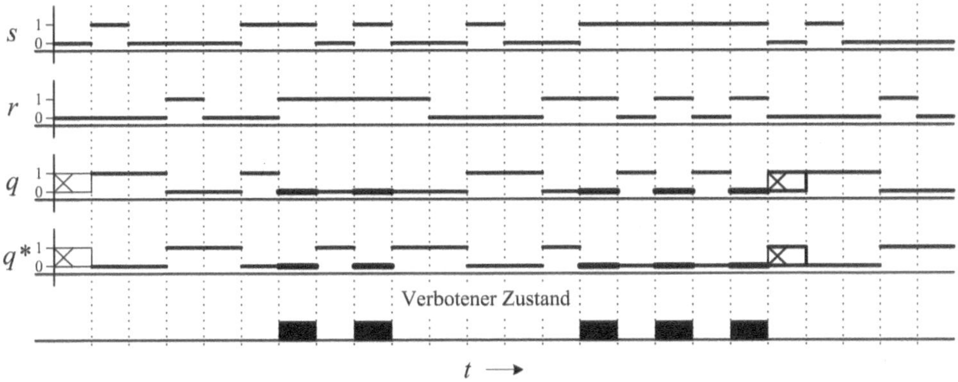

Bild 6.12 Impuls-Zeit-Diagramm eines RS-FF (NOR-Gatter)

In der Darstellung haben *r* und *s* zu Beginn des Zeitverlaufs jeweils den Zustand 0. Dies beschreibt die Funktion „Speichern". Der gespeicherte Zustand ist jedoch nicht bekannt. Das Diagramm startet deshalb mit dem unbekannten Anfangszustand $q = X$, welcher durch die beiden Signalangaben bei 0 und bei 1 mit der zusätzlichen Bezeichnung X (liegendes Kreuz im Zeitverlauf) für den entsprechenden Zeitabschnitt gekennzeichnet ist.

Um die Verhaltensbeschreibung des RS-FF aus NOR-Gattern vollständig darzustellen, wird der verbotene Zustand nicht ausgespart. In dem Diagramm ist dies durch die zusätzliche Zeile „verbotener Zustand" gekennzeichnet. Hiermit werden die problembehafteten Zeitbereiche hervorgehoben.

6.2.2 Realisierung mit NAND-Gatter

Eine weitere Möglichkeit zur Realisierung eines RS-FF sind zwei NAND-Gatter. Bild 6.13 zeigt eine Schaltung, die gegenüber der in Bild 6.12 gezeigten Schaltung lediglich NAND-Gatter statt NOR-Gatter enthält. Die Verdrahtung ist identisch.

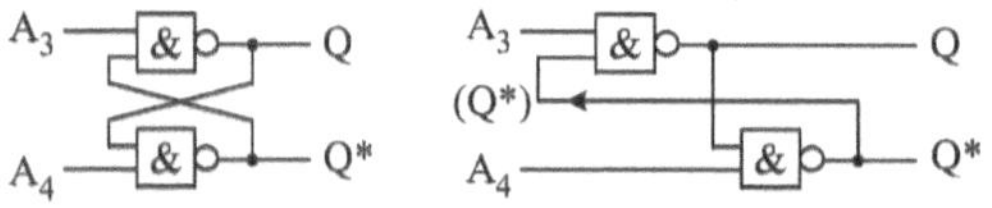

Bild 6.13 RS-FF aus NAND-Gattern

Entsprechend der Vorgehensweise bei der NOR-Realisierung kann auch hier das Verhalten durch Anlegen einer Bitkombination (Startwert für q_t^* wird auch vorgegeben) diskutiert und ermittelt werden. Man erhält damit das in Tabelle 6.5 aufgeführte Verhalten. Aufgrund des logischen Widerspruchs repräsentieren die ersten beiden Zeilen den „verbotenen Zustand". Die Speicherfunktion wird durch die letzten beiden Zeilen erfüllt.

Tabelle 6.5 Wahrheitstabelle eines RS-FF aus NAND-Gatter (erweitert)

a_4	a_3	q_t^*	q_{t+1}	q_{t+1}^*	Bezeichnung
0	0	0	1	1	„verbotener Zustand"
0	0	1	1	1	„verbotener Zustand"
0	1	0	0	1	Rücksetzen
0	1	1	0	1	Rücksetzen
1	0	0	1	0	Setzen
1	0	1	1	0	Setzen
1	1	0	1	0	Speichern
1	1	1	0	1	Speichern

Bei der Zuordnung der Funktionsbezeichnungen S für Setzen und R für Rücksetzen wird es unübersichtlich. Ordnet man A_3 dem Rücksetz-Eingang R und A_4 dem Setz-Eingang S zu, so passt es mit den Funktionen „Setzen" und „Rücksetzen", aber nicht mit „Speichern" und dem „verbotenen Zustand". Die Lösung gelingt mit 0-aktiven Signalen. Ordnet man A_3 dem 0-aktiven Setz-Eingang $\overline{S}$ und A_4 dem 0-aktiven Rücksetz-Eingang $\overline{R}$ zu, dann gibt es keinen logischen Widerspruch. Tabelle 6.6 zeigt eine übersichtliche Darstellung (Reihenfolge a_3 und a_4 sind gegenüber Tabelle 6.5 vertauscht) ähnlich wie Tabelle 6.4. Für das Basis-FF bietet es sich an, durch Negation der Eingangssignale 1-aktive Steuersignale verwenden zu können. Die Schaltung zeigt Bild 6.14. Hiermit ist das Verhalten der NOR- und der NAND-Realisierung für den Arbeitsbereich identisch. Die Darstellung des Zustandsdiagramms Bild 6.11 gilt auch für die NAND-Realisierung. Als Unterschied bleibt der „verbotene Zustand", der bei der NOR-Realisierung an beiden Ausgängen 0-Signale ausgibt und bei der NAND-Realisierung an beiden Ausgängen 1-Signale.

Tabelle 6.6 Wahrheitstabelle eines RS-FF aus NAND-Gatter

s	r	$a_3 = \overline{s}$	$a_4 = \overline{r}$	q_{t+1}	q^*_{t+1}	Bezeichnung
0	0	1	1	q_t	q^*_t	Speichern
0	1	1	0	0	1	Rücksetzen
1	0	0	1	1	0	Setzen
1	1	0	0	1	1	„verbotener Zustand"

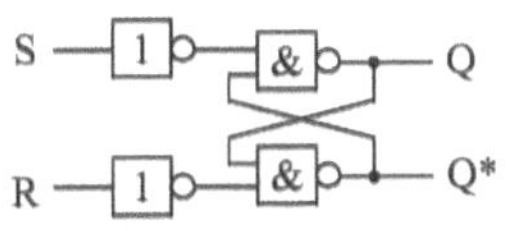

Bild 6.14
RS-FF aus NAND-Gattern (erweitert)

Bild 6.15 zeigt das Impuls-Zeit-Diagramm einer NAND-Realisierung. Bis auf die verbotenen Zustände ist das Verhalten beider Realisierungen gleich. Im Weiteren wird die NAND-Realisierung als Basis-Element verwendet.

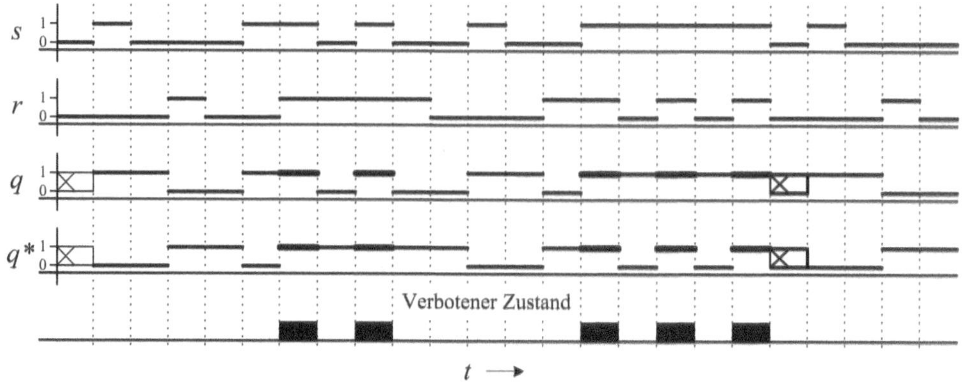

Bild 6.15 Impuls-Zeit-Diagramm eines RS-FF (NAND-Realisierung)

6.3 Taktzustandsgesteuerte Flipflops

6.3.1 RS-FF (taktzustandsgesteuert)

In der taktzustandsgesteuerten Variante werden die Steuereingänge des Basis-FF mit dem Taktsignal UND-verknüpft. Führt das Taktsignal eine 1, so sind die S- und R-Eingänge freigegeben und können das Basis-FF beeinflussen, führt es eine 0, dann sind die Signale blockiert und das Basis-FF ist im Speicherbetrieb.

Bild 6.16 zeigt die Schaltung, deren Komponenten in Taktaufbereitung (Takt-Tor) und Basis-FF unterschieden werden. Das Takt-Tor kann mit NAND-Gattern aufgebaut werden. Die am Ausgang dieser Verknüpfung vorhandenen Inverter liefern automatisch die 0-aktiven Signale für die NAND-Realisierung des Basis-FF. Die Trennung zwischen Takt-Tor und Basis-FF sind, wie in Bild 6.16 gezeigt, die Signale vor der Negation. Das Logiksymbol ist in Bild 6.17 dargestellt. Aufgrund der Bezeichnung G in dem Symbol (für UND-Verknüpfung) wird im Weiteren der Buchstabe G für zustandsgesteuerte Taktsignale verwendet. Gebräuchlich sind auch C, CK oder CLK (Clock) bzw. T (Takt).

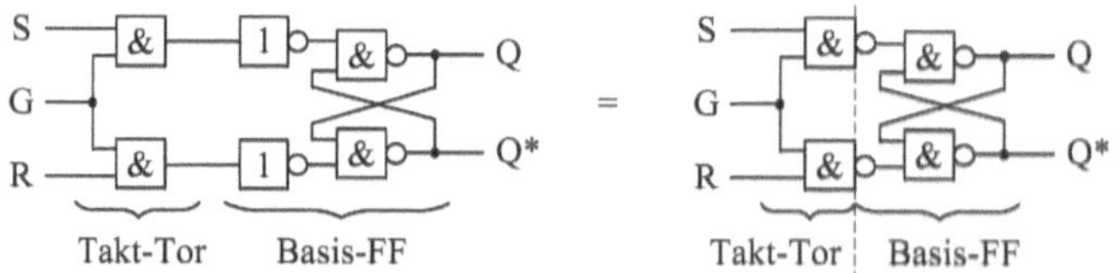

Bild 6.16 Taktzustandsgesteuertes RS-FF

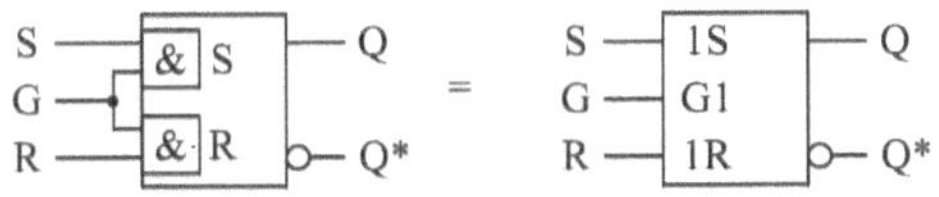

Bild 6.17
Logiksymbol eines taktzustandsgesteuerten RS-FF

Das Impuls-Zeit-Diagramm vereinfacht sich, da in den Zeitbereichen, in denen das Taktsignal g den Logikwert 0 hat, das Flipflop im Speicherbetrieb ist. Bild 6.18 zeigt das Verhalten des taktzustandsgesteuerten RS-FF in einem Impuls-Zeit-Diagramm. Eingezeichnet sind die verbotenen Bereiche, in denen die Eingangssignale Zustände aufweisen, die zu einem nicht inversen Verhalten der Ausgänge Q und Q* führen. Die ausgefüllten Bereiche liegen in der aktiven Phase des Flipflops. Bei dem Impuls-Zeit-Diagramm wurde eine NAND-Realisierung vorausgesetzt, dadurch haben die Ausgangssignale in diesen Zeitbereichen beide den Wert 1. Würde man als Basis-FF eine NOR-Realisierung voraussetzen, dann würden beide Ausgangssignale den Wert 0 haben. Ist die Realisierung unbekannt, was meistens der Fall ist, dann sind diese Zeitbereiche mit X für unbekannt zu kennzeichnen. Die Bezeichnung X deckt allerdings nicht nur die Werte $(q,q^*)=(0,0)$ und $(1,1)$ ab, sondern auch die Kombinationen $(1,0)$ und $(0,1)$. Dies wird jedoch nicht weiter berücksichtigt.

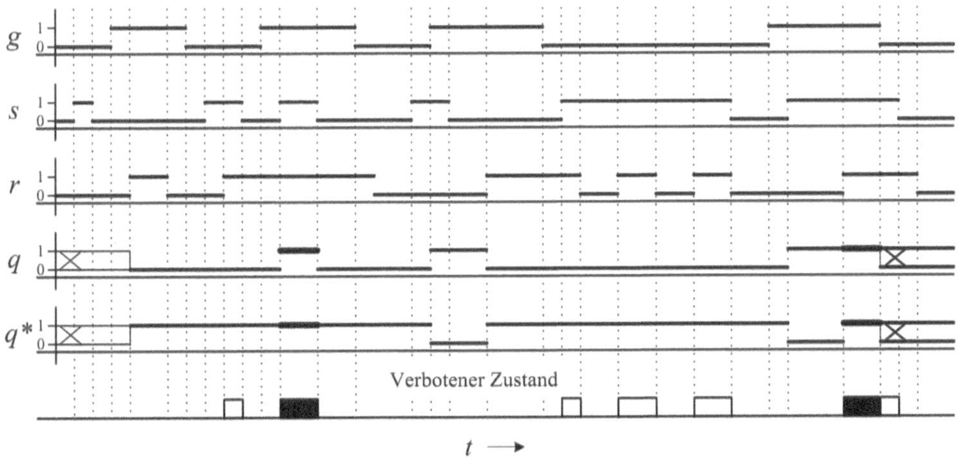

Bild 6.18 Impuls-Zeit-Diagramm eines taktzustandsgesteuerten RS-FF (NAND-Realisierung)

Der verbotene Zustand ist sehr ungünstig, da nicht vorhersagbares Verhalten auftreten kann. Ein Effekt ist in Bild 6.18 im rechten Bereich gezeigt. Das Flipflop ist freigegeben ($g=1$), beide Eingangssignale haben den Wert 1 ($s=r=1$). Aus diesem Zustand wird durch die negative Flanke am Takteingang G aus dem aktiven Bereich in den Speicherbetrieb umgeschaltet. Leider ist der Ausgangszustand $(1,1)$ instabil. Durch die Rückführung wechseln beide Gatter gleichzeitig auf den Ausgangszustand $(0,0)$. Dieses wird zurückgeführt und beide wechseln wieder gleichzeitig nach (1,1). Wenn die Reaktionszeiten der Gatter gleich sind, dann müsste dieses Rechtecksignal permanent ausgegeben werden. Reale Bausteine weisen geringe Unterschiede in den Reaktionszeiten auf. Dies führt dazu, dass nach ein paar Impulsen an einem Ausgang der Wert 1 und an dem anderen Ausgang der Wert 0 ausgegeben wird. Damit ist der stabile Zustand erreicht. Bei mehreren Versuchen mit dem gleichen Versuchsaufbau wird sich immer der gleiche stabile Zustand einstellen. Vertauscht man S mit R und Q mit Q* (die Schaltung ist symmetrisch), dann erhält man immer das inverse Bitmuster. Bei einer neuen Realisierung ist der Ausgangswert nicht vorhersagbar. Es ist z. B. auch möglich, dass die Ausgangssignale im undefinierten Bereich zwischen 0 und 1 für eine gewisse Zeit „hängen" bleiben. Aufgrund dieser Problematik ist der Zustand zu vermeiden bzw. verboten.

Eine Möglichkeit, den verbotenen Zustand hardwaremäßig zu umgehen, ist eine entsprechende Vorbereitung der Steuersignale. In der in Bild 6.19 gezeigten Schaltung wird das S-Signal negiert und mit dem R-Signal UND-verknüpft. Sollten S- und R-Eingang aktiviert sein, so wird durch diese Verknüpfung das R-Signal unterdrückt. Der „verbotene Zustand" ist durch Setzen ersetzt worden. Damit gibt es nur noch inverse Ausgangssignale und Q* geht über in $\overline{Q}$. Der S-Eingang erhält hiermit eine steuernde Funktion, die in dem Symbol mit der 2 gekennzeichnet wurde (1S2). Die 2 an den Ausgangssignalen zeigt das S-dominierende Verhalten.

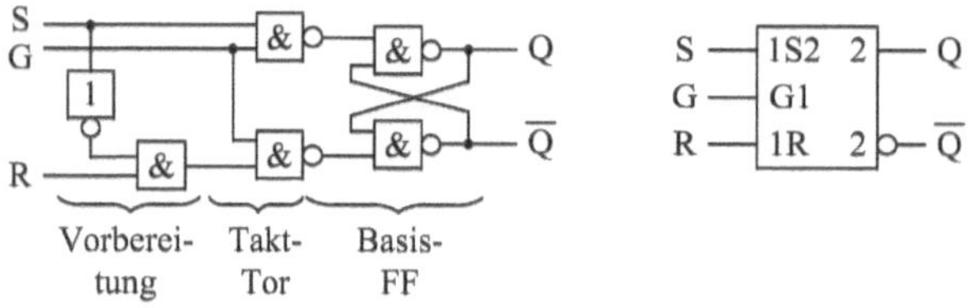

Bild 6.19 Taktzustandsgesteuertes RS-FF mit S-dominierendem Eingang

Bild 6.20 zeigt das Verhalten des taktzustandsgesteuerten RS-FF mit S-dominierendem Eingang. Die Signale des normalen Arbeitsbereiches (Speichern, Rücksetzen, Setzen) sind unverändert. Der „verbotene Zustand" hat jetzt keinen Einfluss mehr auf das Basis-FF, und es wird die Setz-Funktion ausgeführt. Die Problematik, die am Ende des Zeitverlaufs in Bild 6.18 auftrat, existiert bei dieser Realisierung nicht mehr.

Eine Möglichkeit ist eine Erweiterung des RS-FF mit einem dominierenden R-Eingang. Hierbei wird das R-Signal negiert und mit dem S-Signal UND-verknüpft. Aufgrund der Symmetrie entspricht dies einem Tausch der Eingangssignale S mit R und Q mit $\overline{Q}$ aus Bild 6.19.

Kombiniert man beide Varianten, sodass das R-Signal das S-Signal und das S-Signal das R-Signal unterdrückt, so wird der „verbotene Zustand" durch Speichern ersetzt (gegenseitige Verriegelung).

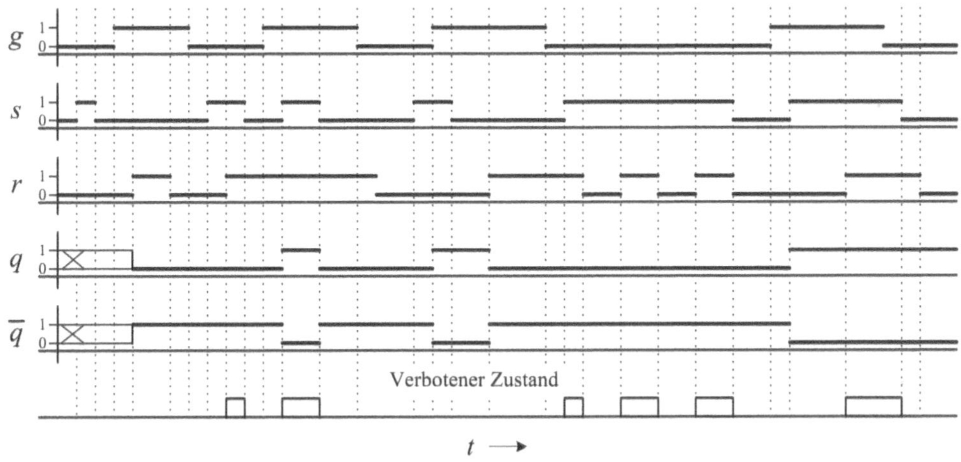

Bild 6.20 Impuls-Zeit-Diagramm eines taktzustandsgesteuerten RS-FF (S-dominierend)

6.3.2 D-FF (taktzustandsgesteuert)

Ein sehr beliebtes Flipflop ist das D-FF, das hier in der zustandsgesteuerten Variante vertieft wird. Für die Ansteuerung eines Speichers, der 1 Bit speichern kann, reicht eine Datenleitung aus. Beginnt man mit dem S-dominierenden RS-FF, so kann hier der R-Eingang dauernd aktiviert werden. Ist das Flipflop aktiviert ($g = 1$), dann ist bei $s = 1$ das Ausgangssignal $q = 1$, da sich das Setz-Signal durchsetzt. Hat das S-Signal den Wert $s = 0$, dann wird der Ausgangswert auf $q = 0$ gehalten. Im deaktivierten Zustand ($g = 0$) wird der zuletzt im aktiven Zustand ausgegebene Wert gespeichert (eingefroren). Der Setz-Eingang wird mit D gekennzeichnet und der R-Eingang entfällt. Bild 6.21 zeigt in der linken Darstellung das beschaltete S-dominierende RS-FF und in der rechten Darstellung das zustandsgesteuerte D-FF. Bild 6.22 stellt die zugehörigen Logiksymbole dar.

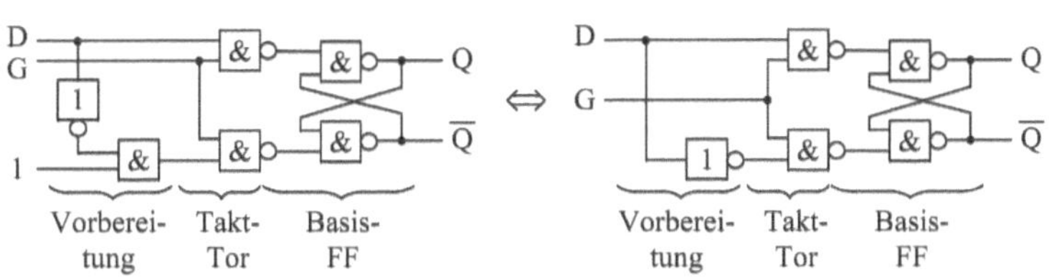

Bild 6.21 Schaltung eines D-FF

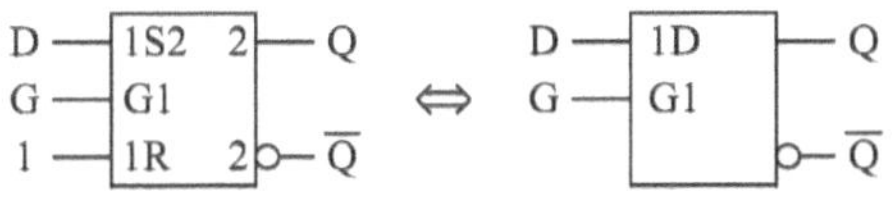

Bild 6.22 Logiksymbol eines D-FF

In der aktiven Phase spricht man auch von dem **Transparent-Mode**, da jeder Signalwechsel am Eingang D sofort auf den Ausgang Q durchgereicht wird. Bei einem Wechsel in den Speicher-Mode wird der zuletzt durchgereichte Wert gespeichert. Bei dieser Betrachtungsweise bietet sich die Funktion eines Multiplexers an, der mit dem Auswahlanschluss G bei $g = 1$ das Eingangssignal d am Anschluss D auf den Ausgang Q durchschaltet ($q = d$) und bei $g = 0$ das zurückgeführte Signal q am Anschluss Q mit der Funktion einer „Selbsthaltung“ verstärkt auf den gleichen Ausgang wieder ausgibt ($q_{t+1} = q_t$). Bild 6.23 zeigt die Beschaltung des Multiplexers und die sich daraus ergebende Schaltung. Unter Verzicht auf den negierten Ausgang und unter Berücksichtigung zeitkritischer Umschaltvorgänge (z. B. Speichern einer 1) entspricht das Verhalten einem D-FF.

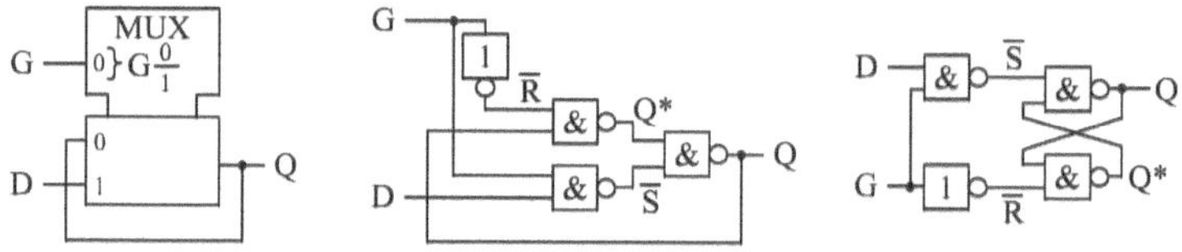

Bild 6.23 Schaltung eines D-FF basierend auf einem 1-aus-2-Multiplexer (diese Schaltung ist Teil der Aufgabe 6-6)

Für die Erstellung des Impuls-Zeit-Diagramms bietet es sich an, zuerst die im Transparent-Mode durchgereichten Signalanteile einzuzeichnen (fett markiert), um diese dann mit den gespeicherten Bitmustern zu ergänzen (dünn markiert). Bild 6.24 zeigt ein Impuls-Zeit-Diagramm eines D-FF. Am Ende des zweitletzten Impulses des Taktsignals wird ein Konflikt dargestellt, bei dem das Eingangssignal d „zeitgleich“ mit der negativen Taktflanke des Taktsignals g verändert wird und nicht sichergestellt ist, ob noch der alte Zustand $d = 1$ oder der neue Zustand $d = 0$ gespeichert wird. Aus diesem Grund ist das Ausgangssignal mit X gekennzeichnet.

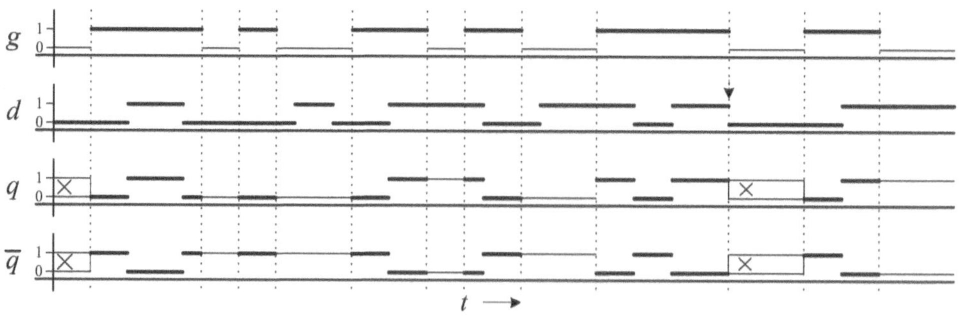

Bild 6.24 Impuls-Zeit-Diagramm eines D-FF

Aus diesen Grundelementen lässt sich eine Kette aufbauen, die abwechselnd mit nicht überlappenden Taktsignalen (zu keinem Zeitpunkt haben beide Taktsignale den Logikwert 1) versorgt wird. Bild 6.25 zeigt eine Kette von vier zustandsgesteuerten D-FF, die abwechselnd über die Taktsignale g_A und g_B in den aktiven Zustand (Transparent-Mode) versetzt werden. Hiermit wird das Eingangssignal nach jeweils einer Periode des Taktsignals um zwei D-FF weitergereicht. Diese Struktur bildet ein einfaches Schieberegister, bei dem das Eingangssignal für eine gewisse Zeit zwischengespeichert wird. Die Gesamtzeit der Verzögerung ist die Periodendauer des Taktsignals multipliziert mit der Anzahl der D-FF-Paare (je zwei Speicher bilden eine Speicherstufe).

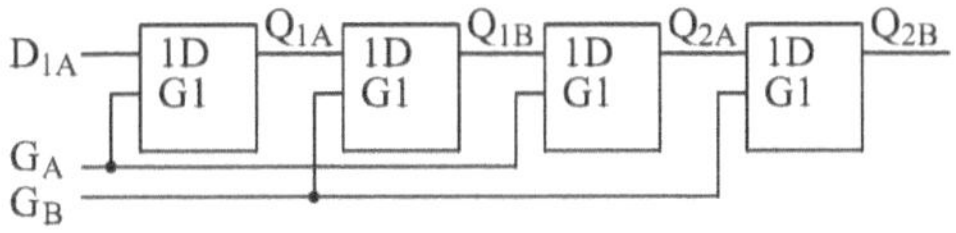

Bild 6.25
Kette von D-FF

Das Zeitverhalten zeigt Bild 6.26. Die Zeitbereiche des Transparent-Modes für die Generierung der Ausgangssignale sind fett eingezeichnet. Es ist zu erkennen, dass Signalwerte um jeweils eine halbe Periodendauer verzögert am Ausgang des nächsten FF ausgegeben werden (der eingezeichnete Pfeil hebt die Verzögerung hervor). Das erste FF definiert die zu übertragenden Datenwerte mit der abfallenden Flanke seines Taktsignals. Durch diese Quantisierung können nur taktsynchrone Signalanteile weitergegeben werden. Im letzten Teil des Diagramms ist zu erkennen, dass die hohe Impulsdichte des Eingangssignals nicht übernommen wird.

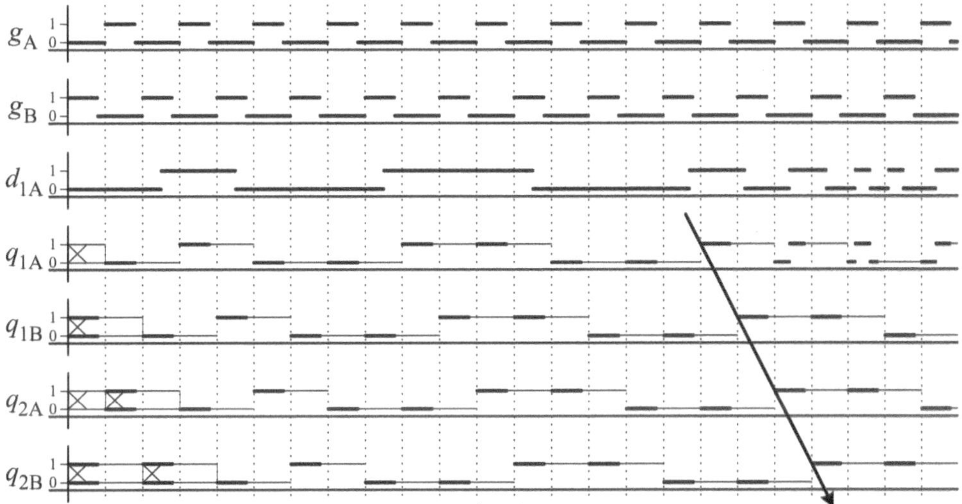

Bild 6.26 Impuls-Zeit-Diagramm eines Schieberegisters aus taktzustandsgesteuerten D-FF

Ein wichtiges Kriterium sind die nicht überlappenden Taktperioden. Sollten diese überlappen, so gibt es Zeitbereiche, in denen die gesamte Kette im Transparent-Mode ist und das Eingangsbitmuster sofort durch alle FF durchgereicht wird und der Verzögerungseffekt nicht auftritt.

6.3.3 JK-FF (taktzustandsgesteuert)

Eine interessante Idee ist, dass bei der Bitkombination des verbotenen Zustandes bei jedem Taktsignal das Ausgangssignal seinen Zustand ändert (Toggle-Funktion). Die Funktion des Toggelns ist von einem über Taster ein- und auszuschaltenden Licht bekannt. Dieses kann erfüllt werden, wenn nur das interne Setz- und Rücksetzsignal freigegeben ist, das das FF in den jeweils anderen Zustand überführt. Ein gesetztes FF kann dann nur zurückgesetzt und ein rückgesetztes FF nur gesetzt werden. Das Freigeben bzw. Blockieren der Eingangssignale s und r erfolgt hierbei mit den Ausgangssignalen des FF. Das Signal q gibt das Rücksetzsignal r frei und das Signal $\overline{q}$ das Setzsignal s. Die Schaltung und das Schaltsymbol sind in Bild 6.27 dargestellt. Die Bezeichnungen S und R werden dabei umbenannt in J und K. Die Interpretation der Bezeichnung J mit Jump (für Setzen) und K für Kill (für Rücksetzen) ist verbreitet.

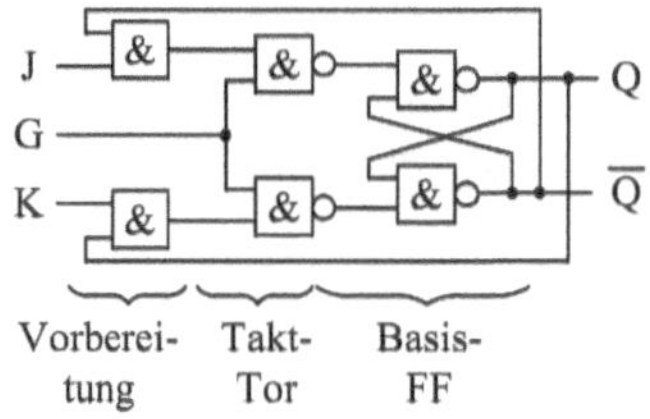

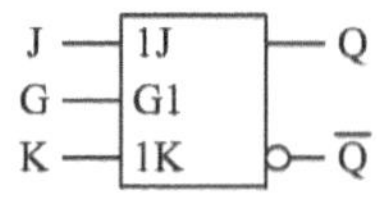

Bild 6.27
Schaltung und Symbol eines taktzustandsgesteuerten JK-FF

Die Funktion ist im Impuls-Zeit-Diagramm in Bild 6.28 dargestellt. Das Diagramm startet mit dem uns unbekannten Anfangszustand X. Nachdem g auf 1 gewechselt hat, ist für einen kurzen Zeitraum die Speicherfunktion vorhanden, bevor der Zustand des FF über Eingangssignal k in den rückgesetzten Zustand versetzt wird. Dieser Übergang birgt ein Problem, das einige Simulationsprogramme haben. Ist das FF gesetzt, so ist das Rücksetzsignal durch die Rückführung freigegeben und das FF wird zurückgesetzt. Ist das FF bereits im zurückgesetzten Zustand, so wird das Rücksetzsignal blockiert und das FF verbleibt im zurückgesetzten Zustand. Es ist also egal, ob das FF gesetzt oder nicht gesetzt ist, mit dem Eingangsbitmuster $g=1, j=0$ und $k=1$ bleibt das FF im rückgesetzten Zustand oder es wird in diesen Zustand versetzt. Der Ausgangszustand ist bei diesen Eingangssignalen eindeutig $q=0$. Der unbekannte Anfangszustand bleibt bei einigen Simulationsprogrammen trotz dieses eindeutigen Verhaltens weiterhin unbekannt (auch bei Logisim).

Der zweite Impuls hat den Ablauf: setzen ($j=1$, $k=0$), speichern ($j=0$, $k=0$), rücksetzen ($j=0$, $k=1$) und speichern ($j=0$, $k=0$). Der letzte Zustand wird wiederum während der Pulspause an G gespeichert.

Der dritte Impuls an Eingang G beginnt mit dem blockierten Rücksetzen des bereits zurückgesetzten FF ($q=0$). Mit dem Wechsel von j auf 1 wird die Toggle-Funktion aktiviert und das FF wechselt in den Zustand $q=1$. Nun ist die Rücksetzfunktion freigegeben und das FF wechselt nach $q=0$, was wiederum das Setzsignal freigibt und dieses nach $q=1$ umschaltet. Das Problem ist, dass die Umschaltfunktion sofort ausgeführt wird und durch die sofortige Rückführung des sich ändernden Ausgangssignals die erneute Umschaltung in den anderen Ausgangszustand erfolgt. Diese Umschaltung erfolgt mit der höchsten Geschwindigkeit, die der Baustein realisieren kann. Das Ausgangssignal arbeitet als Taktgenerator, was durch das ausgefüllte Rechteck für die Ausgangssignale q und $\overline{q}$ dargestellt wird. Dieser Funktion folgt in dieser Pulsdauer noch Rücksetzen und Speichern.

Der vierte Impuls beginnt mit Speichern und Setzen, um dann wieder in das permanente Umschalten zu gelangen. Diese Funktion wird am Ende des Freigabeimpulses angehalten. Der gespeicherte Zustand ist nicht vorhersagbar und durch ein X (durchkreuzter Wertebereich) gekennzeichnet.

Der fünfte Impuls startet mit permanentem Toggeln, gefolgt von Rücksetzen und Speichern. Der letzte Impuls in Bild 6.28 hat die Sequenz: rücksetzen, speichern, setzen und speichern.

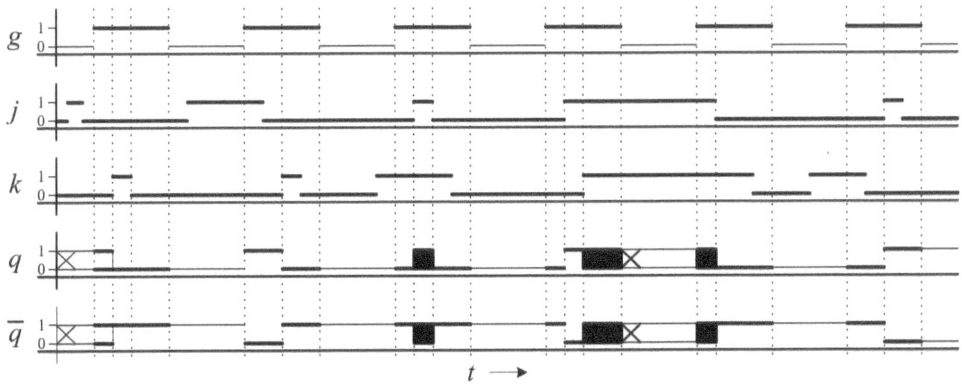

Bild 6.28 Impuls-Zeit-Diagramm eines einfachen taktzustandsgesteuerten JK-FF

Aufgrund des permanenten Umschaltens bei der Ausführung der Toggle-Funktion als Ersatz des „verbotenen Zustandes“ ist das einfache zustandsgesteuerte JK-FF nicht einsetzbar.

6.3.4 JK-MS-FF (taktzustandsgesteuert)

Das permanente Umschalten bei der Toggle-Funktion des einfachen taktzustandsgesteuerten JK-FF begründet sich in der sofortigen Rückführung der sich ändernden Ausgangssignale. Dieses kann durch einen Zusatzspeicher, wie er bereits in der Kette geschalteter D-FF realisiert wurde, gelöst werden. Es werden zwei Basis-FF hintereinandergeschaltet, deren Takt-Tore mit nicht überlappenden Taktsignalen angesteuert werden. Die Ansteuerung der Eingangssignale ist jeweils nur für einen der Speicher freigegeben, während der andere im Speicher-Mode ist. Das Schaltbild und das Schaltsymbol zeigt Bild 6.29. Das erste FF wird als **Master-FF** und das zweite als **Slave-FF** bezeichnet. Im Symbol ist diese Struktur an den Haken neben den Ausgängen innerhalb des Funktionsblockes zu erkennen. Ein entsprechend gekennzeichneter Ausgang wird als **Retardierter Ausgang** bezeichnet, was bedeutet, dass sich das Signal an diesen Anschlüssen erst dann ändert, wenn das Steuersignal (hier das Taktsignal g) auf seinem Ruhepegel (den vor der Aktion vorhandenen Logik-Wert) zurückgekehrt ist (hier $g = 0$).

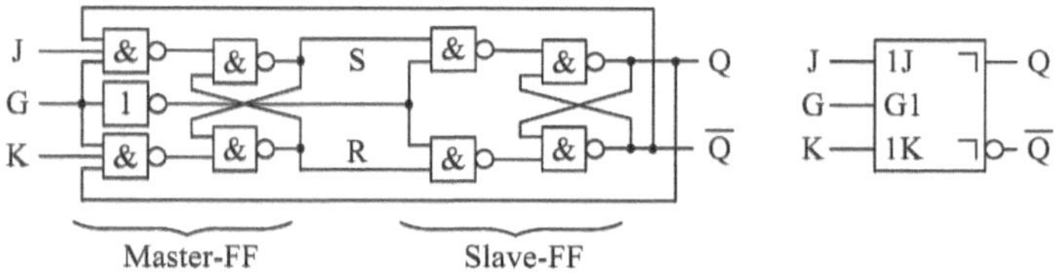

Bild 6.29 Schaltung und Symbol eines taktzustandsgesteuerten JK-MS-FF

Häufig werden die Schaltzeiten mithilfe des analogen Eingangssignals erläutert. Bild 6.30 zeigt einen Impuls des Taktsignals g. Die Flanken (Signalwechsel) sind eingezeichnet. Aufgrund des analogen Charakters wird bei einem 0-1-Wechsel erst der LOW-Pegel (bei positiver Logik der Bereich für die 0) verlassen, dann der „verbotene Bereich" (Sicherheitsabstand zwischen LOW und HIGH) durchlaufen, um schließlich in den HIGH-Pegel (bei positiver Logik der Bereich für die 1) zu gelangen. Ein 1-0-Wechsel erfolgt in ähnlicher Form. Aufgrund der zwei Spannungswerte ergeben sich vier Zeitpunkte, die folgende Reaktion hervorrufen:

- t_1 Slave vom Master trennen (RS-Signale blockieren),
- t_2 Eingänge vom Master freigeben (JK-Signale freigeben),
- t_3 Eingänge vom Master sperren (JK-Signale blockieren),
- t_4 Slave und Master koppeln (RS-Signale freigeben).

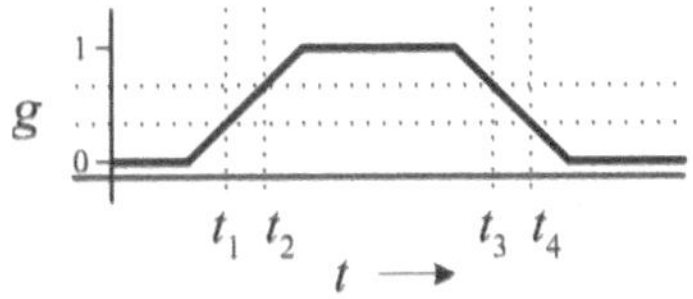

Bild 6.30
Steuerfunktion des Taktsignals

Das Zeitverhalten des JK-MS-FF ist in Bild 6.31 dargestellt. Während des ersten Impulses ist das Signal $j = 0$ und k hat während der Freigabe des Masters für einen kurzen Zeitraum den Wert 1. Entweder verbleibt das FF in dem Zustand 0 (k ist über $q = 0$ blockiert) oder es wird in den Zustand 0 versetzt (k ist über $q = 1$ freigegeben). Durch den Wechsel des Taktsignals von 1 nach 0 wird das Master-FF in den Speicherbetrieb überführt und das Slave-FF freigegeben. Hier wird nun das im Master gespeicherte Bitmuster übernommen und erscheint am Ausgang ($q = 0$). Im zweiten Impuls ist das Eingangssignal k blockiert und das Master FF wird gesetzt. Das Ergebnis erscheint nach dem 1-0-Wechsel von g an q. Im dritten Impuls ist das Eingangssignal j blockiert und das Master-FF wird über $k = 1$ innerhalb der Pulsbreite von g (Freigabe des Master-FF) zurückgesetzt. Das Ergebnis erscheint nach dem 1-0-Wechsel am Ausgang des Bausteins. Diese Toggle-Funktion wiederholt sich bei jedem weiteren Impuls.

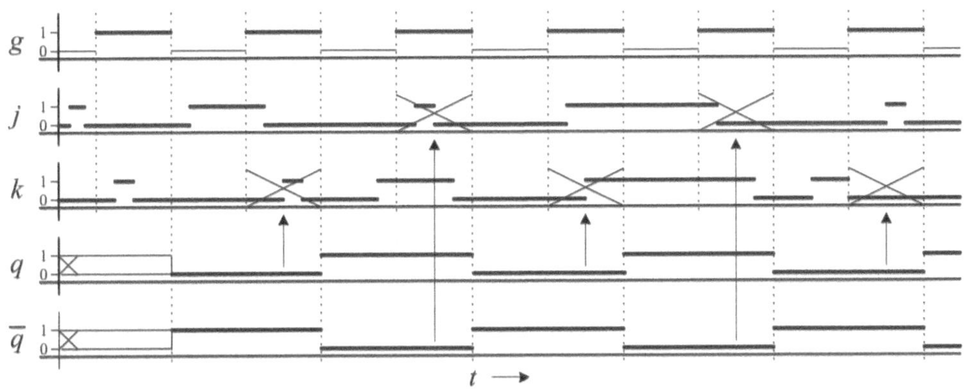

Bild 6.31 Impuls-Zeit-Diagramm eines taktzustandsgesteuerten JK-MS-FF

Für die Toggle-Funktion ist nur entscheidend, ob das freigegebene Eingangssignal innerhalb der Pulsdauer aktiv war. Das Master-FF kann nur in den jeweils anderen Zustand versetzt werden. Ein Zurückschalten innerhalb einer Pulsdauer ist aufgrund des blockierten Eingangs nicht möglich. Ist in der Pulsdauer keines der beiden Eingangssignale (j und k) aktiv, so haben wir die Funktion „Speichern". Ist nur das Signal j aktiv, so haben wir „Setzen", ist nur das Signal k aktiv, so haben wir „Rücksetzen" und sind beide Signale aktiv, dann haben wir die Toggle-Funktion. Es ist dabei nicht entscheidend, wann und in welcher Reihenfolge die Eingangssignale aktiv waren.

Eine häufig zu findende Variante ist das JK-MS-FF mit zusätzlichen separaten 0-aktiven RS-Anschlüssen. Eine schaltungstechnische Variante zeigt Bild 6.32. Mit den separaten Eingängen $\overline{S}$ und $\overline{R}$ ist es möglich, die Flipflops definiert und unabhängig von dem Taktsignal zu setzen (auf $q = 1$ oder $q = 0$). Dies erfolgt üblicherweise durch eine zusätzliche Schaltung automatisch nach dem Einschalten der Versorgungsspannung (die Zustände sind nach dem Einschalten normalerweise unbestimmt) oder durch eine RESET-Taste, die einen bestimmten Anfangszustand erzwingt. Durch die zusätzlichen Anschlüsse können die Basis-FF wieder in den „verbotenen Zustand" versetzt werden.

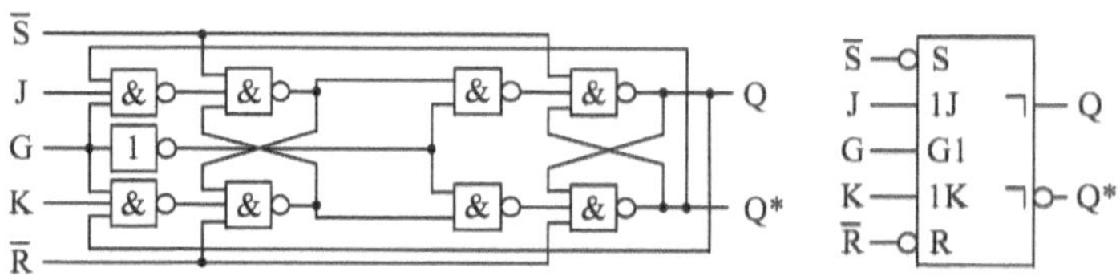

Bild 6.32 Schaltung und Symbol eines taktzustandsgesteuerten JK-MS-FF mit separaten 0-aktiven RS-Anschlüssen

Die Funktion des Master-Slave-Flipflops kann für die taktzustandsgesteuerte Variante mit allen anderen Eingangsbeschaltungen kombiniert werden. Es gibt also RS-MS-FF, D-MS-FF und das in diesem Abschnitt beschriebene JK-MS-FF.

6.4 Taktflankengesteuerte Flipflops

Die Synchronisation von Flipflops, speziell in größeren Schaltungen zur Realisierung von Zählern oder Automaten, wird deutlich vereinfacht, wenn die speichernde Aktion nicht von dem statischen Wert des Taktsignals abhängt, sondern von einer z. B. ansteigenden Flanke des Taktsignals abgeleitet wird. Dadurch ist es möglich, mehrere Flipflops gleichzeitig zu schalten. Der Zeitraum der aktiven Eingänge wird auf ein Minimum reduziert und die in Reihe geschalteten D-FF zur Realisierung eines Schieberegisters können auf die Hälfte reduziert werden.

Damit die Schaltung auf eine Flanke reagiert, werden Laufzeiten ausgenutzt. Jedes Gatter benötigt eine Reaktionszeit, die vereinfacht mit t_{pd} (Propagation Delay) angegeben werden kann. Bild 6.33 zeigt eine Schaltung, die das Signal c dreimal negiert und dieses Signal mit dem Eingangssignal UND-verknüpft. Bei einer statischen Betrachtung liefert diese Schaltung immer den Wert 0. Berücksichtigt man die Reaktionszeiten der Bausteine, insbesondere die der Inverter, so ist das Signal a nicht nur invers zu dem Eingangssignal, sondern auch um drei t_{pd} verzögert. Die

UND-Verknüpfung von *a* und *c* liefert einen Impuls *g* mit einer Pulsdauer von $3 \cdot t_{pd}$. Weil die UND-Verknüpfung auch eine Verzögerung hat, so ist dieser Impuls um t_{pd} verzögert. Mit Schaltungen dieser Art wird aus einem Signalwechsel ein kurzer Impuls generiert, der die Eingangssignale der damit versorgten Flipflops kurzzeitig freigibt und die ausgewählte Funktion flankensensitiv macht. Die benötigte Impulsbreite kann durch die Anzahl und die Reaktionszeiten der Inverter den Anforderungen entsprechend angepasst werden. In dem Schaltsymbol wird der dynamische Eingang (auf Flanken reagierend) mit einem Dreieck gekennzeichnet.

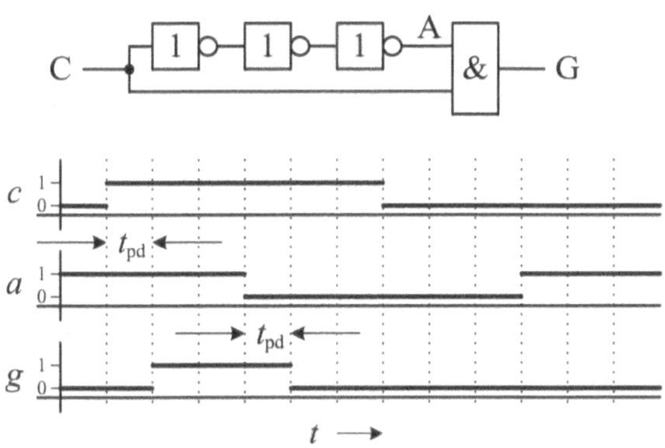

Bild 6.33
Impulserzeugung

Die Kennzeichnung einer positiven Flanke kann in der Funktionstabelle u.a. mit einem Symbol erfolgen, das dem Zeitverlauf angenähert ist. Zur Verdeutlichung empfiehlt es sich, die senkrechte Hilfslinie mit mindestens der gleichen Strichstärke wie die des Signalverlaufs zu kennzeichnen. Um die Bedeutung der ansteigenden Flanke weiter hervorzuheben, wird häufig der Signalwechsel durch einen Pfeil ergänzt bzw. der Signalwechsel wird nur durch einen Pfeil gekennzeichnet. Bild 6.34 zeigt Beispiele für die Kennzeichnung eines positiven Signalwechsels.

Bild 6.34
Beispiele der Kennzeichnung einer positiven Flanke

6.4.1 RS-FF (einflankengesteuert)

Das einfachste flankengesteuerte Flipflop ist das RS-FF bestehend aus Basis-FF, Takt-Tor und der beschriebenen Impulserzeugung. Bild 6.35 zeigt das Schaltbild und das Schaltsymbol. Der dynamische, z.B. auf eine 0-1-Flanke (ansteigende Flanken) reagierende Eingang, wird mit einem nicht ausgefüllten Dreieck gekennzeichnet. Die Steuerfunktion erhält den Buchstaben C (Control) und ist in diesem Baustein die erste steuernde Funktion und hat damit die Bezeichnung C1. Die gesteuerten Setz- und Rücksetz-Eingänge werden wie in den vorangehenden Abschnitten mit 1S und 1R gekennzeichnet. Es bietet sich an, im Weiteren C als Eingang taktflankenbezogener Bausteine zu verwenden.

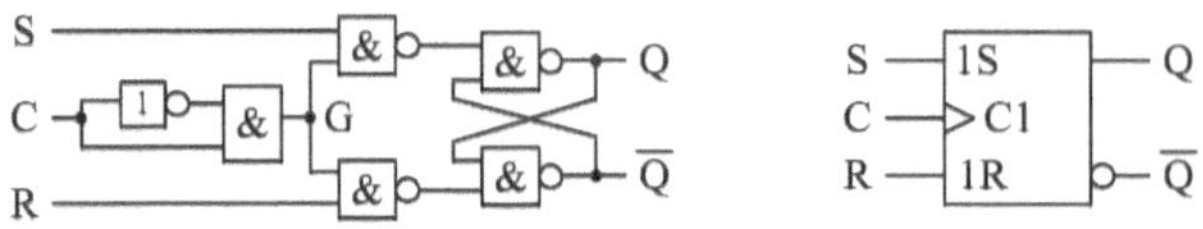

Bild 6.35 Positiv taktflankengesteuertes RS-FF

Das Verhalten ist in Tabelle 6.7 dargestellt. Statische Signale an dem Takteingang haben keine Wirkung. Es ist daher notwendig, den funktionsaktivierenden Signalwechsel anzugeben. Da dieser für alle Zeilen der Tabelle gilt, kann er auch separat angegeben werden. Die Tabelle ohne Taktangabe ist zudem universell für alle RS-FF anwendbar (unvollständige Angabe bei zustandsgesteuerten FF, es werden die Ergebnisse angegeben, bei denen sich die Eingangssignale während der Taktimpulsdauer nicht ändern).

Der „verbotene Zustand" tritt nicht mehr statisch auf, sodass in der Grundversion des RS-FF Impulse am Ausgang ausgegeben werden und sich ein vorher nicht vorhersagbarer Zustand einstellen wird. Dieses Verhalten gilt es wieder zu vermeiden und deshalb bleibt der „verbotene Zustand" als Eingangsbitmuster erhalten. Aufwendigere Schaltungen verwenden die gegenseitige Verriegelung („verbotener Zustand" wird durch „speichern" ersetzt).

Tabelle 6.7 Funktionstabelle eines einflankengesteuerten RS-FF

c	s	r	q_{t+1}	$\overline{q_{t+1}}$	Bezeichnung
↑	0	0	q_t	$\overline{q_t}$	Speichern
↑	0	1	0	1	Rücksetzen
↑	1	0	1	0	Setzen
↑	1	1	X	X	„verbotener Zustand"

Die Wirkungsweise wird in Bild 6.36 aufgezeigt. Für das Zeitverhalten brauchen nur die Eingangssignale zu den Zeitpunkten der sechs ansteigenden Flanken des Taktsignals c betrachtet werden. Das Ausgangssignal startet mit dem uns unbekannten Anfangszustand X. Bei der ersten Taktflanke sind $s = 0$ und $r = 0$ (Speichern), sodass sich keine Änderung des Ausgangswertes ergibt. Bei der zweiten ansteigenden Flanke haben wir eindeutig den Setz-Vorgang ($s = 1$ und $r = 0$) und ab hier ein definiertes Ausgangssignal. Bei der dritten Flanke wird das RS-FF zurückgesetzt und bei der vierten Flanke haben wir wieder die Funktion „Speichern". Zum Zeitpunkt der fünften ansteigenden Flanke ist mit $s = 1$ und $r = 1$ die Bedingung des „verbotenen Zustandes" gegeben, wodurch sich bei der betrachteten einfachen Realisierung ein unbekannter Ausgangswert X ergibt. Bei der sechsten Flanke gibt es ein Problem bei der Verhaltensvorhersage. Zum Zeitpunkt der ansteigenden Flanke des Steuersignals *c* ändert sich der Wert des Eingangssignals *r* von 1 nach 0. Hätten wir ein gesetztes FF, so könnte am Rücksetzeingang noch die 1 oder schon die 0 verwendet werden. Hierdurch ist nicht bekannt, ob ein gesetztes FF weiterhin gesetzt bleibt. Deshalb ist der letzte gezeigte Zeitabschnitt auch mit einem X als unbekannt gekennzeichnet.

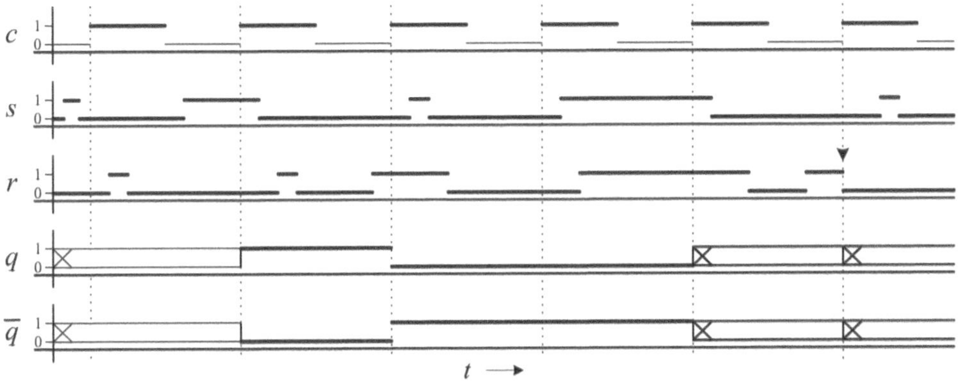

Bild 6.36 Impuls-Zeit-Diagramm eines taktflankengesteuerten RS-FF

6.4.2 D-FF (einflankengesteuert)

Im Bereich der Zähler, Steuerwerke und Mikroprozessoren werden häufig einflankengesteuerte D-FF verwendet. Hierbei wird für ein Bit nur ein Datenanschluss benötigt. Die Generierung der internen Setz- und Rücksetzsignale erfolgt wie bei dem zustandsgesteuerten D-FF. Die Schaltung und das Schaltsymbol zeigt Bild 6.37.

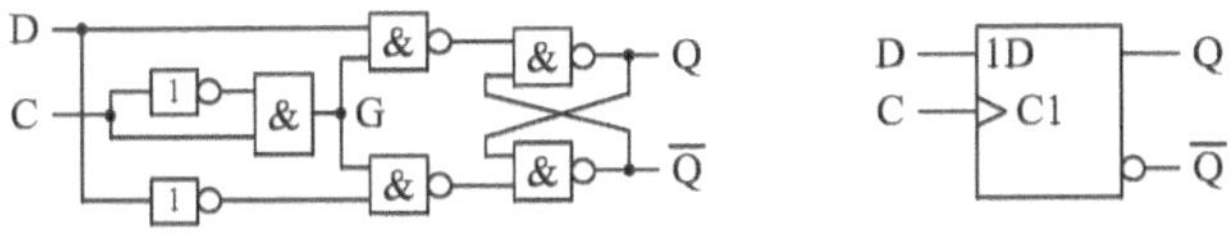

Bild 6.37 Positiv taktflankengesteuertes D-FF

Das Verhalten stellt Bild 6.38 dar. Wiederum braucht man nur die Zeitpunkte zu betrachten, die durch die ansteigende Flanke des Taktsignals *c* aktiviert werden. Der unbekannte Anfangszustand wird unmittelbar nach der ersten ansteigenden Flanke des Taktsignals auf 0 gesetzt. Bei der zweiten Flanke wird ebenfalls eine 0 übernommen, bei der dritten Flanke ist es eine 1, bei der vierten eine 0 und bei der fünften wieder eine 1. Die sechste Flanke beinhaltet einen Konflikt. Der Signalwechsel am Eingang D soll gleichzeitig mit der ansteigenden Flanke des Taktsignals *c* übereinstimmen. Es ist unklar, ob noch die 1 oder schon die 0 gespeichert wird. Das Ausgangsbitmuster ist deshalb wieder mit X gekennzeichnet.

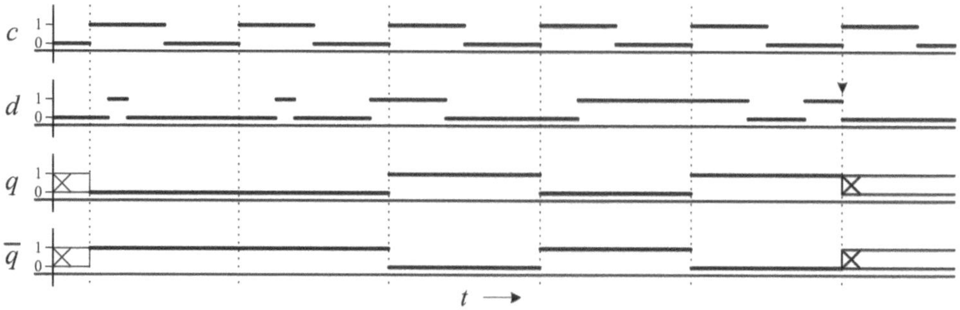

Bild 6.38 Impuls-Zeit-Diagramm eines taktflankengesteuerten D-FF

Für eine sichere Funktion ist es notwendig, dass die Eingangssignale während der aktiven Taktflanke von *c* eindeutig sind. In den Datenblättern sind die benötigten Vorbereitungszeiten (Set-up Time t_s) und Haltezeiten (Hold Time t_h) angegeben (s. Bild 6.39). Außerdem ist eine Mindestpulspause (t_{W0}) und Mindestpulsdauer (t_{W1}) einzuhalten damit eine fehlerfreie Funktion sichergestellt ist. In dem Bild 6.39 ist auch die Reaktionszeit t_{pd} skizziert, die länger ist als die benötigte Haltezeit t_h.

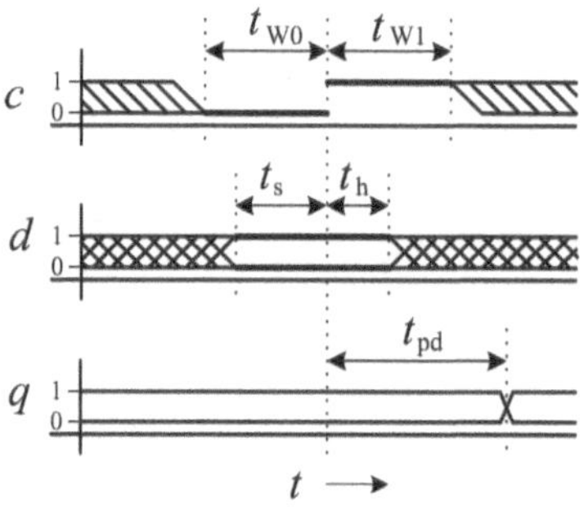

Bild 6.39
Zeitkriterien von Takt- und Eingangssignalen

Aus diesen Bausteinen lassen sich sehr leicht Schieberegister aufbauen. Bild 6.40 zeigt die Schaltung und Bild 6.41 das Impuls-Zeit-Diagramm mit flankengesteuerten D-FF, die Realisierung ist vergleichbar mit Bild 6.25 und Bild 6.26. Der Aufwand reduziert sich deutlich. In dem Impuls-Zeit-Diagramm sind die Verzögerungszeiten t_{pd} durch schräge Übergänge der Ausgangssignale in den jeweils neuen Ausgangszustand eingezeichnet. Hiermit soll hervorgehoben werden, dass zum Zeitpunkt der ansteigenden Flanke das alte Bitmuster am Eingang des nachfolgenden FF anliegt. Erst nach der Flanke (und der Haltezeit) verändern sich die Ausgangssignale.

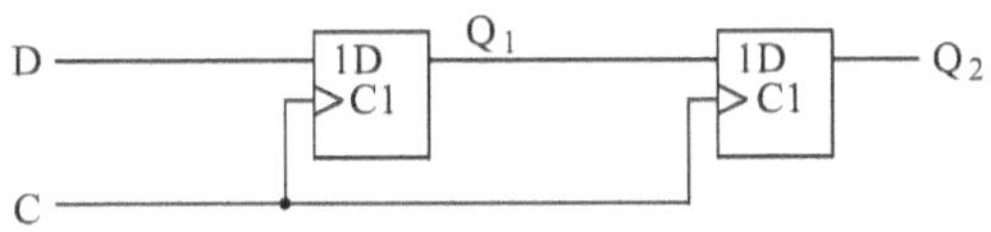

Bild 6.40
Kette von D-FF

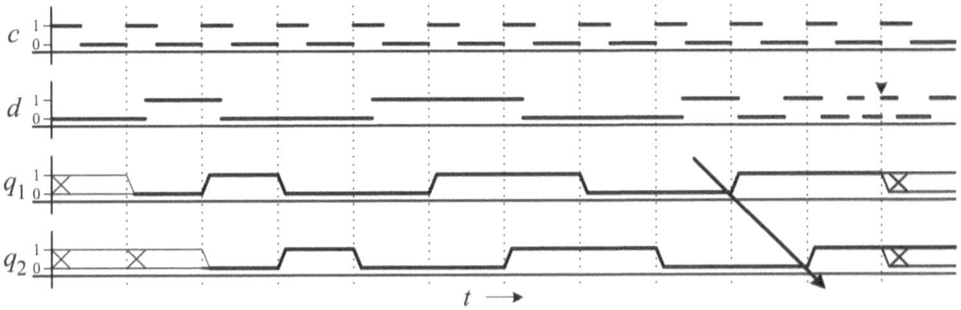

Bild 6.41 Impuls-Zeit-Diagramm eines Schieberegisters aus taktflankengesteuerten D-FF

Hier ein Hinweis für den Aufbau schneller Digitalschaltungen. Es wird in den Grundlagen davon ausgegangen, dass der Spannungswert an einer Verbindungsleitung an allen Stellen zum gleichen Zeitpunkt seinen Logikwert ändert. Für langsame Logik-Gatter und kurze Verbindungsleitungen kann dies zur Vereinfachung angenommen werden. Bei schnellen Logik-Gattern liegen die Verarbeitungszeiten im Bereich 1 ns. Dies entspricht einer Strecke von 30 cm bei Lichtgeschwindigkeit. Bei einem isolierten Leiter beträgt die Strecke elektrischer Signale nur ca. 20 cm. Sollten bei einer Verdrahtung einer Reihenschaltung (Kette) schneller flankengesteuerter D-FF (t_{pd} = 1 ns) die verbindenden Taktleitungen um z. B. mehr als 20 cm länger sein als die Datenleitungen, so überholt das Datensignal das Taktsignal und die oben angegebene Annahme ist nicht mehr gültig. Hier bietet sich eine andere Verdrahtung an, die in Bild 6.42 aufgezeigt wird. Das Taktsignal beginnt bei dem letzten FF und führt entgegen der Datenflussrichtung zum ersten FF. Damit unterstützt die (häufig vernachlässigte) Laufzeit der Signale auf den Leitungen die zeitlichen Sicherheitsabstände für Setup- und Haltezeit taktflankengesteuerter FF.

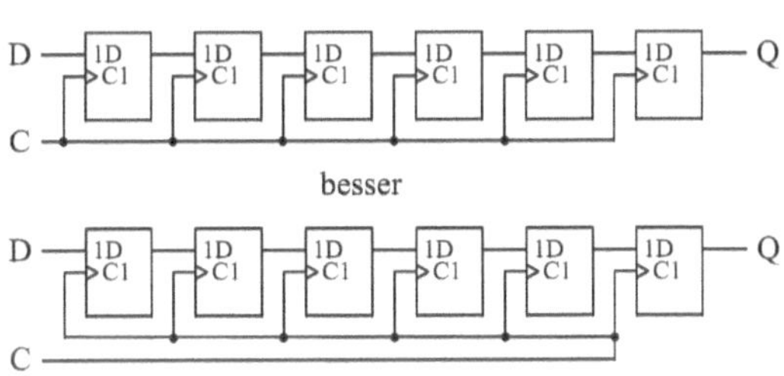

Bild 6.42
Taktversorgung bei einer Kette einflankengesteuerter D-FF

In den gezeigten Beispielen werden „Grundschaltungen“ verwendet, die das Verhalten nachvollziehbar beschreiben. Die im Baustein verwendeten Realisierungen sind aufwendiger. Bild 6.43 zeigt die Schaltung und das Symbol eines taktflankengesteuerten RS-FF mit separaten Setz- und Rücksetzeingängen (s. auch Bild 6.32). Die Struktur beruht auf den hier verwendeten Grundschaltungen. Bild 6.44 zeigt die Schaltung des gleichen FF (z. B. 74LS74); bestehend aus Gattern aufgebaut aus Bipolar-Transistoren (TTL-Technik). Bild 6.45 zeigt die etwas vereinfachte Schaltung (Zusammenfassung von Inverter-Ketten) einer Realisierung (z. B. 74HCT74) basierend auf Unipolar-Transistoren (CMOS). Mit der CMOS-Technik sind Transmissionsgatter realisierbar. Dies sind elektronische analoge Schalter und vergleichbar mit nicht potenzialgetrennten Relaisschaltkontakten (Verbindung niederohmig bzw. geschlossen oder Verbindung hochohmig bzw. offen). Es ist zu erkennen, dass diese Transmissionsgatter in dem Schaltbild nur paarweise auftreten und invers angesteuert werden (Steueranschluss T und $\overline{T}$). Die entsprechenden Schaltungsbereiche arbeiten als 1-aus-2-Datenselektoren. Der Takteingang C hat zudem eine zusätzliche Aufbereitung der Taktflanke (Schmitt-Trigger-Eingang), auf die in einem späteren Kapitel eingegangen wird.

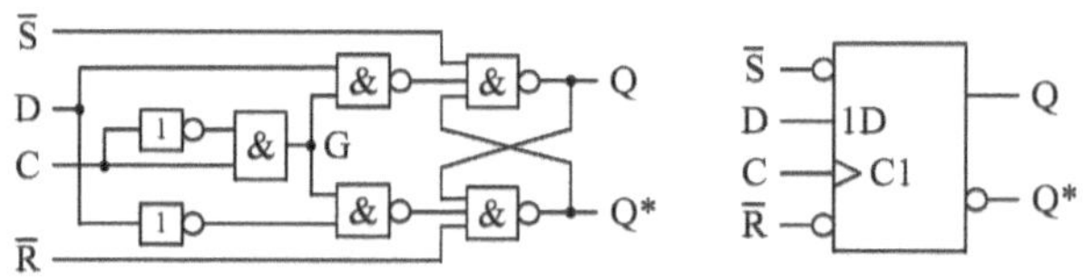

Bild 6.43 Schaltung (Grundvariante) und Symbol eines einflankengesteuerten D-FF

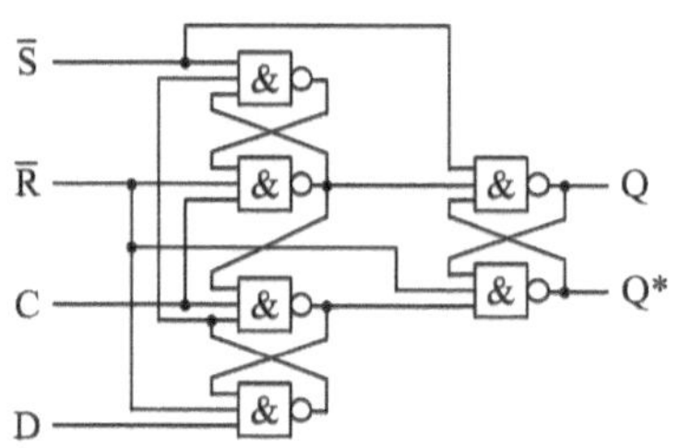

Bild 6.44
Schaltung eines einflankengesteuerten D-FF (74LS74)

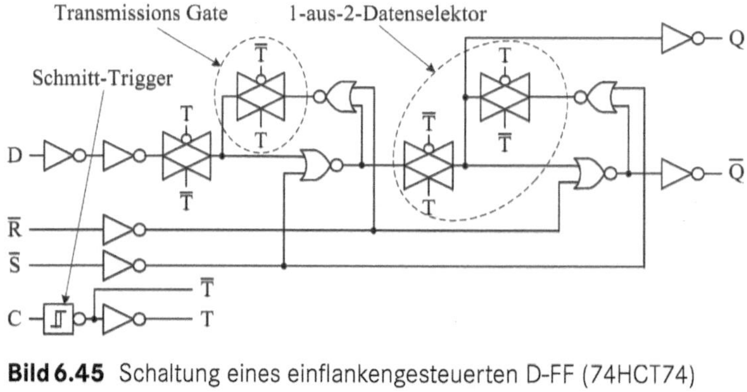

Bild 6.45 Schaltung eines einflankengesteuerten D-FF (74HCT74)

6.4.3 JK-FF (einflankengesteuert)

Das einfache JK-FF existiert in der taktflankengesteuerten Version. Bei der zustandsgesteuerten Variante gab es ein Problem. Im „verbotenen Zustand" wurde das sich ändernde Ausgangssignal sofort zurückgeführt und deshalb erfolgte die wiederholte Umschaltung in den jeweils anderen Logikzustand. Solange das Taktsignal g den Wert 1 hat, würde ein zustandsgesteuertes JK-FF als Taktgenerator arbeiten. In der flankenbasierten Version ist das generierte Freigabesignal g, das aus der ansteigenden Flanke des Taktsignals c erzeugt wird, so kurz, dass die zurückgeführten Signale zu spät kommen, um erneut berücksichtigt zu werden. Somit schaltet das flankengesteuerte JK-FF bei $j = k = 1$ nur einmal in den entgegengesetzten Logikwert (es toggelt).

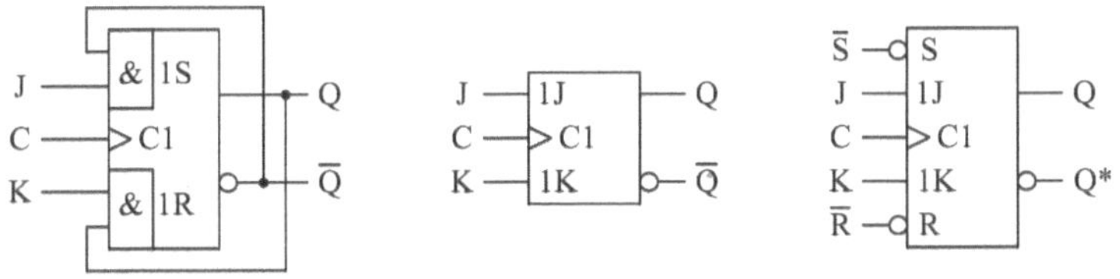

Bild 6.46 Darstellungen eines einflankengesteuerten JK-FF

Bild 6.46 zeigt links die Realisierung eines JK-FF auf Basis eines RS-FF mit UND-verknüpften Eingangssignalen. Die externe Rückführung ist in den Bausteinen in der Mitte und der rechten Darstellung bereits enthalten. Auf der rechten Seite ist das Symbol mit zusätzlichen taktunabhängigen 0-aktiven Setz- und Rücksetzeingängen dargestellt.

6.4.4 T-FF (einflankengesteuert)

Eine Reduzierung des JK-FF ist das Toggle-FF (T-FF). Durch Zusammenschalten der Eingänge J und K verzichtet man auf die Funktion „Setzen" und „Rücksetzen" (Bild 6.47). Es bleiben die Funktionen „Speichern" und „Toggeln". Bei diesen Realisierungen kann über Steuereingang E die Umschaltfunktion freigegeben (Toggeln wird ausgewählt) oder gesperrt (Speichern wird ausgewählt) werden.

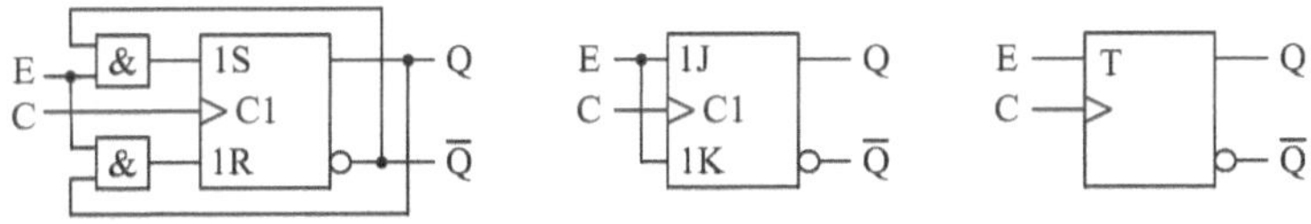

Bild 6.47 Darstellungen eines einflankengesteuerten T-FF

6.4.5 RS-MS-FF (zweiflankengesteuert)

Die flankengesteuerten RS-FF gibt es auch in der Zweiflanken-Version. Wie bei den zustandsgesteuerten FF werden zwei FF hintereinandergeschaltet. Das erste FF, Master-Flipflop genannt, reagiert auf die ansteigende Flanke (Grundvariante ohne Negationskreis am Takteingang) und das zweite FF, Slave-Flipflop genannt, auf die abfallende Flanke. Erst mit der Übernahme des Bitmusters vom Master in den Slave erscheint es am Ausgang. Zur Kennzeichnung der retardierten Ausgänge (verzögerte Ausgangssignale) werden Haken an den Ausgängen des Symbols gezeichnet. Bild 6.48 zeigt die Zusammenschaltung von zwei einflankengesteuerten FF und das Symbol eines zweiflankengesteuerten RS-MS-FF.

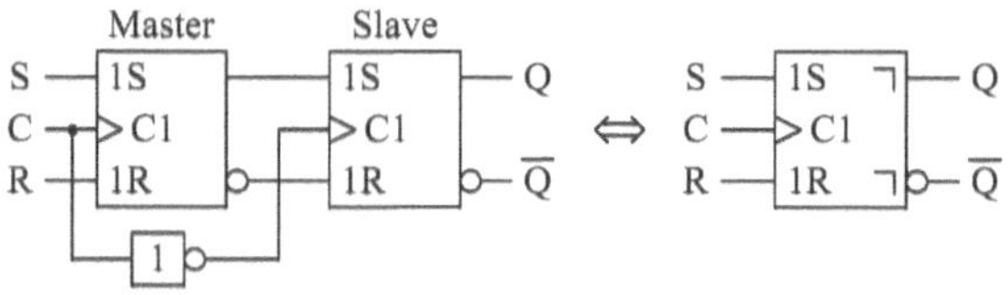

Bild 6.48
Schaltung eines zweiflanken-gesteuerten RS-MS-FF

Die Funktion wird in dem Impuls-Zeit-Diagramm im Bild 6.49 verdeutlicht. Die Ausgangswerte starten mit dem unbekannten Zustand X. Zum Zeitpunkt der ersten Taktflanke von *c* wird das Master-FF zurückgesetzt. Mit der abfallenden Flanke wird dieses Bitmuster an den Slave übergeben und erscheint am Ausgang (die Zeitverschiebung durch den retardierten Ausgang ist durch den schrägen Pfeil hervorgehoben). Mit der nächsten Taktflanke wird das FF gesetzt, beim nächsten Impuls haben wir die Funktion „Speichern“ gefolgt von „Rücksetzen“. Zu den Zeitpunkten der dargestellten fünften und sechsten ansteigenden Flanke liegt an den Eingängen der „verbotene Zustand“ an, der vermutlich durch interne Verriegelung zu der Funktion „Speichern“ führt und damit das Ausgangssignal unverändert weitergeführt wird. In der Darstellung ist die ungünstigere Variante eingezeichnet, bei der der Master in einen nicht vorhersagbaren Zustand versetzt und dieser Wert mit der abfallenden Flanke an den Slave übergeben wird.

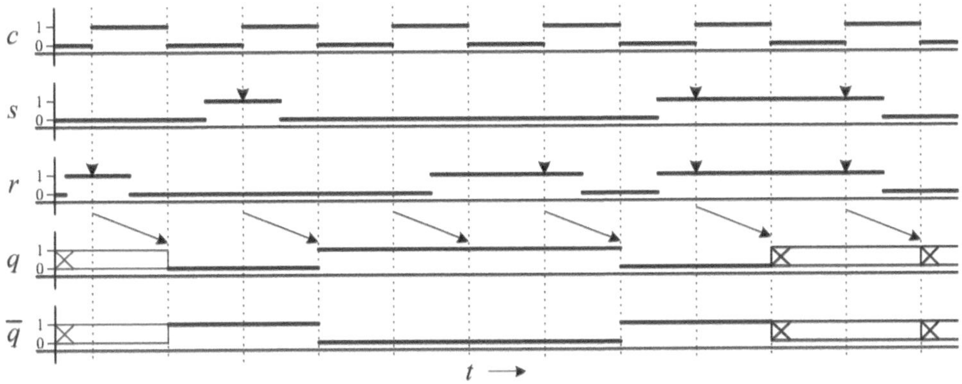

Bild 6.49 Impuls-Zeit-Diagramm eines zweiflankengesteuerten RS-MS-FF

6.4.6 JK-MS-FF (zweiflankengesteuert)

Von größerer Bedeutung ist das als Master-Slave-Flipflop zusammengeschaltete JK-MS-FF. Das erste FF muss ein JK-FF sein, während das zweite FF immer mit inversen Eingangssignalen versorgt wird und hier ein RS-FF ausreicht. Bild 6.50 zeigt die Schaltung mit den genannten FF und das Symbol eines JK-MS-FF mit den gekennzeichneten retardierten Ausgängen.

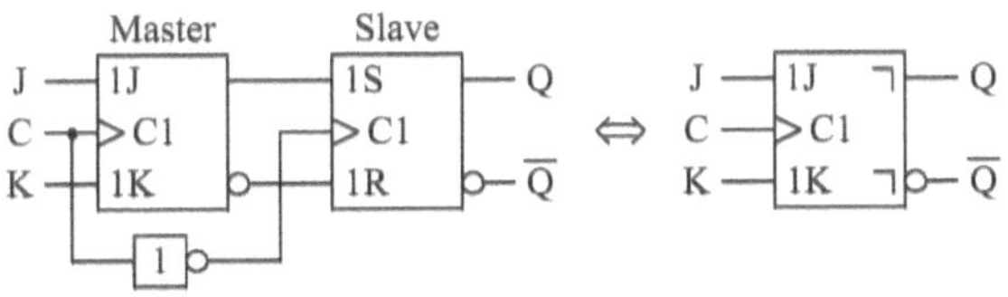

Bild 6.50 Schaltung und Symbol eines zweiflankengesteuerten JK-MS-FF

Das Verhalten wird im Impuls-Zeit-Diagramm deutlich (Bild 6.51). Das Beispiel ist identisch mit den Zeitsignalen des RS-MS-FF, wodurch sich für die ersten vier Takte das gleiche Ausgangsverhalten ergibt. Bei dem fünften und sechsten Takt wird zu den Zeitpunkten der ansteigenden Flanke *c* das Master-FF getoggelt. Dieses Umschalten wird mit den abfallenden Flanken an das Slave-FF übergeben und erscheint am Ausgang.

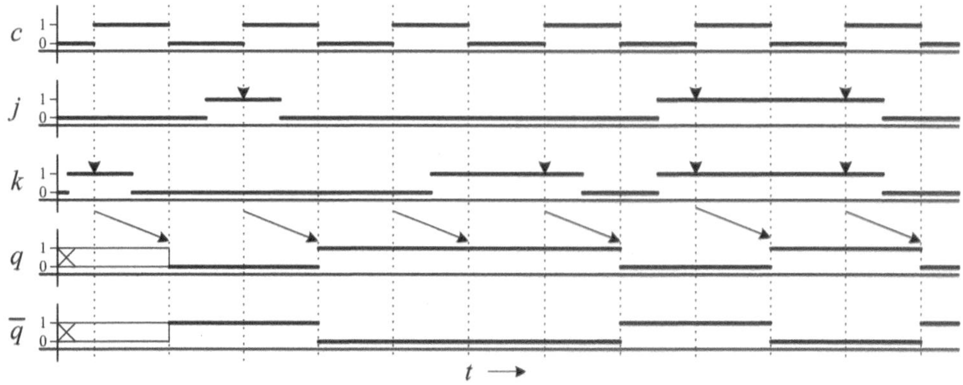

Bild 6.51 Impuls-Zeit-Diagramm eines zweiflankengesteuerten JK-MS-FF

6.5 Charakteristische Gleichung

Die behandelten Speicher wurden in ihrem Verhalten ausführlich beschrieben. Leider lässt sich das Verhalten aller FF-Variationen in beschreibenden Gleichungen nur in vereinfachter, allgemeiner Form wiedergeben. Die gleichungsmäßige Beschreibung wird jedoch häufig beim Entwurf von Zählern und Schaltwerken benötigt. Die Funktionsweise der Flipflop-Varianten wird durch die **Charakteristische Gleichung** ausgedrückt. Eine hierfür wichtige Randbedingung ist, dass sich die Eingangssignale während der aktiven Taktphase nicht verändern. Diese Randbedingung wurde bei den zustandsgesteuerten Flipflops bewusst missachtet, um das unterschiedliche Verhalten der jeweiligen Realsierungen aufzuzeigen (z. B. JK-FF mit nicht funktionierender Zustands-Steuerung (ein FF, kein Master-Slave-FF) sowie das funktionierende zustandsgesteuerte Master-Slave-FF). Verwendet man die charakteristische Gleichung, so ist diese Bedingung einzuhalten. Hierauf basiert der Vorteil flankengesteuerter Flipflops, bei denen dies automatisch erfüllt ist.

Tabelle 6.8 Wahrheitstabelle eines RS-FF

r	s	q_n	q_{n+1}
0	0	0	0
0	0	1	1
0	1	0	1
0	1	1	1
1	0	0	0
1	0	1	0
1	1	0	X
1	1	1	X

Für ein RS-FF setzt sich die benötigte Wahrheitstabelle aus den Eingangssignalen s und r und dem zurückgeführten Ausgangssignal q_n zusammen, die das Ausgangssignal q_{n+1} definieren (s. Tabelle 6.8). Unter der oben genannten Randbedingung gilt diese Beschreibung für jede Taktsteuerung.

Setzt man voraus, dass der „verbotene Zustand" nicht auftritt, so ist das Verhalten in der KDNF durch Formel 6.1 beschreibbar.

$$q_{n+1} = \overline{r}\,\overline{s}\,q_n \vee \overline{r}\,s\,\overline{q_n} \vee \overline{r}\,s\,q_n \tag{6.1}$$

Bild 6.52 zeigt die Minimierung im KV-Diagramm. Je nach Berücksichtigung der mit X gekennzeichneten Felder sind die Formel 6.2 und Formel 6.3 möglich.

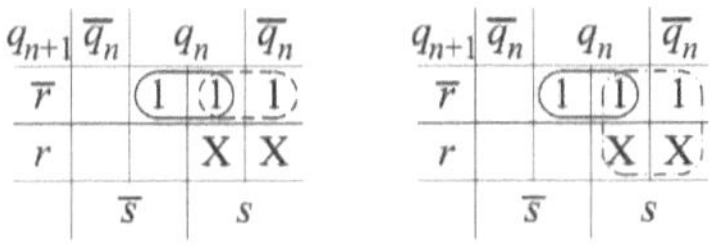

Bild 6.52
KV-Diagramm einer RS-FF-Ansteuerung

$$q_{n+1} = \overline{r}\,s \vee \overline{r}\,q_n = \overline{r}\left(s \vee q_n\right) \tag{6.2}$$

$$q_{n+1} = s \vee \overline{r}\,q_n \tag{6.3}$$

Verbreitet sind JK-FF, deren Wahrheitstabelle für die Ermittlung der Charakteristischen Gleichung zeigt Tabelle 6.9. Dies führt mit dem in Bild 6.53 angegebenen KV-Diagramm zur Formel 6.4 (KDNF und minimierte Gleichung).

$$q_{n+1} = \overline{k}\,\overline{j}\,q_n \vee \overline{k}\,j\,\overline{q_n} \vee \overline{k}\,j\,q_n \vee k\,j\,\overline{q_n} = j\,\overline{q_n} \vee \overline{k}\,q_n \tag{6.4}$$

Tabelle 6.9 Wahrheitstabelle eines JK-FF

k	j	q_n	q_{n+1}
0	0	0	0
0	0	1	1
0	1	0	1
0	1	1	1
1	0	0	0
1	0	1	0
1	1	0	1
1	1	1	0

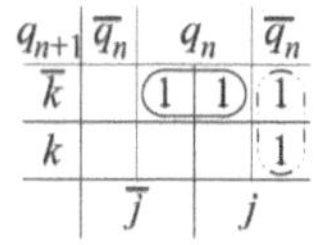

Bild 6.53
KV-Diagramm einer JK-FF-Ansteuerung

Formel 6.5 zeigt die Gleichung für ein T-FF. Der Ausgangszustand nimmt den Wert $q_{n+1} = 1$ an, wenn bei einem Zustand $q_n = 0$ die Toggelfunktion mit $e = 1$ freigegeben ist oder wenn bei dem Zustand $q_n = 1$ die Toggelfunktion mit $e = 0$ deaktiviert ist. Formel 6.6 beschreibt ein D-FF. Hier wird ungeachtet des vorhandenen Zustandes der Wert d übernommen.

$$q_{n+1} = e\overline{q_n} \vee \overline{e}\, q_n \tag{6.5}$$

$$q_{n+1} = d \tag{6.6}$$

Bei einem RS-FF mit dominierendem S-Eingang sind die mit X gekennzeichneten Zeilen in Tabelle 6.8 („verbotener Zustand") mit 1 belegt. Die zugehörige charakteristische Gleichung entspricht Formel 6.3.

6.6 Synthese-Tabellen

In den bisherigen Darstellungen wurde das Verhalten der Flipflops beschrieben, indem man die Eingangssignale vorgibt, um daraus das Ausgangsverhalten abzuleiten. Eine andere Verhaltensbeschreibung sind die **Synthese-Tabellen**. Sie werden wie die Charakteristischen Gleichungen für die Erstellung von Steuerwerken wie Zähler und Automaten verwendet. Bei den Synthese-Tabellen wird ein gewünschtes Ausgangsverhalten $q_n \rightarrow q_{n+1}$ vorgegeben und die Tabellen geben an, welche Belegung die Eingangssignale haben müssen, um das gewünschte Verhalten zu realisieren. Diese Eingangssignale stellen die Ausgangssignale eines vorbereitenden Netzwerkes dar, das sie aus den aktuellen Zuständen der Flipflops und eventuellen Eingangssignalen des Steuerwerks generiert. Die Synthese-Tabellen werden in den nächsten beiden Kapiteln angewendet.

Wie bei den Gleichungen gelten diese Tabellen nur unter der Randbedingung, dass die Eingangssignale während der gesamten aktiven Taktphase ihren Zustand nicht ändern. Tabelle 6.10 zeigt die Synthese-Tabelle der RS-FF (Grundvarianten, ohne dominierende Eingänge). In der ersten Zeile ist das FF nicht gesetzt ($q_n = 0$). Nach der Taktsequenz soll es weiterhin nicht gesetzt sein ($q_{n+1} = 0$). Dieses wird durch „Speichern" ($s = r = 0$) oder „Rücksetzen" ($s = 0$ und $r = 1$) erreicht. Diese Kombinationen werden durch ($s = 0$ und $r = \mathrm{x}$) abgedeckt. In der zweiten Zeile wird die Funktion „Setzen“ benötigt und in der dritten Zeile „Rücksetzen“. Die Realisierung der vierten Zeile kann durch „Speichern“ oder „Setzen“ erfolgen. Die Eingangskombination „verbotener Zustand“ ist nicht vorhanden.

Tabelle 6.10 Synthese-Tabelle der RS-FF

q_n	q_{n+1}	s	r
0	0	0	x
0	1	1	0
1	0	0	1
1	1	x	0

Tabelle 6.11 Synthese-Tabellen der JK-FF, D-FF und T-FF

q_n	q_{n+1}	j	k
0	0	0	x
0	1	1	x
1	0	x	1
1	1	x	0

q_n	q_{n+1}	d
0	0	0
0	1	1
1	0	0
1	1	1

q_n	q_{n+1}	e
0	0	0
0	1	1
1	0	1
1	1	0

Die Tabelle 6.11 zeigt links die Synthese-Tabelle für die JK-FF. Sie entspricht der des RS-FF, wobei die mittleren zwei Zeilen auch durch die Toggle-Funktion realisiert werden können („Setzen“ oder „Toggeln“ bzw. „Rücksetzen“ oder „Toggeln“). Die mittlere Tabelle gilt für die D-FF, bei denen das Eingangsbitmuster übernommen wird und sie deshalb das Verhalten $q_{n+1} = d$ repräsentiert. Die rechte Tabelle gilt für die T-FF mit Steuereingang E, welches die Toggle-Funktion sperrt ($e = 0$) oder freigibt ($e = 1$).

6.7 Monostabile Kippstufen

Eine weitere Variante zeitabhängiger Schaltungen ist die **Monostabile Kippstufe** bzw. der **Monoflop**, **Univibrator**, **One-Shot** oder allgemein das **Zeitglied**. Diese Schaltungen können ebenfalls zwei Zustände annehmen, von denen jedoch nur einer stabil ist. Man kennt diese Schaltungen z. B. von der Beleuchtungssteuerung in Treppenhäusern, bei denen das Licht nach einer gewissen Zeit nach der Anforderung automatisch ausgeschaltet wird. Einfache analoge RC-Schaltungen (Zeitschaltungen mit Widerstand R und Kondensator C), wie sie auch zur RESET-Impulsformung verwendet werden, geben das Signal $q = 1$ aus, sobald das Eingangssignal den Wert 1 hat. Wird die Anforderung zurückgenommen, so schaltet das

Ausgangssignal nach einer über RC-Komponenten vorgegebenen Verzögerungszeit auf den stabilen Ausgangswert $q = 0$ zurück. Bild 6.54 zeigt den Verlauf. Für das Treppenhauslicht würde es bedeuten, dass es leuchtet, solange man den Taster gedrückt hält und eine vorgegebene Zeit nach dem Loslassen des Tasters.

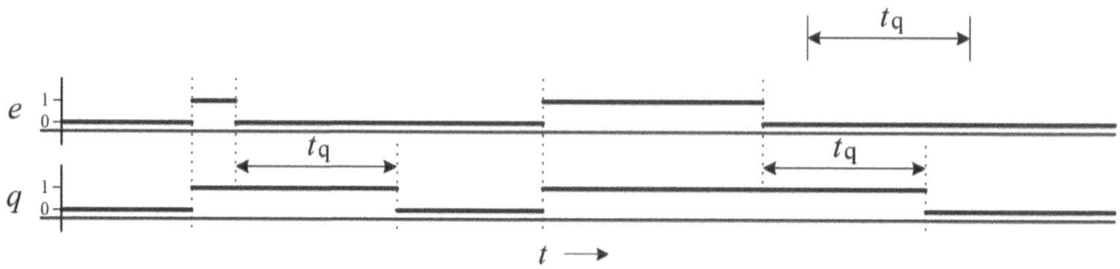

Bild 6.54 Impuls-Zeit-Diagramm eines monostabilen Flipflops (taktzustandsgesteuert)

Dieses Verhalten entspricht einer Impulsverlängerung und ist kein Grundglied. Die Basiselemente reagieren nur auf Taktflanken. Die Zeitdauer wird über externe RC-Beschaltungen (mit R_x und C_x) realisiert und liegt im Bereich $t_q = 0{,}28 \ldots 1{,}4 \cdot R_x \cdot C_x$. Bild 6.55 zeigt das Symbol und Impuls-Zeit-Diagramm eines nicht nachtriggerbaren Monoflops. Beide Symbole können nach DIN verwendet werden. Die ansteigende Flanke startet den Impuls am Ausgang. Eingangsimpulse während der aktiven Phase werden unterdrückt und bleiben unberücksichtigt.

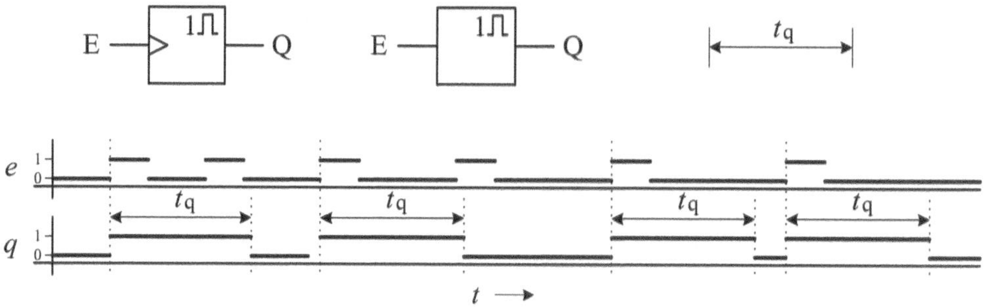

Bild 6.55 Impuls-Zeit-Diagramm eines monostabilen Flipflops (nicht nachtriggerbar)

Die andere Gruppe monostabiler Kippstufen sind die nachtriggerbaren Monoflops. Bild 6.56 zeigt die Symbole und das Impuls-Zeit-Diagramm. Erfolgt während der aktiven Phase eine erneute Anforderung, so startet der durch die externe RC-Beschaltung vorgegebene Zeitbereich t_q erneut. Das Ausgangssignal des Monoflops bleibt so lange auf dem Wert 1, bis die Periodendauer der Eingangsimpulse den Zeitbereich t_q überschreitet.

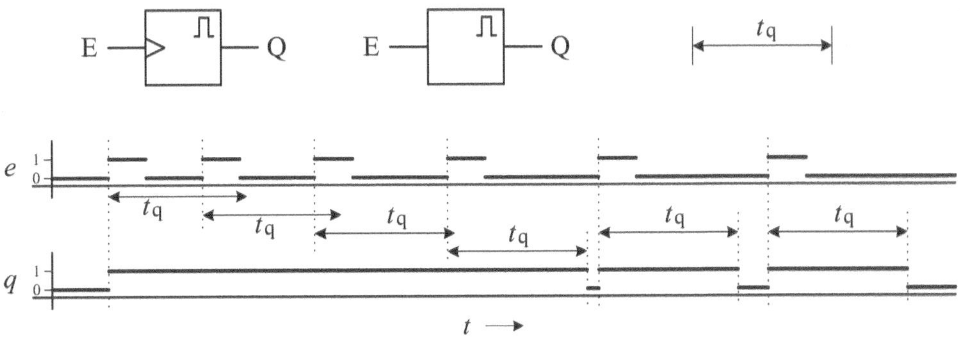

Bild 6.56 Impuls-Zeit-Diagramm eines monostabilen Flipflops (nachtriggerbar)

Nachtriggerbare Monoflops eignen sich z. B. zur Überwachung einer Mindestfrequenz. Wird diese unterschritten, so ist die Periodendauer größer als die Zeitvorgabe t_q und der Ausgang liefert einen 0-Impuls, der für eine Anzeige in einem Flipflop gespeichert werden kann.

Mit diesen Grundelementen lässt sich eine Einschaltverzögerung aufbauen. Bild 6.57 zeigt diese Schaltung. Das Freigabesignal *e* startet den Monoflop, der ein 0-aktives Ausgangssignal liefert. Die UND-Verknüpfung aus *e* und $\overline{q}$ könnte das Ausgangssignal *y* liefern. Bei dieser einfachen Realisierung gibt es ein Problem, da der Monoflop eine Reaktionszeit t_{pd} hat. Für diese Zeitspanne nach dem 0-1-Wechsel von *e* liegen zwei 1-Signale an dem Eingang der UND-Verknüpfung an und generieren einen kurzen Ausgangsimpuls. Dies lässt sich vermeiden, wenn wie in Bild 6.57 dargestellt, das Signal *e* entsprechend verzögert wird. Die Aktivierung des Ausgangssignals *y* ist um die Pulsdauer (z. B. einige µs oder ms) verzögert. Die kurzen Reaktionszeiten der Logikschaltungen (z. B. einige ns) sind dagegen vernachlässigbar. In der Darstellung wird dieser relativ große Zeitunterschied nicht berücksichtigt.

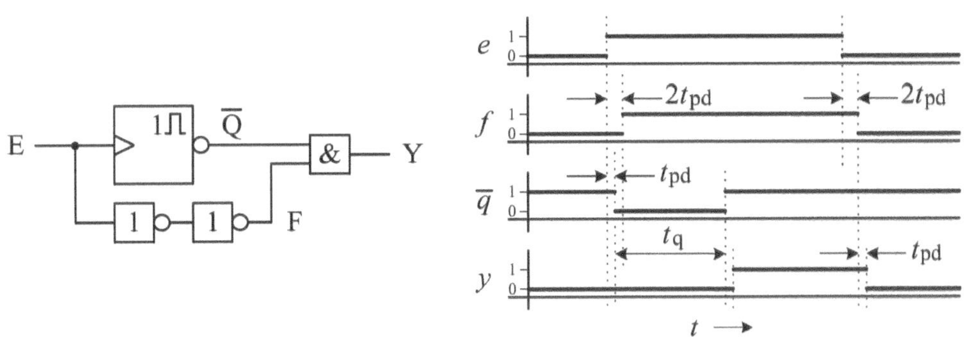

Bild 6.57 Einschaltverzögerung

Sehr ähnlich sieht die Realisierung einer Ausschaltverzögerung gemäß Bild 6.58 aus. Der Monoflop wird über die negative Flanke des Eingangssignals *e* gestartet und das Ausgangssignal *y* liefert eine ODER-Verknüpfung des Ausgangssignals *q* des Monoflops mit dem um Gatterlaufzeiten verzögerten Eingangssignal *f*. Ohne diese Verzögerung würde sich ein kurzer 0-Impuls unmittelbar nach der abfallenden Flanke von *e* ergeben.

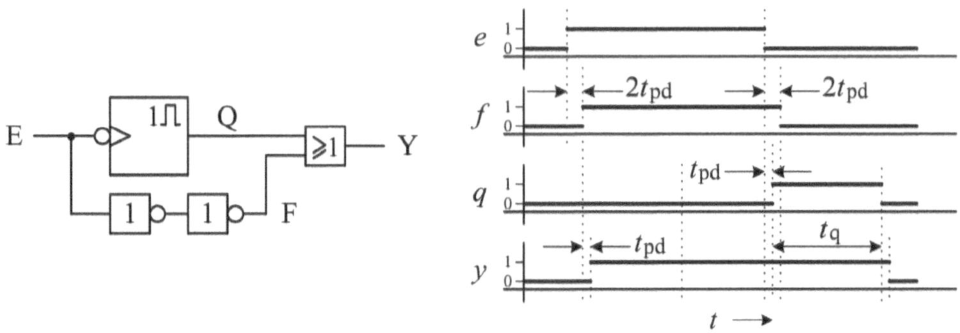

Bild 6.58 Ausschaltverzögerung

Eine Kombination aus Einschalt- und Ausschaltverzögerung zeigt Bild 6.59. Die Einschaltflanke wird in diesem Beispiel um 10 ms verzögert und die Ausschaltflanke um 5 ms. Durch Angabe eines Verzögerungswertes von 0 kann mit diesem Symbol auch eine Einschalt- oder eine Ausschaltverzögerung gekennzeichnet werden.

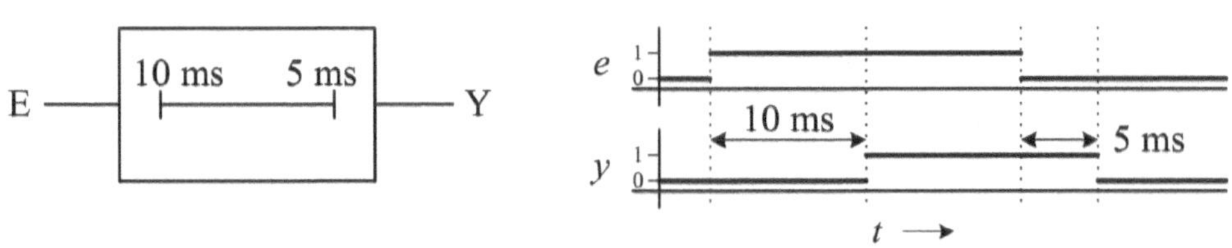

Bild 6.59 Verzögerungselement

Je nach Verzögerungszeit sind unterschiedliche Realisierungen möglich. Für sehr kurze Verzögerungszeiten (Ein- und Ausschaltverzögerungszeiten sind gleich) bieten sich Laufzeiten auf Leitungen an. Dieser häufig vernachlässigte Effekt kann hier genutzt werden. Beispielhaft wurde dies bei der Ansteuerung einer Kette flankengesteuerter FF bereits genannt. Die Verstärker an der Ein- und Ausgangsseite dienen zur Signalformung (keine Rückwirkung der Leitung auf angeschlossene Schaltungsteile). Die Verzögerungszeit ist $\tau + 2 \cdot t_{pd}$. Eine weitere Methode sind Ketten von Invertern. Jeder Baustein hat eine Reaktionszeit, die sich bei einer Kette addieren. Da die Zeiten für 0-1-Wechsel und 1-0-Wechsel nicht gleich sind, sollten Inverter verwendet werden, da sich diese Unterschiede nicht wie bei Verstärkern aufaddieren. Bei der Anzahl N ist die Verzögerungszeit $N \cdot t_{pd}$ (t_{pd} kann sehr stark streuen). Bild 6.60 zeigt entsprechende Schaltungen.

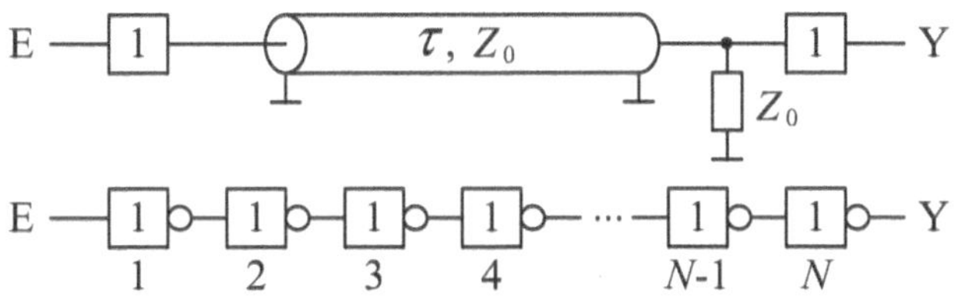

Bild 6.60 Verzögerungsschaltungen

Eine vorgetäuschte Verzögerung ist die Realisierung mit Monoflops. Hier wird lediglich der Verzögerungsteil zu Beginn ausgeblendet und am Ende durch ein Rechtecksignal ergänzt. Würde die Verzögerung auf eine Impulsfolge wirken, so ginge die darin enthaltene Information verloren. Die Impulsdauer bzw. -pause der zu übertragenden Signale e muss hierbei länger sein als die Verzögerungszeiten. Bild 6.61 zeigt eine Schaltung für eine 2-ms-Verzögerung basierend auf den bereits genannten Verzögerungsschaltungen.

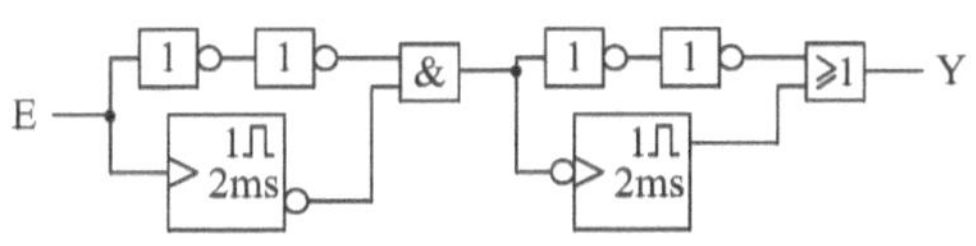

Bild 6.61 Verzögerungsschaltung

6.8 Taktgeneratoren

Es gibt verschiedene Möglichkeiten, Taktgeneratoren aufzubauen. Häufig werden dazu spezielle Eigenschaften der Gatter in Verbindung mit rückgekoppelten Signalen verwendet. Eine Möglichkeit sind zwei hintereinandergeschaltete Monoflops. Nach einer Start-Flanke ist der erste Monoflop für die vorgegebene Pulsdauer aktiv. Die Flanke am Ende dieses Impulses startet den zweiten Monoflop für dessen Pulsdauer. Die abschließende Flanke dieses Monoflops wird zurückgeführt und startet den ersten. Der Ablauf wiederholt sich und es entsteht eine Taktsequenz, bei der beim Ausgangssignal q_1 am Ausgang Q_1 die Pulspause vom ersten Monoflop und die Pulsdauer vom zweiten Monoflop vorgegeben wird. Wichtig ist, dass der Takt über eine Flanke gestartet und die Rückkopplung nicht blockiert wird.

Bild 6.62 zeigt einen über Steuereingang E ein- und ausschaltbaren Taktgenerator. Die ansteigende Flanke des Steuersignals *e* startet mit einer abfallenden Flanke am Anschluss F den ersten Monoflop. Mit seiner abfallenden Flanke am Anschluss Q_0 startet dieser den zweiten Monoflop und mit der abfallenden Flanke am Anschluss Q_1 wird der erste wieder gestartet. In der ersten dargestellten Sequenz wird das Steuersignal *e* während der Pulsdauer an Q_1 zurückgenommen und dadurch die Rückkopplung blockiert und der Taktgenerator gestoppt. In der zweiten Sequenz wird das Steuersignal *e* während der Pulsdauer an Q_0 zurückgenommen. Die abfallende Flanke an Q_0 startet noch den Puls an Q_1, der jedoch aufgrund des ODER-Gatters nicht mehr den ersten Monoflop starten kann.

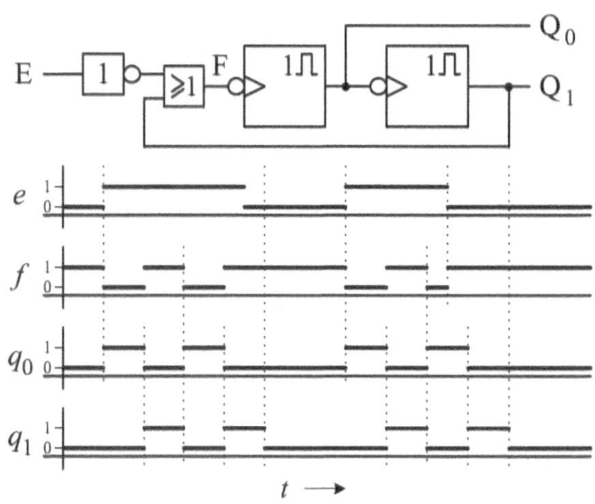

Bild 6.62
Steuerbarer Taktgenerator

Eine gestartete Puls-Sequenz wird immer vollständig ausgeführt. Damit ist sichergestellt, dass eine vorgegebene Mindestpulsdauer oder -pause nicht unterschritten wird. Nachteil sind die relativ ungenau einstellbaren Zeitenspannen für Puls und Pause über die externen RC-Beschaltungen der Monoflops.

6.9 Aufgaben

1. Wie unterscheidet sich ein taktzustandsgesteuertes JK-MS-FF von einem zweiflankengesteuerten JK-MS-FF? Wie kann die Taktsteuerung bei einem Testaufbau kontrolliert werden (Eingangssignale *j*, *k* und *c* bzw. *g* können z.B. über entprellte Schalter (liefern ein ideales digitales Signal) unabhängig vorgegeben werden)?
2. Bestimmen Sie die Synthese-Tabelle eines S-dominierenden RS-FF.

3. Bild 6.63 zeigt Symbole für unterschiedliche Flipflops. Erweitern Sie wenn möglich die Schaltung durch wenige Logikgatter derart, dass D-FF gemäß $q_{n+1} = d$ entstehen.
4. Bild 6.63 zeigt Symbole für unterschiedliche Flipflops. Erweitern Sie wenn möglich die Schaltung durch wenige Logikgatter derart, dass über Anschluss E steuerbare T-FF gemäß $q_{n+1} = \left(e \wedge \overline{q_n}\right) \vee \left(\overline{e} \wedge q_n\right)$ entstehen.

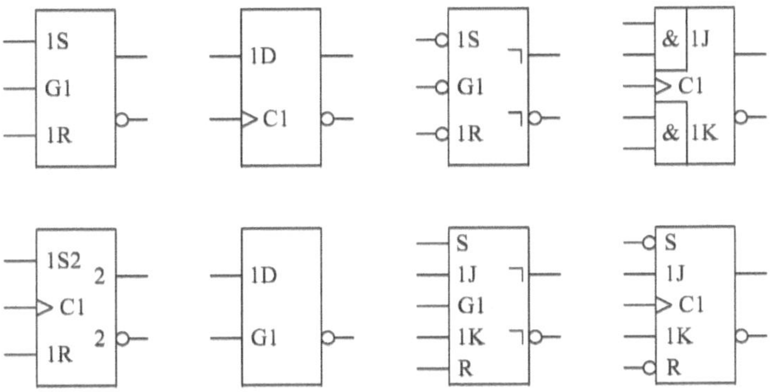

Bild 6.63 Flipflops (Übung)

5. Die in Bild 6.44 dargestellte Schaltung eines einflankengesteuerten D-FF mit separaten 0-aktiven Setz- und Rücksetzeingängen ist sehr verbreitet. Untersuchen Sie das Verhalten unter Vernachlässigung der taktunabhängigen, externen Setz- und Rücksetzleitungen. Bild 6.64 zeigt die zentrale Schaltung. Zeichnen Sie hierzu das Impuls-Zeit-Diagramm mit den internen Setz- und Rücksetzsignalen $\overline{s}$ und $\overline{r}$ des Basis-FF und den Hilfssignalen a und b. Starten Sie mit $c = 0$ und $d = 1$. Die Startbedingung für $\overline{s}$ und $\overline{r}$ ist 1 (aufgrund des Taktsignals c), des Weiteren ist $a = 0$ und $b = 1$. Zeichnen Sie das Verhalten für einen Taktimpuls mit $d = 0$ gefolgt von einem Taktimpuls mit $d = 1$.

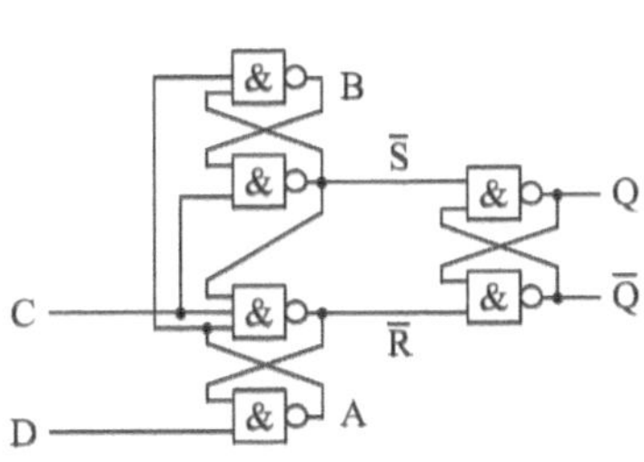

Bild 6.64
Einflankengesteuertes D-FF

6. Die Realisierung in Bild 6.65 zeigt ein D-FF. Welchen Vorteil hat diese Realisierung gegenüber der Realisierung in Bild 6.23? Vergleichen Sie hierzu die Impuls-Zeit-Diagramme.

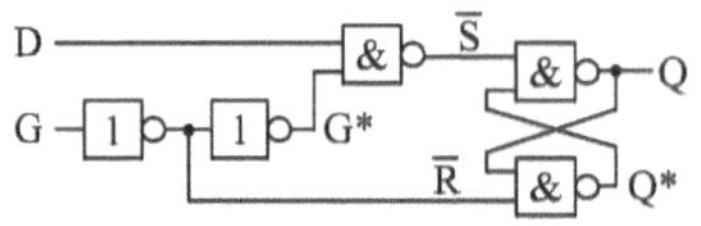

Bild 6.65
Taktzustandsgesteuertes D-FF

7. Bild 6.66 zeigt eine kleine Testschaltung. Analysieren Sie diese Schaltung.

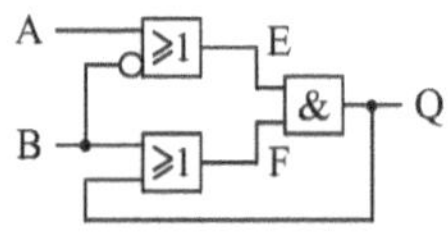

Bild 6.66
Testschaltung

7 Einfache sequenzielle Schaltungen

7.1 Zählerschaltungen

Das „Zählen" erfolgt in Codes mit einer entsprechenden Wertzuweisung. Es wird als fortlaufendes Erhöhen (Vorwärtszählen) oder Erniedrigen (Rückwärtszählen) des aktuellen Wertes um jeweils eine Wertstufe verstanden. Zeichnet man alle Bitkombinationen (Zustände) auf und verbindet benachbarte Bitkombinationen, so ergibt sich eine geschlossene Kette, die als Kreis (oder Ähnliches) dargestellt werden kann. Wichtig ist die geschlossene Kette, die die Reihenfolge der Zustände verdeutlicht. Standardmäßig werden den Zuständen die Bitkombinationen des Dualcodes zugeordnet. Es sind jedoch alle beliebigen Bitkombinationen möglich (solange keine mehrfach erscheint). Neben dem Dualcode könnte man auch im BCD-Code oder im Gray-Code zählen. Eine vollkommen frei gewählte Reihenfolge von sich nicht wiederholenden Bitmustern ist auch möglich, solange der Vorgänger und der Nachfolger definiert sind. Bild 7.1 zeigt links einen **Vorwärtszähler**, der die Zahlendarstellung in steigender Richtung mit der Schrittweite 1 durchläuft. Nach dem höchsten Wert folgt der niedrigste. In der mittleren Darstellung werden die Zahlenwerte entsprechend dem Dualcode dargestellt. In der rechten Darstellung ist es ein etwas zufälliger einschrittiger Code.

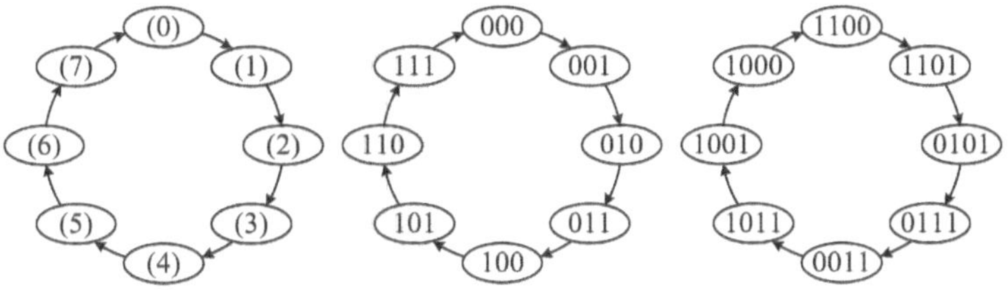

Bild 7.1 Vorwärtszähler (0 bis 7)

Zählschaltungen geben also eine definierte Reihenfolge von Bitmustern aus. Der Bitmusterwechsel wird durch ein Taktsignal initiiert (Zähltakt). Bezüglich der Übergänge unterscheidet man zwischen **synchronen Zählern** (alle Bit-Wechsel finden gleichzeitig statt) und **asynchronen Zählern** (nicht alle Bit-Wechsel finden gleichzeitig statt, es gibt einen kleinen zeitlichen Versatz).

Bei der schaltungstechnischen Realisierung unterscheidet man den Schaltungsbereich ohne Speicher und die Speicher. Wie bei den Synthese-Tabellen bereits erwähnt, verwendet man ein Schaltnetz, dessen Eingangssignale aus den Ausgangssignalen der Speicher und den Eingangssignalen des Zählers bestehen. Die Ausgangssignale dieses Schaltnetzes sind die Ausgangssignale des Zählers und die Steuersignale für die Speicher zur Ansteuerung der verwendeten Flipflops. Das Schaltnetz besteht im einfachsten Fall aus einer einfachen „Durchschaltung" der Signale (ohne weitere Verknüpfung). Bild 7.2 zeigt das **Schaltnetz**, das mit den Methoden aus Kapitel 4 erstellt und optimiert wird, den Speicher, bestehend aus den erläuterten Flipflops aus Kapitel 6, sowie deren Zusammenschaltung zu einem **Schaltwerk** mit den nach außen vorhandenen Ein- und Ausgangssignalen. Die breiten Pfeile bedeuten, dass diese Verbindung aus mehreren funktional gleichartigen Leitungen (mehrere Eingänge, mehrere Ausgänge etc.) bestehen.

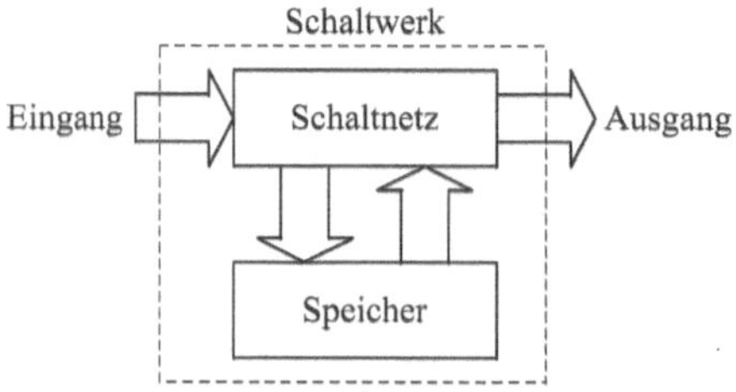

Bild 7.2
Aufbau eines Schaltwerkes

Zuerst wird das Schaltwerk zur Realisierung von Zählern, wie am Anfang dieses Kapitels beschrieben, verwendet. Im nächsten Kapitel erfolgt eine Erweiterung der Funktionsweise zu den allgemeinen Schaltwerken, Steuerwerken oder Automaten.

7.1.1 Asynchronzähler

Zähler haben eine feste Sequenz der auszugebenden Bitmuster. Übliche Bitmuster sind z. B. der Dualcode. **Asynchronzähler** eignen sich hierzu aufgrund des einfachen Aufbaus. Eine Kette hintereinandergeschalteter Toggle-Flipflops (ohne Enable-Eingang) ergibt bereits einen entsprechenden Zähler. Bild 7.3 zeigt eine Kette von drei negativ flankengesteuerten T-FF und das zugehörige Logiksymbol.

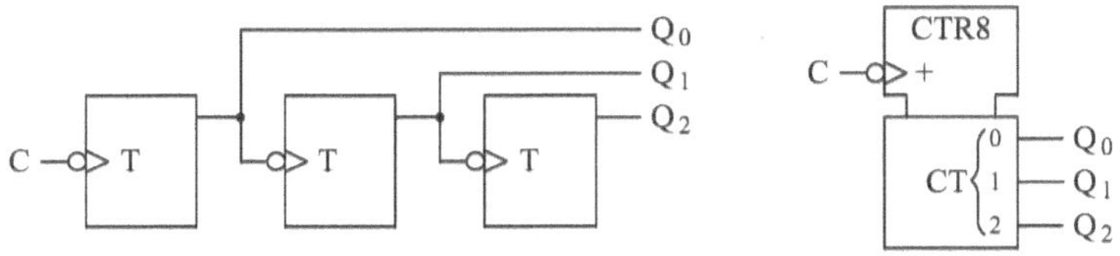

Bild 7.3 Schaltung und Symbol eines asynchronen 3-Bit-Vorwärtszählers

Mit jeder negativen Taktflanke ändert das T-FF seinen Ausgangswert. Der Ausgang des ersten T-FF wirkt auf den Takteingang des nachfolgenden T-FF, das mit der negativen Flanke dieses Signals seinen Ausgangszustand ändert. Das zweite FF liefert das Taktsignal des Dritten. Bild 7.4 zeigt das Impuls-Zeit-Diagramm dieser Schaltung. Die Abhängigkeiten der Flanken sind durch Pfeile gekennzeichnet. Ordnet man dem linken FF die geringste Wertigkeit, in diesem Beispiel $2^0 = 1$ und dem rechten die höchste Wertigkeit, in diesem Beispiel $2^2 = 4$, zu, dann erhält man einen 3-Bit-Zähler, der den Dualcode in positiver Zählrichtung mit einem Zählbereich von 0 bis 7 repräsentiert. Die Wertigkeiten des jeweiligen Bitmusters (Dualcode) sind in Klammern unterhalb der Zeitdarstellung angegeben.

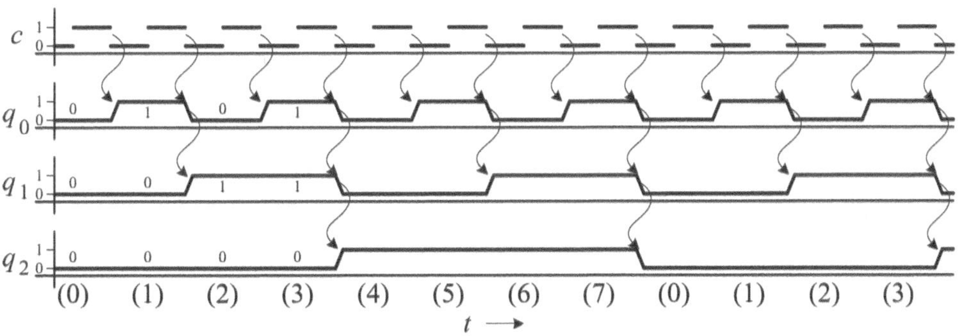

Bild 7.4 Impuls-Zeit-Diagramm eines asynchronen Dualzählers

Der asynchrone Charakter dieser Zähler wird besonders bei dem Übergang von der Bitmusterkombination für die Sieben auf die Bitmusterkombination für die Null deutlich. Die Bausteine sind sehr schnell, benötigen aber immer noch eine Reaktionszeit, die in der vereinfachten Darstellung mit t_{pd} (Propagation Delay) angegeben werden kann und die Exemplarstreuung (z. B. $t_{pd01min}$ bis $t_{pd01max}$) der verwendeten Komponenten vernachlässigt. Das erste FF erhält die negative Flanke des Taktsignals c. Nach seiner Reaktionszeit wechselt das Ausgangssignal q_0 nach 0 und ruft hiermit einen Zustandswechsel am mittleren FF hervor. Nach wiederum einer Reaktionszeit von t_{pd} ändert sich dessen Ausgangssignal, welches das rechte FF ansteuert und nach wiederum einer Reaktionszeit liefert auch das rechte FF den Wert 0. Es entstehen bei diesem asynchronen Übergang Zwischenwerte mit den Bitmusterkombinationen für die 6 und die 4 mit jeweils einer Gültigkeitsdauer der Reaktionszeit t_{pd}. Bild 7.5 zeigt diesen Übergang. Führen die Ausgangssignale dieses Zählers auf eine nachfolgende Schaltung, die z. B. auf den Wert 6 oder 4 reagieren soll, so können hierdurch Störsignale, sogenannte **Glitches** (durch Signallaufzeiten verursachte temporär auftretende „fehlerhafte" Bitmuster), entstehen.

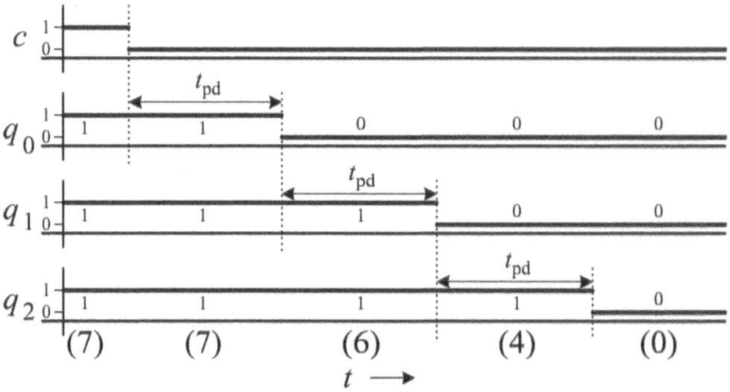

Bild 7.5 Umschaltvorgang eines Asynchronzählers

Um die Zählrichtung umzudrehen, gibt es verschiedene Möglichkeiten. Eine häufig erwähnte Realisierung ist die Umschaltung der Taktsignale auf den negierten Ausgang des vorgelagerten FF. Bild 7.6 zeigt eine entsprechend angepasste Schaltung. Hierdurch schaltet das höherwertige FF unmittelbar nach der ansteigenden Flanke des ausgegebenen Signals. Neben der Schaltung ist ein Teil des Impuls-Zeit-Diagrammes angegeben, um diesen Einfluss zu verdeutlichen.

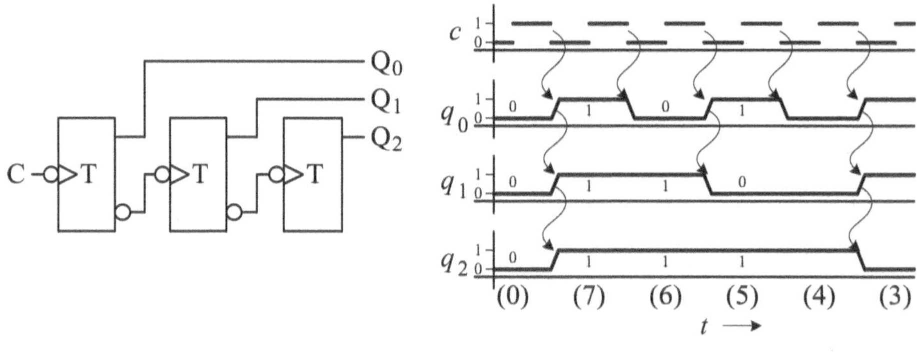

Bild 7.6 Schaltung und Impuls-Zeit-Diagramm eines 3-Bit-Rückwärtszählers

Aufgrund dieses Ansatzes bietet es sich an, die Zählrichtung durch einen Multiplexer zwischen den FF vorzugeben. Bild 7.7 zeigt eine entsprechende Schaltung. Mit dem Eingangssignal *up/dn* = 0 (up/dn für up und nicht down) wird das nicht negierte Ausgangssignal als Taktsignal verwendet. Hiermit schaltet das in dieser

Schaltung auf positive Flanken reagierende T-FF bei einer ansteigenden Flanke des Ausgangssignals der jeweils niederwertigeren Stufe, was einem Rückwärtszähler entspricht. Mit dem Eingangssignal *up/dn* = 1 wird das negierte Ausgangssignal als Taktsignal verwendet und das FF reagiert damit indirekt auf die negative Flanke des ausgegebenen Signals, wodurch sich ein Vorwärtszähler ergibt.

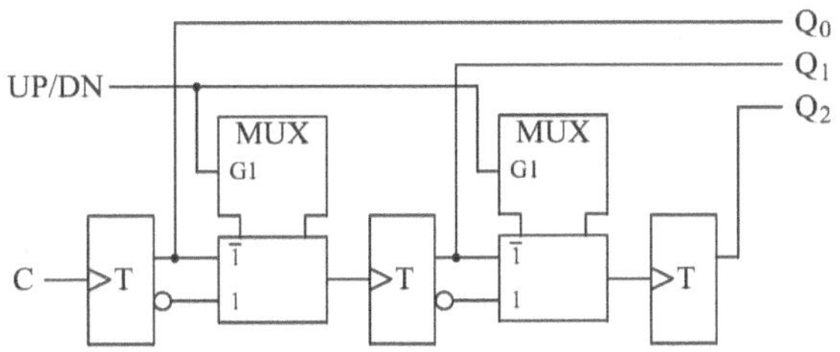

Bild 7.7
Umschaltbarer Vorwärts-/Rückwärtszähler

Probleme ergeben sich, wenn z. B. bei einem Zählerstand die Zählrichtung geändert werden soll, ohne den Zählerstand zu ändern. Durch die Umschaltung kann an einem Takteingang ein Signalwechsel von 0 nach 1 erfolgen, und das entsprechende FF toggelt.

Die Zählrichtungsänderung von im Dualcode zählenden Asynchronzählern kann auf unterschiedliche Weise erfolgen. Häufig ist es eine Negation im Taktsignal, z. B. durch den Wechsel auf den negierten Ausgang der niederwertigeren Stufe oder permanent durch die Wahl eines anderen T-FF (positiv oder negativ flankengesteuert) oder durch die Verwendung von MS-FF, wodurch sich der Signalwechsel ebenfalls auf die andere Taktflanke verschiebt. Eine weitere Möglichkeit ist die Negation der Ausgangssignale. Durch die Ausgabe des B-Komplements ergibt sich ebenfalls eine Umkehr der Zählrichtung.

Häufig muss der Zählumfang begrenzt werden. Soll zum Beispiel ein BCD-Zähler erstellt werden, so muss nach der Neun mit der Bitkombination 1001 die Bitkombination der Null entsprechend 0000 folgen. Dies kann durch ein Rücksetzen der FF erfolgen. Der Zähler wird wie bereits beschrieben aufgebaut. Nach dem Zählerwert der Neun folgt der Zählerwert 10 mit der Bitkombination 1010. Diese Bitkombination wird über eine UND-Verknüpfung erfasst und hieraus ein Rücksetzsignal generiert, das alle Flipflops auf den Wert Null zurücksetzt. Der nach der Neun folgende stabile Zustandswert ist die Null. Während des Überganges steht nur für einen sehr kurzen Zeitraum der Wert 10 entsprechend 1010 an. Für einen BCD-Zähler kann eine feste Verdrahtung verwendet werden. Eine UND-Verknüpfung von q_1 und q_3 reicht hierfür aus, da die ebenso detektierten Kombinationen für 11, 14 und 15 außerhalb des Zählbereiches liegen. Soll der Endwert variabel sein, so kann dies mit der Schaltung entsprechend Bild 7.8 erfolgen. Alle Ausgangswerte werden über Komparatoren (Äquivalenz-Verknüpfung) mit einem Vergleichswert (RESET-Wert mit r_3, r_2, r_1 und r_0) verglichen und wenn Gleichheit festgestellt wird, dann erscheint am Ausgang der NAND-Verknüpfung das 0-aktive Signal $\overline{rst}$ für die 0-aktiven Rücksetzanschlüsse der Flipflops. Für einen Modulo-n-Zähler muss der Zahlenwert für den Vergleich (RESET-Wert) n betragen. Es ist der erste Zahlenwert, der nicht mehr zum Zählumfang gehört und aus dem der Rücksetzvorgang mit dem stabilen Zahlenwert für die Null entsteht. Das Zeitverhalten ist im Bild 7.9 für einen Modulo-10-Zähler ($n = 10$ stabile Bitmuster für den Bereich 0 bis 9) mit einem Reset-Bitmuster von $\{r_3, r_2, r_1, r_0\} = 1010$ dargestellt. Der Rücksetzvorgang von 10 nach 0 erfolgt zu Beginn des stabilen Zählwertes Null.

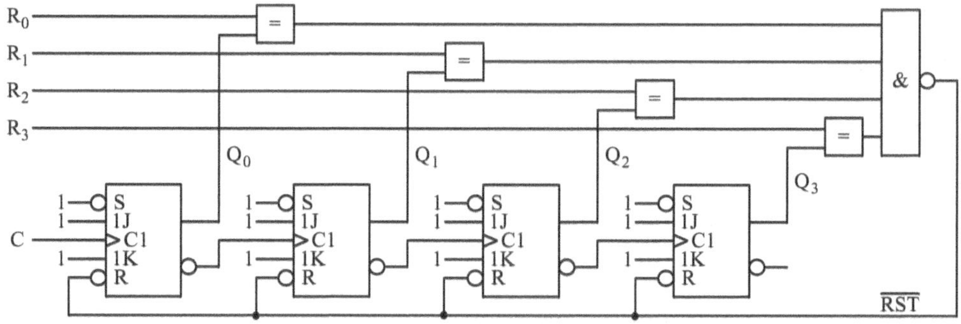

Bild 7.8 Asynchroner Modulo-n-Zähler

Der mögliche Zählbereich dieser Schaltung reicht von der 0 bis zur 14. Der Zahlenwert 15 kann nicht mehr als stabiler Zählwert verwendet werden. Asynchrone Übergangsbereiche sind bei dieser Realisierung ohne Belang für die Generierung des Rücksetzsignals, da die kurzzeitig auftretenden Zahlenwerte kleiner sind als der Endwert des Zählbereiches und damit kleiner als der zu detektierende Wert.

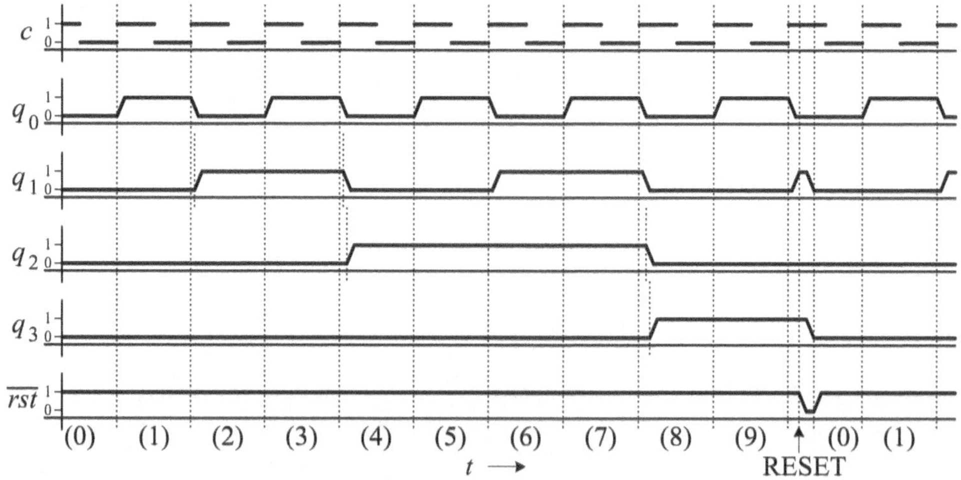

Bild 7.9 Impuls-Zeit-Diagramm eines asynchronen Modulo-10-Zählers

Eine weitere Ergänzung ist ein definierter Startwert für einen Zählvorgang. Fest verdrahtet, kann die Rücksetzleitung mit der Signalbezeichnung $\overline{rst}$ auf den Setz- oder Rücksetzeingang des jeweiligen Flipflops wirken. Hiermit ist eine fest vorgegebene Bitkombination für den Startwert möglich. Bild 7.10 zeigt einen Modulo-10-Rückwärtszähler. Die Taktsignale werden hierbei von den nicht negierten Ausgängen versorgt und dies führt zu einer Umkehr der Zählrichtung. Wechselt das Ausgangssignal q_0 von 0 nach 1, so führt dies zu einer Zustandsänderung des Ausgangssignals q_1. Dies ist Kennzeichen eines Rückwärtszählers. Nach dem Zählwert 0000 folgt 1111. Dieses Bitmuster wird durch die NAND-Verknüpfung erkannt und es generiert das 0-aktive Rücksetzsignal. Entsprechend der Verdrahtung wird der Zählwert 1001 eingestellt. Das Rücksetzsignal wird deaktiviert und der stabile Zählwert 1001 nach der 0000 ist vorhanden (siehe auch Aufgabe 7-2).

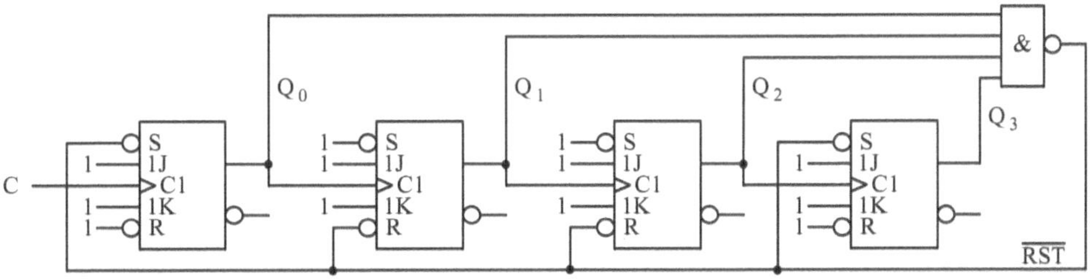

Bild 7.10 Schaltung eines asynchronen Modulo-10-Rückwärtszählers (ist Bestandteil der Aufgaben 7-1 und 7-2)

Eine weitere Variante ist, dass z. B. mit einem Setzimpuls ein vorgegebenes Bitmuster in die Flipflop-Kette übertragen wird. Mit dem Setz-Impuls sind die entsprechenden Signale für das Setzen bzw. das Rücksetzen zu generieren. Bild 7.11 zeigt eine entsprechende Schaltung. In der linken Darstellung erfolgt eine separate Erzeugung dieser Signale für beide taktunabhängige Eingänge. In der rechten Darstellung kann auf den Inverter verzichtet werden.

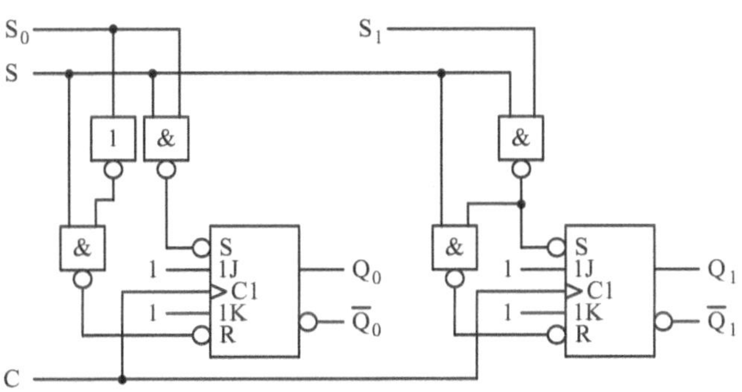

Bild 7.11 Schaltung zum Setzen bzw. Rücksetzen der Flipflops (ist Bestandteil der Aufgabe 7-3)

7.1.2 Synchronzähler

Die Speicher bei synchron arbeitenden Zählern werden alle mit dem gleichen Takt angesteuert. Dadurch schalten alle Flipflops gleichzeitig, eben synchron. Die zeitlichen Differenzen der ausgegebenen Flanken reduzieren sich auf die unterschiedlichen Reaktionszeiten der verwendeten Flipflops anstelle der Summe mehrerer Reaktionszeiten bei den asynchronen Realisierungen. Die Wahrscheinlichkeit des Auftretens von Spikes und resultierenden Glitches ist auf ein Minimum reduziert. Die Information, ob ein Flipflop mit der nächsten Taktsequenz schalten soll oder nicht, erfolgt über die Ansteuerung der taktgebundenen Eingänge, je nach Flipflop über die R-, S-, D-, J-, K- oder E-Eingänge.

Als Beispiel soll ein Vorwärtszähler realisiert werden. Tabelle 7.1 gibt auf der linken Seite den aktuellen Zustandswert $q_n = \{q_{3,n}, q_{2,n}, q_{1,n}, q_{0,n}\}$ an. Hierbei werden mehrere Leitungen als Vektor zusammengefasst. Durch die Zusammenfassung vereinfacht sich die Beschreibung. Diese Schaltung hat keine weiteren Eingangssignale, sodass nur diese vier Eingangsgrößen für das steuernde Schaltnetz existieren. In der mittleren Spalte steht der zugeordnete nachfolgende Zustand $\overrightarrow{q_{n+1}} = \{q_{3,n+1}, q_{2,n+1}, q_{1,n+1}, q_{0,n+1}\}$. In der rechten Spalte wird der durch diese Zeile vorgegebene Übergang kurz beschrieben. Die Reihenfolge der Zeilen ist beliebig. Jede Zeile repräsentiert einen Zustand $\overrightarrow{q_n}$ der in Bild 7.1 als Beispiel angegebenen Kette mit dessen Nachfolger $\overrightarrow{q_{n+1}}$. Aus Gründen der Übersicht bietet es sich an, die Reihenfolge der Zählsequenz zu verwenden oder die Zeilen entsprechend des Dualcodes zu sortieren. Da ein im Dualcode vorwärtszählender Zähler realisiert werden soll, ergibt sich nach beiden Kriterien die gleiche Reihenfolge.

Dieser Übergang ist gleichungsmäßig darzustellen. Die Gleichungen werden hierbei mithilfe des KV-Diagramms minimiert. Für einen Koeffizientenvergleich zur Bestimmung der Ansteuerung der FF-Eingänge benötigen wir die Struktur, die häufig in der Charakteristischen Gleichung (s. Abschnitt 6.5) zu finden ist. Es gibt hierbei zwei Terme, einer ist mit der negierten eigenen Ausgangsgröße $\overline{q_{x,n}}$ und einer mit der nicht negierten eigenen Ausgangsgröße $q_{x,n}$ UND-verknüpft. Beide verknüpften Terme werden über ODER zusammengefasst und repräsentieren den Folgezustand $q_{x,n+1}$. Gesucht sind diese beiden Terme, die die Ansteuerung der Eingangssignale repräsentieren.

Es ist bei der Minimierung zu berücksichtigen, dass wir die jeweils eigene Ausgangsgröße nicht „wegoptimieren". Hierzu könnten z. B. für die Ausgangsgröße $q_{3,n+1}$ (linke Spalte der Ausgangssignale $\overrightarrow{q_{n+1}}$) zwei KV-Diagramme mit je drei Eingängen verwendet werden. Eins für den Ausgangszustand $q_{3,n} = 0$ und eins für $q_{3,n} = 1$. Alternativ kann auch ein KV-Diagramm für vier Variablen verwendet werden, wenn nicht über die Grenze der eigenen Ausgangsgröße zusammengefasst wird. Die Darstellung ist dadurch etwas kompakter. Bild 7.12 zeigt die Minimierung. Die Trennlinien der eigenen Ausgangsgröße, über die nicht zusammengefasst werden darf, sind fett eingezeichnet.

Tabelle 7.1 Wahrheits- bzw. Übergangstabelle eines Vorwärtszählers

$\vec{q}_n$	$\vec{q}_{n+1}$	Beschreibung
0000	0001	0 → 1
0001	0010	1 → 2
0010	0011	2 → 3
0011	0100	3 → 4
0100	0101	4 → 5
0101	0110	5 → 6
0110	0111	6 → 7
0111	1000	7 → 8
1000	1001	8 → 9
1001	1010	9 → 10
1010	1011	10 → 11
1011	1100	11 → 12
1100	1101	12 → 13
1101	1110	13 → 14
1110	1111	14 → 15
1111	0000	15 → 0

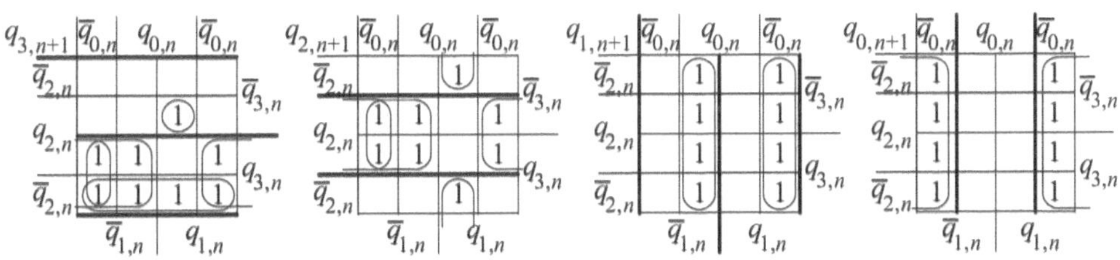

Bild 7.12 KV-Diagramm

Die Minimierung im KV-Diagramm liefert Formel 7.1 bis Formel 7.4.

$$q_{0,n+1} = \overline{q_{0,n}} \tag{7.1}$$

$$q_{1,n+1} = q_{0,n} \wedge \overline{q_{1,n}} \vee \overline{q_{0,n}} \wedge q_{1,n} \tag{7.2}$$

$$q_{2,n+1} = q_{0,n} \wedge q_{1,n} \wedge \overline{q_{2,n}} \vee \overline{q_{0,n}} \wedge q_{2,n} \vee \overline{q_{1,n}} \wedge q_{2,n} \tag{7.3}$$

$$q_{3,n+1} = q_{0,n} \wedge q_{1,n} \wedge q_{2,n} \wedge \overline{q_{3,n}} \vee \overline{q_{0,n}} \wedge q_{3,n} \vee \overline{q_{1,n}} \wedge q_{3,n} \vee \overline{q_{2,n}} \wedge q_{3,n} \tag{7.4}$$

Die Bestimmung der Eingangssignale erfolgt durch Koeffizientenvergleich. Für eine Realisierung mit JK-FF ist ein Koeffizientenvergleich mit der Charakteristischen Gleichung dieses FF durchzuführen. Die Charakteristische Gleichung zeigt Formel 7.5.

$$\begin{aligned} q_{x,n+1} &= j_{x,n} \wedge \overline{q_{x,n}} \vee \overline{k_{x,n}} \wedge q_{x,n} \\ q_{x,n+1} &= (\text{Ansteuerung J}_x) \wedge \overline{q_{x,n}} \vee \left(\overline{\text{Ansteuerung K}_x}\right) \wedge q_{x,n} \end{aligned} \tag{7.5}$$

Hierzu sind die Gleichungen in die entsprechende Form umzuwandeln. Die gesuchten Terme, die mit der eigenen Ausgangsgröße UND-Verknüpft sind, sind durch Klammern hervorgehoben.

$$q_{0,n+1} = 1 \wedge \overline{q_{0,n}} \vee 0 \wedge q_{0,n} = (1) \wedge \overline{q_{0,n}} \vee \left(\overline{1}\right) \wedge q_{0,n} \tag{7.6}$$

$$q_{1,n+1} = (q_{0,n}) \wedge \overline{q_{1,n}} \vee \left(\overline{q_{0,n}}\right) \wedge q_{1,n} \tag{7.7}$$

$$q_{2,n+1} = (q_{0,n} \wedge q_{1,n}) \wedge \overline{q_{2,n}} \vee \left(\overline{q_{0,n} \wedge q_{1,n}}\right) \wedge q_{2,n} \tag{7.8}$$

$$q_{3,n+1} = (q_{0,n} \wedge q_{1,n} \wedge q_{2,n}) \wedge \overline{q_{3,n}} \vee \left(\overline{q_{0,n} \wedge q_{1,n} \wedge q_{2,n}}\right) \wedge q_{3,n} \tag{7.9}$$

Die Gleichungsterme an der x-ten Stelle für $j_{x,n}$ und $k_{x,n}$ (k ist negiert), sind für alle FF gleich, somit sind alle FF als T-FF geschaltet. Es ergibt sich die in Tabelle 7.2 angegebene Ansteuerung der J- und K-Eingänge. Die Schaltung des ermittelten synchronen 4-Bit-Vorwärtszählers zeigt Bild 7.13.

Tabelle 7.2 Beschaltung der JK-FF bei einem Vorwärtszähler

FF_0	FF_1	FF_2	FF_3
$j_0 = 1$	$j_1 = q_0$	$j_2 = q_0 \wedge q_1$	$j_3 = (q_0 \wedge q_1) \wedge q_2$
$k_0 = 1$	$k_1 = q_0$	$k_2 = q_0 \wedge q_1$	$k_3 = (q_0 \wedge q_1) \wedge q_2$

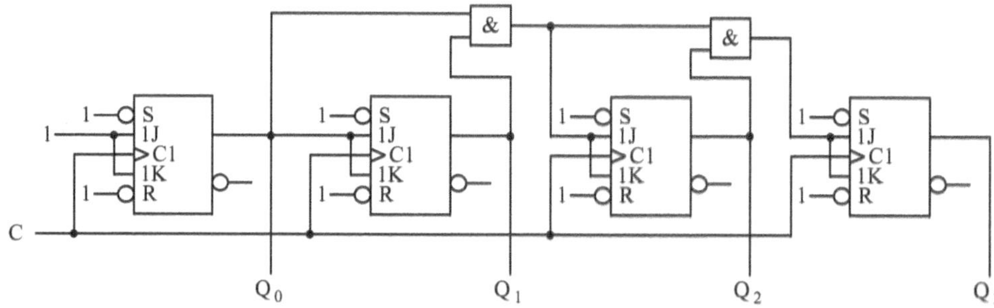

Bild 7.13 Synchroner 4-Bit-Vorwärtszähler (Dualcode)

Das Verhalten des Zählers ist vollständig definiert. Die Darstellung als Zustandsdiagramm zeigt Bild 7.14.

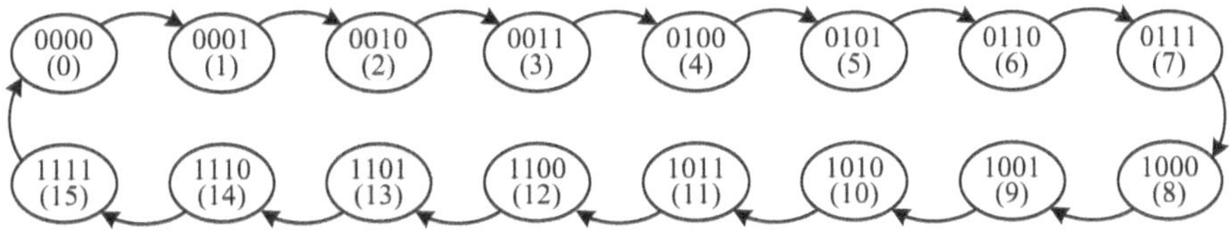

Bild 7.14 Zustandsdiagramm eines synchronen 4-Bit-Vorwärtszählers (Dualcode)

Nach diesem einfachen Beispiel als Einführung nun die Realisierung eines im BCD-Code zählenden Rückwärtszählers. Das Verhalten wird in Tabelle 7.3 definiert. Die nachfolgenden Bitmuster für die nicht zum Zählumfang gehörenden Bitkombinationen sind mit X (Don't Care) vorgegeben. Die Zeilen der Tabelle sind entsprechend des Dualcodes sortiert. Durch die gewohnte Reihenfolge wird die Übertragung in das KV-Diagramm einfacher.

Tabelle 7.3 Wahrheits- bzw. Übergangstabelle eines BCD-Rückwärtszählers

$\vec{q}_n$	$\vec{q}_{n+1}$	Beschreibung
0 0 0 0	1 0 0 1	0 → 9
0 0 0 1	0 0 0 0	1 → 0
0 0 1 0	0 0 0 1	2 → 1
0 0 1 1	0 0 1 0	3 → 2
0 1 0 0	0 0 1 1	4 → 3
0 1 0 1	0 1 0 0	5 → 4
0 1 1 0	0 1 0 1	6 → 5
0 1 1 1	0 1 1 0	7 → 6
1 0 0 0	0 1 1 1	8 → 7
1 0 0 1	1 0 0 0	9 → 8
1 0 1 0	X X X X	10 → X
1 0 1 1	X X X X	11 → X
1 1 0 0	X X X X	12 → X
1 1 0 1	X X X X	13 → X
1 1 1 0	X X X X	14 → X
1 1 1 1	X X X X	15 → X

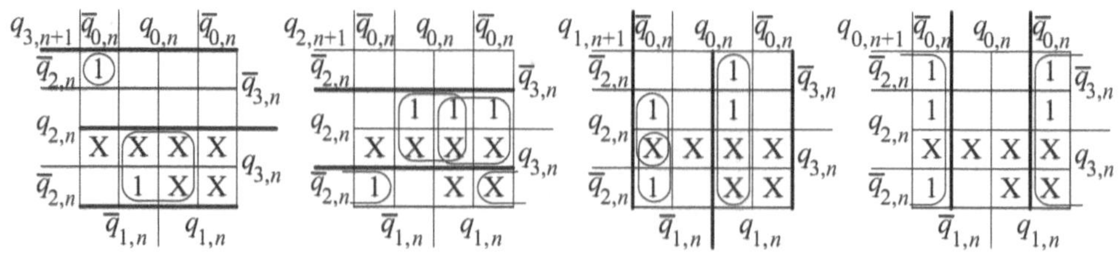

Bild 7.15 KV-Diagramm

Bild 7.15 zeigt das KV-Diagramm zur Minimierung der Gleichungen unter Berücksichtigung der eigenen Ausgangsgröße. Dies führt zu Formel 7.10 bis Formel 7.13.

$$q_{0,n+1} = \overline{q_{0,n}} \tag{7.10}$$

$$q_{1,n+1} = \left(\overline{q_{0,n}} \wedge q_{2,n} \wedge \overline{q_{1,n}} \vee \overline{q_{0,n}} \wedge q_{3,n} \wedge \overline{q_{1,n}}\right) \vee \left(q_{0,n} \wedge q_{1,n}\right) \tag{7.11}$$

$$q_{2,n+1} = \left(\overline{q_{0,n}} \wedge q_{3,n} \wedge \overline{q_{2,n}}\right) \vee \left(q_{0,n} \wedge q_{2,n} \vee q_{1,n} \wedge q_{2,n}\right) \tag{7.12}$$

$$q_{3,n+1} = \left(\overline{q_{0,n}} \wedge \overline{q_{1,n}} \wedge \overline{q_{2,n}} \wedge \overline{q_{3,n}}\right) \vee q_{0,n} \wedge q_{3,n} \tag{7.13}$$

Die vollständige Funktion des Zählers, auch für den nicht vorgegebenen Bereich, wird bei der Gleichungsermittlung (Minimierung) entschieden. Hier entscheidet sich, ob die mit X gekennzeichneten Positionen als 1 oder 0 verwendet werden. Die Freiheitsgrade sind nach der Bestimmung der minimierten Gleichungen ausgenutzt und alle Kombinationen sind eindeutig definiert. Trägt man die Werte aus dem KV-Diagramm in die Wahrheitstabelle ein, so ergibt sich die in Tabelle 7.4 dargestellte Verteilung (es ist nur die untere Hälfte der Wahrheitstabelle angegeben, da die obere Hälfte bereits vollständig vorgegeben war).

Tabelle 7.4 Wahrheits- bzw. Übergangstabelle eines BCD-Rückwärtszählers (Ergänzung)

$\vec{q}_n$	$\vec{q}_{n+1}$	Beschreibung
...	...	...
1 0 0 0	0 1 1 1	8 → 7
1 0 0 1	1 0 0 0	9 → 8
1 0 1 0	**0 1 0 1**	10 → 5
1 0 1 1	**1 0 1 0**	11 → 10
1 1 0 0	**0 0 1 1**	12 → 3
1 1 0 1	**1 1 0 0**	13 → 12
1 1 1 0	**0 1 0 1**	14 → 5
1 1 1 1	**1 1 1 0**	15 → 14

Hiermit lässt sich das vollständige Zustandsdiagramm zeichnen (Bild 7.16). An dem vollständigen Diagramm ist zu erkennen, welche Zustände durchlaufen werden, wenn, wie auch immer, nicht zum Zählbereich gehörende Bitkombinationen auftreten. Dieses kann z. B. nach dem Einschalten (ohne RESET), durch Spannungseinbrüche der Versorgungsspannung, durch elektromagnetische Störungen oder durch Spikes auf der Taktleitung entstehen.

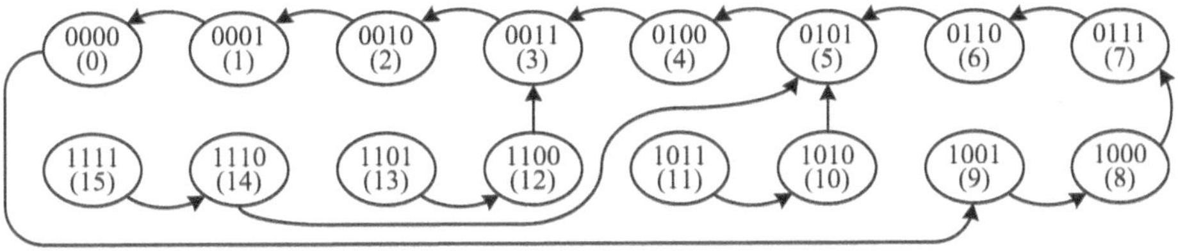

Bild 7.16 Vollständiges Zustandsdiagramm eines synchronen BCD-Rückwärtszählers

Für den Koeffizientenvergleich müssen die ermittelten Gleichungen in die geeignete Form gebracht werden. Dieses führt zu Formel 7.14 bis Formel 7.17 (gesuchte Terme sind durch Klammern hervorgehoben).

$$q_{0,n+1} = (1) \wedge \overline{q_{0,n}} \vee \left(\overline{1}\right) \wedge q_{0,n} \tag{7.14}$$

$$q_{1,n+1} = \left(\overline{q_{0,n}} \wedge \left(q_{2,n} \wedge q_{3,n}\right)\right) \wedge \overline{q_{1,n}} \vee \left(q_{0,n}\right) \wedge q_{1,n} \tag{7.15}$$

$$q_{2,n+1} = \left(\overline{q_{0,n}} \wedge q_{3,n}\right) \wedge \overline{q_{2,n}} \vee \left(q_{0,n} \vee q_{1,n}\right) \wedge q_{2,n} \tag{7.16}$$

$$q_{3,n+1} = \left(\overline{q_{0,n}} \wedge \overline{q_{1,n}} \wedge \overline{q_{2,n}}\right) \wedge \overline{q_{3,n}} \vee \left(q_{0,n}\right) \wedge q_{3,n} \tag{7.17}$$

Der Koeffizientenvergleich führt zu den in Tabelle 7.5 angegebenen Gleichungen für die Ansteuerung der J- und K-Eingänge der verwendeten JK-FF.

Tabelle 7.5 Beschaltung der JK-FF bei einem BCD-Rückwärtszähler

FF_0	FF_1	FF_2	FF_3
$j_0 = 1$	$j_1 = \overline{q_{0,n}} \wedge \left(q_{2,n} \wedge q_{3,n}\right)$	$j_2 = \overline{q_{0,n}} \wedge q_{3,n}$	$j_3 = \overline{q_{0,n}} \wedge \overline{q_{1,n}} \wedge \overline{q_{2,n}}$
$k_0 = 1$	$k_1 = \overline{q_{0,n}}$	$k_2 = \overline{q_{0,n} \vee q_{1,n}}$	$k_3 = \overline{q_{0,n}}$

Durch den Koeffizientenvergleich mit den Charakteristischen Gleichungen der anderen Flipflops kann der Rückwärtszähler auch mit anderen FF-Typen aufgebaut werden. Das Verhalten wird definiert durch Formel 7.10 bis Formel 7.13, und damit zeigen alle hierauf basierenden Realisierungen das gleiche Verhalten für die nicht zum Zählumfang gehörenden Bitkombinationen. Aufgrund der Gleichungsumstellung etc. ist dieses Verfahren nicht sehr komfortabel.

Eine weitere Möglichkeit der Schaltungserstellung ist die Ermittlung der Gleichungen mithilfe der bereits beschriebenen **Synthese-Tabellen**. Hier können die Eigenschaften der verschiedenen FF-Typen besser genutzt werden. Am einfachsten ist die Realisierung für D-FF. Tabelle 7.6 zeigt das Verhalten des vorgegebenen, im BCD-Code zählenden Rückwärtszählers. Aus diesen Übergängen muss zuerst die Ansteuerung für die Eingangssignale d_3, d_2, d_1 und d_0 erfolgen. Da das FF die Gleichung $d_{x,n+1} = d_{x,n}$ hat, entspricht die Spalte $\overrightarrow{q_{n+1}}$ bereits der Ansteuerung mit $\vec{d} = \{d_3, d_2, d_1, d_0\}$. Da kein Koeffizientenvergleich durchgeführt werden muss, bestehen auch keine Einschränkungen bezüglich der Minimierung. Das KV-Diagramm zeigt Bild 7.17 und das Ergebnis Formel 7.18 bis Formel 7.21. Mit diesen Verknüpfungen werden die D-Eingänge beschaltet.

$$d_0 = \overline{q_{0,n}} \tag{7.18}$$

$$d_1 = \overline{q_{0,n}}\,\overline{q_{1,n}}\,q_{2,n} \vee \overline{q_{0,n}}\,q_{3,n} \vee q_{0,n}\,q_{1,n} \tag{7.19}$$

$$d_2 = \overline{q_{0,n}}\,q_{3,n} \vee q_{0,n}\,q_{2,n} \vee q_{1,n}\,q_{2,n} \tag{7.20}$$

$$d_3 = \overline{q_{0,n}}\,\overline{q_{1,n}}\,\overline{q_{2,n}}\,\overline{q_{3,n}} \vee q_{0,n}\,q_{3,n} \tag{7.21}$$

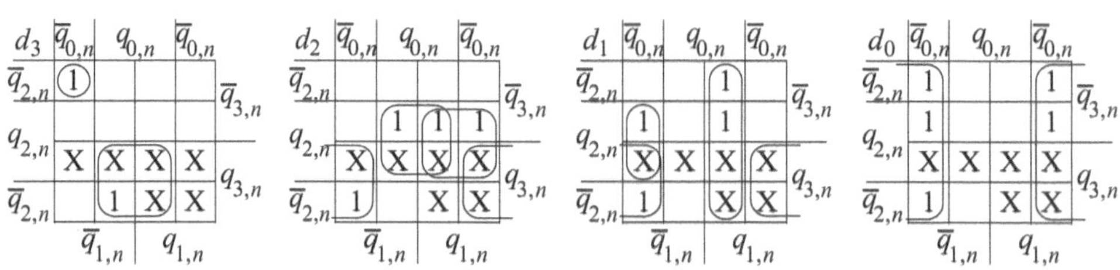

Bild 7.17 KV-Diagramm

Die Funktion des Zählers wird auch hier bei der Gleichungsermittlung (Minimierung) entschieden. Die Freiheitsgrade sind nach der Bestimmung der minimierten Gleichungen genutzt und alle Kombinationen sind eindeutig für diesen FF-Typ definiert. Trägt man die Werte aus dem KV-Diagramm in die Wahrheitstabelle ein, so ergibt sich die in Tabelle 7.6 dargestellte Verteilung (es ist nur die untere Hälfte der Wahrheitstabelle angegeben, da die obere Hälfte bereits vollständig vorgegeben war). Das vollständige Zustandsdiagramm zeigt Bild 7.18.

Tabelle 7.6 Wahrheits- bzw. Übergangstabelle eines BCD-Rückwärtszählers (Ergänzung)

$\vec{q}_n$	$\vec{q}_{n+1}$	Beschreibung
...	...	...
1 0 0 0	0 1 1 1	8 → 7
1 0 0 1	1 0 0 0	9 → 8
1 0 1 0	**0 1 1 1**	10 → 7
1 0 1 1	**1 0 1 0**	11 → 10
1 1 0 0	**0 1 1 1**	12 → 7
1 1 0 1	**1 1 0 0**	13 → 12
1 1 1 0	**0 1 1 1**	14 → 7
1 1 1 1	**1 1 1 0**	15 → 14

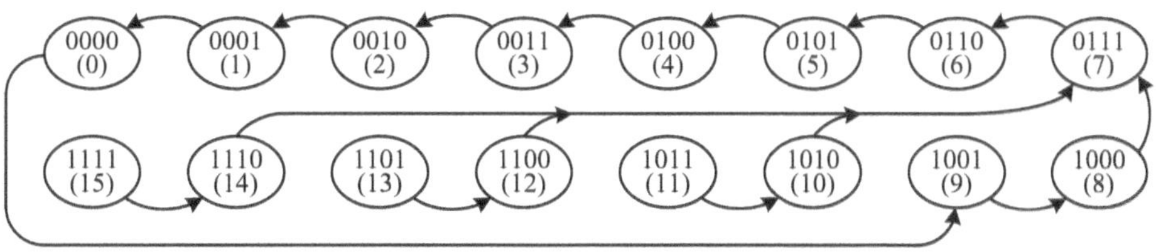

Bild 7.18 Vollständiges Zustandsdiagramm eines synchronen BCD-Rückwärtszählers (D-FF)

Die Realisierung mit T-FF gestaltet sich bei der Bestimmung mit der Charakteristischen Gleichung als schwierig. Mit der Synthese-Tabelle ist es vergleichsweise einfach. Wir starten wieder mit der Aufgabenstellung nach Tabelle 7.3. Diese muss jetzt um die Eingangswerte für $\vec{e} = \{e_3, e_2, e_1, e_0\}$ erweitert werden, die nach der Synthese-Tabelle für T-FF das gewünschte Verhalten realisieren. Tabelle 7.7 zeigt die Synthese-Tabelle für vorgegebene Änderungen der Ausgangssignale. Tabelle 7.8 zeigt die Aufgabenstellung erweitert um die benötigten Eingangssignale *e*.

Tabelle 7.7 Synthese-Tabelle T-FF

q_n	q_{n+1}	e
0	0	0
0	1	1
1	0	1
1	1	0

Tabelle 7.8 Wahrheits- bzw. Übergangstabelle eines BCD-Rückwärtszählers (T-FF)

$\overrightarrow{q_n}$	$\overrightarrow{q_{n+1}}$	$\vec{e}$	Beschreibung
0000	1001	1001	0→9
0001	0000	0001	1→0
0010	0001	0011	2→1
0011	0010	0001	3→2
0100	0011	0111	4→3
0101	0100	0001	5→4
0110	0101	0011	6→5
0111	0110	0001	7→6
1000	0111	1111	8→7
1001	1000	0001	9→8
1010	XXXX	XXXX	10→X
1011	XXXX	XXXX	11→X
1100	XXXX	XXXX	12→X
1101	XXXX	XXXX	13→X
1110	XXXX	XXXX	14→X
1111	XXXX	XXXX	15→X

Zur Bestimmung der Eingangssignale werden die Eingangswerte für e_x minimiert. Bild 7.19 zeigt die KV-Diagramme und die Ergebnisse sind durch Formel 7.22 bis Formel 7.25 dargestellt. Die Ergänzung der Wahrheits- oder Übergangstabelle zeigt Tabelle 7.9 (zuerst ergänzen der Spalte $\vec{e}$, daraus das nachfolgende Bitmuster $\overrightarrow{q_{n+1}}$ und die Beschreibung) und das vollständige Zustandsdiagramm Bild 7.20.

$$e_0 = 1 \tag{7.22}$$

$$e_1 = \overline{q_{0,n}}\, q_{1,n} \vee \overline{q_{0,n}}\, q_{2,n} \vee \overline{q_{0,n}}\, q_{3,n} = \overline{q_{0,n}} \left(q_{1,n} \vee q_{2,n} \vee q_{3,n} \right) \tag{7.23}$$

$$e_2 = \overline{q_{0,n}}\, \overline{q_{1,n}}\, q_{2,n} \vee \overline{q_{0,n}}\, q_{3,n} = \overline{q_{0,n}} \left(\overline{q_{1,n}} \wedge q_{2,n} \vee q_{3,n} \right) \tag{7.24}$$

$$e_3 = \overline{q_{0,n}}\, \overline{q_{1,n}}\, \overline{q_{2,n}} \tag{7.25}$$

Das vollständige Zustandsdiagramm zeigt das Verhalten der nicht von Anfang an definierten Zustandsübergänge außerhalb des Zählbereichs. Die Bitkombinationen für 15 und 14 gehen in den normalen Zählbereich über, während die Werte für 13 bis 10 in einer geschlossenen Kette vorliegen und, falls eine dieser Kombinationen auftaucht, normal nicht wieder verlassen wird. Eine Realisierung ohne RESET hat eine 4/16 Chance in dieser Kette außerhalb des Zählbereichs zu starten und zu verbleiben. Bild 7.21 zeigt die Schaltung des aus T-FF aufgebauten BCD-Rückwärtszählers.

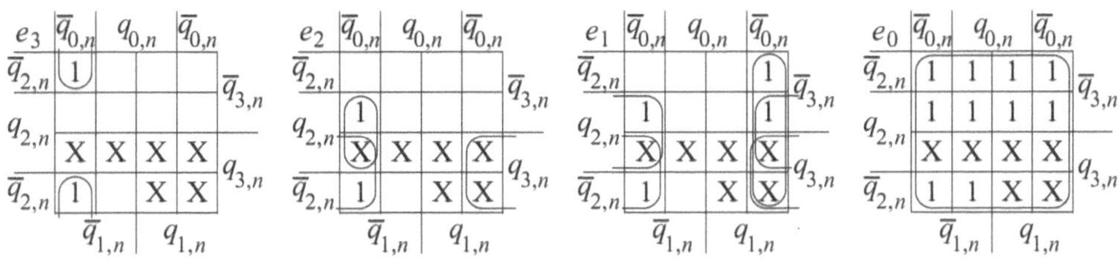

Bild 7.19 KV-Diagramm

Tabelle 7.9 Wahrheits- bzw. Übergangstabelle eines BCD-Rückwärtszählers

$\vec{q}_n$	$\vec{q}_{n+1}$	$\vec{e}$	Beschreibung
...	...	...	...
1 0 0 0	0 1 1 1	1 1 1 1	8 → 7
1 0 0 1	1 0 0 0	0 0 0 1	9 → 8
1 0 1 0	**1 1 0 1**	**0 1 1 1**	**10 → 13**
1 0 1 1	**1 0 1 0**	**0 0 0 1**	**11 → 10**
1 1 0 0	**1 0 1 1**	**0 1 1 1**	**12 → 11**
1 1 0 1	**1 1 0 0**	**0 0 0 1**	**13 → 12**
1 1 1 0	**1 0 0 1**	**0 1 1 1**	**14 → 9**
1 1 1 1	**1 1 1 0**	**0 0 0 1**	**15 → 14**

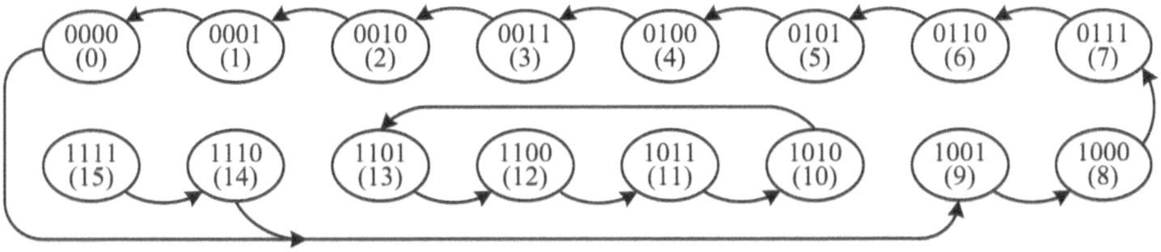

Bild 7.20 Vollständiges Zustandsdiagramm eines synchronen BCD-Rückwärtszählers (T-FF)

Werden für den Aufbau RS-FF oder JK-FF eingesetzt, so ergeben sich bei einem 4-Bit-Zähler acht Eingangssignale (zwei je FF). Das JK-FF hat Vorteile, da die Synthese-Tabelle sehr viele X-Positionen aufweist (Ausgangsverhalten ist von diesem Logikzustand unabhängig und dies führt zu einem X im KV-Diagramm); damit müsste eine gute Minimierung möglich sein. Bei den RS-FF sollte nach der Minimierung überprüft werden, ob bei den nicht definierten Zuständen der „verbotene Zustand" auftreten könnte (durch Vergleich der Positionen im KV-Diagramm für *r* und *s* eines FF, mindestens ein Signal muss 0 sein). Bei einem guten Design ist auch in diesem Bitmusterbereich diese Kombination zu vermeiden. Um dem entgegenzuwirken, kann auch ein bestimmter Folgewert, z. B. die Null, vorgegeben werden. Ebenso könnte vorgegeben werden, dass die nicht zum Zählumfang gehörenden Bitkombinationen ebenfalls eine geschlossene Kette bilden oder eine andere unabhängige Struktur. Hierdurch kann festgestellt werden, ob der Zähler seinen Arbeitsbereich verlassen hat. Durch die fehlende „Selbstheilung“ ist eine Störung nach dem Auftreten permanent vorhanden und kann zu einem späteren Zeitpunkt erkannt werden.

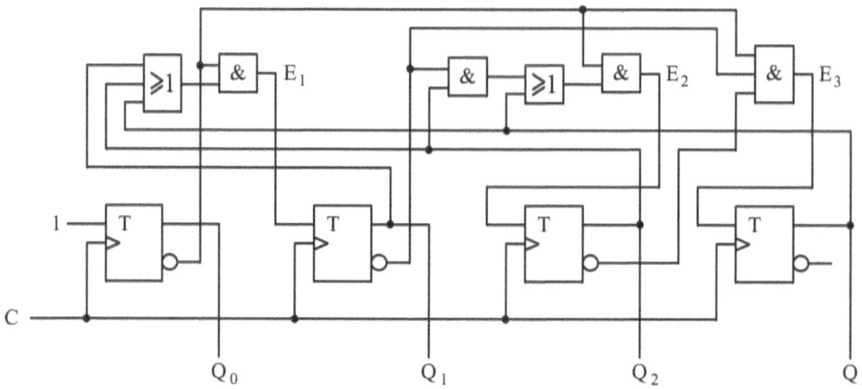

Bild 7.21 Synchroner 4-Bit-BCD-Rückwärtszähler (ohne RESET)

7.2 Frequenzteiler

Ein Anwendungsbereich von Zählern sind Frequenzteiler. Hier werden nicht die am Ausgang anstehenden Bitkombinationen verwendet, sondern es sind nur die am Ausgang ausgegebenen Frequenzwerte interessant, die in einem festen Verhältnis zu der Eingangsfrequenz stehen. Betrachtet man die drei in Reihe geschalteten T-FF aus Bild 7.3 und das zugehörige funktionsbeschreibende Impuls-Zeit-Diagramm aus Bild 7.4, so haben wir den Aufbau eines Frequenzteilers. Am Eingang liegt eine feste Frequenz von z. B. 1 kHz an, so haben die Signale am Ausgang Q_0 500 Hz, am Ausgang Q_1 250 Hz und am Ausgang Q_3 125 Hz. Jedes T-FF ändert sein Ausgangssignal mit der aktiven Taktflanke und teilt somit die Frequenz um den Faktor 2 bei einem resultierenden Puls-/Pause-Verhältnis von 1:1 (jede Zeitspanne hat die Länge entsprechend der Taktperiode des Eingangssignals).

Für eine Frequenzteilung ist es egal, ob der Zähler in positiver oder in negativer Richtung zählt. Hierdurch unterscheiden sich lediglich die Phasenlagen der ausgegebenen Signale. Aufgrund der nicht vorhandenen Rückführungen sind Frequenzteiler basierend auf einer Reihenschaltung aus T-FF die schnellsten Schaltungen. Bei nicht zeitkritischen Frequenzen ist es dagegen egal, ob asynchrone oder synchrone Teiler verwendet werden. Ausnahmen gibt es jedoch, wenn bestimmte zeitliche Zuordnungen bei unterschiedlich getakteten Steuerwerken genutzt werden (Synchronisationsprobleme).

Für eine stabile Frequenz als Signalquelle werden Schwingquarze eingesetzt. Schwingquarze sind mechanisch auf die gewünschte Frequenz abgestimmt (Resonanzfrequenz). Sie sind sehr frequenzstabil und aufgrund der baulichen Gegebenheiten (mechanische Größe) im MHz-Bereich zu finden. Für Uhren gibt es spezielle Quarze, deren Frequenz 32768 kHz beträgt. Mit 15 in Reihe geschalteten T-FF erreicht man eine Frequenzteilung mit dem Wert $2^{15} = 32768$ und erhält somit einen 1 kHz Referenztakt für den Aufbau von Uhren.

Bild 7.22 zeigt eine Kette von vier T-FF, deren Ausgangssignale q_0 bis q_3 an den Ausgängen Q_0 bis Q_3 über einen Multiplexer ausgewählt und an Ausgang Y mit dem Signal y ausgegeben werden. Hierdurch ist über die Steuereingänge A und B das Teilungsverhältnis zwischen Ein- und Ausgangssignal auswählbar (Tabelle 7.10). Betrachtet wird bei der Verhaltensbeschreibung die Eingangsfrequenz f_C und die Ausgangsfrequenz f_Y.

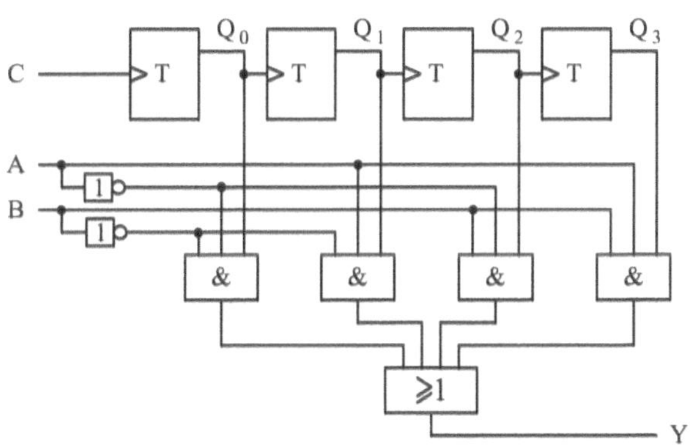

Bild 7.22
Frequenzteiler mit einstellbarem Teilerverhältnis

Tabelle 7.10 Wählbare Frequenzverhältnisse

b	a	f_C/f_Y
0	0	2
0	1	4
1	0	8
1	1	16

Für Frequenzverhältnisse, die von dem Faktor 2 oder dessen Potenzwerten (2, 4, 8, 16, ...) abweichen, sind andere Schaltungen zu verwenden. Um z. B. eine Frequenz um den Faktor drei zu teilen, kann ein asynchron aufgebauter Modulo-3-Zähler, wie in Bild 7.23 dargestellt, verwendet werden. Bei dem Zählerstand $(q_1, q_0) = (1, 1)$ wird der Zähler zurückgesetzt. Hierdurch entsteht am Ausgang Q_0 ein Spike während des Rücksetzvorganges. Das Signal an Ausgang Q_1 enthält keinen Spike (die 1-0-Flanke ist um die Rücksetzzeit geringfügig verlängert) und liefert, wie in Bild 7.23 ebenfalls dargestellt, ein Puls-/Pausen-Verhältnis (Reaktionszeiten vernachlässigt) von 1:2 bzw. ein Puls-/Perioden-Verhältnis von 1:3.

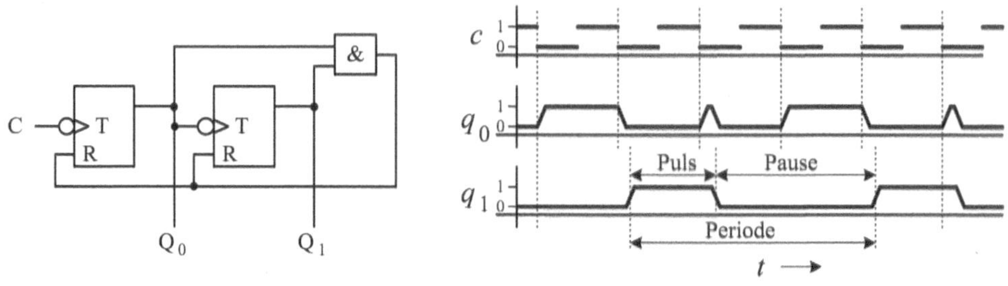

Bild 7.23 Frequenzteiler mit einem Teilungsverhältnis von 3

Ein Standardbeispiel im Bereich Frequenzteiler ist der Frequenzteiler mit dem Faktor 10 bei einem geforderten Puls-/Pausen-Verhältnis des Ausgangssignals von 1:1 (Periodendauer von 50 %). Das geforderte Puls-/Pausen-Verhältnis kann durch ein nachgeschaltetes T-FF (Modulo-2-Zähler, DIV2) realisiert werden. Hierzu wird ein Vorteiler mit dem Teilungsfaktor 5 benötigt. Ein Modulo-5-Zähler (DIV5) der einen Ausgangsimpuls während seiner gesamten Zählsequenz ausgibt, ist geeignet. Bild 7.24 zeigt die Schaltung mit den zwei Modulo-n-Zählern und das zugehörige Impuls-Zeit-Diagramm. Die Symbole geben an, dass das Ausgangssignal den Wert 1 annimmt, wenn der interne Zählerstand (Counter, ct) den Wert 0 repräsentiert ($ct = 0$). Dadurch entspricht die Pulsbreite des jeweiligen Ausgangssignals der Periodendauer des jeweiligen Eingangssignals. Der zweite Modulo-n-Zähler mit $n = 2$ teilt die bei ihm anliegende Frequenz um den Faktor 2 mit einem resultierenden Puls-/Pausen-Verhältnis von 1:1.

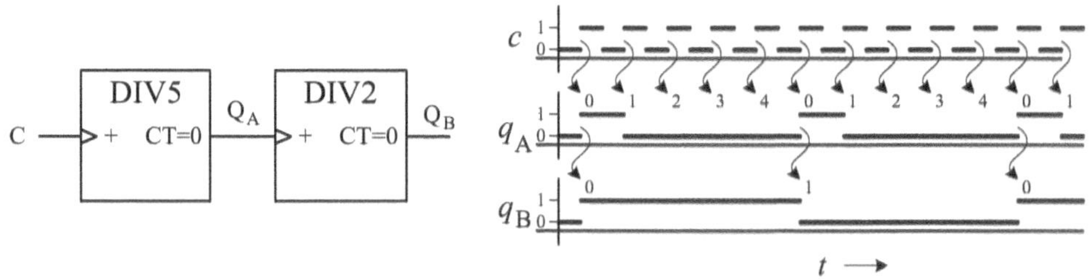

Bild 7.24 Frequenzteiler mit einem Teilungsverhältnis von 10 bei einem Puls-/Pausen-Verhältnis von 1:1

Realisierungen dieser Art werden aufwendig, wenn spezielle Puls-/Pausen-Verhältnisse benötigt werden. Soll z. B. ein Teilungsfaktor von fünf bei einem Puls-/Pausen-Verhältnis von 3:2 realisiert werden, dann sind asynchrone Realisierungen problembehaftet. Hier bietet sich an, einen angepassten Frequenzteiler basierend auf einem synchronen Zähler zu verwenden. Bild 7.25 zeigt ein Zustandsdiagramm mit fünf Zuständen in einer Kette. Wird dieser durchlaufen, so erhält man bei einem Impuls je Umlauf einen Frequenzteiler mit dem Faktor fünf. Stellt man sicher, dass dieser Impuls über drei zusammenhängende Perioden des Taktsignals den Wert 1 und über zwei Perioden den Wert 0 hat, so erhält man automatisch das gewünschte Puls-/Pausen-Verhältnis. In Bild 7.25 sind diese Werte in Fettdruck eingetragen. Die Zustände im Zustandsdiagramm müssen sich unterscheiden, sodass während der Pulsdauer und der Pulspause ein Zähler mitgeführt wird. Für drei Eingangsimpulse reicht ein 2-Bit-Zähler. Diese Zählerwerte sind ebenfalls in dem Zustandsdiagramm eingetragen (nicht fett).

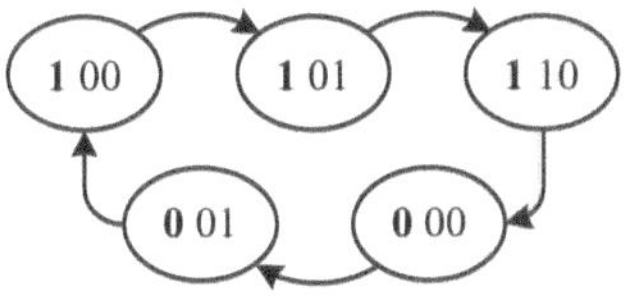

Bild 7.25 Zustandsdiagramm eines Frequenzteilers mit einem Teilungsverhältnis von 5 bei einem Puls-/Pausen-Verhältnis von 3:2

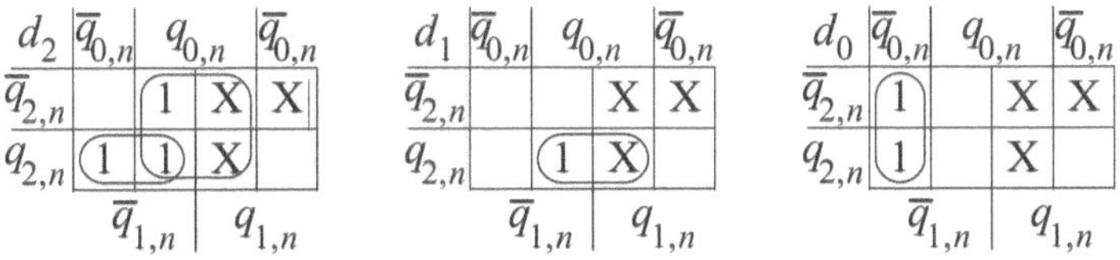

Bild 7.26 KV-Diagramm

Hierdurch erhält man die in Tabelle 7.11 angegebene Übergangstabelle (linke Spalten, mit $\vec{d} = \overrightarrow{q_{n+1}} = \{q_2, q_1, q_0\}_{n+1}$ und unter Verwendung von D-FF mit dem in Bild 7.26 angegebenen KV-Diagramm Formel 7.26 bis Formel 7.28 (die für die Minimierung verwendeten Bitkombinationen sind in der rechten Spalte in Tabelle 7.11 angegeben) und hieraus wiederum die in Bild 7.27 angegebene Schaltung sowie das vollständige Zustandsdiagramm in Bild 7.28.

Tabelle 7.11 Wahrheits- bzw. Übergangstabelle eines Frequenzteilers

$\vec{q}_n$	$\vec{d} = \vec{q}_{n+1}$	Beschreibung	$\vec{d} = \vec{q}_{n+1}$
0 0 0	0 0 1	Pause, Teil 1	0 0 1
0 0 1	1 0 0	Pause, Teil 2	1 0 0
0 1 0	X X X		**0 0 0**
0 1 1	X X X		**1 0 0**
1 0 0	1 0 1	Puls, Teil 1	1 0 1
1 0 1	1 1 0	Puls, Teil 2	1 1 0
1 1 0	0 0 0	Puls, Teil 3	0 0 0
1 1 1	X X X		**1 1 0**

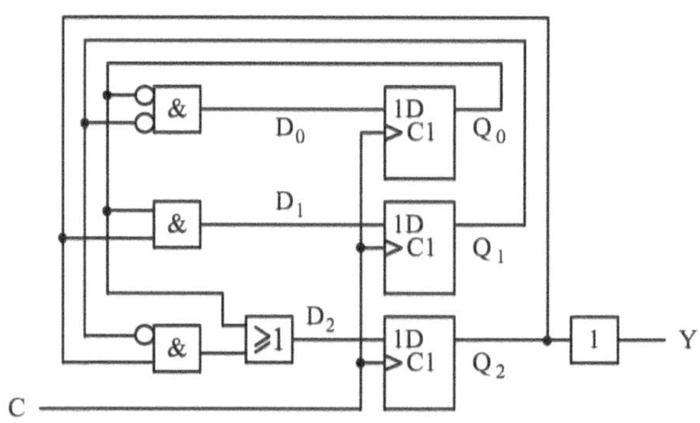

Bild 7.27
Schaltung des Frequenzteilers

$$d_0 = \overline{q_{0,n}}\,\overline{q_{1,n}} \tag{7.26}$$

$$d_1 = q_{0,n}\,q_{2,n} \tag{7.27}$$

$$d_2 = q_{0,n} \vee \overline{q_{1,n}}\,q_{2,n} \tag{7.28}$$

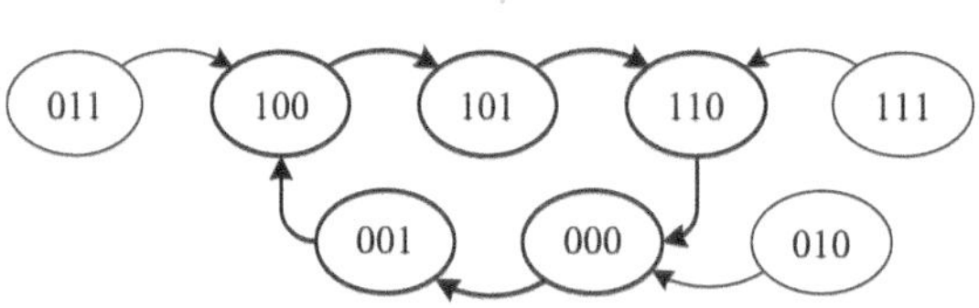

Bild 7.28
Vollständiges Zustandsdiagramm des Frequenzteilers

Eine weitere Anwendung für Frequenzteiler sind **Frequenzvervielfacher**. Hierzu sind analoge Komponenten erforderlich. Bild 7.29 zeigt einen spannungsgesteuerten Oszillator (Voltage Controlled Oscillator, VCO). Dieser liefert ein über den analogen Spannungseingang einstellbares Taktsignal. Dieses Signal steht als digitales Taktsignal zur Verfügung oder wird entsprechend aufbereitet. Über einen Frequenzteiler im Rückkopplungszweig wird diese Frequenz heruntergeteilt. Das heruntergeteilte Taktsignal wird über einen Phasenvergleicher mit einem festen Taktsignal verglichen. Ist die Flanke des zurückgekoppelten Signals zu spät, so wird über den Tiefpass (TP) die Taktfrequenz des VCO erhöht; ist die Flanke zu früh, so wird die Frequenz verringert. Die analogen Komponenten müssen so eingestellt sein, dass diese Rückführung für den Arbeitsbereich stabil arbeitet. Nach dem Einschwingvorgang sind nur kleine Frequenzkorrekturen notwendig und die Regelschleife wird als „eingerastet“ bezeichnet. Die Ausgangsfrequenz ist im eingerasteten Zustand um den Teilungsfaktor höher als die des Eingangssignals. Diese Schaltungen werden als „Phasenregelschleife“ (Phase Locked Loop, PLL) bezeichnet. Für die Frequenzstabilität ist neben den Regeleigenschaften nur die Eingangsfrequenz entscheidend.

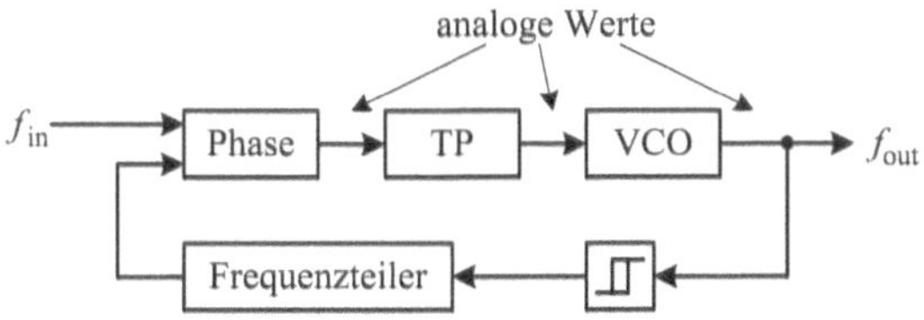

Bild 7.29
Frequenzvervielfacherschaltung (PLL)

7.3 Schieberegister

Die Struktur eines Schieberegisters wurde bereits bei der Herleitung der Master-Slave-Flipflops verwendet. Schieberegister dienen allgemein zur **Seriell-Parallel-Umsetzung** (Serial In - Parallel Out, SIPO) und zur **Parallel-Seriell-Umsetzung** (Parallel In - Serial Out, PISO). Die serielle Datenübertragung ist aufgrund der geringen Anzahl an Verbindungsleitungen vorteilhaft, während die parallele Bearbeitung eine leistungsstärkere Datenverarbeitung gewährleistet. Für eine schnelle Datenübertragung bedient man sich symmetrischer Signale auf abgeschlossenem (Abschlusswiderstand entspricht dem Wellenwiderstand der Leitung), verdrilltem Leitungspaar (z.B. Universal Serial Bus, USB), bei denen das Signal in negierter und nicht negierter Form parallel übertragen wird. Die Signalerkennung verwendet die Spannungsdifferenz zwischen diesen Leitungen, sodass auf beide Leitungen wirkende additive Überlagerungen (z.B. durch Störeinflüsse) keinen Einfluss haben. Dadurch ist diese Übertragung unempfindlicher als die hier behandelten unsymmetrischen Signale auf Einzelleitungen. Die für die Erläuterung schneller Signalübertragung benötigten Grundlagen über analoge Eigenschaften wie Ausbreitungsgeschwindigkeit, magnetische und kapazitive Kopplung von Leitern, Wellenwiderstand von Leitungen, Reflexion an Inhomogenitäten etc. sind nicht Gegenstand dieses Buches. Auf diese Effekte räumlich ausgedehnter Schaltungen kann hier nicht weiter eingegangen werden (s. auch Abschnitt 1.7 Verarbeitungsgeschwindigkeit), lediglich Probleme durch Laufzeiten werden an einigen Stellen erwähnt.

Schieberegister sind in Reihe geschaltete Flipflops, aus Gründen der einfachen Ansteuerung eine Reihe von D-FF. Da jeder Ausgang der FF zugänglich ist, stehen die Daten parallel zur Verfügung. Falls mehr als ein Schiebetakt verwendet wird, benötigt man die Information, die das Ende des Schiebevorgangs kennzeichnet. Die Eingabe bzw. das Setzen der FF kann durch einen separaten Takt, wie bereits in Bild 7.11 dargestellt, erfolgen. Eine andere, mit dem Taktsignal gekoppelte Eingabe erfolgt mit einem vorgeschalteten Multiplexer. Hierüber wird das zu speichernde Signal ausgewählt, welches im einfachsten Fall das des vorgelagerten FF oder ein separates Eingangssignal sein kann. Erweitert man diese Schaltung auf einen 1-aus-4-Bit-Multiplexer, so können vier Funktionen realisiert werden. Dieses sind „Speichern“ (der alte Wert wird gespeichert, keine Änderungen), „Schieben nach rechts“ (Shift right, SR, der Wert des linken, in diesem Fall niederwertigeren FF wird übernommen), „Schieben nach links“ (Shift left, SL, der Wert des rechten, in diesem Fall höherwertigen FF wird übernommen) und „Einlesen“ eines extern angelegten Signals. Bei dieser Beschreibung wird LSB auf der linken Seite und MSB auf der rechten Seite vorausgesetzt. Bei der Zahlendarstellung im Dualcode ist MSB links und LSB rechts. Tabelle 7.12 zeigt die beschriebene Funktion erweitert mit einem 0-aktiven Rücksetzsignal $\overline{r}$. Die Schaltung ist in Bild 7.30 zu sehen. Sie entspricht der Bitstelle x. Durch einfache Reihenschaltung kann hiermit entsprechend der Bit-Slice-Technik ein Schieberegister beliebiger Länge realisiert werden.

Tabelle 7.12 Funktionstabelle

c	$\overline{r}$	sl	sr	$q_{x,n+1}$
x	0	x	x	0
↑	1	0	0	$q_{x,n}$
↑	1	0	1	$q_{x-1,n}$
↑	1	1	0	$q_{x+1,n}$
↑	1	1	1	d_x

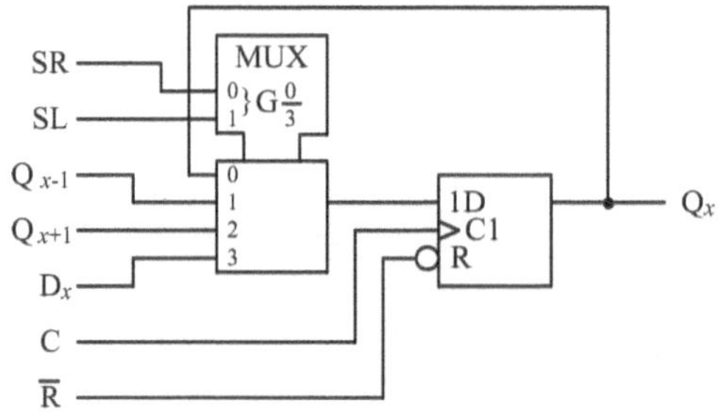

Bild 7.30
Modul eines universell einsetzbaren Schieberegisters (Bit-Slice-Technik)

Dieses Schieberegister gibt es in Gruppen mit vier Bit zu kaufen. Der Schaltkreis 74 194 hat in der HC- und HCT-Variante dieses Modul als Grundelement. Für die Verbindung zwischen den Schaltkreisen trägt Q_{x-1} für $x = 0$ die Bezeichnung D_{SR} und Q_{x+1} für $x = 3$ die Bezeichnung D_{SL}. Bild 7.31 zeigt den Baustein in der Logikdarstellung. Der Takt arbeitet mit der positiven Flanke und hat die Steuernummer 4 (C4). Über SR und SL wird der Mode des Bausteins ausgewählt (Mode 0 bis 3). Mode 0 hat keine Wirkung (Speichern), Mode 1 verwendet D_{SR} als Eingangssignal (1,4D) und es erfolgt mit der ansteigenden Flanke an C (C4) der Schiebevorgang nach rechts (1 →), Mode 2 verwendet D_{SL} als Eingangssignal (2,4D) und es erfolgt mit der ansteigenden Flanke an C (C4) der Schiebevorgang nach links (2 ←). Im Mode 3 werden über die Eingänge D_0 bis D_3 (3,4D) die Daten eingelesen und mit der ansteigenden Flanke an C (C4) in die D-FF übernommen.

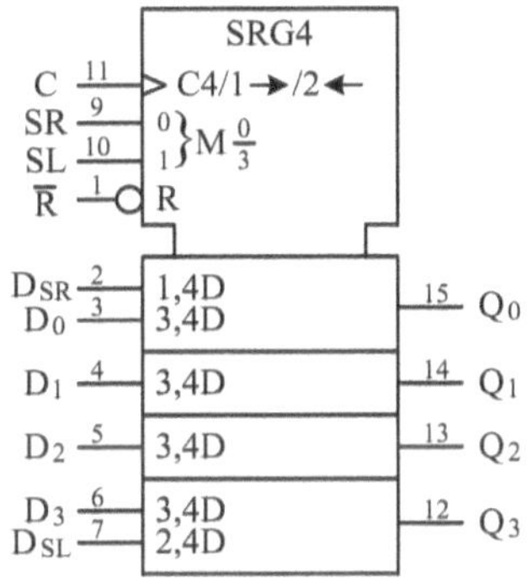

Bild 7.31
Universell einsetzbares Schieberegister (74HCT194)

Die in dem Schieberegister gespeicherten Inhalte können durch Rückführung des Ausgangs auf den Eingang ohne Datenverlust in dem aufgebauten „Ring" verschoben werden. Bild 7.32 zeigt die Schaltung für ein entsprechendes 4-Bit-Schieberegister. Das Bitmuster kann in diesem einfachen Beispiel nur nach rechts geschoben werden. Je nach Anfangsbedingung (oder gezieltes Setzen, entsprechende Schaltungserweiterungen sind nicht eingezeichnet) ergeben sich zwei stabile Bitkombinationen und vier unabhängige Ketten in der Zustandsdarstellung (s. Bild 7.33).

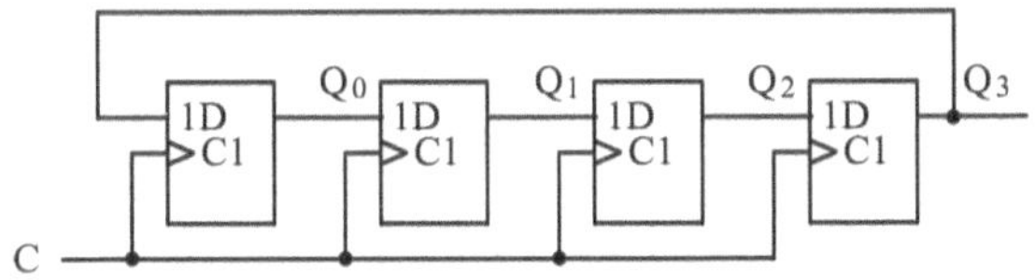

Bild 7.32
Schieberegister als 4-Bit-Ring-Register

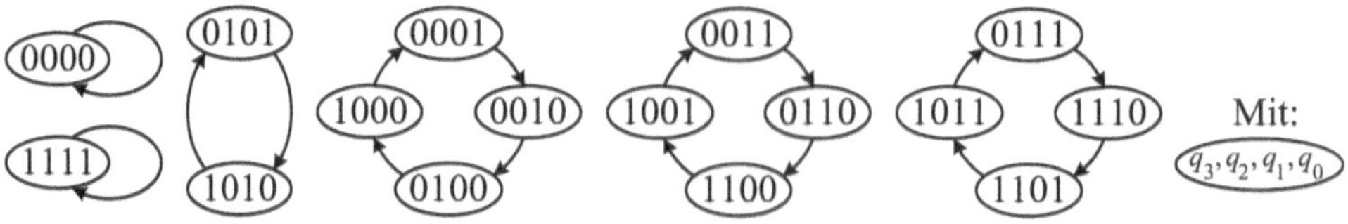

Bild 7.33 Zustandsdiagramm eines 4-Bit-Ring-Registers

Verwendet man zwei örtlich getrennte (zwei Geräte) Schieberegister gleicher Länge, die als Ring aufgebaut werden, so können mit dem Schiebetakt die Daten zwischen diesen beiden räumlich getrennten Objekten ausgetauscht werden. Als Verbindung werden lediglich Leitungen für den Takt (CK), den Datenstrom nach rechts (Data In, DI, bezogen auf Gerät 2) und den Datenstrom nach links für die Rückführung (Data Out, DO) benötigt. Hinzu kommen der Masseanschluss (GND) und eventuell die Versorgungsspannung (U_V oder U_{CC}). Als Beispiel in Bild 7.34 dient wieder ein stilistisches 4-Bit-Schieberegister (eine den Anforderungen angepasste Schieberegisterlänge erhöht lediglich die Anzahl benötigter Schiebetakte). Für den Datenaustausch können in jedem Register die FF gesetzt bzw. ausgelesen werden. Nach vier Schiebetakten sind die Daten $Q_{1,0}, \ldots, Q_{1,3}$ und $Q_{2,0}, \ldots, Q_{2,3}$ ausgetauscht. Strukturen dieser Art sind in vielen nicht zeitkritischen Steuerungen zu finden.

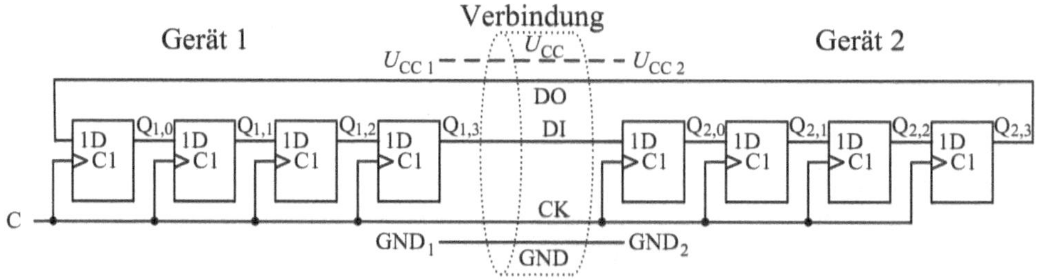

Bild 7.34 Als Ring geschaltete 4-Bit-Schieberegister zum Datenaustausch zwischen zwei Geräten

Für einige Anwendungen werden Signale des Schieberegisters zurückgekoppelt und hieraus das einzulesende Bitmuster generiert. Die einfachste Variante ist, wenn das Signal des letzten FF invertiert auf den Eingang des ersten FF zurückgeführt wird. Dieser Aufbau heißt Johnson-Zähler oder Möbius-Zähler. Bild 7.35 zeigt einen 4-Bit-Johnson-Zähler. Durch die Rückführung ergeben sich je nach Anfangszustand zwei Bitmusterfolgen (zwei Kreise im Zustandsdiagramm) mit je acht Zuständen (s. Bild 7.36).

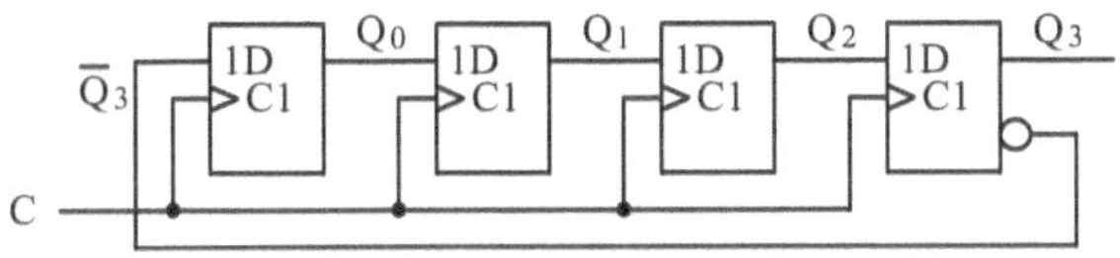

Bild 7.35
4-Bit-Johnson-Zähler

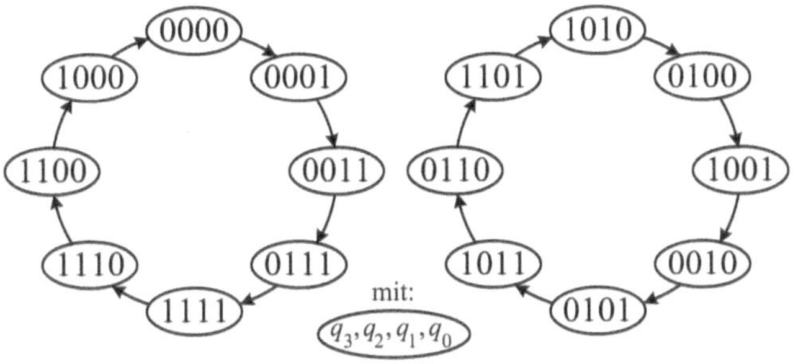

Bild 7.36 Zustandsdiagramm eines 4-Bit-Johnson-Zählers

Ein einfaches Schaltnetz für die Rückführung ist die NOR-Verknüpfung aller Ausgänge, ausgenommen das letzte der Kette. Hierdurch wird eine durchlaufende 1 realisiert. Alle Speicher haben den Wert 0, bis auf eines. Wenn das letzte FF der Kette eine 1 ausgibt (alle anderen haben den Wert 0), dann wird wieder eine 1 an das erste FF angelegt. Diese Repräsentation des 1-aus-*n*-Code wird auch „One Hot" genannt. Bild 7.37 zeigt die entsprechende Schaltung und Bild 7.38 das vollständige Zustandsdiagramm.

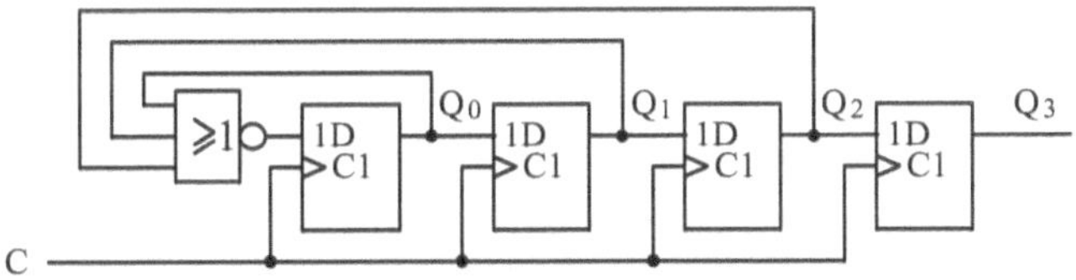

Bild 7.37 Zähler mit einem 1-aus-4-Code

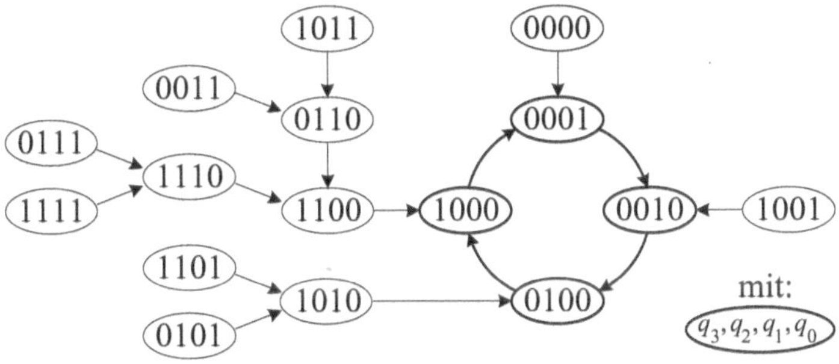

Bild 7.38 Zustandsdiagramm eines Zählers (1-aus-4-Code)

Eine wichtige Gruppe der Rückführungen wird mit XOR-Verknüpfungen (Binäre Addition) erstellt. Hiermit sind spezielle Verhaltensweisen möglich. Von besonderer Bedeutung sind Rückführungen, bei denen sich alle Zustände bis auf einen Zustand in einer langen Kette befinden. Bild 7.39 zeigt eine entsprechende Schaltung und Bild 7.40 das vollständige Zustandsdiagramm.

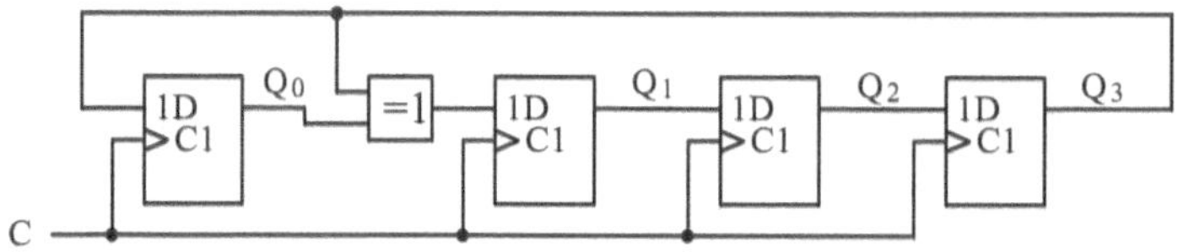

Bild 7.39 Zähler (4-Bit-Pseudorandom)

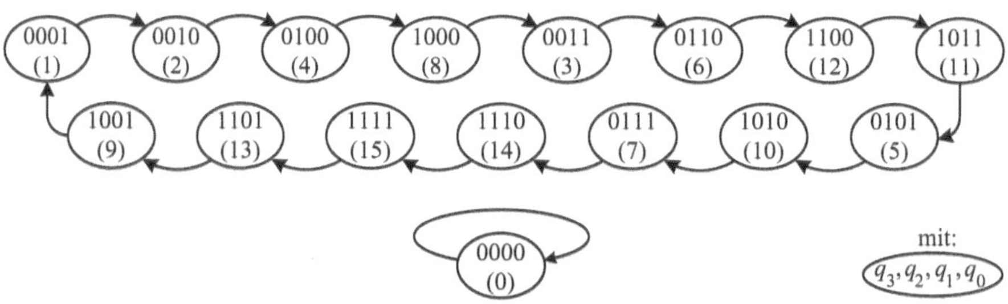

Bild 7.40 Zustandsdiagramm eines Zählers (4-Bit-Pseudorandom)

Solange die FF nicht alle den Wert 0 haben, erhalten wir eine festgelegte Folge an Bitmustern. Werden diese Muster nach der Reihe des Auftretens nummeriert, so haben wir einen Zähler. Werden die Bitmuster entsprechend dem Dualcode interpretiert, so haben wir eine als Zufallsfolge erscheinende Sequenz. Schaltungen dieser Art werden deshalb als Bitmusterquelle von Zufallszahlen verwendet. Da die Sequenz jedoch fest ist, nennt man sie Pseudorandom-Schieberegister oder Pseudorandom-Generator.

Ein Pseudorandom-Schieberegister, dessen Eingangssignal zusätzlich mit einem Datenstrom (mit dem Taktsignal synchrone Bitmusterfolge fester Länge) XOR verknüpft wird, nennt man Signatur-Register, das eine Prüfsumme für Bitmusterfolgen liefert (Cyclic Redundancy Check, CRC). Die Funktionsbeschreibung finden sie in Abschnitt 1.6.7 CRC-Summe und eine schaltungstechnische Realisierung in Bild 7.41. Die in Bild 1.13 Anschlüsse und Sequenzen eines CRC-4 Generators genannte Sequenz ist in Bild 7.42 als Zustandsdiagramm dargestellt. Die Übergänge zwischen den Zuständen sind für *daten* = 0 mit durchgezeichneten Pfeilen und für *daten* = 1 mit gepunkteten Pfeilen gekennzeichnet.

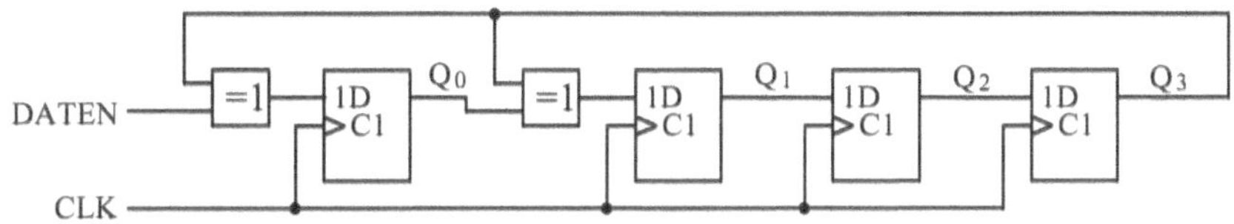

Bild 7.41 Schaltung eines 4-Bit-CRC-Registers

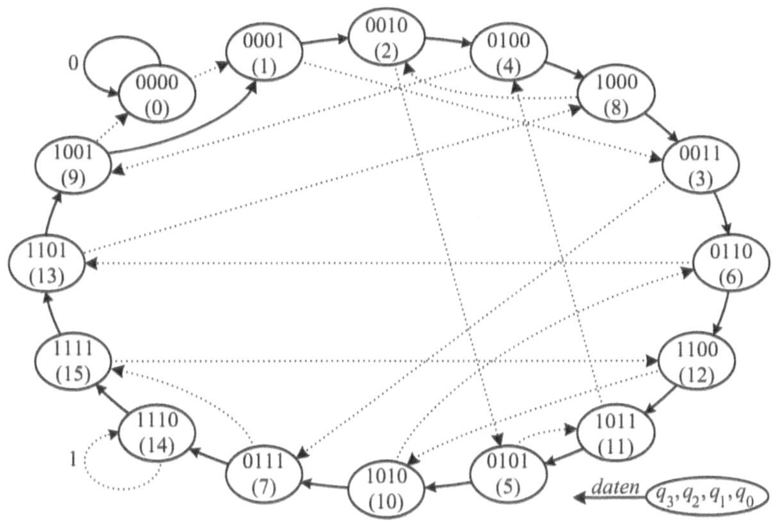

Bild 7.42 Zustandsdiagramm eines 4-Bit-CRC-Registers

Um die Funktionsweise zu vertiefen, bietet sich eine Simulation an. Bild 7.43 zeigt die im Zusatzmaterial auf *https://plus.hanser-fachbuch.de/* zu findende Schaltung für Logisim. Im unteren Bereich sind die 4 D-FF zu sehen. Das Ausgangssignal des rechten D-FF liefert das Ergebnis der Polynomdivision und gibt über die Rückführung das zu verwendende Polynom für die XOR-Verknüpfung frei. Hier können verschiedene Polynome ausprobiert werden, das hier verwendete Polynom hat den Wert 10011. Die führende 1 gibt den Grad des Polynoms an und nach rechts folgen die variablen Werte, die bei dem Eingang POLYNOM mit dem Wert *polynom* eingestellt werden können. Links oben in dem Schaltbild ist die Verknüpfung zum Setzen und Rücksetzen der D-FF mit separaten taktunabhängigen Setz- und Rücksetzeingängen zu sehen (s. Bild 7.11). Da wir vier Flipflops haben, benötigen wir auch vier Schaltungen, die man sich hier hintereinander (in die Bildebene hinein) vorstellen kann. Dieser Schaltungsteil ist 4 Ebenen tief, während der andere nur eine (flache) Ebene darstellt. Der Übergang erfolgt über die Verteiler (Splitter), mit denen die Ebenen aufgeteilt werden. Die schwarze, etwas stärker gezeichnete Linie hat hier eine Tiefe bzw. Breite von 4 Bit und hiervon gehen die einzelnen durchnummerierten Leitungen ab (oben mit der Nummerierung 0 bis unten mit der Nummerierung 3). Die Einzelleitungen werden in Logisim entsprechend des übertragenen digitalen Wertes in Dunkel für den Wert 0 und in Hell für den Wert 1 dargestellt. Die schwarze Linie mit der Tiefe von 4 wird auch Bus genannt und mit einer (Bus-)Breite von 4 Bit angegeben. In dem oberen rechten Bereich werden die vier Ausgangssignale der FF zu einem 4-Bit-Bus zusammengefasst und der Hexadezimalen Anzeige zugeführt (ebenso die Anzeige in der linken oberen Ecke).

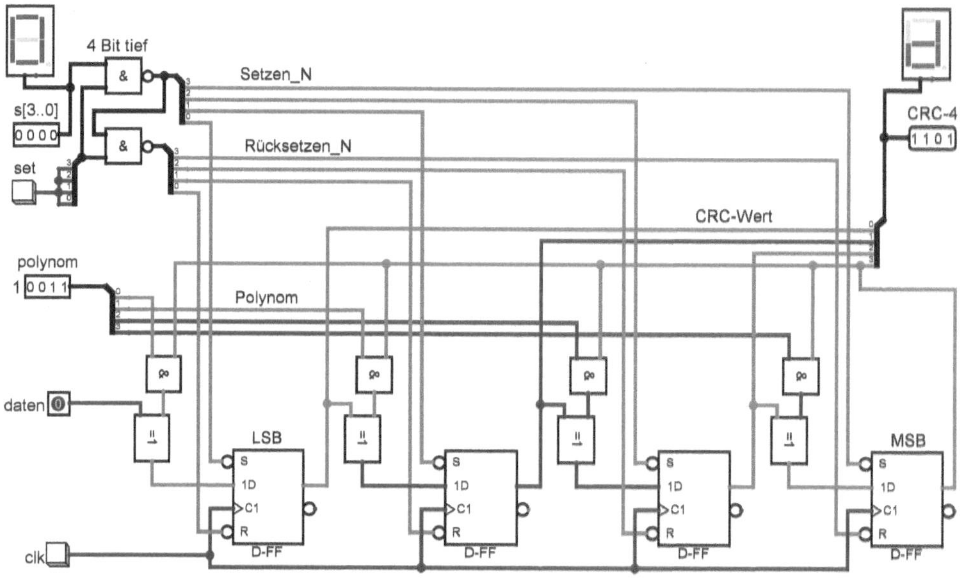

Bild 7.43 Schaltbild zum Testen verschiedener 4-Bit-CRC-Register mit Simulink

Das als Beispiel verwendete Polynom hat den Wert 10011 und *daten* sowie *clk* starten mit dem Wert 0. Im normalen Ablauf wird nun das Register zurückgesetzt mit $s[3..0] = \{s_3, s_2, s_1, s_0\} = 0000 = \vec{s}$ und einem kurzzeitigen aktivieren der SET-Taste. Das Beispiel in der Einleitung hat die Folge 11001010. Also müssen für den linken Wert *daten* auf 1 geändert und mit einem Impuls auf *clk* dem CRC-Register übergeben werden. Dies wiederholt sich für jedes Bit, also noch weitere 7-mal. Die entstehenden CRC-Werte haben mit dem Startwert 0 die Folge 136CA7Fd. Der Ablauf kann auch im Zustandsdiagramm Bild 7.42 verfolgt werden. Durch das Setzen der FF ist es möglich, jeden einzelnen Übergang separat einzustellen und das Verhalten ab hier zu überprüfen.

7.4 Aufgaben

1. Bild 7.10 zeigt einen Modulo-10-Rückwärtszähler. Welches Problem kann bei dieser Realisierung auftreten (prüfen Sie die Möglichkeit entstehender Glitches durch asynchrones Verhalten)?
2. Bild 7.10 zeigt einen Modulo-10-Rückwärtszähler mit den Zählwerten 9, 8, 7, 6, 5, 4, 3, 2, 1 und 0. Wie kann diese Schaltung vereinfacht werden (NAND-Gatter mit 2 Eingängen und Reduzierung der nicht taktgebundenen Setz- und Rücksetzeingänge)?
3. Bild 7.11 zeigt zwei Varianten zum Setzen bzw. Rücksetzen eines FF. Überprüfen Sie die Äquivalenz der beiden Realisierungen.
4. Bild 7.44 zeigt einen Rückwärtszähler aus JK-MS-FF. Wird dieser Zähler nur mit dem Takt c versorgt, so ist die Sequenz der Ausgangssignale die sich wiederholende Zählfolge 0, 7, 6, 5, 4, 3, 2, 1. Startet der Zähler nach einem Reset mit dem Wert 0, erhält man die Folge 0, 1, 0, 3, 2, 1 gefolgt von der erwarteten Zählfolge 0, 7,..., 1. Wodurch ergibt sich dieses unterschiedliche Verhalten (beachten Sie die Master/Slave-Struktur)?

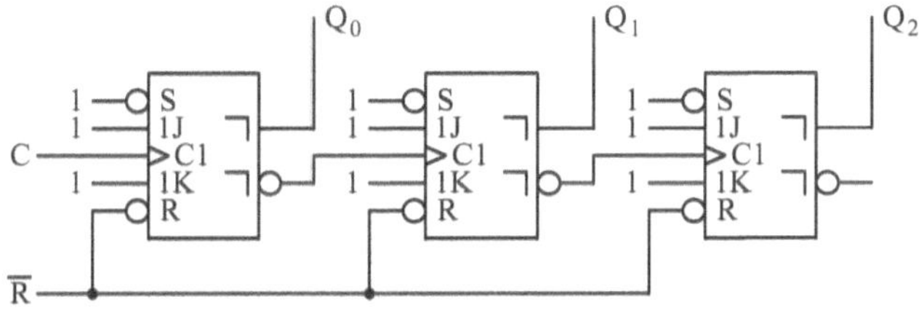

Bild 7.44 Rückwärtszähler mit JK-MS-FF und Reset-Schaltung (für Aufgabe 7-4)

5. Analysieren Sie den in Bild 7.45 dargestellten Zähler. Zeichnen Sie das Impuls-Zeit-Diagramm (für alle Bitkombinationen) und das vollständige Zustandsdiagramm. Kann die Ausgangssequenz (Gatterlaufzeiten vernachlässigt) auch mit deutlich geringerem Aufwand realisiert werden? Wenn ja, erstellen Sie einen Vorschlag.

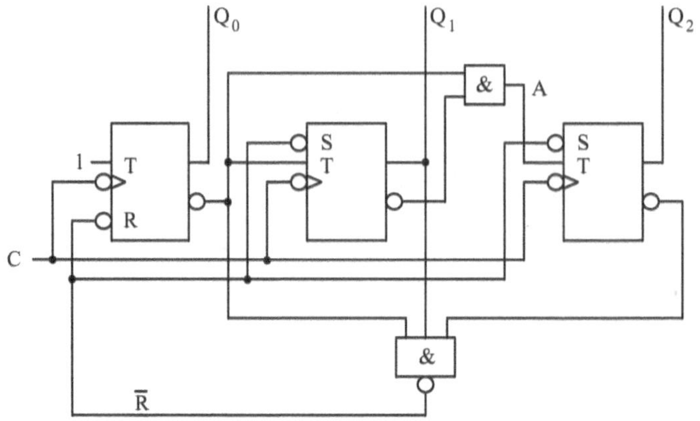

Bild 7.45 Synchroner Zähler (Beispiel A)

6. Analysieren Sie den in Bild 7.46 dargestellten Zähler. Zeichnen Sie das Impuls-Zeit-Diagramm (für alle Bitkombinationen) und das vollständige Zustandsdiagramm.

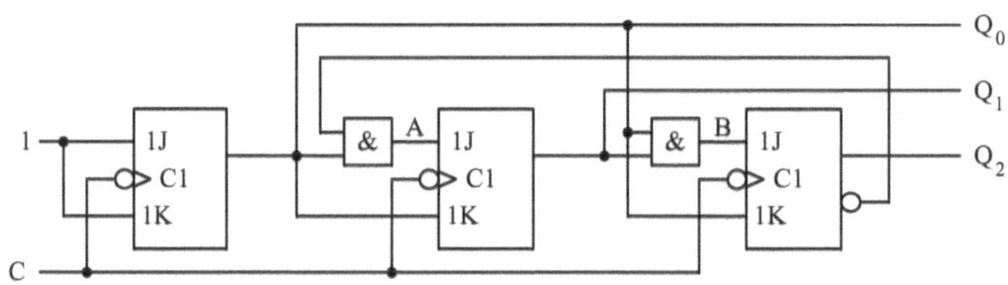

Bild 7.46 Synchroner Zähler (Beispiel B)

7. Entwerfen Sie einen mit JK-FF und einen mit T-FF aufgebauten Zähler, die in der in Bild 7.1 rechts angegebenen Bitkombination zählen. Zeichnen Sie die Schaltungen und die vollständigen Zustandsdiagramme. Vergleichen Sie das Verhalten der Zähler, die Sie durch den Koeffizientenvergleich (z. B. JK-FF) bzw. mithilfe der Synthese-Tabelle (z. B. T-FF) entwickelt haben.
8. Analysieren Sie den in Bild 7.47 dargestellten Frequenzteiler. Zeichnen Sie das Impuls-Zeit-Diagramm (für alle internen Bitkombinationen).

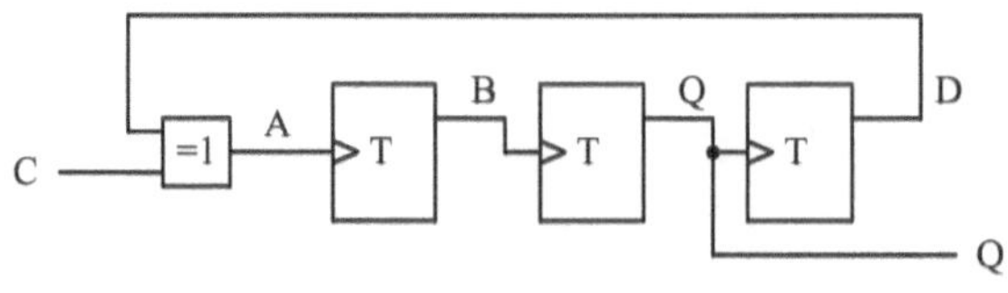

Bild 7.47 Frequenzteiler

9. Zeichnen Sie die Schaltung eines 5-Bit-Johnson-Zählers oder Möbius-Zählers und bestimmen Sie das vollständige Zustandsdiagramm.
10. Das in Bild 7.42 dargestellte Zustandsdiagramm eines 4-Bit CRC-Registers resultiert auf dem Polynom 10011 bzw. $x^4 + x + 1$. Zeigt das Polynom 11001 bzw. $x^4 + x^3 + 1$ ähnliches Verhalten? Erstellen Sie dazu das vollständige Zustandsdiagramm (über die Polynomdivision gemäß gemäß Bild 1.21 Beispiele binärer Polynomdivisionen oder durch Simulation, z. B. mit Logisim).
11. Vergleicht man zwei Datenströme, z. B. einen zu übertragenden fehlerfreien Datenstrom d_r fester Länge mit dem zugehörigen fehlerhaften Datenstrom d_f gleicher Länge, so erhält man durch bitweise XOR-Verknüpfung einen fehleranzeigenden Datenstrom d_e gleicher Länge (s. auch Abschnitt 1.6.7 CRC-Summe). Überprüfen Sie an Beispielen, ob die XOR-Verknüpfung auch für die CRC-Werte der Datenströme gilt.

8 Getaktete Schaltwerke

8.1 Einführung

Schaltwerke oder **Steuerwerke** bzw. **Automaten** sind ebenfalls sequenzielle Schaltungen. Sie dienen zur Steuerung eines Ablaufes. Die Grundstruktur entspricht der eines Zählers (s. Bild 7.2), jedoch ist das Zustandsdiagramm wesentlich komplexer. Vorteil dieser hardwaremäßigen Steuerungen ist die sehr hohe Geschwindigkeit. Sie liegt in der Größenordnung weniger Gatterlaufzeiten. Schaltwerke haben bereits die externe Anforderung verarbeitet, bevor ein Mikrocontroller einen Befehl eingelesen hat, der ihn eventuell auffordert, das extern anliegende Bitmuster mit einem erneuten Lesevorgang abzufragen, um es dann anschließend auszuwerten. Dieses Kapitel erläutert die Grundstrukturen von getakteten Schalt- oder Steuerwerken (STW), die auch als Deterministische Endliche Automaten (engl. Finite State Machines (FSM)) bezeichnet werden; Schaltwerke, deren Speicherabläufe aus den Datensignalen ohne synchronisierenden Takt ablaufen (ungetaktete Schaltwerke), werden hier nicht behandelt.

Zuerst eine Beschreibung von Schaltwerken. Bild 8.1 zeigt ein allgemeines Schaltwerk mit mehreren Ein- und Ausgängen. An den I Eingängen $\vec{\mathrm{E}}=\{\mathrm{E}_I,\ldots,\mathrm{E}_i,\mathrm{E}_2,\ldots,\mathrm{E}_1,\mathrm{E}_0\}$ liegen die externen Signale $\vec{e}=\{e_I,\ldots,e_i,\ldots,e_2,e_1,e_0\}$ an. Die J Ausgänge $\vec{\mathrm{A}}=\{\mathrm{A}_J,\ldots,\mathrm{A}_j,\mathrm{A}_2,\ldots,\mathrm{A}_1,\mathrm{A}_0\}$ führen die Signale $\vec{a}=\{a_J,\ldots,a_j,\ldots,a_2,a_1,a_0\}$. Diese sind von den aktuellen Eingangssignalen $\overrightarrow{e_n}$, aber auch von den vorhergehenden Eingangssignalen $\overrightarrow{e_{n-1}},\overrightarrow{e_{n-2}},\overrightarrow{e_{n-3}},\ldots,\overrightarrow{e_0}$ und dem Anfangszustand $\overrightarrow{z_0}$ abhängig. Das Gedächtnis des Schaltwerkes sind die K internen Zustandsspeicher mit den Anschlüssen $\vec{\mathrm{Z}}=\{\mathrm{Z}_K,\ldots,\mathrm{Z}_k,\ldots,\mathrm{Z}_2,\mathrm{Z}_1,\mathrm{Z}_0\}$ und den zugehörigen Signalen $\overrightarrow{z_n}=\{z_{K,n},\ldots,z_{k,n},\ldots,z_{2,n},z_{1,n},z_{0,n}\}$.

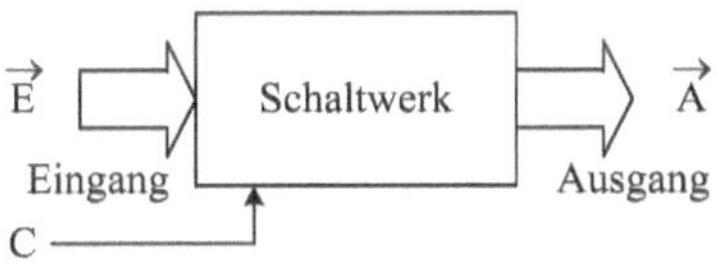

Bild 8.1
Getaktetes Schaltwerk (allgemein)

Die Funktion soll an einem einfachen Bonbonautomaten erläutert werden.[1] Dieser Automat, genauer gesagt die Steuerung (wird auch als Automat bezeichnet), soll zwei Größen an Bonbontüten ausgeben. Der Ablauf wird in Bild 8.2 dargestellt. Nach dem Start wartet der Automat auf Eingaben (Warteschleife). Als aktive Eingaben stehen der Einwurf einer 1-€-Münze (1 €), einer 2-€-Münze (2 €) oder das Drücken der Ausgabetaste (AT) zur Verfügung. Aktive Ausgaben sind die Ausgabe einer Standardpackung (STD), die Ausgabe einer Doppelpackung (DBL), die Ausgabe einer eingeworfenen 1-€-Münze (1 €) oder die Ausgabe einer eingeworfenen 2-€-Münze (2 €).

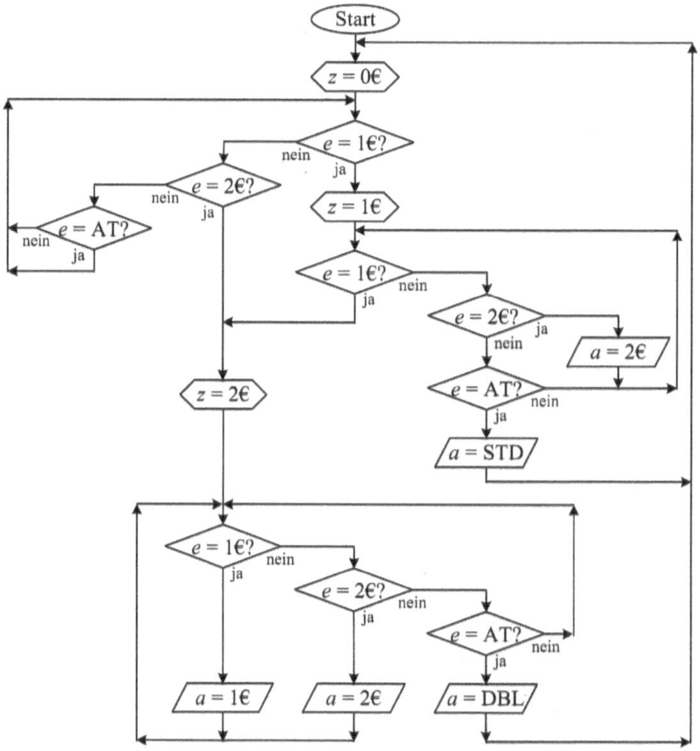

Bild 8.2 Flussdiagramm eines einfachen Bonbonautomaten (Übersicht)

Nach dem Start ist der Zustand $z = 0$ € (keine Schulden). Wird eine 1-€-Münze eingeworfen, so ändert sich der interne Zustand auf $z = 1$ € (1 € Schulden). Wird eine weitere 1-€-Münze eingeworfen, so erhöht sich der interne Zustand auf $z = 2$ € (2 € Schulden). Es kann kein höherer Wert als 2 € bearbeitet werden. Wird in dem Start-Zustand ($z = 0$ €) eine 2-€-Münze eingeworfen ($e = 1$ €: nein; $e = 2$ €: ja), so wechselt der Zustand direkt auf $z = 2$ €. Wird im Start-Zustand ($z = 0$ €) die Ausgabetaste ge-

[1] Eine vergleichbare Darstellung dieses Beispiels findet sich in: Pernards, P.: Digitaltechnik 1, 2. 2001.

drückt, so erfolgt keine Reaktion (Warteschleife, ein Durchlauf besteht aus den Abfragen der Eingangsbedingungen 1 €, 2 € und AT).

Wird im Zustand z = 1 € eine 2-€-Münze eingeworfen, so kann diese nicht verarbeitet werden und es wird die 2-€-Münze wieder ausgegeben (a = 2 €). Der Zustand z bleibt unverändert. Wird keine Ausgabetaste gedrückt, so haben wir hier die Warteschleife. Wird bei z = 1 € die Ausgabetaste (AT) gedrückt, so wird die Standardpackung (STD) ausgegeben. Der Zustand wechselt dann nach z = 0 €.

Wird im Zustand z = 2 € eine Münze eingeworfen, so wird diese ausgegeben. Wird die Ausgabetaste nicht gedrückt, so haben wir hier die Warteschleife (keine 1-€-Münze, keine 2-€-Münze und keine Ausgabetaste). Wird die Ausgabetaste gedrückt, so wird die Doppelpackung (DBL) ausgegeben.

Der Ablauf soll ein einfaches Beispiel symbolisieren. Die Möglichkeit von mehreren Eingangswerten während eines Schleifendurchlaufes wird ausgeschlossen (gleichzeitiger Einwurf einer Münze mit dem Drücken der Ausgabetaste etc.).

Der Ablauf kann übersichtlich in einem Zustandsdiagramm dargestellt werden. Bild 8.3 zeigt das Diagramm. Die Kreise symbolisieren den Zustand z (0 €, 1 €, und 2 €) und an den Pfeilen sind die für diesen Übergang notwendigen Eingangsbedingungen e (keine Eingabe kE, 1 €, 2 € und gedrückte Ausgabetaste AT) und die hiermit gekoppelten Ausgangswerte a (keine Ausgabe kA, STD, DBL, 1 € und 2 €) benannt.

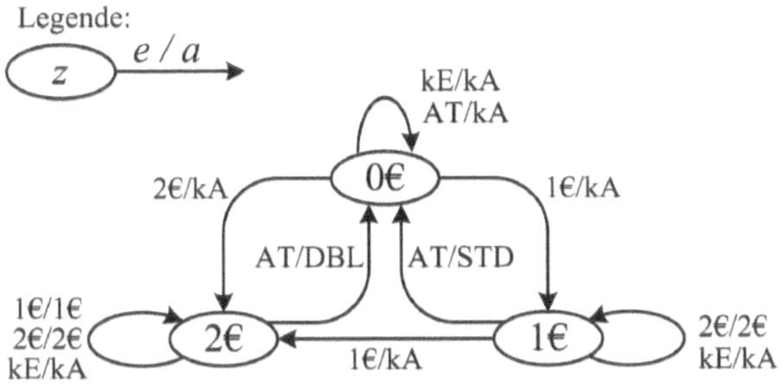

Bild 8.3
Zustandsdiagramm des Bonbonautomaten (symbolisch)

Ein auf Digitalwerte, genauer gesagt auf binären Größen basierendes Steuerwerk kann die genannten Angaben nicht verarbeiten. Es ist notwendig, den verwendeten Symbolen Bitmuster zuzuordnen. Die Tabelle 8.1 gibt ein Beispiel für die Codierung der Eingangsgrößen, Tabelle 8.2 für die Codierung der Ausgangsgrößen und Tabelle 8.3 für die Codierung der internen Zustände an. Das Beispiel wird mit diesen Codierungen durchgeführt. Je nach Anforderung (Aufbau, Sensor-Signale und Aktor-Steuerung etc.) sind beliebige andere Bitmuster möglich. Ein Bitmuster darf jedoch nur einmal in einer Tabelle vorkommen (Codierungswerte müssen sich unterscheiden, um eindeutig zu sein).

Tabelle 8.1 Eingangszustände des Bonbonautomaten

Bezeichnung	Beschreibung	e_1	e_0
kE	keine Eingabe	0	0
1 €	Einwurf einer 1-€-Münze	0	1
2 €	Einwurf einer 2-€-Münze	1	0
AT	Drücken der Ausgabe-Taste	1	1

Tabelle 8.2 Ausgangszustände des Bonbonautomaten

Bezeichnung	Beschreibung	a_2	a_1	a_0
kA	keine Ausgabe	0	0	0
STD	Ausgabe der Standardpackung	0	0	1
DBL	Ausgabe der Doppelpackung	0	1	0
1 €	Ausgabe einer 1-€-Münze	1	0	1
2 €	Ausgabe einer 2-€-Münze	1	1	0

Tabelle 8.3 Interne Zustände des Bonbonautomaten

Bezeichnung	Beschreibung	z_1	z_0
0 €	keine Schulden	0	0
1 €	1 € wurde eingeworfen	0	1
2 €	2 € wurden eingeworfen	1	0

Mit diesen Codierungen lässt sich das Verhalten in die geeignete Form umsetzen. Bild 8.4 zeigt das Zustandsdiagramm mit binären Größen in der Logikdarstellung.

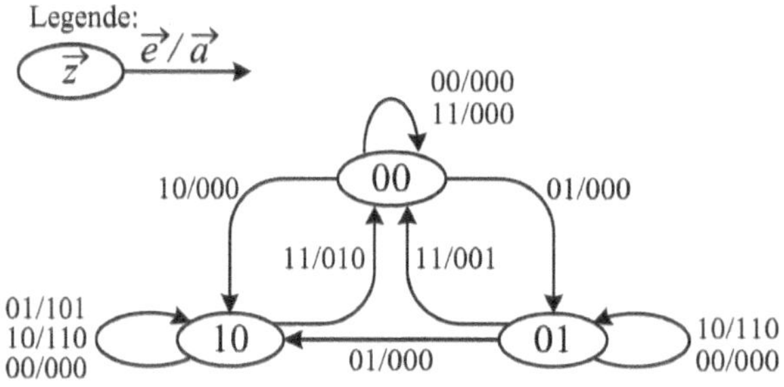

Bild 8.4 Zustandsdiagramm des Bonbonautomaten

Zur Lösung der Aufgabe wird diese Darstellung in eine Tabelle umgeformt. Tabelle 8.4 zeigt das Verhalten in Form einer Wahrheitstabelle (Übergangstabelle). Das Schaltnetz (UND-, ODER-Verknüpfungen etc.), das für die Bestimmung des neuen Zustandswertes benötigt wird, leitet seine Ausgangswerte von dem alten Zustand (s. Zähler) und den Eingangswerten ab. Wir haben also für das Schaltnetz vier Eingangsgrößen ($z_{1,n}$, $z_{0,n}$, e_1, e_0). Der entsprechende Folgezustand mit den Größen $z_{1,n+1}$ und $z_{0,n+1}$ wird hieraus abgeleitet. Des Weiteren werden aus den gleichen vier Eingangsgrößen die Ausgangsgrößen a_2, a_1, a_0 abgeleitet. Die Realisierung des Schaltwerkes erfolgt mit D-FF, sodass zur Ansteuerung der Flipflops direkt die Signale $z_{1,n+1}$ und $z_{0,n+1}$ verwendet werden können. Eine Umcodierung mit den Synthese-Tabellen auf die FF-Eingangssignale, wie sie für andere FF-Realisierungen notwendig wären (wie beim Zählerentwurf erläutert), entfällt.

Tabelle 8.4 Übergangs- und Ausgangstabelle des Bonbonautomaten

$z_{1,n}$	$z_{0,n}$	e_1	e_0	$z_{1,n+1}$	$z_{0,n+1}$	a_2	a_1	a_0
0	0	0	0	0	0	0	0	0
0	0	0	1	0	1	0	0	0
0	0	1	0	1	0	0	0	0
0	0	1	1	0	0	0	0	0
0	1	0	0	0	1	0	0	0
0	1	0	1	1	0	0	0	0
0	1	1	0	0	1	1	1	0
0	1	1	1	0	0	0	0	1
1	0	0	0	1	0	0	0	0
1	0	0	1	1	0	1	0	1
1	0	1	0	1	0	1	1	0
1	0	1	1	0	0	0	1	0
1	1	0	0	X	X	X	X	X
1	1	0	1	X	X	X	X	X
1	1	1	0	X	X	X	X	X
1	1	1	1	X	X	X	X	X

Wir starten im Zustand 00 (oberer Kreis). Mit der Eingangskombination 00 (erste Zeile der Tabelle, entspricht kE) wird auf den Folgezustand 00 (auf den alten Zustand, keine Änderung) verwiesen. Die Ausgangswerte sind 000 entsprechend des Zustandsdiagramms. Die zweite Zeile der Tabelle beschreibt für den Zustand 00 den Einwurf 01 (Einwurf einer 1-€-Münze). Der Folgezustand ist somit 01 bei einem Ausgangsbitmuster von 000. Die dritte Zeile beschreibt für den Zustand 00 die Eingabe 10 (2-€-Münze) mit dem Folgebitmuster 10 und dem Ausgangswert 000. Die vierte Zeile deckt die letzte Eingangskombination dieses Zustandes ab. Es ist die Eingangskombination 11 (Drücken der Ausgabetaste). Diese hat keine Auswirkung, welches durch das Folgebitmuster 00 und den Ausgangswert 000 angegeben ist.

Die nächsten zwei Blöcke (je vier Zeilen) in der Tabelle beschreiben das Verhalten entsprechend des Zustandsdiagramms. Der zweite Block (Zeile 5 bis 8) startet in dem Zustand 01 und beschreibt das Folgebitmuster und den Ausgangswert für alle Kombinationen der Eingangsgrößen (00, 01, 10 und 11). Der dritte Block startet in dem Zustand 10 und deckt wiederum alle Eingangskombinationen ab. Hiermit ist das Zustandsdiagramm vollständig abgebildet. Die zwei Werte $z_{1,n}$ und $z_{0,n}$ zur Repräsentation des Zustandes können jedoch vier Zustände darstellen. Um eine vollständige Wahrheitstabelle zu erhalten, ist der vierte Block (Zeile 13 bis 16) angefügt, dessen Folgezustands- und Ausgangswerte mit X (Don't care) belegt sind.

Mit dieser Tabelle können wie gewohnt die zwei Gleichungen für den Folgezustand und die drei Gleichungen für den Ausgangswert unter Verwendung des KV-Diagramms bestimmt werden. Bild 8.5 zeigt die KV-Diagramme und die formelmäßige Beschreibung ist in Formel 8.1 bis Formel 8.5 angegeben.

$$z_{1,n+1} = \overline{e_1}\, z_{1,n} \vee e_0\, \overline{e_1}\, z_{0,n} \vee \overline{e_0}\, e_1\, \overline{z_{0,n}} = d_1 \tag{8.1}$$

$$z_{0,n+1} = \overline{e_0}\, z_{0,n} \vee e_0\, \overline{e_1}\, \overline{z_{0,n}}\, \overline{z_{1,n}} = d_0 \tag{8.2}$$

$$a_2 = e_0\, \overline{e_1}\, z_{1,n} \vee \overline{e_0}\, e_1\, z_{0,n} \vee \overline{e_0}\, e_1\, z_{1,n} \tag{8.3}$$

$$a_1 = e_1\, z_{1,n} \vee \overline{e_0}\, e_1\, z_{0,n} \tag{8.4}$$

$$a_0 = e_0\, e_1\, z_{0,n} \vee e_0\, \overline{e_1}\, z_{1,n} \tag{8.5}$$

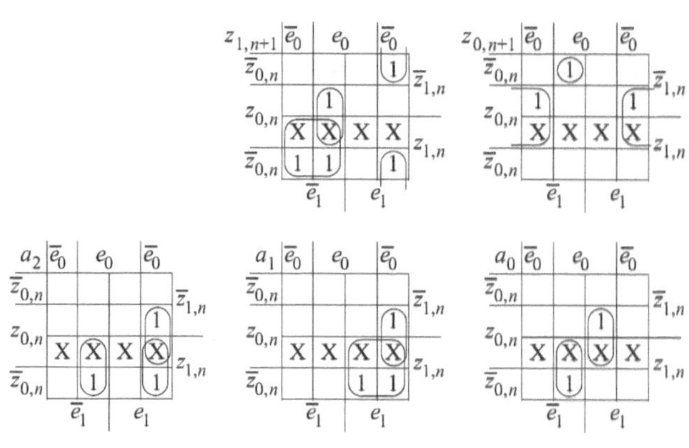

Bild 8.5 KV-Diagramm (Bonbonautomat)

Für die Realisierung bietet es sich an, eine feste Struktur zu verwenden. Alle Eingangssignale werden z. B. auf die linke Seite gezeichnet. Die Gleichungen zur Ansteuerung des Speichers werden durch ein **Übergangsschaltnetz** realisiert, das neben den Eingangssignalen gezeichnet wird. Die hiermit erzeugten Signale steuern die Speicher der Schaltung an, den **Zustandsspeicher**. Die Ausgangssignale des Zustandsspeichers sind wieder Eingangssignale des Übergangsnetzwerkes. Sie werden deshalb zurückgeführt und neben die Eingangssignale des Steuerwerks gezeichnet. Hiermit ist die Ansteuerung des internen Speichers zur Zustandsrepräsentation abgeschlossen. Aus den gleichen Eingangssignalen (Eingangssignale des Steuerwerks und die zurückgeführten Zustandswerte) werden die Ausgangswerte abgeleitet. Dieses **Ausgangsschaltnetz** kann neben dem Übergangsschaltnetz gezeichnet werden. Die Schaltung des als Beispiel verwendeten Bonbonautomaten zeigt Bild 8.6. Die Grundstruktur des Aufbaus bleibt gleich. Eine variable Größe ist die Anzahl der Flipflops. Die Funktion des Steuerwerks wird nur durch die zwei Schaltnetze bestimmt.

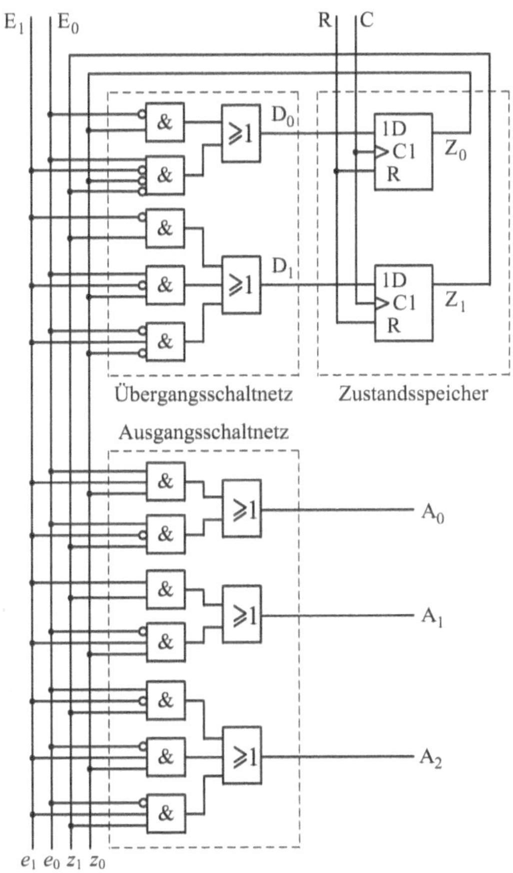

Bild 8.6
Schaltung des Bonbonautomaten

8.2 Mealy-Automat

Der Mealy-Automat ist die allgemeine Form der Automatenbeschreibung (endliche Automaten). Die Struktur des Bonbonautomaten entspricht dem Mealy-Automat. Bild 8.7 zeigt die Struktur. Das interne Gedächtnis ist der Zustandsspeicher. Die Anzahl der Speicherstellen ist bei einer hardwaremäßigen Realisierung fest. Dadurch ergibt sich eine maximal mögliche Anzahl an Bitmusterkombinationen und dies ist eine endliche Anzahl. Der Zustandsspeicher legt die Anzahl speicherbarer Zustände fest. Das Verhalten des Automaten ergibt sich durch die Schaltnetze (Übergangsschaltnetz und Ausgangsschaltnetz). Die ausgegebenen Signale $\vec{a}$ hängen vom Zustand $\overrightarrow{z_n}$ des Automaten und den Eingangsgrößen $\vec{e}$ ab. Diese Abhängigkeit ist ein wichtiges Kennzeichen des Mealy-Automaten. Der interne Zustand $\overrightarrow{z_{n+1}}$ wird aus dem vorhandenen Zustand $\overrightarrow{z_n}$ und den Eingangsgrößen $\vec{e}$ abgeleitet.

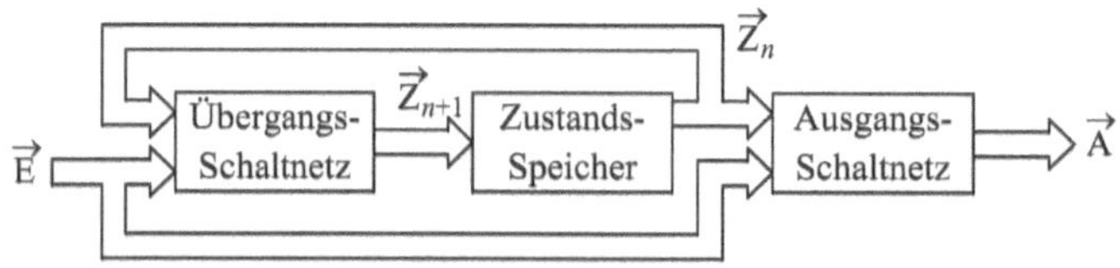

Bild 8.7 Mealy-Automat (Struktur)

Das Verhalten des Automaten wird übersichtlich in einem Zustandsdiagramm dargestellt. Jede verwendete Bitmusterkombination (jede mögliche in der vollständigen Darstellung) wird durch einen Kreis repräsentiert. Die Kennzeichnung $\overrightarrow{z_n}$ kann symbolisch (1, 2, 3, … oder aus, 1 €, oben, grün, …) oder durch die verwendete Bitmusterkombination (000, 010, 111, …) angegeben werden. Die Übergänge zwischen diesen Zuständen stellen gerichtete Kanten (Pfeile) dar. Diese Übergänge hängen von den Eingangswerten $\vec{e}$ ab und stehen deshalb an den zugehörigen Übergängen. Bei einer aktiven Taktphase (z. B. positive Flanke bei positiv flankengesteuerten FF) wird dieser Übergang ausgeführt und der Zustand $\overrightarrow{z_n}$ wechselt in den Folgezustand $\overrightarrow{z_{n+1}}$. Das Ausgangsbitmuster $\vec{a}$ ist ebenso vom Zustand $\overrightarrow{z_n}$ und den Eingangsgrößen $\vec{e}$ abhängig. Sie werden, getrennt von einem Schrägstrich, hinter den Eingangsgrößen angegeben. Bild 8.8 zeigt die Beschreibung eines Zustands. Es werden in dieser Darstellung drei Übergänge beschrieben, die von den Eingangsgrößen $\overrightarrow{e_i}$, $\overrightarrow{e_j}$ und $\overrightarrow{e_k}$ abhängen. Gekoppelt mit dem Zustand $\overrightarrow{z_n}$ und den Eingangswerten $\vec{e}$ sind die Ausgangswerte $\vec{a}$, also $\overrightarrow{z_n}$ mit $\overrightarrow{e_i}$ generiert $\overrightarrow{a_u}$, $\overrightarrow{z_n}$ mit $\overrightarrow{e_j}$ generiert $\overrightarrow{a_v}$ und $\overrightarrow{z_n}$ mit $\overrightarrow{e_k}$ generiert $\overrightarrow{a_w}$.

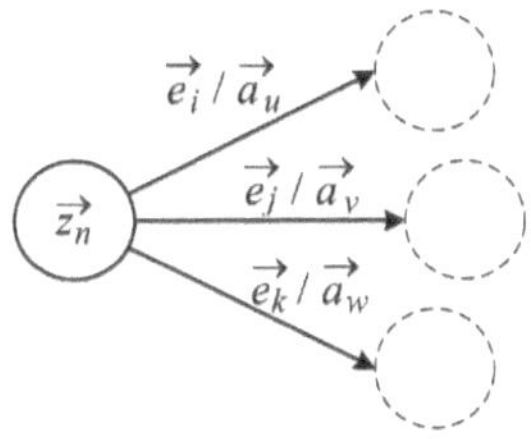

Bild 8.8
Zustandsdarstellung Mealy-Automat

Die Funktionsweise des Mealy-Automaten soll an einem einfachen Beispiel verdeutlicht werden. Es ist eine Schaltung zur Signalaufbereitung. Im Anfangszustand (Ruhezustand, nach dem RESET) wird ein an D anliegendes Signal bis zum Ende der Taktperiode am Ausgang A ausgegeben. Hierauf wird die Weitergabe gesperrt, sodass längere Signale gekürzt und weitere Signale an diesem Eingang blockiert werden. Erst mit einem Quittierungssignal am Eingang E wird die Signalaufbereitung wieder freigegeben. Bild 8.9 zeigt das Impuls-Zeit-Diagramm dieser Aufgabenstellung. Die Eingangssignale *d* und *e* ändern sich unmittelbar nach der ansteigenden Taktflanke von *c*, sind also synchron zu dem Taktsignal.

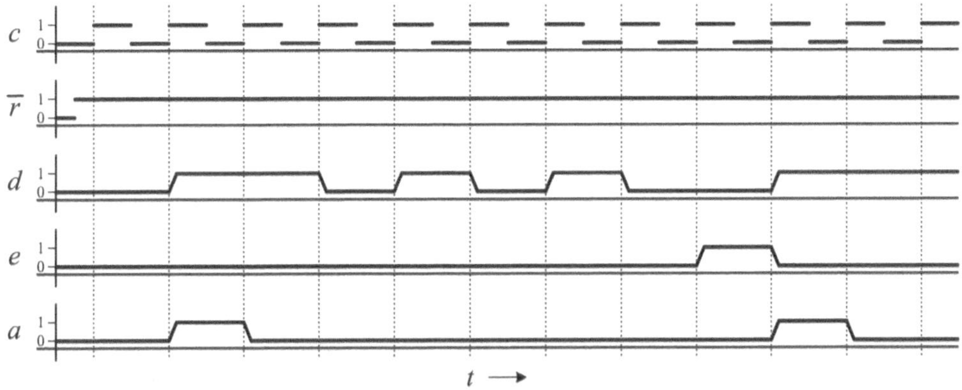

Bild 8.9 Impuls-Zeit-Diagramm einer Impulsaufbereitung

Das Verhalten dieser Schaltung wird im Zustandsdiagramm deutlich (Bild 8.10). Für die Realisierung reicht ein FF aus, sodass wir nur die zwei Zustände 0 und 1 haben. Das Zustandsdiagramm hat somit zwei Kreise, gekennzeichnet mit 0 und 1. Nach dem RESET befinden wir uns im Zustand 0. Mit dem Eingangssignal $d = 0$ (*e* ist beliebig) bleibt dieser Zustand erhalten. Im Zustandsdiagramm wird dies durch den linken Pfeil mit der Beschreibung 0x/0 dargestellt ($d = 0$, *e* beliebig, $a = 0$). Ändert sich das Eingangssignal *d* auf den Wert 1, dann ist der Pfeil, gekennzeichnet mit 1x/1, zum Zustand 1 gültig. Der Ausgangswert ändert sich mit diesem Signalwechsel auf $a = 1$. Der Zustandswechsel wird jedoch erst mit der nächsten positiven Taktflanke (positiv flankengesteuertes D-FF) ausgeführt. Während dieser „Wartezeit" hat a den Wert 1. Mit der Taktflanke wechselt der Zustand auf den Wert 1. Nun sind die Übergänge (Pfeile) dieses Zustandes gültig. Bei dem Wert $e = 0$ (d ist beliebig) bleibt dieser Zustandswert mit dem Ausgangswert $a = 0$ erhalten. Erst wenn dieser Zustandswert mit $e = 1$ gelöscht werden soll, wird auf den Zustand 0 (mit dem Ausgangswert $a = 0$) verwiesen. Die Ausführung des Zustandswechsels erfolgt mit der nächsten positiven Taktflanke des Taktsignals c.

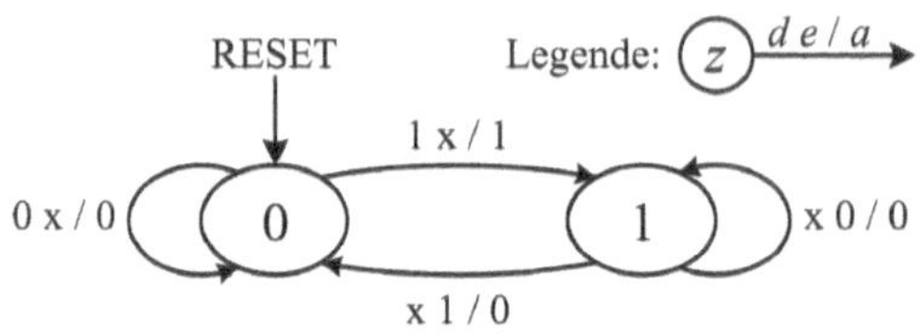

Bild 8.10
Zustandsdiagramm einer Impulsaufbereitung

Das Zustandsdiagramm beschreibt das Verhalten in übersichtlicher Form. Bei der Interpretation des Impuls-Zeit-Diagramms aus Bild 8.9 ist bei der Erstellung des Zustandsdiagramms z. B. entschieden worden, was die Schaltung ausgibt, wenn d und e für mehrere Taktflanken den Wert 1 aufweisen. Zeitdiagramme sind vergleichsweise unübersichtlich und häufig unvollständig. Bei einer Verhaltensbeschreibung können durch Flüchtigkeitsfehler sogar widersprüchliche Vorgaben entstehen, die erst bei der Umsetzung in ein Zustandsdiagramm auffallen. Im Zustandsdiagramm müssen alle zum Arbeitsbereich gehörenden Zustände und das Verhalten jedes Zustandes bei allen Eingangskombinationen dargestellt sein. Empfehlenswert ist es, auch das Verhalten für die im geplanten Einsatz nicht beabsichtigten Eingangskombinationen abzudecken.

Das Verhalten kann in unterschiedlicher Form angegeben werden. Eine Möglichkeit ist die getrennte Darstellung für das Übergangsschaltnetz (Tabelle 8.5) und das Ausgangsschaltnetz (Tabelle 8.6). Die Zeilen decken die Zustandskombinationen ab und die Spalten die Kombinationen der Eingangssignale. In der hiermit definierten Zelle steht der zugehörige Folgezustand bzw. der zugehörige Ausgangszustand.

Die Kombination aus beiden Tabellen ist die Schaltwerktabelle (Tabelle 8.7).

Tabelle 8.5 Übergangstabelle für z_{n+1}

z_n/de	00	01	10	11
0	0	0	1	1
1	1	0	1	0

Tabelle 8.6 Ausgangstabelle für *a*

z_n/de	00	01	10	11
0	0	0	1	1
1	0	0	0	0

Tabelle 8.7 Schaltwerktabelle für z_{n+1}/a

z_n/de	00	01	10	11
0	0/0	0/0	1/1	1/1
1	1/0	0/0	1/0	0/0

Betrachtet man die Schaltnetze, so kann die Beschreibung auch in der bekannten Form der Wahrheitstabelle erfolgen (Tabelle 8.8).

Tabelle 8.8 Übergangs- und Ausgangstabelle der Impulsaufbereitung

z_n	d	e	z_{n+1}	a
0	0	0	0	0
0	0	1	0	0
0	1	0	1	1
0	1	1	1	1
1	0	0	1	0
1	0	1	0	0
1	1	0	1	0
1	1	1	0	0

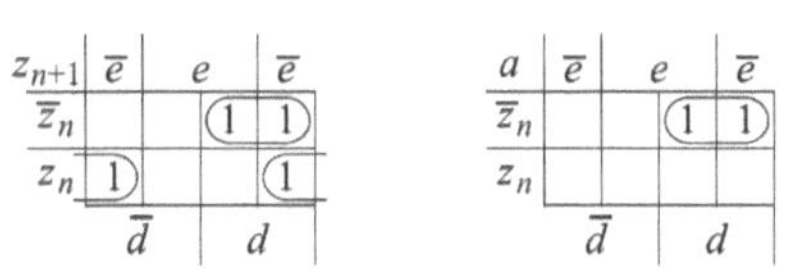

Bild 8.11
KV-Diagramm

Mit den in Bild 8.11 angegebenen KV-Diagrammen erhält man die Formel 8.6 und Formel 8.7. Diese definieren das Verhalten des Übergangs- und Ausgangsschaltnetzes. Die Schaltung dieser entwickelten Impulsaufbereitung zeigt Bild 8.12.

$$z_{n+1} = d\ \overline{z}_n \vee \overline{e}\ z_n \tag{8.6}$$

$$a = d\ \overline{z}_n \tag{8.7}$$

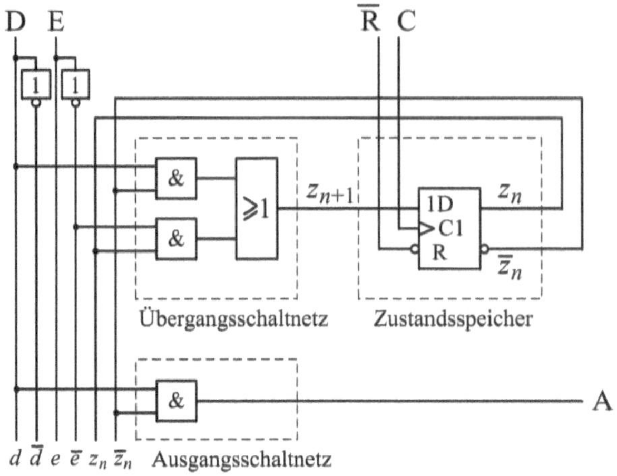

Bild 8.12 Schaltung der Impulsaufbereitung

Untersucht man diese Schaltung, so ergibt sich bei synchronen Signalen (Eingangssignale ändern sich unmittelbar nach der aktiven Taktflanke) das in Bild 8.13 angegebene Verhalten. Diese Darstellung umfasst alle Übergänge des Zustandsdiagramms, also auch einen Zeitbereich, in dem *d* und *e* den Wert 1 haben.

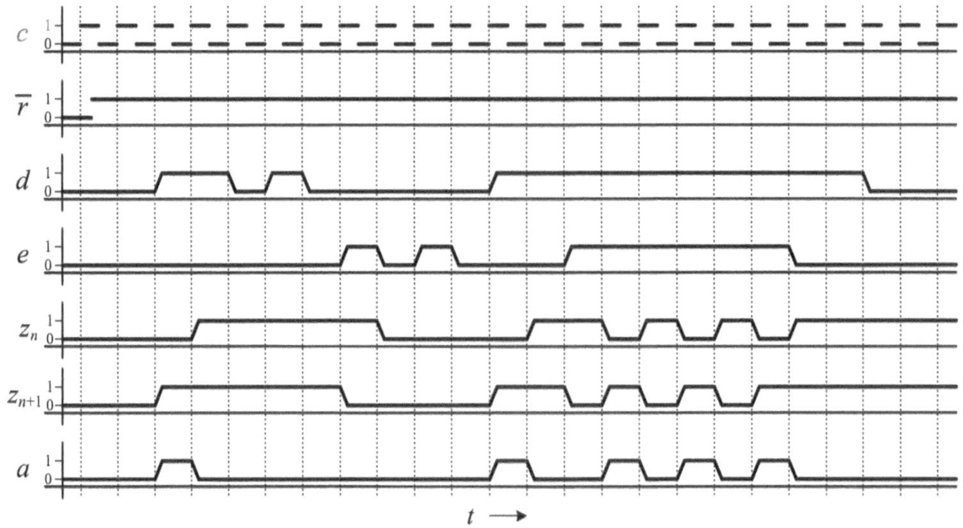

Bild 8.13 Impuls-Zeit-Diagramm der Impulsaufbereitung (synchrone Signale)

Bei asynchronen Signalen können jedoch Probleme entstehen. Bild 8.14 zeigt das Verhalten der entwickelten Impulsaufbereitung. Das Problem 1 (Kreis mit der Kennung 1) charakterisiert kurze Eingangsimpulse, die kürzer sind als die verwendete Periodendauer des Taktsignals *c*. Hierdurch ergibt sich eine Signaländerung am

Ausgang. Dieser Impuls wird von der Aufbereitungsschaltung nicht registriert und dies führt zu einem nicht beabsichtigten Verhalten.

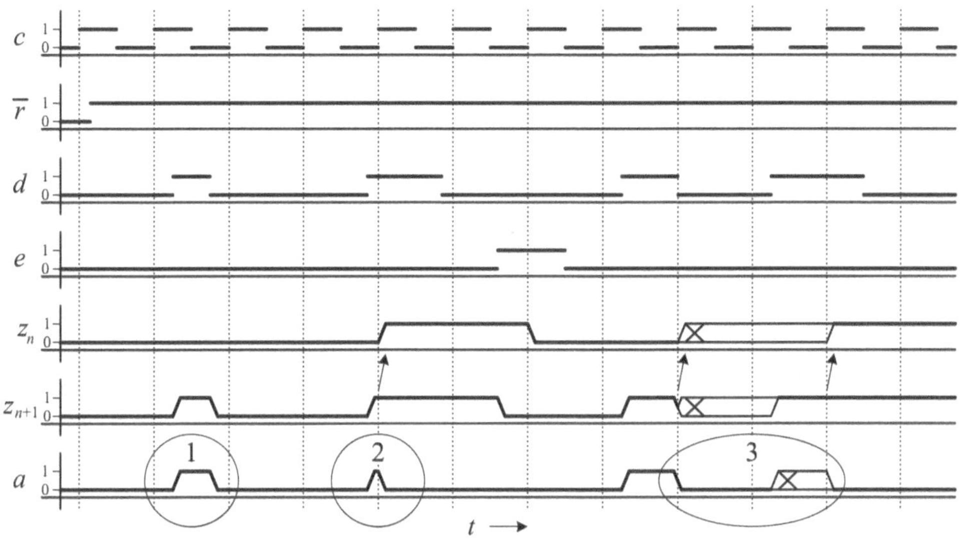

Bild 8.14 Impuls-Zeit-Diagramm der Impulsaufbereitung (asynchrone Signale)

Ist die Eingangsimpulsdauer vorgegeben (nicht beeinflussbar), so könnte als Verbesserung die Taktrate der Impulsaufbereitung erhöht werden. Alternativ wäre auch eine Verlängerung des Eingangsimpulses (s. Kapitel 6, Ausschaltverzögerung) möglich. Sind die Impulse durch Spikes, Glitches oder Hazards verursachte Störungen, so sollten diese eliminiert werden.

Das Problem 2 (Kreis mit der Kennung 2) entsteht durch das asynchrone Verhalten. Es kann passieren, dass der Signalwechsel von d unmittelbar vor der aktiven Taktflanke auftritt, sodass ein sehr kurzer Impuls am Ausgang erscheint. Dieser Impuls wird erkannt und durch den Zustandswechsel von 0 nach 1 registriert. In diesem Zustand wird das Signal d ausgeblendet. Das Ausgangssignal kann dadurch beliebig kurz und für nachfolgende Schaltungen unbrauchbar werden. Die Wahrscheinlichkeit des Auftretens dieser Problematik kann durch eine niedrigere Taktrate verringert, aber nicht vermieden werden.

Das Problem 3 ist eine Kombination aus den beiden. Es wird ein Impuls ausgegeben, aber zum Zeitpunkt des Speicherns haben wir einen Signalwechsel. Es ist damit zufällig, ob dieser Impuls registriert wird (Zustandswert 1) oder nicht (Zustandswert 0). Davon abhängig ist, ob der nachfolgende Impuls ausgeblendet oder ausgegeben wird.

Die drei genannten Problemfälle sind typisch für den Mealy-Automaten. Eine Lösungsmöglichkeit sind Ausgangsspeicher, die dafür sorgen, dass die Signale synchron mit dem Taktsignal ausgegeben werden. Bild 8.15 zeigt den Mealy-Automaten mit der Erweiterung von Ausgangsspeichern.

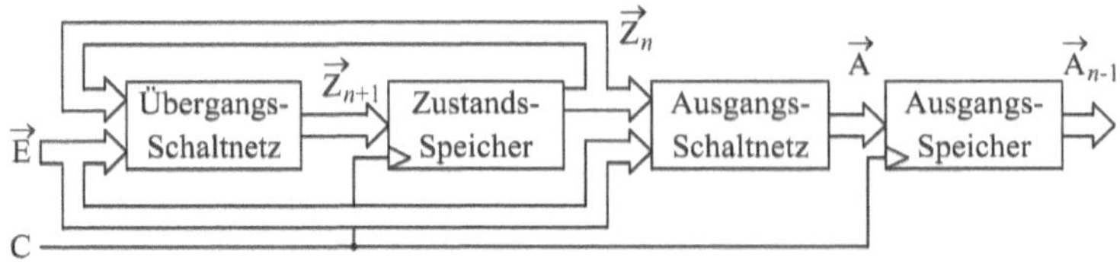

Bild 8.15 Mealy-Automat mit Ausgangsspeicher (Struktur)

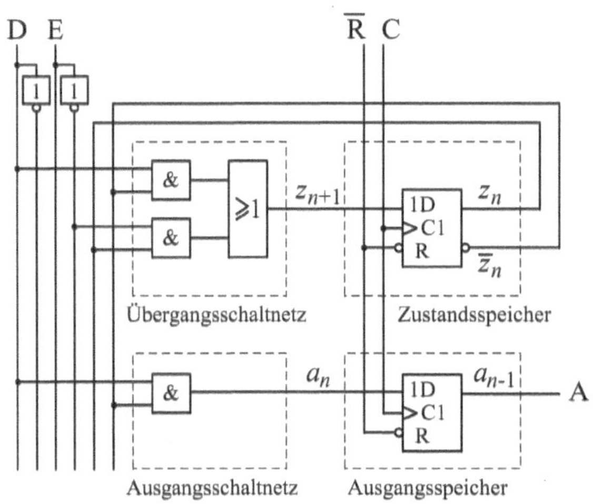

Bild 8.16 Schaltung der Impulsaufbereitung (Mealy-Automat mit Ausgangsspeicher)

Bild 8.16 stellt die Erweiterung in der Schaltung dar. Vorteil dieser Realisierung ist die Reihenschaltung von UND-Verknüpfung, ODER-Verknüpfung und abschließendem D-FF, wie sie in vielen programmierbaren Bausteinen zu finden ist. Das hieraus entstehende Impuls-Zeit-Diagramm zeigt Bild 8.17. Der nicht registrierte Impuls (Problem 1) wird nicht ausgegeben. Das zu kurze Ausgangssignal (Problem 2) führt aufgrund der Speicherung zu einem Ausgangsimpuls, der über eine vollständige Periodendauer des Taktsignals vorhanden ist. Der zeitkritische Übergang (Problem 3) wird nicht vollständig gelöst. Entweder wird der erste Impuls ausgegeben und der zweite ausgeblendet oder der erste wird nicht ausgegeben und nicht registriert und stattdessen der zweite Impuls ausgegeben und registriert. Das zeitkritische Verhalten birgt noch ein nicht zu vermeidendes Risiko. Aufgrund von Abweichungen in den Verarbeitungszeiten der Verknüpfungsschaltungen kann es mit einer sehr geringen Wahrscheinlichkeit passieren, dass z. B. das Ausgangssignal ausgegeben wird (Ausgangsschaltnetz war schneller) und der Impuls nicht registriert wird (Übergangsschaltnetz war langsamer, z. B. aufgrund des ODER-Gatters oder allgemein durch Toleranzen in der Reaktionszeit der Bausteine). Bei mehreren sich ändernden Ausgangssignalen sind alle Kombinationsmöglichkeiten gegeben (die schnelleren Signalwechsel werden berücksichtigt, die langsameren werden nicht berücksichtigt). Dieses Problem wurde längen- bzw. winkelbezogen (mechanischer Übergang der Leseköpfe bei einzulesenden Bitmusterwerten) bereits in Kapitel 1, Bild 1.13, bei der Herleitung des Gray-Codes behandelt. In der Problemstellung 3 basiert das mögliche Fehlverhalten auf zeitbezogenen Übergängen der letztendlich analogen Spannungsverläufe. Aus vergleichbaren Gründen ist es, wie bei dem Gray-Code, günstig, einschrittige Übergänge zu verwenden.

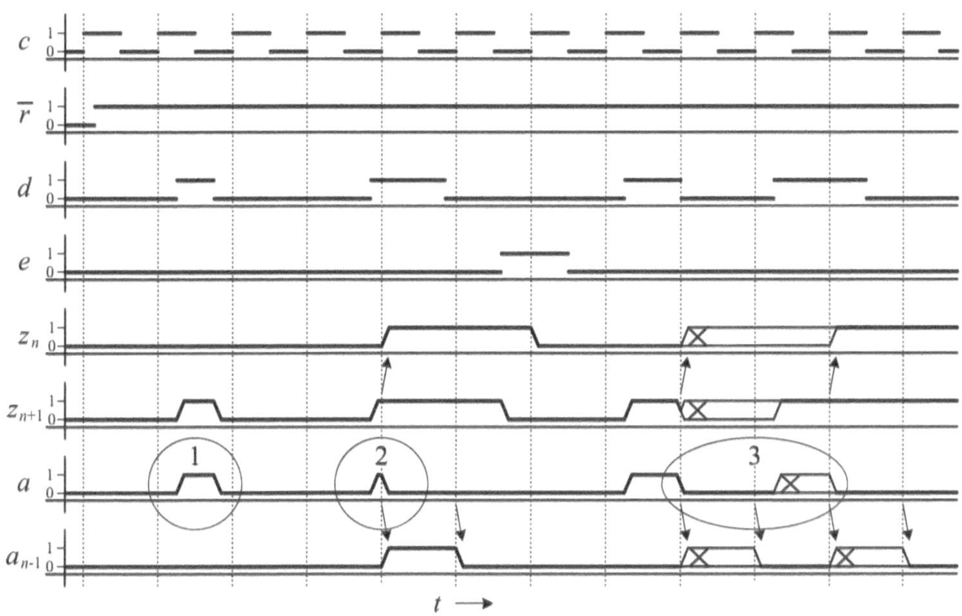

Bild 8.17 Impuls-Zeit-Diagramm der Impulsaufbereitung (asynchrone Signale, Mealy-Automat mit Ausgangsspeicher)

Eine alternative Möglichkeit zur Lösung der Probleme bieten Eingangsspeicher. Die Eingangssignale der Zeitverläufe in der Problemerläuterung waren taktsynchron. Das Verhalten zeigte keine Probleme. Bild 8.18 zeigt die entsprechende Struktur. Die Eingangssignale werden mithilfe von zusätzlichen D-FF zwischengespeichert und dabei automatisch mit dem Taktsignal des Steuerwerks synchronisiert.

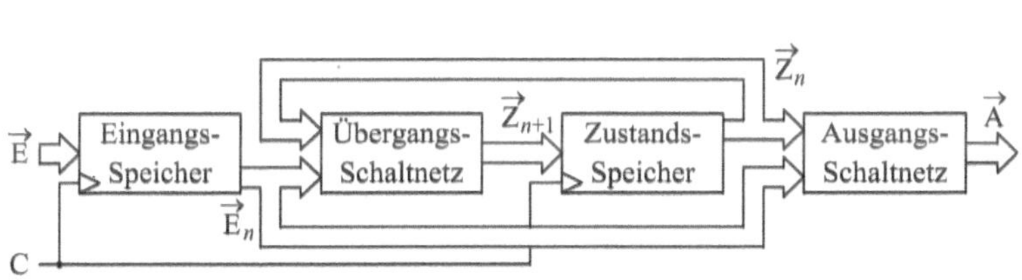

Bild 8.18 Mealy-Automat mit Eingangsspeicher (Struktur)

Die schaltungstechnische Realisierung zeigt Bild 8.19. Die Speicher befinden sich jetzt auf der linken Seite des Schaltplans. Das zugehörige Impuls-Zeit-Diagramm ist in Bild 8.20 dargestellt.

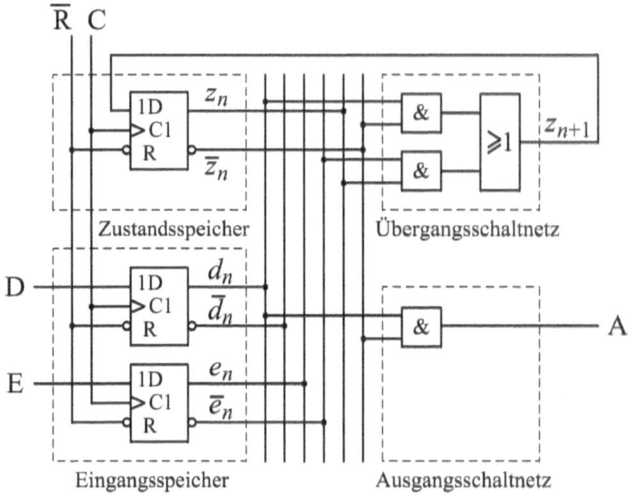

Bild 8.19 Schaltung der Impulsaufbereitung (Mealy-Automat mit Eingangsspeicher)

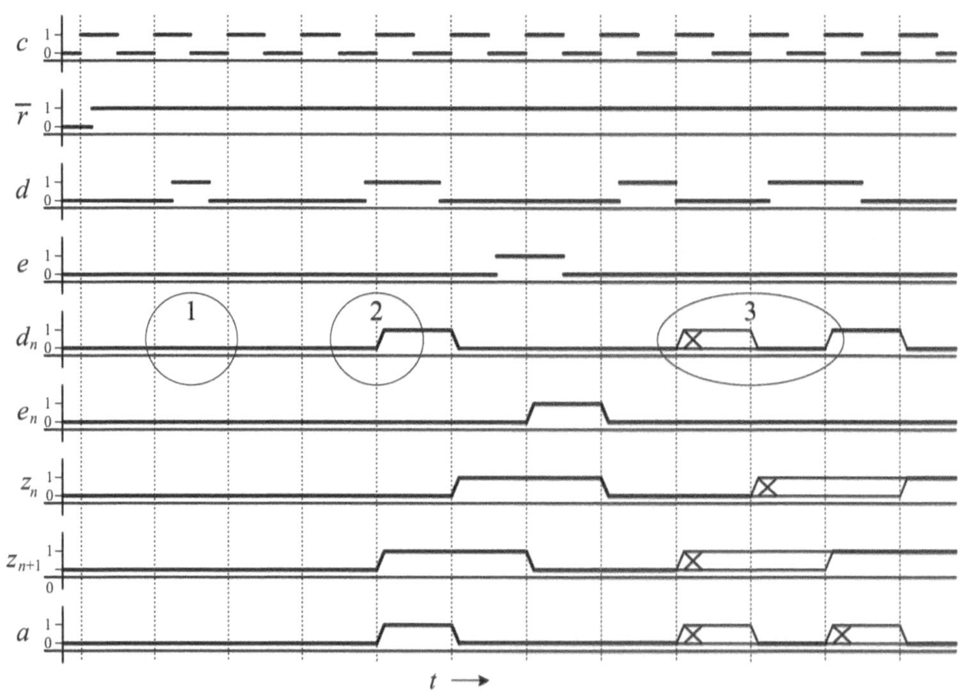

Bild 8.20 Impuls-Zeit-Diagramm der Impulsaufbereitung (asynchrone Signale, Mealy-Automat mit Eingangsspeicher)

Die Probleme 1 und 2 sind damit gelöst. Das Problem 3 bleibt weiterhin bestehen, tritt aber nun bei dem Synchronisieren des Eingangssignals *d* auf. Die Laufzeittoleranzen der Schaltnetze haben hier keinen Einfluss (die Verknüpfung erfolgt nach der Synchronisation), aber das Problem ist nicht vollständig eliminiert.

8.3 Moore-Automat

Die Probleme des Mealy-Automaten bei asynchronen Eingangssignalen basieren auf deren direkter Kopplung zu den Ausgangssignalen. Lösungsansätze sind Erweiterungen mit Ausgangs- oder Eingangsspeichern. Verzichtet man auf die direkte Beeinflussung der Eingangssignale auf die Ausgangssignale, so erhält man den Moore-Automaten. Bild 8.21 zeigt die allgemeine Struktur. Jeder Wechsel im Ausgangssignal muss über einen Zustandswechsel im Zustandsspeicher erfolgen.

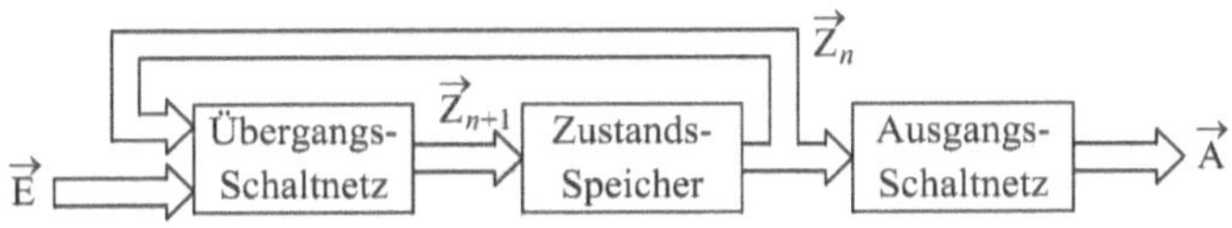

Bild 8.21 Moore-Automat (Struktur)

In der Zustandsdarstellung ist dieses Verhalten daran zu erkennen, dass alle Ausgangssignalzustände, die an den Übergängen zu den Folgezuständen stehen, gleich sind. Bei dem Mealy-Automaten (Bild 8.8) stehen diese Werte hinter dem Schrägstrich an den Übergängen. Da diese nur von den Zuständen abhängen, kann das Moore-Verhalten verdeutlicht werden, indem man die Ausgangswerte in die Darstellung des jeweiligen Zustandes (in das kreisförmige Symbol) übernimmt. Bild 8.22 zeigt beispielhaft einen Zustandsknoten mit den drei, von den Eingangsbitkombinationen $\vec{e_i}$, $\vec{e_j}$ und $\vec{e_k}$ abhängigen Übergängen. Der Ausgangszustand $\vec{a_n}$ ist direkt mit dem Zustandswert $\vec{z_n}$ gekoppelt und steht deshalb mit in der Zustandsdarstellung.

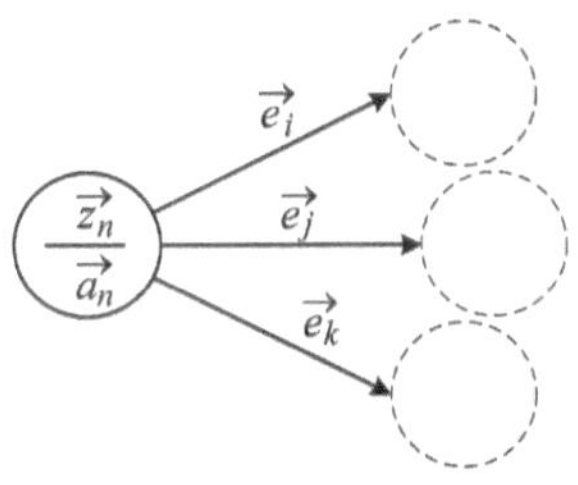

Bild 8.22
Zustandsdarstellung Moore-Automat

Wendet man diese Beschreibung auf die Impulsaufbereitung an, so werden drei Zustände benötigt und damit zwei Zustandsspeicher. Bild 8.23 zeigt das Zustandsdiagramm. Nach dem RESET haben wir den Zustand 00 mit dem Ausgangswert $a = 0$. Solange am Eingang D der Wert $d = 0$ anliegt, wird die Warteschleife mit der Bezeichnung 0x durchlaufen. Erst mit dem Wert $d = 1$ wird auf den Folgezustand 01 verwiesen und mit der nächsten positiven Taktflanke an C der Zustandswechsel ausgeführt. Mit dem Zustand 01 ändert sich das Ausgangssignal auf den Wert $a = 1$. Dieser Wert soll nur eine Taktperiode ausgegeben werden, deshalb wird eine Warteschleife benötigt, die erst mit dem Eingangswert $e = 1$ in den RESET-Zustand zurückkehrt. Dies ist der dritte Zustand mit der Kombination 10 mit dem Ausgangswert $a = 0$. Hat das Quittungssignal e bereits im Zustand 01 den Wert $e = 1$, so wird direkt in den RESET-Zustand gewechselt (ohne Warteschleife).

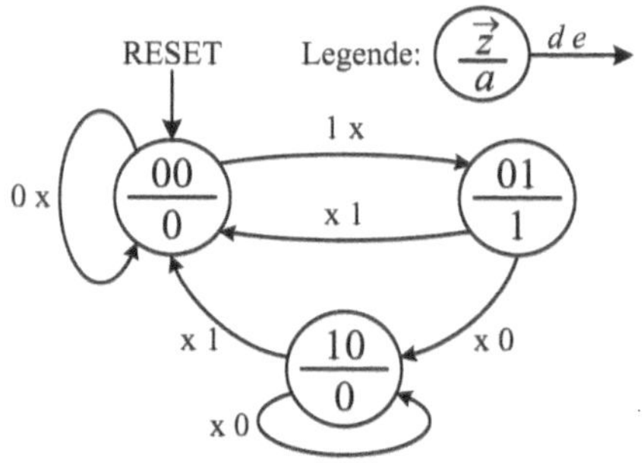

Bild 8.23
Zustandsdiagramm der Impulsaufbereitung

Das Verhalten dieser Zustandsbeschreibung wird in der Schaltwerktabelle (Tabelle 8.9) dargestellt. Das Moore-Verhalten ist daran zu erkennen, dass in den jeweiligen Zeilen die Ausgangswerte gleich sind. In unserem einfachen Beispiel sind die Ausgangswerte in Zeile eins und drei $a = 0$. In der zweiten Zeile ist $a = 1$ und in der vierten, der nicht zum Arbeitsbereich gehörenden Zustandskombination, $a = X$. Die gleiche Information für den Zustandswechsel enthält die Wahrheitstabelle (Tabelle 8.10) mit den zwei Eingangsgrößen des alten Zustandswertes $\vec{z_n}$ und den zwei Eingangssignalen d und e. Die Beschreibung der Ausgangsgröße hängt nur von dem Zustandswert $\vec{z_n}$ ab und wird in Tabelle 8.11 dargestellt.

Tabelle 8.9 Schaltwerktabelle für $\overrightarrow{z_{n+1}}\,/\,a$

$\vec{z_n}$ / de	00	01	10	11
00	00/0	00/0	01/0	01/0
01	10/1	00/1	10/1	00/1
10	10/0	00/0	10/0	00/0
11	XX/X	XX/X	XX/X	XX/X

Tabelle 8.10 Wahrheitstabelle für das Übergangsschaltnetz der Impulsaufbereitung

$\vec{z}_n$	d	e	$\vec{z}_{n+1}$
0 0	0	0	0 0
0 0	0	1	0 0
0 0	1	0	0 1
0 0	1	1	0 1
0 1	0	0	1 0
0 1	0	1	0 0
0 1	1	0	1 0
0 1	1	1	0 0
1 0	0	0	1 0
1 0	0	1	0 0
1 0	1	0	1 0
1 0	1	1	0 0
1 1	0	0	X X
1 1	0	1	X X
1 1	1	0	X X
1 1	1	1	X X

Tabelle 8.11 Wahrheitstabelle für das Ausgangsschaltnetz der Impulsaufbereitung

$\vec{z}_n$	a
0 0	0
0 1	1
1 0	0
1 1	X

Die Gleichungen des Übergangsschaltnetzes können mithilfe des KV-Diagramms (Bild 8.24) bestimmt werden. Dies führt zu Formel 8.8 und Formel 8.9. Die Bestimmung der Ausgangsgleichung für a ist trivial (Formel 8.10)

$$z_{1,n+1} = \overline{e}\ z_{0,n} \vee \overline{e}\ z_{1,n} \tag{8.8}$$

$$z_{0,n+1} = d\ \overline{z_{0,n}}\ \overline{z_{1,n}} \tag{8.9}$$

$$a = z_{0,n} \tag{8.10}$$

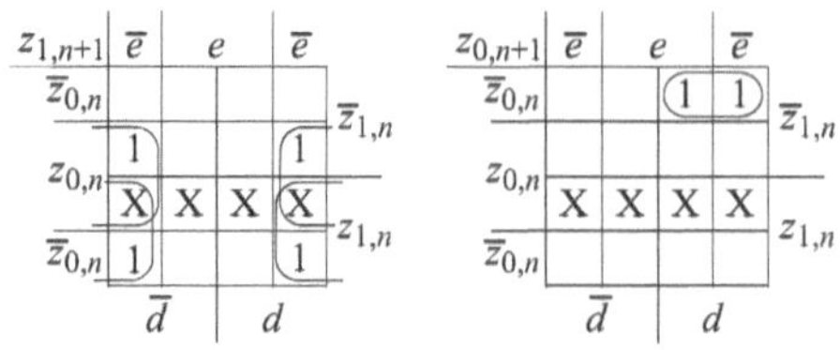

Bild 8.24
KV-Diagramm

Bei der Minimierung im KV-Diagramm wurden die nicht zum Arbeitsbereich gehörenden Übergänge definiert (die Freiheitsgrade ausgenutzt). Tabelle 8.12 zeigt die für die Minimierung verwendeten Bitkombinationen und Bild 8.25 das hierdurch entstandene vollständige Zustandsdiagramm.

Tabelle 8.12 Übergangstabelle der Impulsaufbereitung (Ergänzung)

$\vec{z}_n$	d	e	$\vec{z}_{n+1}$
...	...	...	...
1 0	1	0	1 0
1 0	1	1	0 0
1 1	0	0	**1 0**
1 1	0	1	**0 0**
1 1	1	0	**1 0**
1 1	1	1	**0 0**

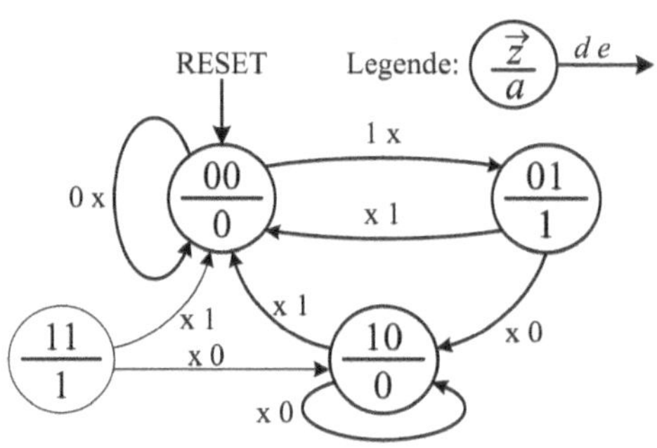

Bild 8.25
Vollständiges Zustandsdiagramm der Impulsaufbereitung

Die Schaltung unserer Impulsaufbereitung zeigt Bild 8.26 mit den Bereichen Übergangsschaltnetz, Zustandsspeicher und dem trivialen Ausgangsschaltnetz (keine Verknüpfung). Die Leitungen der Eingangssignale stehen nur für das Übergangsschaltnetz zur Verfügung und sind deshalb gekürzt.

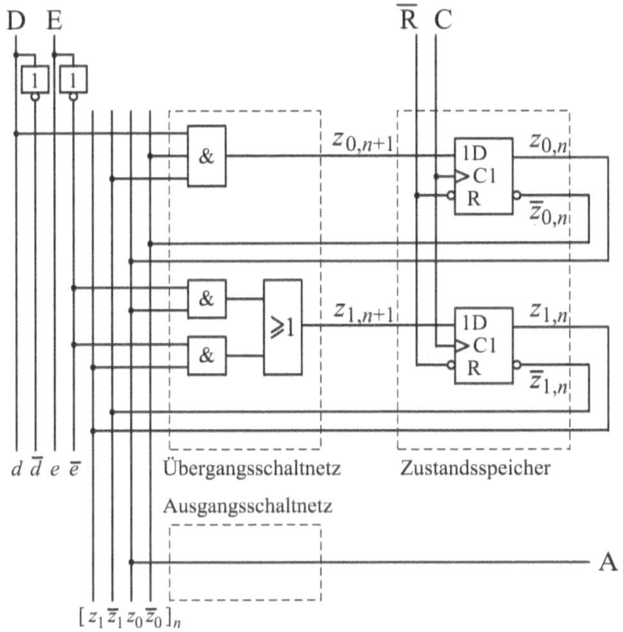

Bild 8.26 Schaltung der Impulsaufbereitung

Das Zeitverhalten dieser Realisierung mit synchronen Eingangssignalen zeigt Bild 8.27. Die Eingangssignale sind identisch mit denen in Bild 8.13 für den Mealy-Automaten. Es ist zu erkennen, dass die Ausgangssignale des Moore-Automaten im Vergleich zu der Mealy-Realisierung eine Verzögerung um eine Taktperiode aufweisen. Dies ist darin begründet, dass zuerst der Zustandswert beeinflusst werden muss und erst nach der gespeicherten Änderung der Ausgangswert aktualisiert wird.

Bild 8.28 zeigt das Verhalten des Moore-Automaten bei nicht synchronen Eingangssignalen. Die Probleme des Mealy-Automaten finden wir bei der Ansteuerung des Zustandsspeichers wieder. Aufgrund der trivialen Gleichung für das Ausgangssignal ist dies deutlich an dem Signal $z_{0,n+1}$ zu erkennen. Der Zustandsspeicher erfüllt hier die Funktion des Ausgangsspeichers bei der erweiterten Mealy-Realisierung. Die Eingangssignale entsprechen der Ansteuerung in Bild 8.14 (Mealy-Automat), Bild 8.17 (Mealy-Automat mit Ausgangsspeicher) und Bild 8.20 (Mealy-Automat mit Eingangsspeicher). Das Zeitverhalten ist identisch mit den erweiterten Mealy-Realisierungen, die aufgrund der Erweiterung Moore-Verhalten aufweisen.

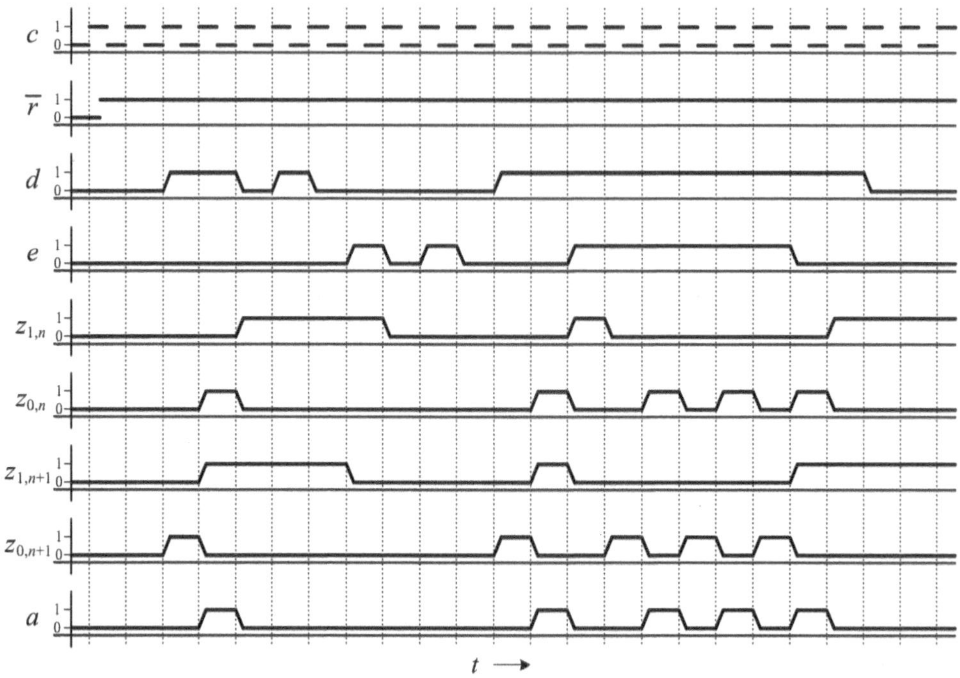

Bild 8.27 Impuls-Zeit-Diagramm der Impulsaufbereitung (synchrone Signale)

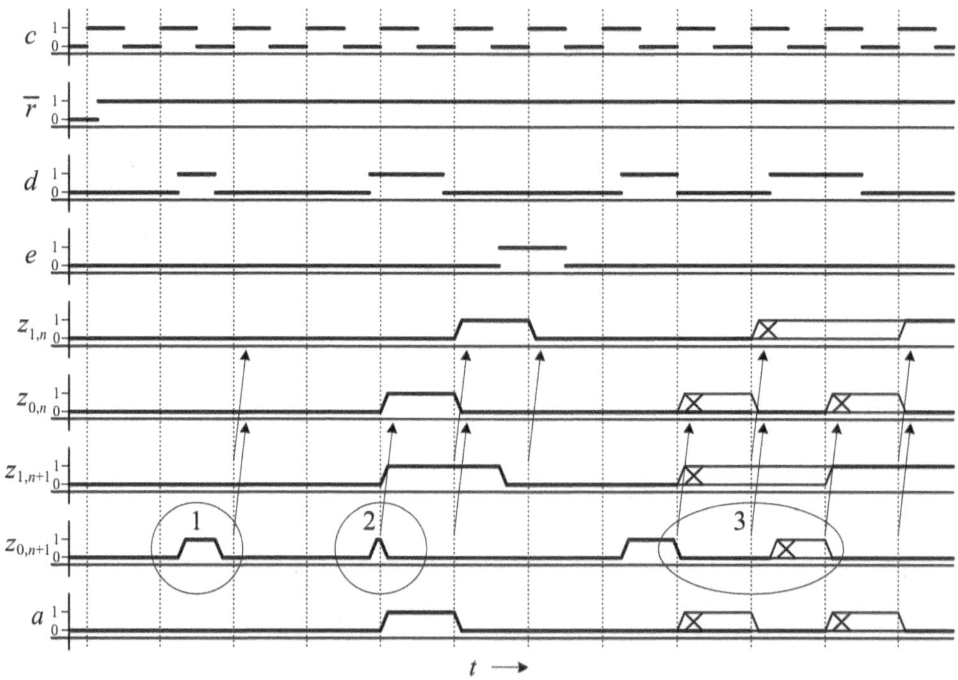

Bild 8.28 Impuls-Zeit-Diagramm der Impulsaufbereitung (asynchrone Signale)

Der Moore-Automat hat, wie der Vergleich von Bild 8.13 mit Bild 8.27 zeigt, eine Verzögerung um eine Taktperiode. Möchte man dieses vermeiden und verwendet zur Beschleunigung statt des gespeicherten aktuellen Zustandes $\vec{z}_n$ den ebenfalls vorhandenen Folgezustand $\vec{z}_{n+1}$, so erhält man die in Bild 8.29 dargestellte Struktur. Bei unserer Impulsaufbereitung würden wir als Ausgangssignal das Signal $z_{0,n+1}$ verwenden. Ein Vergleich mit Bild 8.14 zeigt, dass wir in diesem Fall wieder Mealy-Verhalten haben.

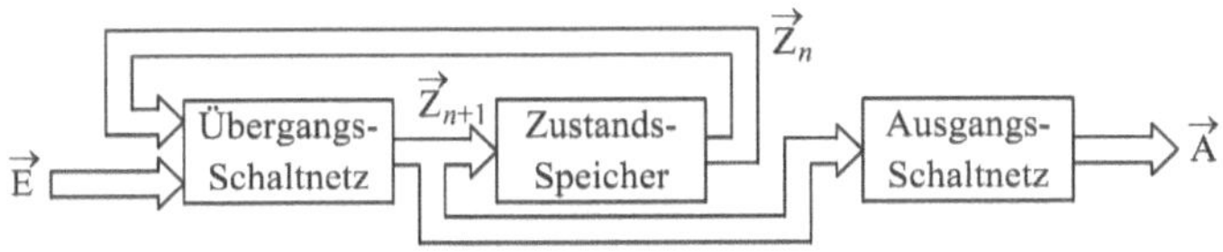

Bild 8.29 Beschleunigter Moore-Automat (Struktur)

8.4 Beispiel (ALU-Anwendung)

In Kapitel 5 wurde eine einfache ALU (Arithmetisch-logische Einheit) mithilfe der Bit-Slice-Technik erstellt. In diesem Abschnitt wird die auf 8 Bit erweiterte ALU zur Multiplikation von zwei HEX-Zahlen (4-stellig binär) verwendet. Hierzu muss die Schaltung erweitert werden. Wir benötigen zwei Register (Speicher) für jeweils 8 Bit und ein bis zwei Hilfsregister, ebenfalls über jeweils 8 Bit (die Darstellung sr[3..0] bedeutet $\vec{sr} = \{s_3,\ s_2,\ s_1,\ s_0\}$). Zur besseren Übersicht sind alle vier Register identisch wie in Bild 8.30 dargestellt aufgebaut. Der Speicher hat eine Tiefe (oder Breite) von 8 Bit ([7..0]). Zu Beginn des Ablaufs können über Eingang S die unteren 4 Bit mit einem Startwert gesetzt werden (die oberen 4 Bit sind mit 0 vorgegeben). Über Eingang D werden alle 8 Bit in dem Register gesetzt. Die Auswahl erfolgt über Steuereingang D/S ($d/s = 1$ für Eingang D und $d/s = 0$ für Eingang S). Die Datenübernahme erfolgt mit der ansteigenden Flanke des Taktsignals *clk*. Um eine Datenaktualisierung zu unterbinden, ist der Steuereingang Enable Clk (EC) vorgesehen. Mit $ec = 0$ kann der Takt ausgeblendet werden (die Taktpause wird mit einem Logikgatter überschrieben, um die ansteigende Flanke zu entfernen). Hierdurch entsteht jedoch ein asynchrones Verhalten. Besser ist es über einen Multiplexer das bereits gespeicherte Bitmuster erneut einzulesen (siehe Bild 7.30). Die Anzeige Registerinhalt gibt das im Register gespeicherte Bitmuster in der HEX-Darstellung aus. Mit dem Steuereingang Enable Output (EO) wird das intern gespeicherte Bitmuster am Ausgang Q aktiv ausgegeben, mit $eo = 0$ wird der Ausgang inaktiv geschaltet. Hiermit kann die Funktion eines Multiplexers realisiert werden (s. Abschnitt 9.4.1 Tri-State-Ausgang).

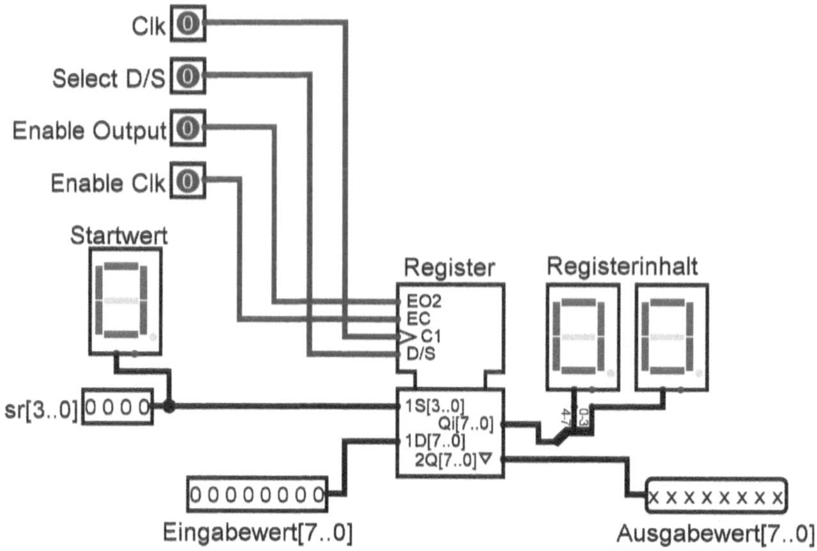

Bild 8.30 Verwendetes Registerelement (Logisim)

Zu den vier Registern benötigen wir die bereits erwähnte 8-Bit-ALU sowie das zu erstellende Steuerwerk (STW), das den Multiplikationsvorgang realisiert. Somit erhalten wir die in Bild 8.31 dargestellte Schaltung. Die Register A und G können ihre Daten an den ALU-Eingang A weitergeben. Die EO-Eingänge werden mithilfe eines Inverters invers angesteuert, sodass ein Register von den beiden immer inaktiv geschaltet ist $\left(eo_A = eo_0 = \overline{eo_G}\right)$. Die Ansteuerungen der Register B und H sind identisch und wirken auf Eingang B der ALU. Zur Kontrolle werden die Bitmuster der Ein- und Ausgänge der ALU ebenfalls über je zwei HEX-Anzeigen ausgegeben. Zudem ist noch das Flag-Register angegeben, hier bestehend aus drei Bit. Hier kann mit c ein Carry der Addition, mit z der Wert Null des Signals $\vec{y}$ sowie das Vorzeichen von $\vec{y}$ bei vorzeichenbehafteten Integerzahlen direkt abgefragt werden. Für die Multiplikation wird das Signal z benötigt und dem STW zugeführt.

Die Ausgabe des STW ist der Wert des Zustandes $\vec{s}$, der Operational-Code $\overrightarrow{oc}$ zur Einstellung der ALU, die Enable-Output-Signale $\overrightarrow{eo}$, die Taktfreigabe-Signale $\overrightarrow{ec}$ zur Speicherung der Signale $\vec{y}$ sowie das Umschaltsignal der Eingänge $\vec{S}$ und $\vec{D}$ der Register mit *rnld*.

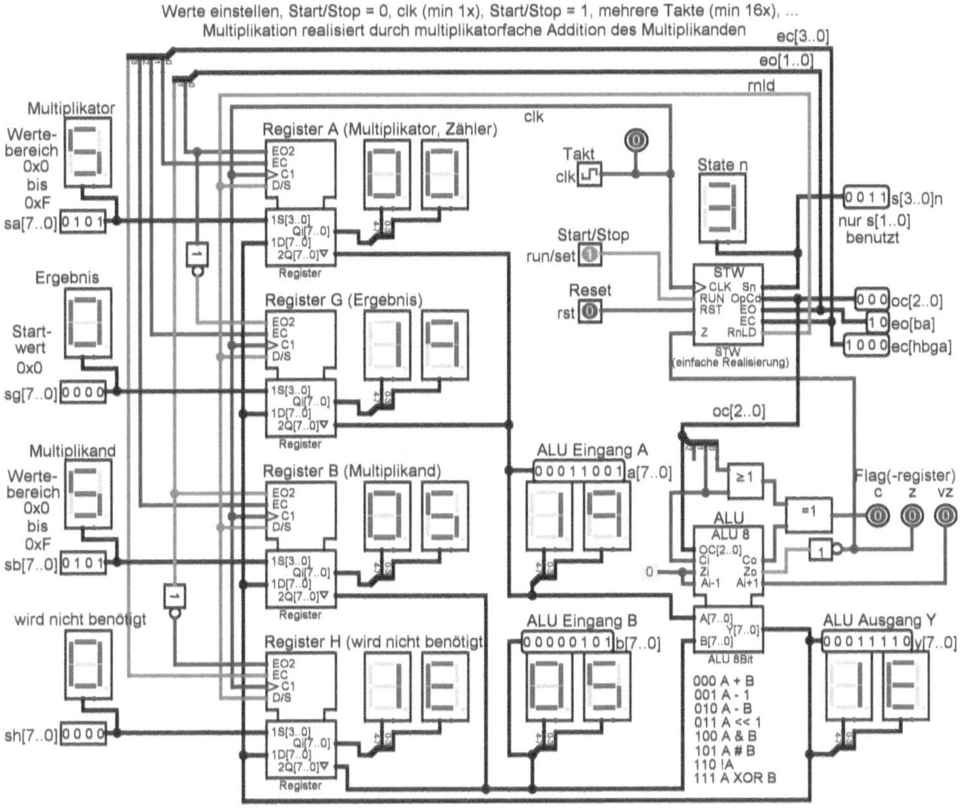

Bild 8.31 Schaltung eines einfachen Multiplizierers (Logisim)

Die Multiplikation soll in diesem Beispiel durch eine multiplikatorfache Addition des Multiplikanden erfolgen. Eingangssignale des STW sind neben dem Takt *clk* und einem nicht taktgebundenen Reset *rst* die Signale Run/Set *r* und Flag-Register-Bit für Zero *z*. Ausgangssignale sind neben der Zustandsinformation *s*[3..0] (benötigt werden in diesem Beispiel nur s_1 und s_0) der Operational-Code *oc*[2..0] die Register-Output-Freigabe *eo*[b, a], die Register-Taktfreigabe *ec*[h,b,g,a] (*ech* wird nicht benötigt) sowie das Signal zur Auswahl des Register-Dateneinganges *rnld*. Der Ablauf ist in Tabelle 8.13 aufgeführt.

Die Ausgangssignale können durch Nutzung der Don't-Care-Felder für jeden der vier Zustände gleich bleiben, somit ist das STW mit einem Moore-Automaten realisierbar. Die Ausgangsignale oc_2 und oc_1 können konstant auf 0 gesetzt werden und das Ausgangssignal *eob* kann konstant auf 1 gesetzt werden.

Tabelle 8.13 Funktionsbeschreibung des Steuerwerkes als Wahrheitstabelle

$(s_1,s_0)_n$	*r*, *z*	$(s_1,s_0)_{n+1}$	oc[2..0]	*eob,eoa*	*ecb,ecg, eca*	*rnld*	Bemerkung
Start	x x	0 0					
0 0	0 0	0 0	000	x 1	1 1 1	0	(Rück-)Setzen
0 0	0 1	0 0	000	x 1	1 1 1	0	(Rück-)Setzen
0 0	1 0	0 1	xxx	x x	x x x	0	Wert laden, Test *a*>0 (*z*=0)
0 0	1 1	0 0	xxx	x x	x x x	0	Wert laden, Test *a*=0 (*z*=1)
0 1	0 0	0 0	xxx	x x	x x x	x	(Rück-)Setzen
0 1	0 1	0 0	xxx	x x	x x x	x	(Rück-)Setzen
0 1	1 0	1 0	000	1 0	0 1 0	1	$g \leftarrow y = g + b$
0 1	1 1	1 0	000	1 0	0 1 0	1	$g \leftarrow y = g + b$
1 0	0 0	0 0	xxx	x x	x x x	x	(Rück-)Setzen
1 0	0 1	0 0	xxx	x x	x x x	x	(Rück-)Setzen
1 0	1 0	0 1	001	x 1	0 0 1	1	$a \leftarrow y = a - 1$ und Test $y>0$
1 0	1 1	1 1	001	x 1	0 0 1	1	$a \leftarrow y = a - 1$ und Test $y=0$
1 1	0 0	0 0	xxx	x x	x x x	x	(Rück-)Setzen
1 1	0 1	0 0	xxx	x x	x x x	x	(Rück-)Setzen
1 1	1 0	1 1	xxx	x x	x x x	x	Warten (Ergebnis anzeigen)
1 1	1 1	1 1	xxx	x x	x x x	x	Warten (Ergebnis anzeigen)

Mithilfe des KV-Diagramms ergeben sich folgende Gleichungen:

$$s_{0,n+1} = r\, s_{1,n} \vee \overline{z}\, r\, \overline{s_{0,n}} \tag{8.11}$$

$$s_{1,n+1} = r\, s_{0,n} \vee z\, r\, s_{1,n} \tag{8.12}$$

Bild 8.32 zeigt die Schaltung des Steuerwerkes (STW).

Die Ausgangsgrößen des STW sind nur von den zwei Zustandssignalen abhängig und damit einfach zu erstellen. Die Multiplikation kann hiermit durchgeführt werden. Bild 8.31 zeigt das Ergebnis von 5 · 5 = 25 = 0X19 in Register G. Die Schaltung ist im Zusatzmaterial auf https://plus.hanser-fachbuch.de/ enthalten. Ein wesentlicher Nachteil dieser Realisierung ist der benötigte Zeitaufwand (Anzahl benötigter Takte) bei größeren Zahlen. Ein Zählvorgang benötigt zwei Takte, der bei vier binären Stellen maximal 16-mal durchlaufen wird und somit maximal 16 · 2 = 32 Takte benötigt. Bei acht binären Stellen werden bereits maximal 256 · 2 = 512 Takte benötigt. Es bietet sich hier eine andere Realisierung an. Der Ablauf kann wie bei der schriftlichen Multiplikation in der Einleitung (s. Bild 1.8 Beispiel für die Multiplikation) erfolgen. Hierfür sind in dem zyklischen Teil eine Bitabfrage, eine Addition und zwei Schiebevorgänge durchzuführen (vier Takte). Bei vier Bit werden immer 4 · 4 = 16 Takte und bei acht Bit lediglich 8 · 4 = 32 Takte benötigt. Diese Version hat folgende Vorteile:

- eine nahezu feste Anzahl an Takten (ist nur abhängig von der Anzahl der Bits und nicht vom Wert des Multiplikators),
- eine vergleichsweise deutlich geringere Anzahl an Takten bei größeren Bitbreiten (ist proportional der Bitanzahl n und nicht 2^n).

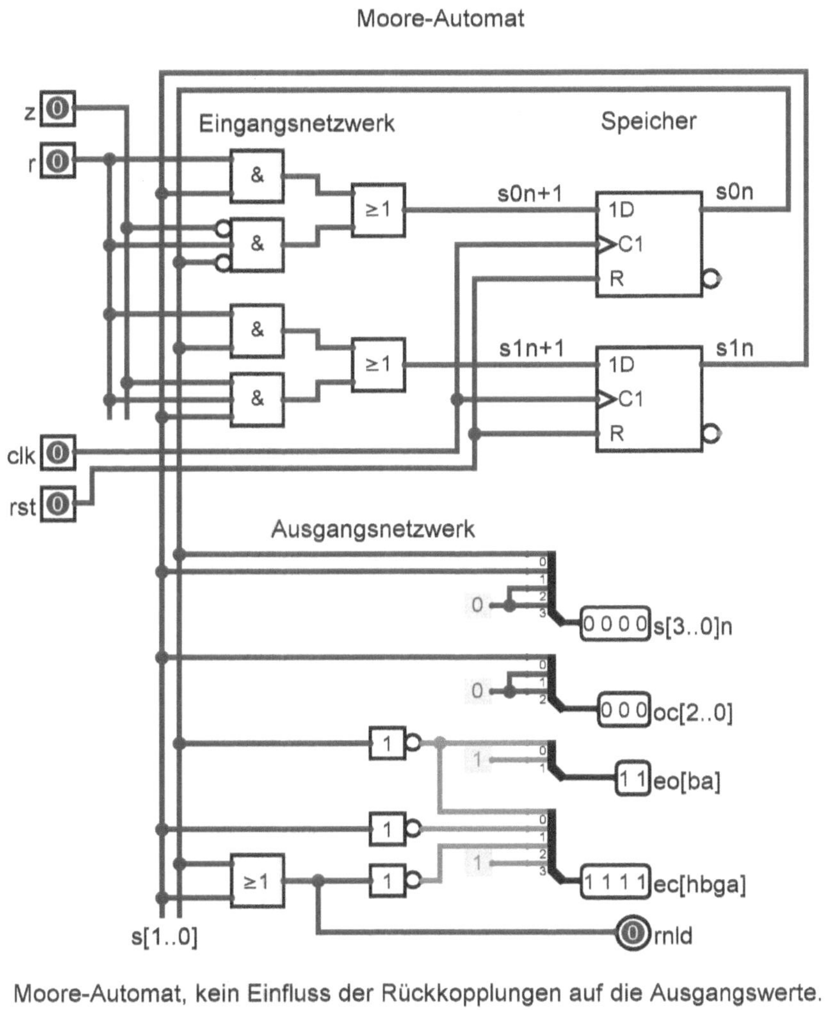

Bild 8.32 Schaltung des STW

Eine Realisierung des STW ist Bestandteil der Aufgaben.

Es kann der gleiche Aufbau wie in Bild 8.31 verwendet werden. Register A ist nun der Multiplikand und wird nach jedem Durchlauf um 1 Bit nach links geschoben (mit 2 multipliziert). Register G wird für den Bittest benötigt und mit dem Wert 0X1 = 0001 gesetzt. Im ersten Durchlauf wird die Stelle 0 (Wertigkeit $2^0 = 1$) des

Multiplikators in Register B abgefragt und wenn das Bit gesetzt ist, wird der in A gespeicherte Wert zum Ergebnisregister H (Startwert 0X0 = 0000) hinzuaddiert. Danach erfolgt für Multiplikand und Bittestmuster jeweils ein Schiebevorgang nach links um 1 Bit. Nach vier Durchläufen sind alle möglichen Bits mit der Wertigkeit von 2^0 bis 2^3 berücksichtigt und das Steuerwerk verweilt in einer Warteschleife. Die Schaltung ist ebenfalls im Zusatzmaterial enthalten.

Möglich wäre ein Steuerwerk, bei dem eine nicht benötigte Addition nicht ausgeblendet, sondern übersprungen wird und der gesamte Vorgang mit $r = 0$ taktsynchron abgebrochen werden kann. Aufgrund des zyklischen Ablaufs (Bit-Test, ggf. Addition, Bitschieben von Multiplikand und Bittestmuster) kann ein Zykluszähler als separate Steuerfunktion realisiert werden. Beide Varianten sind ebenfalls im Zusatzmaterial auf *https://plus.hanser-fachbuch.de/* enthalten.

8.5 Aufgaben

1. Bild 8.6 zeigt die Schaltung eines einfachen Bonbonautomaten, basierend auf der Minimierung des KV-Diagramms gemäß Bild 8.5. Bestimmen und zeichnen Sie das vollständige Zustandsdiagramm dieser Schaltung.
2. Bestimmen Sie die Schaltung der Impulsaufbereitung (Tabelle 8.8 bzw. Tabelle 8.10) unter Verwendung von Toggle-Flipflops (T-FF) mit Steuereingang EN (Mealy- und Moore-Automat).
3. Bild 8.33 zeigt das Impuls-Zeit-Diagramm einer synchron vorliegenden Sequenz. Es ist eine Schaltung mit D-FF zu entwickeln, die diese Sequenz erkennt und mit $a = 1$ anzeigt.

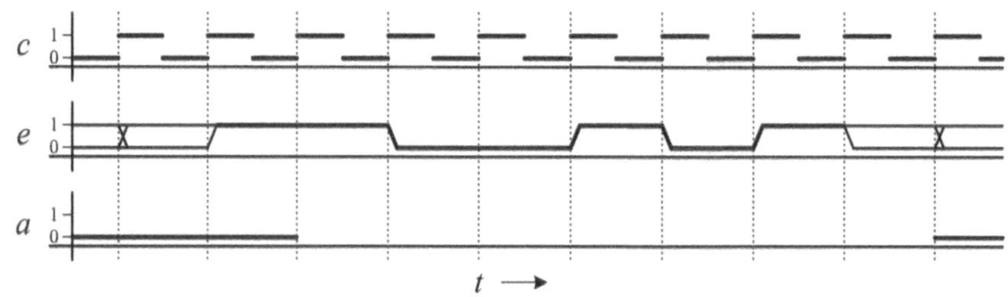

Bild 8.33 Unvollständiges Impuls-Zeit-Diagramm einer Sequenzerkennung (Signal *a* ist unvollständig)

Als Basis soll das unvollständige Zustandsdiagramm (Bild 8.34) dienen. Vervollständigen Sie das Zustandsdiagramm (Bild 8.34) und das zugehörige Ausgangssignal der Schaltung (Bild 8.33).

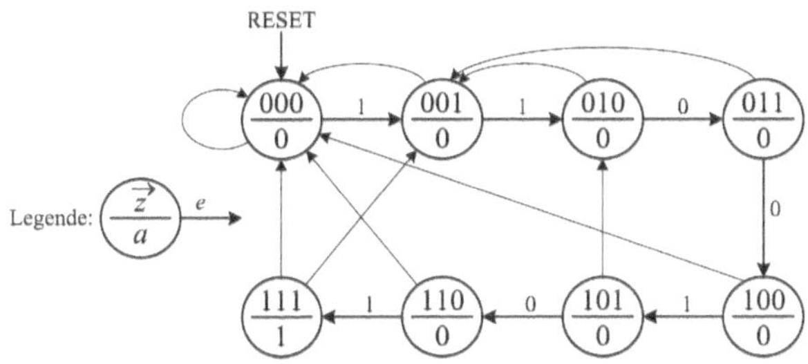

Bild 8.34 Unvollständiges Zustandsdiagramm einer Sequenzerkennung (Beschriftung ist unvollständig)

4. Bild 8.35 zeigt das Zustandsdiagramm und Bild 8.36 die Schaltung eines 2-Bit-Schieberegisters mit $\vec{a} = \vec{z_n}$ (**Medwedew**-Automat, Moore-Automat ohne Ausgangsschaltnetz) mit $\vec{z_n} = \{z_{0,n}, z_{1,n}\}$. Eingangssignale sind r (0: schieben links; 1: schieben rechts) und d (neuer Bit-Wert). Erstellen Sie die zugehörige Wahrheitstabelle und bestimmen Sie die Gleichungen für den Folgezustand $\vec{z_{n+1}}$.

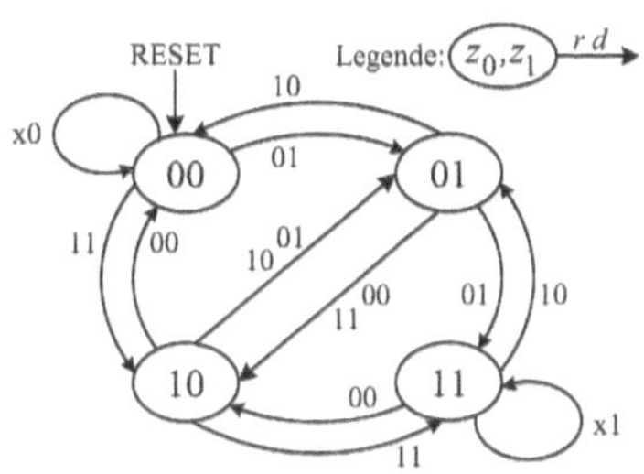

Bild 8.35
Zustandsdiagramm eines Schieberegisters

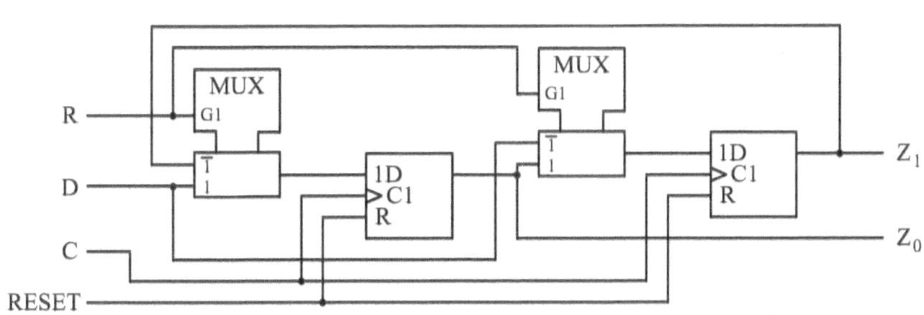

Bild 8.36 Schaltung eines Schieberegisters

5. In Aufgabe 5-9 wurde eine Addition der Ausgangssignale (2-Bit-Gray-Code) von zwei Drehencodern zur Ansteuerung eines Steuerwerkes (2-Bit-Gray-Code) entworfen. Welches prinzipielle Problem hat diese Realisierung, wenn beide Drehencoder gleichzeitig benutzt werden?

6. Zeichnen Sie das Zustandsdiagramm des einfachen Multiplizierers (s. Tabelle 8.13). Der Ausgangsvektor $\vec{a}=\{oc_0, eo_0, ec_2, ec_1, ec_0\}$ (die nicht aufgeführten Anschlüsse haben konstante Werte) hängt nur von den Zuständen $\vec{s_n} \in \{11, 10, 01, 00\}$ ab und kann z. B. mit $\vec{a_s} \in \{\vec{a_3}, \ldots, \vec{a_0}\}$ separat als Tabelle aufgeführt werden (es sind zu viele Bits für die Darstellung im Zustandskreis).
7. Der Ablauf des verbesserten Multiplizierers besteht aus einer festen Sequenz. Um die Minimierung einfach zu gestalten (für KV-Diagramme bis 4 Variablen) bietet sich an, das STW auf einen einfachen synchronen 4-Bit-Vorwärtszähler aufzubauen. Für Start und Stopp (warten bis zur nächsten Eingabe) werden zwei Zustände benötigt, die verbleibenden 14 Zustände sind drei komplette Durchläufe des genannten Zyklus und ein abschließender Bitvergleich mit einer Addition (mit oder ohne Speicherung). Bild 8.37 gibt Hinweise für den Ablauf. Es bietet sich an, bei den Zählerständen $\vec{s_n} = \{0,0,0,0\}$ und $\vec{s_n} = \{1,1,1,1\}$ das Taktsignal auszublenden und über *r* gezielt freizugeben. Hierdurch erhält man einen leicht asynchronen Zusammenhang zum externen Takt. Da aber alle Speicher in dem Steuerwerk mit dem gleichen manipulierten Takt versorgt werden, haben wir intern synchrones Verhalten. Der Einfachheit halber können Sie auf einen Abbruch des Vorganges mit $r = 0$ verzichten. Stellen Sie den Ablauf in einer Funktionstabelle dar und ermitteln Sie die Gleichungen. Beachten Sie, dass das Ergebnis des Bitvergleiches im nachfolgenden Takt zur Unterdrückung des Speichervorganges (mit $ech = 0$) der Addition benötigt wird.

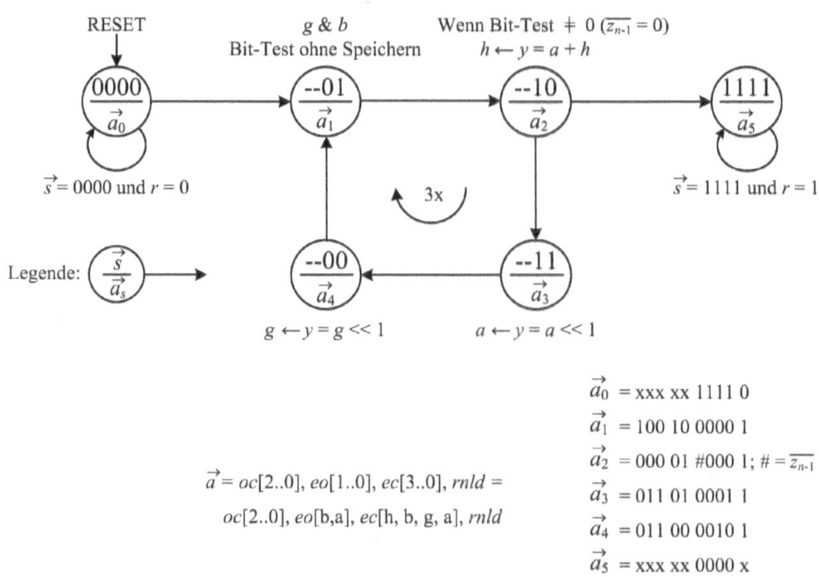

Bild 8.37 Zustandsdiagramm des verbesserten Multiplizierers (Übersichtsskizze)

8. Bild 8.38 zeigt eine Schaltung ohne Steuerwerk (kombinatorische Schaltung, keine Speicher). Analysieren Sie diese Schaltung und erweitern Sie diese auf 4 Eingangsbits für a[3..0] und b[3..0] und 8 Ausgangsbits y[7..0]. Beachten Sie, dass der Signalfluss über Ci und Co von rechts nach links erfolgt. Die Verknüpfung mit a0 kann zudem reduziert werden. Eliminieren Sie nicht benötigte Komponenten.

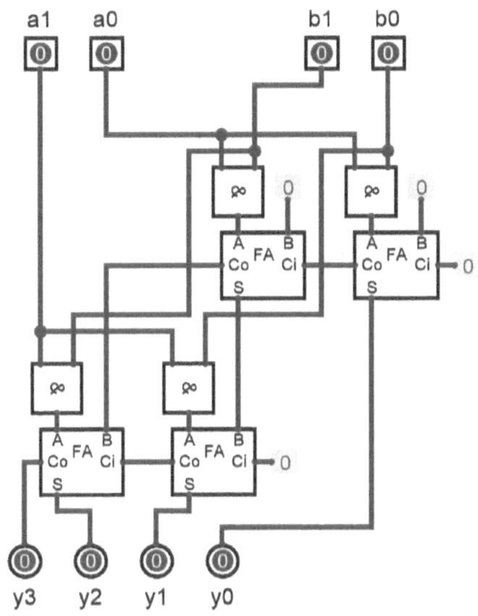

Bild 8.38
Zu analysierende Schaltung

9 Hardware

9.1 Einführung

Die behandelten Logikverknüpfungen müssen durch Hardware realisiert werden. In diesem Kapitel sollen der Aufbau und die Funktion durch teilweise vereinfachte Darstellungen in verständlicher Form erläutert werden. Als Grundelemente dienen die in Bild 9.1 dargestellten Komponenten wie Widerstand (R), Diode (D) und Transistor (T). Des Weiteren werden eine Versorgungsspannung U_V sowie idealisierte Schalter zur Generierung der Eingangssignale verwendet.

Die **ohmschen Widerstände** begrenzen den Stromfluss. Das Verhältnis zwischen Spannung U über dem Bauteil und Strom I durch das Bauteil entspricht dem Widerstandswert R.

Die **Diode** kann als Ventil angesehen werden, die einen Stromfluss in Durchlassrichtung von Anode (A) zur Kathode (K) zulässt und einen Stromfluss in der entgegengesetzten Richtung (von K nach A) verhindert. In Durchlassrichtung tritt eine geringe, meist vernachlässigbare Spannungsdifferenz von $U_D = 0{,}3 \ldots 0{,}6$ V zwischen A und K auf. Zur Anzeige von Logikwerten dient in einigen Beispielen eine **Leuchtdiode**. Wird diese in Durchlassrichtung von A nach K von einem Strom durchflossen, so gibt sie Licht ab. Je nach Lichtfarbe (bauartbedingt) beträgt der Spannungsunterschied zwischen den Anschlüssen A und K ca. 1,8 V (rot) bis 3,3 V (blau).

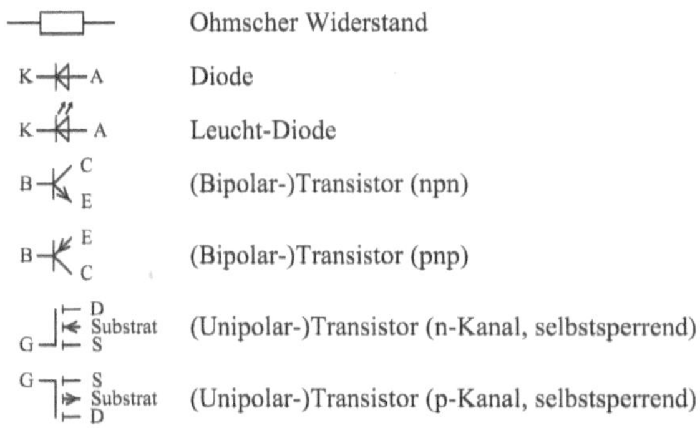

Bild 9.1 Einige Komponenten der analogen Schaltungstechnik (Übersicht)

Die **Transistoren** werden digital betrieben. Dies bedeutet, dass nur zwei Arbeitspunkte oder Betriebszustände verwendet werden. In Bild 9.1 sind Bipolar-Transistoren in positiver Ansteuerung (npn) und negativer Ansteuerung (pnp) sowie selbstsperrende (sperren bei einer Gate-Source-Spannung von 0 V) Unipolar-Transistoren für positive Ansteuerung (n-Kanal) und negative Ansteuerung (p-Kanal) angegeben. Über den Basisanschluss (B) bzw. den Gate-Anschluss (G) wird der Transistor derart angesteuert, dass er entweder gut sperrt und als eine sehr hochohmige Verbindung zwischen Kollektor (C) und Emitter (E) bzw. Drain (D) und Source (S) oder gut leitet und als niederohmige Verbindung zwischen C und E bzw. D und S angesehen werden kann. Die Arbeitsweise wird sicher bei den Erläuterungen der ersten Schaltungen deutlich. Ein analoger Betrieb, bei dem der Arbeitspunkt zwischen diesen beiden extremen Grenzwerten liegt, wird vermieden.

Bei der Beschreibung wird von der üblich verwendeten positiven Logik ausgegangen, bei der eine logische 1 durch einen H-Pegel und eine logische 0 durch einen L-Pegel repräsentiert wird. Ein hoher Spannungswert (H-Pegel) ist bei den betrachteten Schaltungen ein Wert in der Nähe der Versorgungsspannung, die gefahrlose 5 V beträgt. Ein niedriger Spannungswert (L-Pegel) ist ein Spannungswert nahe des Bezugspunktes (GND).

9.2 Schaltkreisentwicklung

Die einfachste Art, Logikverknüpfungen zu realisieren, ist ein Widerstands-Dioden-Netzwerk. Bild 9.2 zeigt zwei Schaltungen. Die linke realisiert eine UND- und die rechte eine ODER-Verknüpfung. Bei der UND-Verknüpfung wird, solange über die Dioden kein Strom fließt, der Spannungswert U_{Y1} am Anschluss Y_1 über den Widerstand auf das Potenzial von U_V gehalten. Liegen an beiden Eingängen hohe Spannungswerte (H-Pegel) an, so ist das Potenzial U_{Y1} ebenfalls hoch (H-Pegel). Die

Ausgangsspannung ist bis zur Durchlassspannung U_D höher als die Eingangsspannung. Sollte einer der beiden Eingänge, oder beide, einen niedrigen Spannungswert annehmen (L-Pegel), so wird die Diode, oder beide, leitend und der Spannungswert U_{Y1} wird ebenfalls einen niedrigen Spannungswert annehmen. Der Stromfluss durch den Widerstand wird über die Dioden abgeleitet. U_{Y1} ist um die Dioden-Durchlassspannung höher als die niedrigste Eingangsspannung, führt aber ebenfalls ein niedriges Spannungspotenzial (L-Pegel).

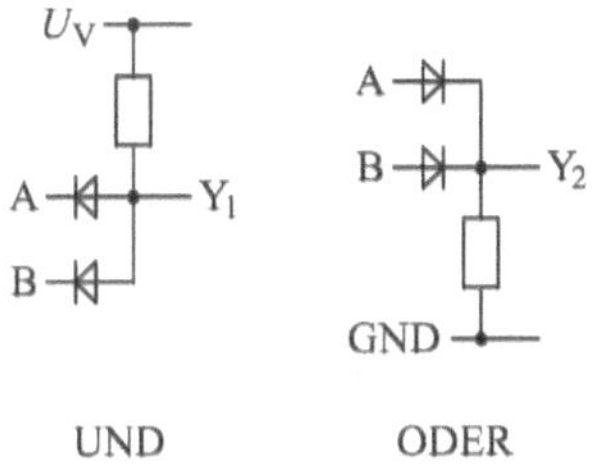

Bild 9.2
Logikrealisierung mit Widerstands-Dioden-Netzwerken

Bei der ODER-Verknüpfung ist es umgekehrt. Haben die Eingänge niedrige Spannungswerte (L-Pegel), so erfolgt kein Stromfluss durch die Dioden und das Ausgangspotenzial U_{Y2} am Anschluss Y_2 ist nahe dem Bezugspotenzial (L-Pegel). Verändert sich der Spannungswert eines Einganges, oder beide, auf einen hohen Spannungswert (H-Pegel), so findet über den Dioden ein Stromfluss statt, der über dem Widerstand einen Spannungswert hervorruft und am Ausgang Y_2 ebenfalls einen hohen Spannungswert (H-Pegel) hervorruft.

Die angegebenen Schaltungen realisieren die Logikverknüpfung, jedoch ist das Ausgangssignal um die Dioden-Durchlassspannung verschoben. Bei der UND-Verknüpfung ist es höher und bei der ODER-Verknüpfung niedriger als die Eingangsspannungen. Eine mehrstufige Verknüpfung ist mit dieser Realisierung nicht möglich.

Nachteil der beschriebenen Logikverknüpfung ist eine fehlende Signalverstärkung. Diese Funktion soll an einer kleinen Schaltung verdeutlicht werden. Der Aufbau entspricht einer Invertierung (NICHT-Glied), basierend auf der Dioden-Transistor-Logik (diode transistor logic, DTL). In der linken Darstellung in Bild 9.3 wird das Ausgangssignal über eine einfache Transistorschaltung realisiert. Wird der Transistor nicht angesteuert, der Spannungswert an der Basis hat nahezu das Potenzial des Emitters und es fließt kein Basisstrom in den Transistor hinein, so ist dieser hochohmig und der Spannungswert des Ausganges Y wird über den Widerstand auf den Spannungswert der Versorgungsspannung gehalten (solange kein nennenswerter Stromfluss über den Anschluss Y und den Widerstand nach außen erzwungen wird). In diesem Fall haben wir H-Pegel am Ausgang Y. Wird der Transistor angesteuert und es fließt ein Basisstrom in den Transistor hinein (der Spannungswert zwischen Basis und Emitter hat den Spannungswert der Dioden-

Durchlassspannung), so ist die Verbindung Kollektor zum Emitter niederohmig und das Spannungspotenzial am Ausgang Y wird auf nahezu dem Bezugspotenzial (GND) gehalten. Der Stromfluss durch den Widerstand wird über den Transistor abgeführt. In diesem Fall haben wir L-Pegel am Ausgang Y. Die Ansteuerung erfolgt über das vorgeschaltete Netzwerk aus einem Widerstand und drei Dioden. Haben wir am Eingang A hohes Potenzial (H-Pegel), so wird die erste Diode in Sperrrichtung betrieben und es kann ein Stromfluss über den Widerstand und die beiden Dioden in die Basis des Transistors erfolgen. Dies führt zu dem L-Pegel am Ausgang. Haben wir am Eingang einen niedrigen Spannungswert (L-Pegel), so fließt der Strom über den Widerstand durch die in Durchlassrichtung betriebene Diode über Eingang A ab. Der Transistor wird nicht angesteuert und ist damit hochohmig, was zu einem H-Pegel am Ausgang führt. Die zwei in Reihe geschalteten Dioden dienen zur Sicherung des digitalen Verhaltens. Der Spannungswert, bei dem der Transistor zwischen den beiden Zuständen wechselt, beträgt ca. 1,5 V. Die Spannungswerte kleiner 0,8 V führen zu einem sicheren Sperren und ein Spannungswert größer 2 V zu einem sicheren Leiten des Transistors. Im Bereich von 1,5 V haben wir den zu vermeidenden analogen Übergang zwischen den zu verwendenden Logikzuständen. Dieser Spannungsbereich sollte für eine sichere Funktion vermieden und möglichst schnell durchlaufen werden. Aufgrund der Verstärkung hat der Logikwert am Ausgang einen geringeren Abstand zu den Werten der Versorgungsspannung (U_V und 0 V an GND), als es für das Eingangssignal nötig wäre. Hierdurch findet neben der Negation auch eine Signalverbesserung statt. Die Funktion der Verstärkung fehlt bei der Logikrealisierung in Bild 9.2. Würde man zu der ersten Diode in Bild 9.3 mit dem Eingang A weitere Dioden parallel schalten, so hätte man hier eine UND-Verknüpfung gemäß Bild 9.2 und die so erweiterte Schaltung hätte NAND-Verhalten.

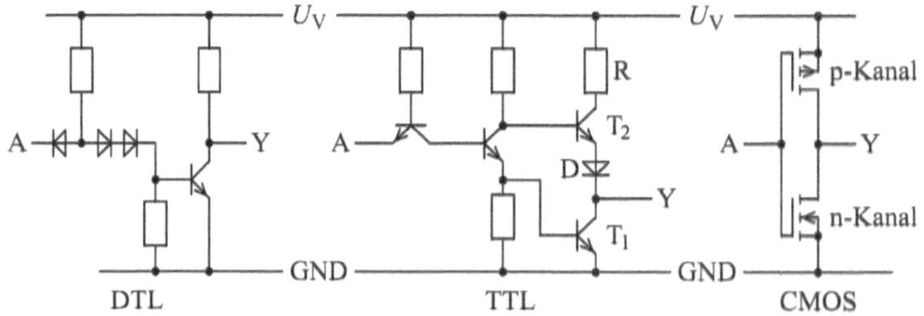

Bild 9.3 Grundschaltung eines Inverters als Dioden-Transistor-Logik (DTL), Transistor-Transistor-Logik (TTL) und aus komplementären Metalloxid-Halbleitern (Complementary Metal Oxide Semiconductor, CMOS)

Ein Problem dieser Realisierung ist der Stromfluss in der Ausgangsschaltung bei einem L-Pegel. Eine Verbesserung stellt die mittlere Schaltung dar. Der linke Transistor wird als Dioden-Netzwerk verwendet. Der Strom über den Basisanschluss fließt entweder über den Emitteranschluss ab (L-Pegel an A) oder über den Kollektor (H-Pegel an A). Dadurch wird der Transistor im mittleren Zweig entweder leitend oder sperrend. Im leitenden Zustand fließt ein Basisstrom in den unteren Transistor des Ausgangszweiges, was einen L-Pegel erzeugt. Der L-Pegel ist relativ kräftig, da der Strom, der in die Schaltung hineinfließt, nur über die niederohmig geschaltete Kollektor-Emitter-Strecke des unteren Transistors nach Masse (GND) geleitet wird. Ist hingegen der Transistor im mittleren Zweig sperrend, so kann der Strom über den Widerstand des mittleren Zweiges in die Basis des oberen Transistors der Ausgangsschaltung hineinfließen und diesen niederohmig steuern. Dies ist der Fall, wenn der Ausgang belastet wird. Der Spannungswert am Ausgang wird (innerhalb der zulässigen Belastung) über einen Spannungswert von 2,4 V gehalten. Fließt ein Strom aus der Schaltung heraus, so wird dieser verwendet, um den oberen Transistor im leitenden Zustand zu steuern. Der erzeugte H-Pegel ist nicht so kräftig (kann weniger Strom liefern) im Vergleich zum L-Pegel (kann mehr Strom aufnehmen). In dieser Ausgangsschaltung ist nur ein Transistor leitend und es fließt kein statischer Strom durch diese Ausgangsstruktur. Diese Realisierung wird als **Totem-Pole-Ausgang** (benannt nach der Struktur der übereinander angeordneten Transistoren) oder **Gegentakt-Ausgang** (benannt nach der entgegengesetzten Ansteuerung der Transistoren) bezeichnet. Für den L-Pegel wird ein geringer interner Stromfluss durch den mittleren Zweig benötigt. Der Strom für den H-Pegel richtet sich nach der Anforderung des Ausgangs, zuzüglich eines geringen Strombedarfs über den Eingangsanschluss A. Diese Realisierung ist, mit den Widerstandswerten der ursprünglichen Realisierung, die häufig als Referenz verwendete Transistor-Transistor-Logik (TTL).

Die Realisierung von Logikgattern wurde einfacher mit den über isolierten Eingängen steuerbaren Unipolar-Transistoren. Hier ist in dem Transistor ein Kanal vorhanden, durch den ein Stromfluss stattfinden kann. Dieser Stromfluss richtet sich nach der Anzahl zur Verfügung stehender Ladungsträger. Die Anzahl dieser Ladungsträger ist über ein elektrisches Feld steuerbar. Bei einem n-Kanal wird die Leitfähigkeit über eine positive Spannung erhöht und bei einem p-Kanal wird die Leitfähigkeit über eine negative Spannung erhöht (der Widerstandswert wird kleiner). In der in Bild 9.3 angegebenen rechten Schaltung sind zwei Transistoren in Reihe geschaltet. Bei einem H-Pegel am Eingang A wird der untere Transistor leitend gesteuert (U_A ist deutlich höher als die Spannung des Bezugsknotens GND, also niederohmig) und der obere sperrend (U_A ist nahe der Versorgungsspannung U_V, also hochohmig). Dies erzeugt einen L-Pegel am Ausgang. Bei einem L-Pegel am Eingang ist der untere Transistor sperrend (hochohmig) und der obere leitend (niederohmig), was einen H-Pegel am Ausgang bedeutet. Werden diese Zustände statisch, also unverändert über einen Zeitraum ausgegeben, so fließt kein interner Strom. Während des Übergangs vom L-Pegel zum H-Pegel und umgekehrt sind in dem Übergangsbereich beide Transistoren irgendwo zwischen niederohmig und hochohmig. In diesem Fall fließt ein geringer Strom, der durch die Anzahl der in den nicht ganz geöffneten Kanälen befindlichen Ladungsträger begrenzt wird. Bei einem Schaltvorgang fließt ein geringer impulsartiger Strom, der durch die Versorgungsspannung zur Verfügung gestellt werden muss. Der Strombedarf derartiger Schaltungen hängt damit von der Anzahl der Schaltvorgänge ab. Der Spannungswert, der L-Pegel und H-Pegel unterscheidet (bei dem der Stromfluss im Ausgangszweig am größten ist), liegt bei der halben Versorgungsspannung. Die Belastbarkeit des Ausgangs ist für L-Pegel und H-Pegel identisch. Die zur Verfügung stehenden Ladungsträger in den Kanälen realisieren zusätzlich eine Strombegrenzung, sodass der Ausgang im Kurzschlussfall (Ausgang Y ist fehlerhafterweise mit GND oder U_V verbunden) nicht gefährdet ist. Anfangs waren die Eingänge aufgrund ihrer hochohmigen internen Verbindung empfindlich für statische Aufladungen (entstehen z. B. durch Unachtsamkeit beim Handling), was inzwischen durch interne Schutzschaltungen nicht mehr kritisch ist. Auf Schutzmaßnahmen wie antistatische Werkzeuge zur Vermeidung von elektrostatischen Aufladungen die zu ESD-Schäden (elektrostatische Entladung; engl.: Electrostatic Discharge, ESD) führen können, sollte jedoch nicht verzichtet werden.

Mithilfe der CMOS-Transistoren lassen sich Logikverknüpfungen vergleichbar mit Schaltkontakten aufbauen. Bei einer Zusammenschaltung von mehreren Transistoren (Netzwerken) liefert eine niederohmige Verbindung nach U_V einen H-Pegel und eine niederohmige Verbindung nach GND einen L-Pegel. Es dürfen hierbei nicht beide Transistoren niederohmig sein. Werden beide Transistoren hochohmig geschaltet, so ist hierüber der dritte Zustand (**Tri-State** oder 3-State) realisierbar. Hierauf wird später nochmals eingegangen. Die Verbindungen nach U_V können durch Öffner (p-Kanal-Transistor) dargestellt werden und die Verbindungen nach GND durch Schließer (n-Kanal-Transistor). Die Ansteuerung muss einer vorgelagerten Schaltung entsprechend aufbereitet werden (Ansteuerungssignal nicht negiert oder negiert). Bild 9.4 zeigt die NAND, NOR und XOR-Verknüpfung durch vergleichbare Schaltungen. Negierte Ansteuersignale sind z. B. bei der XOR-Verknüpfung notwendig.

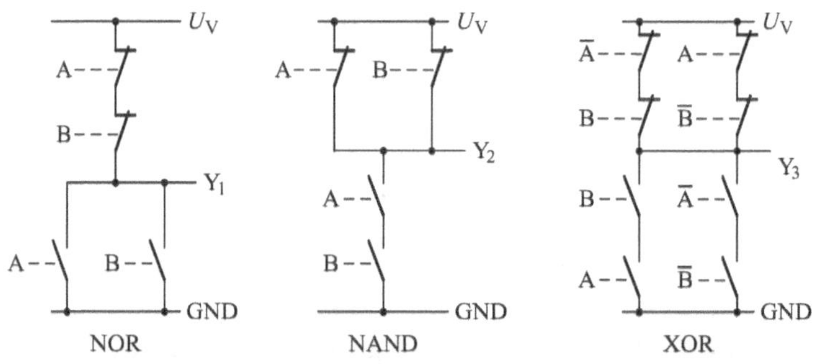

Bild 9.4 Darstellung von Logikverknüpfungen mit Schaltkontakten (Öffner in den oberen Zweigen, Schließer in den unteren Zweigen, nicht negierte bzw. negierte Ansteuerung)

Bild 9.5 zeigt eine UND-Schaltung, realisiert durch eine NAND-Verknüpfung mit nachfolgender NEGATION. Die abschließende Negation beinhaltet auch eine Signalverstärkung und erzeugt ein höher belastbares Ausgangssignal (jeweils nur ein Transistor-Kanal bis zur Spannungsversorgung U_V bzw. GND). Dadurch ist diese Realisierung günstiger als eine NOR-Verknüpfung negierter Eingangssignale. Für eine Logikverknüpfung sind verschiedene hardwaremäßige Realisierungen möglich. Eine UND-Verknüpfung kann durchaus mit einer ODER-Verknüpfung und signalverstärkenden Negationen an den Eingängen und am Ausgang realisiert werden.

Mit diesen Transistoren sind weitere Realisierungen möglich. Werden n-Kanal- und p-Kanal-Transistoren parallel geschaltet und beide leitend gesteuert, so würde für ein Signal nahe dem Bezugspotenzial der p-Kanal-Transistor und bei einem Signal nahe der Versorgungsspannung U_V der n-Kanal-Transistor die niederohmige Verbindung realisieren. Im Zwischenbereich liegen beide Kanäle parallel. Bild 9.6 zeigt eine entsprechende Schaltung. Diese schaltbare analoge Verbindung zwischen den Anschlüssen U_1 und U_2 wird **Transmissionsglied** genannt und repräsentiert für Signale innerhalb der Versorgungsspannung (GND bis U_V) einen nicht galvanisch getrennten steuerbaren Schaltkontakt. Hierdurch lassen sich z. B. Multiplexer in Anlehnung der Schaltkontakt-Darstellung realisieren. Ein Beispiel wurde bei dem taktflankengesteuerten D-FF bereits genannt.

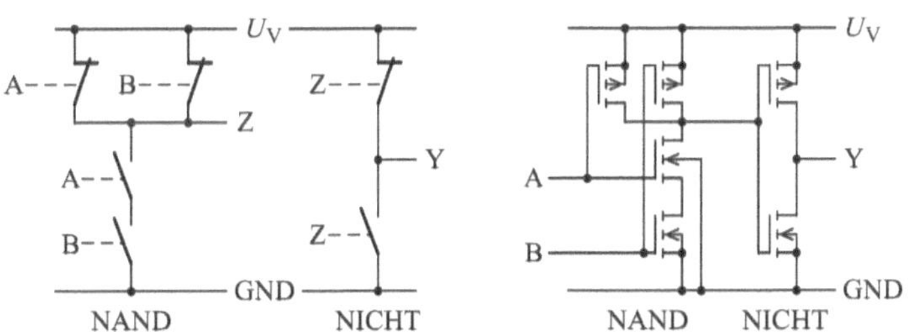

Bild 9.5 UND-Realisierung (Schaltkontakt-Darstellung und CMOS-Schaltung)

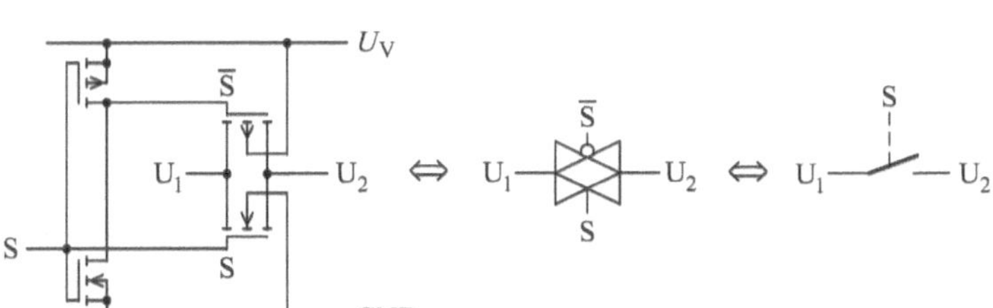

Bild 9.6 Transmission Gate (CMOS)

9.3 Physikalische Randbedingungen

9.3.1 Spannungsbereiche

Wichtige Fragen für eine schaltungstechnische Realisierung sind Leistungsbedarf, Störunempfindlichkeit und Geschwindigkeit. In den vergangenen Jahren war die +5-V-Versorgungsspannung eine Art Standard (Ausnahme: stromsparende bzw. batteriebetriebene Schaltungen). Die Referenzschaltung war die klassische TTL-Logik mit den in Tabelle 9.1 angegebenen Spannungswerten. Der Spannungsbereich für den Eingang hatte unter allen angegebenen Randbedingungen (Versorgungsspannung, Temperatur, ...) eine Art Sicherheitsabstand von 0,4 V. Störungen bis zu dieser Spannungsänderung hatten keinen Einfluss. Die eigentliche Schaltschwelle lag im „verbotenen Bereich" zwischen H und L und ist abhängig von der Versorgungsspannung der Temperatur und zufälligen Einflüssen bei der Herstellung (Bauteiltoleranzen). Für Messgeräte die nur den L- und den H-Pegel verwenden (z. B. Logikanalysatoren) wird eine Schwellenspannung (Threshold voltage, U_{th}) von 1,5 V verwendet.

Tabelle 9.1 Spannungswerte der Standard-Transistor-Transistor-Logik (STD-TTL)

Pegel	Eingang	Ausgang	Statischer Störabstand	Schwellenspannung U_{th}
H	>2,0 V	>2,4 V	0,4 V	1,5 V
L	<0,8 V	<0,4 V	0,4 V	1,5 V

Eine Übersicht der Spannungswerte für verschiedene Logikrealisierungen (Logik-Familien) zeigt Bild 9.7. Die CMOS-Realisierungen haben üblicherweise eine Schwellenspannung von der halben Versorgungsspannung. Dadurch waren diese bei einer +5-V-Versorgungsspannung nicht kompatibel zu den TTL-Logik-Familien. Eine verbindende Logik-Familie, die CMOS-Ausgangsverhalten bei TTL-Eingangswerten aufweist, ist die HCT-Familie. In den letzten Jahren wurden auf CMOS basierende Logikschaltkreise entwickelt, die eine geringere Versorgungsspannung benötigen, hierunter die 3,3-V- und die 2,5-V-Varianten, die aufgrund ihrer Logikpegel direkt mit den TTL-Pegel verwendenden Schaltkreisfamilien kombiniert werden können. Komplexe Schaltkreise verwenden für die interne Verarbeitung niedrigere Spannungen (ermöglicht höhere Verarbeitungsgeschwindigkeiten), die über Ein- und Ausgangstreiber auf die externen TTL-Spannungspegel bzw. TTL-LV (TTL-Low-Voltage) Spannungspegel angepasst werden.

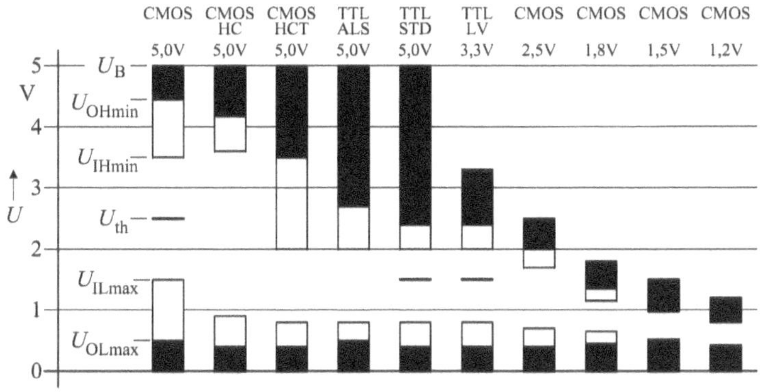

Bild 9.7 Spannungsbereiche verschiedener Logik-Familien

9.3.2 Strombereiche

Ein weiterer Gesichtspunkt ist die Strombelastbarkeit der Ausgänge. Hierbei werden zunächst elektrisch lange Leitungen und Probleme durch steile Flanken nicht betrachtet.

Mit dem Wechsel auf Unipolartransistoren änderte sich das Ausgangsverhalten. Es wurde symmetrisch, wodurch sich U_{th} nach $U_V/2$ und die Signalpegel nahe der Versorgungsspannung verschoben. Die Belastbarkeit des L-Pegels (Ausgangsspannung ist nahe GND und der Strom fließt in den Baustein herein) und H-Pegels (Ausgangsspannung ist nahe U_V und der Strom fließt aus dem Baustein heraus) ist vergleichbar (s. Tabelle 9.2). Die in dem jeweiligen Kanal vorhandenen Ladungsträger, die durch die Gate-Source Spannung U_{GS} in den Kanal influenziert werden, können bei den angegebenen Stromwerten den Logikpegel halten, begrenzen den Strom jedoch bei höherer Belastung. Ein Kurzschluss des Ausganges Y mit der Spannungsversorgung U_V führt nicht zur Zerstörung des Transistors T_1. Die vorhandene Strombegrenzung ist, neben der Symmetrie des Ausgangsverhaltens, ein weiterer großer Vorteil.

Tabelle 9.2 zeigt eine kleine Aufstellung von Logikschaltkreisen mit deren Versorgungsspannung und Ausgangsströmen, bei denen der Logikpegel für H und L noch eingehalten wird. Die Schaltkreise der 4000er-Serie (z. B. HCF 4011) eignen sich für sehr stromsparende Anwendungen und unstabilisierte Versorgungsspannungen. Die Ausgangsströme sind mit 0,36 mA sehr gering und jegliche Ansteuerung von LEDs oder Relais bedarf einer zusätzlichen Verstärkung. Die nachfolgend aufgeführten Schaltungen eignen sich für einen Testaufbau. Die Schaltkreise können untereinander gemischt werden, ausgenommen TTL-Gatter vor HC-Bausteinen. Hier passt der H-Pegel nicht zueinander (s. Bild 9.7) und es bedarf zusätzlicher Maßnahmen. Bei gemischtem Aufbau ist zu berücksichtigen, dass die statischen

Strombelastungen für beide Logikpegel eingehalten werden. Am einfachsten ist es, das Mischen von Schaltkreisfamilien zu vermeiden. Innerhalb einer Schaltkreisfamilie können normalerweise mindestens 10 Eingänge von einem Ausgang angesteuert werden. Bei höheren Lasten sind Bausteine mit entsprechenden höheren Treiberleistungen zu verwenden.

Tabelle 9.2 Versorgungsspannung

Baureihe	Baustein	Versorgungsspannung U_V	I_{OHmax}/I_{OLmax}	I_{IHmax}/I_{ILmax}
CMOS	HCF 4011	3,0...15 V	−0,36 mA/0,36 mA	±10⁻⁵ μA
HC	74 HC 00	2,0...6,0 V	−4 mA/+4 mA	±1 μA
HCT	74 HCT 00	4,5...5,5 V	−4 mA/+4 mA	±1 μA
ALS	74 ALS 00	4,5...5,5 V	−2 mA/+20 mA	20 μA/−0,5 mA
LS	74 LS 00	4,75...5,25 V	−0,4 mA/8 mA	20 μA/−0,4 mA

Um Logikwerte anzuzeigen, sind 0-aktive Signale sehr beliebt. Dies beruht auf den TTL-Schaltkreisen, die den L-Pegel deutlich kräftiger und mit geringerer Spannungsschwankung ausgeben können als den H-Pegel. Dies wird in Bild 9.8 dargestellt. In der linken Realisierung garantiert der Hersteller einen Spannungswert am Ausgang von maximal 0,4 V innerhalb der zulässigen Belastung (20 mA bei ALS-Bausteinen). Die Spannung über der Diode mit dem strombegrenzenden Widerstand beträgt im aktiven Zustand ca. 4,6 V bis 5,0 V. In der rechten Realisierung garantiert der Hersteller einen Spannungswert von mindestens 2,4 V innerhalb der zulässigen Strombelastung (2 mA bei ALS-Bausteinen). Die Spannung über der Diode mit dem strombegrenzenden Widerstand beträgt im aktiven Zustand ca. 2,4 V bis 4,0 V (höhere Spannungen sind aufgrund der internen Struktur der TTL-Gatter nicht nutzbar). Das Verhalten ist damit schlechter reproduzierbar (Bauteiltoleranzen etc. wirken sich stärker aus). Allein aufgrund des höheren Stromes sind bei TTL-Schaltkreisen 0-aktive Signale vorzuziehen.

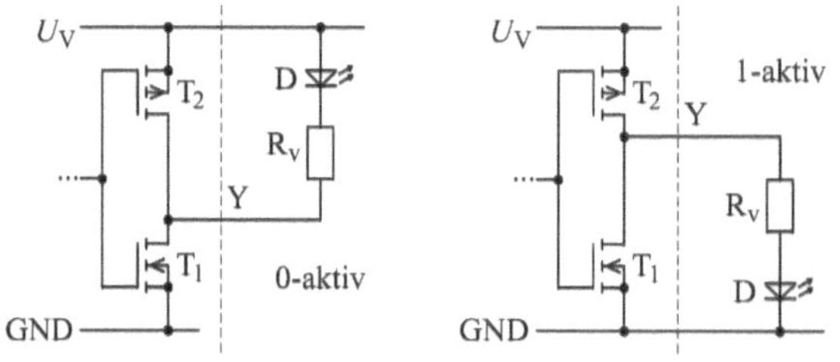

Bild 9.8
Belastung der Ausgangssignale bei 0-aktiven und 1-aktiven Ausgängen

Reicht die Strombelastbarkeit des Logikausgangs nicht aus, so ist eine zusätzliche Verstärkung notwendig. Dies könnten zusätzliche Treiberschaltungen sein oder eine mit diskreten Bauteilen aufgebaute Transistorschaltung. Bild 9.9 zeigt zwei

Möglichkeiten einer Verstärkerstufe. Bei beiden Realisierungen wird das Logiksignal für den aktiven Zustand negiert. Unipolartransistoren werden spannungsmäßig über die Gate-Source-Spannung U_{GS} gesteuert, während Bipolartransistoren über den Basisstrom I_B gesteuert werden. Die folgenden Erläuterungen beziehen sich auf n-Kanal Unipolartransistoren, auch Feldeffekttransistoren genannt (Bild 9.9 linke Darstellung). Aufgrund des symmetrischen Verhaltens ist die Anwendung auf p-Kanal Transistoren durch Vorzeichenanpassung leicht möglich. Transistoren aus dem Bereich Logic Level MOSFET (engl.: Metal Oxide Semiconductor Field-Effect Transistor; oder kurz FET) eignen sich recht gut zur Signalverstärkung von CMOS Signalen. Der Übergang in den leitenden Bereich beginnt bei Logic-Level FET ab $U_{GS(th)}$ (engl.: Gate-Source Threshold Voltage) im Bereich von 1 bis 2 Volt und der Durchgangswiderstand von Drain- zum Source-Anschluss wird im Datenblatt für den leitenden Zustand $R_{DS(on)}$ bei einer Gate-Source Spannung U_{GS} von 5 V oder niedriger (entspricht der Versorgungsspannung U_V) angegeben. Aufgrund der spannungsmäßigen Ansteuerung ist ein großer Signalhub (Differenz von L- zum H-Spannungswert) von Vorteil. Der Widerstand R_1 kann häufig entfallen (dient u. a. bei sehr schnellen Signalwechselzeiten und/oder elektrisch langen Leitungen zur Dämpfung des Umladevorgangs der Gate-Source-Kapazität C_{GS}). Um im nichtleitenden Zustand ($U_{GS} < U_{GS(th)}$ etwas mehr Sicherheit zu erhalten und bei einem offenen Eingang definiertes Verhalten zu haben, wird häufig der Widerstand R_2 mit Werten im Bereich 10k…100 kΩ eingesetzt. Zudem sollte man die Verlustleistung des FET betrachten und ihn ggf. mit einem Kühlkörper kühlen, da er bei zu hohen Temperaturen zerstört wird. Für extreme Anwendungen sollten jedoch Treiberschaltungen, u. a. auch zur Ansteuerung von kräftigeren MOSFETs oder IGBTs (engl.: Insulated-Gate Bipolar Transistor; Bauteil der Leistungselektronik) eingesetzt werden.

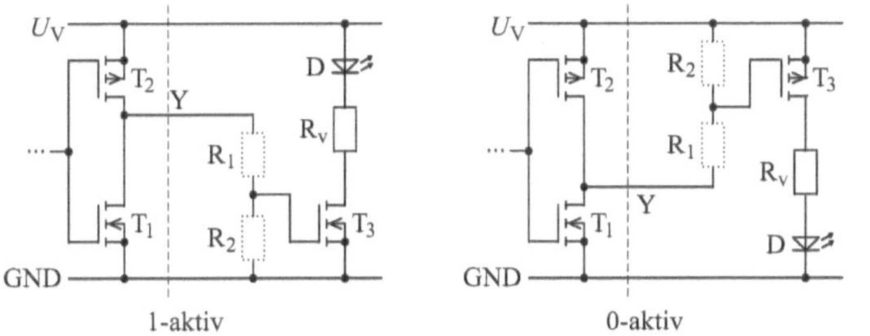

Bild 9.9 Ausgang mit separat aufgebautem invertierenden Verstärker

9.3.3 Geschwindigkeitsbereiche

Die höchste bekannte Geschwindigkeit ist die Lichtgeschwindigkeit *c*. Elektromagnetische Signale können sich maximal mit dieser Geschwindigkeit ausbreiten. Auf Kabeln mit einer umgebenden Isolierung etc. beträgt die Ausbreitungsgeschwindigkeit ca. zwei Drittel der Lichtgeschwindigkeit. Zur Abschätzung der Signallaufzeiten auf Verbindungsleitungen kann somit eine Geschwindigkeit von 20 cm/ns angesetzt werden.

Wenn ein Ausgang eines Logikelementes (z.B. Gatter-Ausgang) seinen Ausgangszustand von L nach H wechselt oder umgekehrt, so ist die Geschwindigkeit dieses Signalwechsels entscheidend. Bild 9.10 zeigt die Verzögerungszeiten (der Signalwechsel am Ausgang ist für die Bezeichnung entscheidend) und die Signalwechselzeiten für einen L-H-Wechsel t_r und den H-L-Wechsel t_f (10 % bis 90 % des Signalwechselwertes).

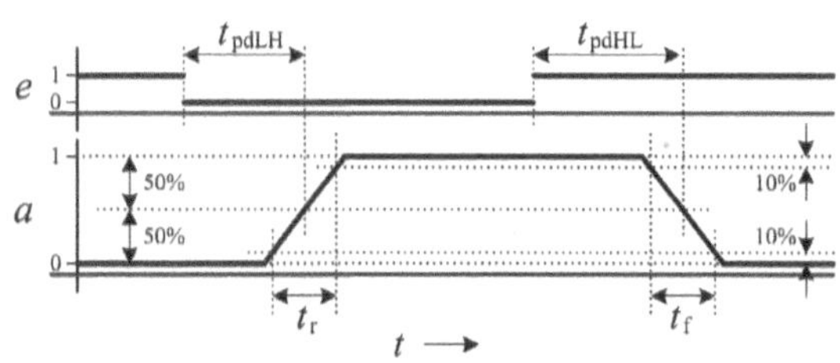

Bild 9.10
Darstellung der Verzögerungszeiten t_{pdLH} und t_{pdHL} sowie der Anstiegszeit t_r und Abfallzeit t_f eines Inverters

Die Änderung des Ausgangssignals muss über das angeschlossene Kabel übertragen werden. Auf dem Kabel finden Ausgleichsvorgänge statt. Ist das Kabel kurz genug, so sind die Ausgleichsvorgänge auf dem Kabel gegenüber der Signaländerung am Ausgang des Logikelementes vernachlässigbar. Ist jedoch die Signaländerung schneller als die Signalübertragung auf der Leitung, so sind diese Zeitverzögerungen zu berücksichtigen. Es finden Ausgleichsvorgänge statt, die sich durch Ausgangswiderstand des Senders, Wellenwiderstand der Leitung, Eingangswiderstand des Empfängers und Laufzeit der Leitungsübertragung ergeben. Zur Bestimmung dieser Ausgleichsvorgänge gibt es verschiedene Verfahren. Eine einfache klassische Methode ist das Bergeron-Verfahren (ein grafisches Verfahren unter Verwendung der nichtlinearen Ein- und Ausgangskennlinien bei einer homogenen Leitungsverbindung). Um dieser Problematik (und einigen anderen) aus dem Weg zu gehen, sollten nicht zu schnelle Logikschaltungen eingesetzt werden. Ist die Laufzeit τ auf der Leitung kleiner als die halbe Anstiegs- (t_r) bzw. Abfallzeit (t_f) des Logikausganges, so kann die Leitung als elektrisch kurz angesehen werden. Die Belastung des Logikausganges mit einer nicht räumlich ausgedehnten Ersatzkapazität ist für die Verhaltensbeschreibung geeignet. Die Ersatzkapazität ist der Kapazitätswert der räumlich ausgedehnten Leitung. Ist τ größer als t_r bzw. t_f, so ist es eine elektrisch lange Leitung und dies erfordert eine Betrachtung unter Berücksichtigung der räumlich ausgedehnten Struktur. Tabelle 9.3 gibt als Orientierung die Signalwechselzeiten für einige Schaltkreisfamilien an. Diese Werte unterliegen starken Exemplarstreuungen und können nur als Orientierungswerte verwendet werden.

Tabelle 9.3 Orientierungswerte der Signalwechselzeiten (Impulsflanke)

Baureihe	Impulsflanke
74 AC	1,3 ns
74 AS	1,8 ns
74 S	2,5 ns
74	5 ns
74 ALS	5 ns
74 LS	6 ns
74 HC	6 ns
74 H	7 ns
74 L	15 ns
CD4000B	60 ns

Zur Bestimmung der kritischen Leitungslängen l_{max} gibt es verschiedene Ansätze, die näherungsweise die gleichen Ergebnisse liefern. Aufgrund der Toleranzen (Verhalten des Signalausganges und Materialspektrum der Leitungsisolierung) dürfte eine Näherung ausreichen.

Die kritischen Leitungslängen l_{max}, ab denen Signalstörungen auftreten können, liegen mit einem angenommenen relativen Dielektrizitätswert der umgebenden Isolierung von $\varepsilon_r \approx 4$ zwischen 5 cm und 7,5 cm je ns Signalwechselzeit (rise bzw. fall time).

$$l_{max} = \frac{5\,\text{cm}}{\text{ns}} \cdot t_r \quad \text{bzw.} \quad l_{max} = \frac{5\,\text{cm}}{\text{ns}} \cdot t_f \tag{9.1}$$

Bei den relativ langsamen Baureihen mit t_r = 6 bis 12 ns beträgt die kritische Leitungslänge 30 bis 60 cm. Es ist empfehlenswert, nur die (sehr) schnellen Bausteine zu verwenden, wenn dies für die Anwendung erforderlich ist. Für deren Einsatz ergeben sich weitere zu berücksichtigende Randbedingungen wie z. B. Leitungsführung für Signale und Versorgungsspannungen, auf die hier nicht näher eingegangen werden kann.

Die verwendeten Minimierungsverfahren wurden eingesetzt, um die kürzeste Gleichung zu ermitteln. Dies bedeutet eine Gleichung zu ermitteln, die mit möglichst wenigen Logikelementen mit möglichst wenigen Eingangsanschlüssen auskommt, um die gestellte Aufgabe zu lösen. Durch Laufzeiten, oder genauer gesagt durch die Reaktionszeiten t_{pd} der Gatter, entstehen kurzzeitige Störungen, sodass das erzeugte Ausgangssignal eventuell Probleme bereitet, wenn es zum Beispiel als Taktsignal verwendet wird. Bild 9.11 zeigt die Minimierung mit dem KV-Diagramm.

Mit den Termen ac und $b\bar{c}$ sind alle mit 1 besetzten Felder abgedeckt, und das Ergebnis lautet:

$$y = ac \vee b\bar{c} \tag{9.2}$$

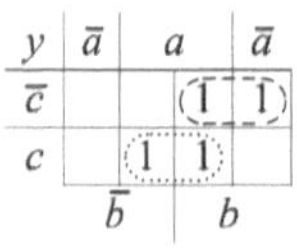

Bild 9.11
KV-Diagramm (Beispiel zur Laufzeitproblematik)

Bild 9.12 zeigt das Impuls-Zeit-Diagramm eines diskreten Aufbaus, bei dem jede Logikverknüpfung und der Inverter eine Reaktionszeit von t_{pd} aufweisen. Das Ausgangssignal müsste bei den eingezeichneten Signalen von a, b und c einen konstanten Wert von $y = 1$ ausgeben. Aufgrund der Verzögerung des Inverters zur Erzeugung des Signals $\bar{c}$ ist dieses gegenüber dem Signal c um diese Reaktionszeit verzögert. Die Zwischengröße ac reagiert auf das Signal c und wird ebenfalls um ein t_{pd} verzögert ausgegeben. Die Zwischengröße $b\bar{c}$ reagiert auf das Signal $\bar{c}$ und wird um ein weiteres t_{pd} verzögert. Hierdurch entsteht eine zeitliche Lücke zwischen den Eingangssignalen der ODER-Verknüpfung und dieses führt zu einem kurzen 0-Impuls (nach der abfallenden Flanke von c), der wiederum um ein t_{pd} verzögert wird, bei einem Signalübergang von ac nach $b\bar{c}$ mit der Reaktionszeit des Inverters.

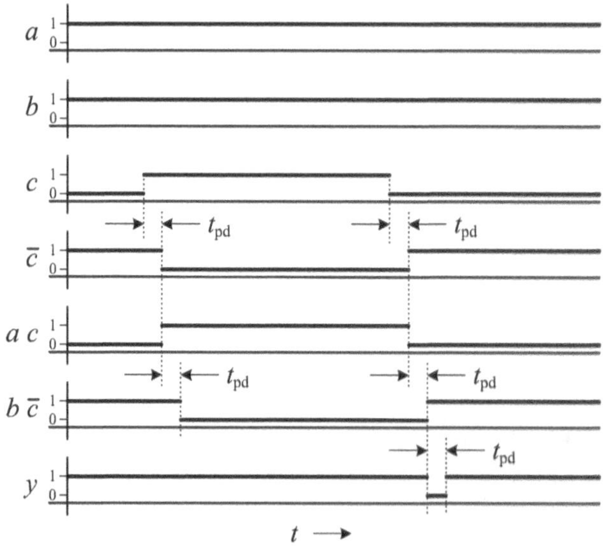

Bild 9.12 Impuls-Zeit-Diagramm (Beispiel zur Laufzeitproblematik)

Der kurze Impuls, der auch als Spike bezeichnet wird, kann bei kritischen Signalen einen Glitch (kurzzeitige fehlerbehaftete Bitdarstellung) und hierüber einen Hazard (Fehlfunktion) hervorrufen. Um dies zu vermeiden, ist die Gleichung in diesem Fall um den Term *ab* zu erweitern. Bild 9.13 zeigt das zugehörige KV-Diagramm und Formel 9.3 die erweiterte Gleichung. Hierdurch wird über die ODER-Funktion das Ausgangssignal bei dem Signalwechsel, wie er in Bild 9.12 dargestellt ist, auf 1 gehalten und der Spike vermieden.

$$y = ac \vee b\overline{c} \vee ab \tag{9.3}$$

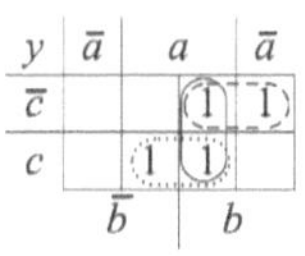

Bild 9.13
Erweitertes KV-Diagramm (Beispiel zur Laufzeitproblematik)

In internen Logikverknüpfungen steht das Eingangssignal nach dem Eingangsverstärker in nicht negierter und negierter Form zur Verfügung. Die Zeitdifferenz ist vergleichsweise klein im Vergleich zu dem Inverter, da diese hauptsächlich durch Ein- und Ausgangsverstärker entstehen. Ist der Spike kleiner als die halbe Reaktionszeit nachfolgender Logikverknüpfungen, so können diese nicht darauf reagieren und er verschwindet aufgrund der Trägheit der Logikelemente.

9.3.4 Gehäuse

Die für den Schaltungsaufbau benötigten Komponenten sind in standardisierten Gehäusen untergebracht. Für Versuchszwecke, besonders wenn man sich mit diesem Gebiet vertraut machen möchte, eignen sich die klassischen **Through Hole Components** (für die Durchsteckmontage, **Through Hole Technology**, THT). Die Anschlüsse werden durch Löcher in der Platine gesteckt und auf der gegenüberliegenden Seite (Rückseite) verlötet. Für einen Testaufbau stehen z. B. Steckbretter ((Solderless-)Breadboards) und Lochrasterplatinen zur Verfügung. Hier können die Logikschaltungen, erweitert mit analogen Bauelementen zur Spannungsstabilisierung etc., aufgebaut und getestet werden. Zu den Through Hole Components gehören u. a.:

Gehäuse mit **bedrahteten Komponenten**: Widerstände (Widerstandskennfarben, Anschlüsse beliebig), Dioden (Ringmarkierung auf der Kathodenseite), Kondensatoren (radial, bei gepolten Komponenten Minuspol am Gehäuse markiert und positiver Anschluss ist etwas länger, axial (am Gehäuse markiert)).

TO-Gehäuse: Klassisches Gehäuse für Einzeltransistoren. Normalerweise drei Anschlüsse an der Unterseite eines runden Metallgehäuses (kurzer Zylinder) bzw. in etwas kantiger Form in den Plastikvarianten. Für analoge Komponenten auch mit mehreren, im Kreis angeordneten Anschlüssen (Metallgehäuse).

SIP-Gehäuse: Anschlüsse befinden sich in einer Reihe auf einer Seite des flachen Gehäuses. Häufig bei Widerstandsarrays zu finden (vorgefertigte Standard-Widerstandsnetzwerke). Normalerweise beträgt der Pin-Abstand 2,54 mm (1/10 Zoll).

Dual In-Line (DIL) bzw **Dual In-Line Package** (DIP)**:** Klassisches Standardgehäuse für Integrierte Schaltungen (s. Bild 9.14). Der Pin-Abstand beträgt 2,54 mm (1/10 Zoll). Ideale Bauform für Versuche am Steckbrett (Breadboard). In Testaufbauten werden sie häufig über Sockel (eingelöteter Steckanschluss) kontaktiert.

Pin-Grid-Array (PGA)**:** Auf der Unterseite des keramischen Gehäuses sind mehrere Reihen von Anschlusspins vorhanden. Häufig verwendet für steckbare kundenspezifische Schaltungen und Mikrorechner (Central Processing Unit, CPU).

In der automatisierten Fertigung sind diese Gehäuseformen nur noch sehr selten zu finden. Die Through Hole Components sind reduziert auf mechanisch beanspruchte Steckanschlüsse. Die Schaltung wird mit oberflächenmontierten Bauelementen (**Surface-Mounted Devices**, SMD) realisiert. Sie bieten aufgrund der kleinen Bauformen und der Platzierung auf Ober- und Unterseite der Baugruppe (beide Seiten der Platine können problemlos verwendet werden) eine höhere Packungsdichte. Dadurch können die Schaltungen auf einer kleineren Fläche realisiert werden. Der Aufwand bei einer automatisierten Fertigung ist inzwischen geringer (größere Stückzahl vorausgesetzt). Eine manuelle Fertigung von Prototypen für einen Testaufbau ist bei vielen Gehäuseformen nicht mehr möglich. Für Testzwecke mit realen Komponenten stehen Adapterplatinen zur Verfügung. Hierdurch entstehen jedoch längere Verbindungsleitungen etc., sodass z. B. ein Test mit einer geplanten hohen Taktrate nicht durchführbar ist. Die Testphase wird inzwischen durch die Verwendung von Simulationsprogrammen ersetzt. Hierbei werden neben dem eigentlichen Verhalten der Bauelemente auch die analogen Eigenschaften der Verdrahtung (Leiterbahnen auf der Leiterplatte) mit einbezogen. Die Simulation vereinfacht erheblich die Überprüfung verschiedener Realisierungen (Struktur, Leiterbahnführung und Bauteilauswahl) aufgrund des nicht mehr benötigten Aufbaus von Prototypen (Testaufbau) mit den zu überprüfenden Variationen. Aufgrund des mehrlagigen Aufbaus der Leiterplatten wäre ein Prototyp eine sehr kostenintensive Fertigung von Kleinstserien (oder Einzelfertigungen). Zu den Surface-Mounted Devices gehören u. a. folgende Gehäuseformen (eine Auswahl wird in Bild 9.14 als Übersicht dargestellt):

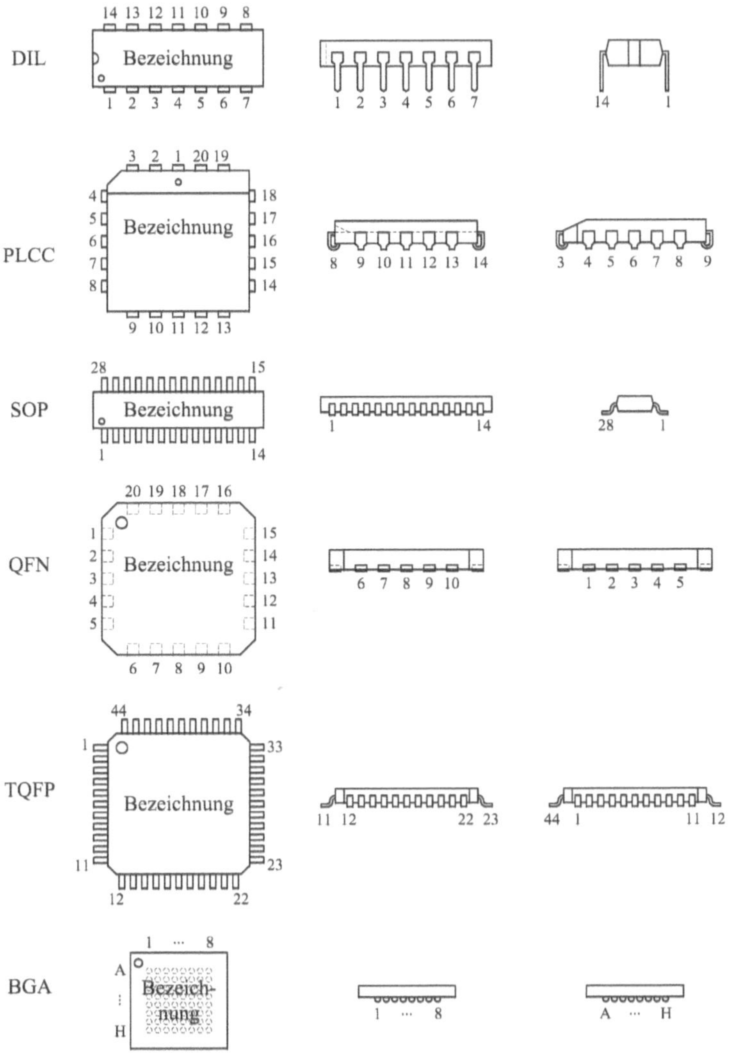

Bild 9.14 Beispiele einiger Gehäusevarianten (Packages)

Small-Outline Integrated Circuit (SOIC)**:** Es ist die verkleinerte Variante der DIL-Gehäuse. In einem flachen rechteckförmigen Gehäuse sind die Anschlüsse auf zwei Seiten herausgeführt und S-förmig auf die Ebene der Unterseite geführt (flügelartig). Der Abstand zwischen den Anschlüssen beträgt 1,27 mm (1/20 Zoll). Die verkleinerte Variante ist das **Shrink Small-Outline Package** (SSOP) mit einem Abstand zwischen den Anschlüssen von 0,635 mm (1/40 Zoll). Es existiert noch die Mini- bzw. Mikro-Variante (mini-SOIC oder micro-SOIC) mit einem Abstand zwischen den Anschlüssen von 0,5 mm.

Small-Outline J-leaded Package (SOJ)**:** Entspricht dem SOIC-Aufbau mit J-förmigen Anschlüssen (in der Seitenansicht), die bis unter die Unterseite des Bauelementes gehen.

Plasic-Leaded-Chip-Carrier (PLCC) oder **Quad-Flat-J-Lead-Chipcarrier** (QFJ)**:** An vier Seiten herausgeführte Pins, die in etwas kantiger Form bis auf die Unterseite des Bausteins führen. Seitlich betrachtet hat der Anschluss die Form des Buchstaben J (der untere Bogen greift unter das Gehäuse). Der Abstand der Pins (Pitch) ist für den Baustein fest und beträgt 1,27 mm (1/20 Zoll). Diese Gehäuse können über Sockel kontaktiert werden. Eine direkte Lötverbindung mit der Leiterplatte ist über die Anschlusssegmente auf der Unterseite des Gehäuses möglich.

Quad Flat No Leads Package (QFN)**:** Auch als **Micro Lead Frame** (MLF) oder **Micro Lead Package** (MLP) bezeichnet. Ähnlich dem PLCC-Gehäuse, bei dem die Anschlüsse jedoch mechanisch in dem Gehäuse liegen und nicht nach außen herausragen. Kleinere Bauform und enger liegende Anschlüsse (0,4 mm bis 1 mm) für höhere Packungsdichten.

Flatpack: Häufig an 4 Seiten (**Quad Flat Pack**, QFP) herausgeführte Pins. Die Anschlüsse sind S-förmig auf die Ebene der Gehäuseunterseite geführt und zeigen kammartig nach außen. Der Abstand der Pins (Pitch) ist für den Baustein fest und kann zwischen 0,4 mm und 1 mm betragen.

Grid-Array: SMD-Variante des Pin-Grid-Array. Die Land-Grid-Variante (**Land-Grid-Array**, LGA) stellt ein Array an Kontaktflächen zur Verfügung (anstelle der Pins bei dem Pin-Grid-Array, PGA). Bei dem **Ball-Grid-Array** (BGA) sind es Lötperlen (Vorbereitung für den Lötprozess bei mehrlagigen Leiterplatten).

9.4 Spezielle Ausgänge

Der Signalzustand einer Leitung (eines Schaltungsknotens) darf nur von einer Signalquelle bestimmt werden. Wäre das nicht der Fall und würden die Signalquellen unterschiedliche Signalzustände erzwingen wollen, so würde ein sehr hoher Strom fließen und die Bauelemente könnten zerstört werden. Es gibt jedoch zwei gebräuchliche Varianten von Ausgangsschaltungen, bei denen die Ausgänge parallel geschaltet werden. Es sind Ausgänge mit Tri-State-Verhalten, bei denen eine Steuerung vorgibt, welcher Ausgang den Signalpegel bestimmt, und die Open-Kollektor- bzw. Open-Drain-Ausgänge, die ohne zusätzliche Steuerung auskommen.

9.4.1 Tri-State-Ausgang

Tri-State-Ausgänge werden bei Mikrorechnern eingesetzt. Zum einen gibt es auf den Datenleitungen zwischen Mikrorechner (engl.: Central Processing Unit, CPU) und Speicher unterschiedliche Datenflussrichtungen (Schreib- und Lesezyklus) und zum anderen muss der Speicherbereich in einfacher Form erweiterbar sein (hinzufügen weiterer Speicherbausteine). Dieses ist möglich, wenn die beteiligten Komponenten an dem gleichen Schaltungsknoten angeschlossen sind und eindeutig festgelegt ist, welcher Baustein bzw. welcher Ausgang den Logikpegel auf diesen Schaltungsknoten vorgibt. Um logische Widersprüche zu vermeiden, darf zu einem Zeitpunkt immer nur ein Ausgang aktiv sein, also als Ausgang fungieren. Bei allen anderen darf der Ausgang den Signalpegel nicht bestimmen, sie sind also elektrisch „abzutrennen".

Bild 9.15 zeigt auf der linken Seite einen CMOS-Ausgang mit einem separaten Freigabe-Eingang (Enable-Eingang). Im normalen Betrieb ist immer einer der beiden Transistoren im Ausgangszweig niederohmig und der andere hochohmig, sodass entweder aktiv ein L-Pegel (T_1 ist niederohmig) oder ein H-Pegel (T_2 ist niederohmig) erzwungen wird. Wird dieser Ausgang abgeschaltet, so darf keiner der Transistoren niederohmig sein. Damit wird der Anschluss insgesamt hochohmig und gibt damit den Logikpegel nicht mehr vor. Bild 9.15 zeigt auf der rechten Seite die Realisierung mit Schaltkontakten. Ist der Ausgang aktiviert (enabled), so sind die mittleren Kontakte geschlossen und der durch die äußeren Schaltkontakte erzwungene Logikpegel (nur einer der beiden Kontakte ist geschlossen) gibt den Logikpegel am Ausgang Y vor. Ist der Ausgang inaktiv (engl.: disabled), so sind die beiden mittleren Kontakte geöffnet und der Schaltzustand der äußeren Kontakte hat keinen Einfluss auf den Signalpegel am inaktiven Ausgangsanschluss Y. Die Reihenschaltung der beiden Kontakte wird durch eine interne Logikverknüpfung realisiert und der untere Zweig entspricht dem Transistor T_1 und der obere Zweig dem Transistor T_2. Beide Transistoren dürfen nicht niederohmig sein, weil damit die Spannungsquelle belastet wird und durch die entstehende Erwärmung die Ausgangsschaltung unzulässige Temperaturen erreicht und zerstört werden kann. Tabelle 9.4 zeigt alle Kombinationen für die Ausgangstransistoren.

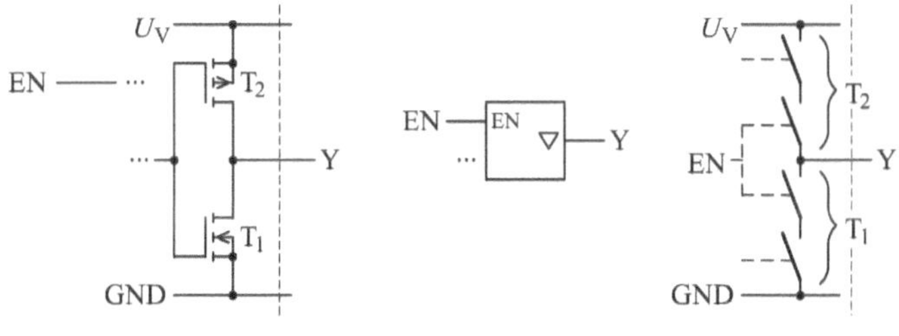

Bild 9.15 Tri-State-Realisierung

Tabelle 9.4 Steuerung Tri-State-Ausgang

en	Verknüpfung	*y*	Bemerkung
0	0	Z	inaktiv (hochohmig)
0	1	Z	inaktiv (hochohmig)
1	0	0	aktiv 0 (niederohmig nach GND)
1	1	1	aktiv 1 (niederohmig nach U_V)

Üblicherweise wird das Enable-Signal in der 0-aktiven Form verwendet. Bei dem Signalpegel von $\overline{en} = \mathrm{L}$ ist der Ausgang aktiv und bei einem Signalpegel von $\overline{en} = \mathrm{H}$ ist dieser hochohmig geschaltet und somit elektrisch nicht vorhanden (Eigenschaften der Leitung vernachlässigt). Ausgangssignale sind z. B. die Datenleitungen, über die die Daten zwischen CPU und Speicher ausgetauscht werden. Datenleitungen sind 8, 16, 32 oder 64 parallel ausgeführte Schaltungsknoten (Busbreite von 8, 16, 32 oder 64 Bit). Diese Leitungen gehen an alle beteiligten Komponenten (BUS-Leitung, Verbindung zwischen mehreren Teilnehmern) wie CPU, Programmspeicher (engl.: Read Only Memory, ROM) und Datenspeicher (engl.: Random Access Memory, RAM), die jeweils aus mehreren Speicherbausteinen bestehen können. Es gibt eine Steuerung, über die die CPU vorgibt, welcher Teilnehmer den Logikpegel auf den Datenleitungen bestimmt. Für den Schreibvorgang ist dies die CPU und alle anderen haben inaktiv geschaltete Ausgänge. Bei dem Lesevorgang sind die CPU-Datenanschlüsse Eingänge und der Ausgang des ausgewählten Speicherbausteins ist aktiv geschaltet und gibt den Logikpegel auf den Datenleitungen vor. Die Auswahl des aktivierten Bausteins erfolgt über die von der CPU spezifizierten Adresse (z. B. über 16 Adressleitungen; deckt $2^{16} = 65\,536$ Adressen ab). Für ein Beispiel sollen Bausteine mit 8192 Speicherstellen (mit je 8 Daten-Bits) verwendet werden (z. B. AS6C6264 mit 8 k × 8 Bit = 64 kBit). Für die interne Verarbeitung werden 13 Adressleitungen ($2^{13} = 8192$) verwendet, die direkt an den Speicherbausteinen anliegen. Die restlichen 3 Adressleitungen dienen zur Auswahl des Speicherbausteins. Ist z. B. der Speicherbereich vollständig belegt, sind $2^3 = 8$ Speicherbausteine parallel vorhanden und mit den gleichen Adressleitungen (Adressleitung A_0 bis A_{12}) und Datenleitungen (z. B. alle 8 Datenleitungen, D_0 bis D_7 bzw. DQ0 bis DQ7 (Data Inputs/Outputs DQ)) verbunden. Die restlichen Adressleitungen (A_{13} bis A_{15}) gehen auf einen Adressdecoder (z. B. Baustein des Typs 74 138 entsprechend Bild 5.14) und erzeugen einen 0-aktiven 1-aus-8-Code. Diese 8 Leitungen steuern die 8 Speicherbausteine. Der hierüber ausgewählte Baustein gibt mit dem Lesesignal $\overline{rd} = \mathrm{L}$ ($\overline{ce} = \mathrm{L}$, $ce2 = \mathrm{H}$, $\overline{oe} = \mathrm{L}$ und $\overline{we} = \mathrm{H}$ (Chip Enable Inputs $\overline{\mathrm{CE}}$ und CE2, Output Enable Input $\overline{\mathrm{OE}}$ und Write Enable Input $\overline{\mathrm{WE}}$) den Inhalt seiner über Adressleitungen A_0 bis A_{12} ausgewählten Speicherstelle an seinen Ausgängen über die Datenleitungen D_0 bis D_7 an die CPU weiter.

Das Prinzip wird in einem kleinen Beispiel in Bild 9.16 dargestellt. A_1 und A_2 stellen die Adressleitungen dar, die für die Bausteinauswahl verwendet werden. Der Dateneingang des als Adressdecoder geschalteten Demultiplexers ist auf Masse gelegt (es könnte auch ein Steuersignal wie $\overline{rd}$ (0-aktives Lesesignal) oder $\overline{wr}$ (0-aktives Schreibsignal) verteilt werden). Die Ausgänge des Adressdecoders geben einen 0-aktiven 1-aus-4-Code aus (Umcodierung der Eingangssignale a_1 und a_2). Der ausgegebene L-Pegel gibt einen Ausgang von den vier Bausteinen frei und dieser bestimmt den am Schaltungsknoten Y vorhandenen Logikpegel (die Ausgänge der drei nicht freigegebenen Bausteine sind hochohmig (Z-Zustand) und haben keinen Einfluss auf diesen Logikpegel).

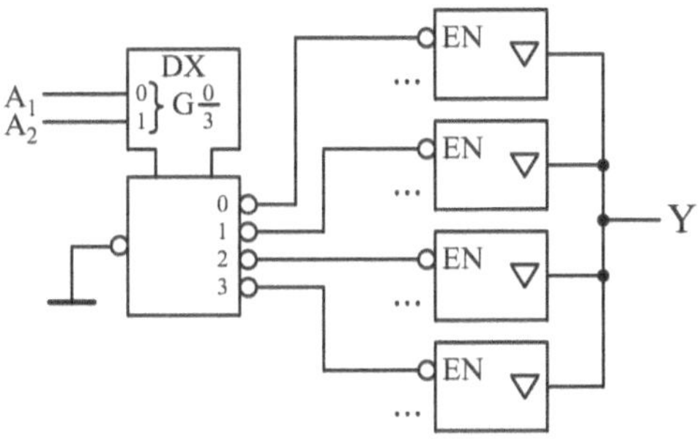

Bild 9.16
Tri-State-Anwendung

9.4.2 Open-Kollektor-Ausgang

Die zweite gebräuchliche Variante für parallel geschaltete Ausgänge sind Open-Collector- (OC) bzw. Open-Drain-Ausgänge (OD). Diese Ausgänge sind schaltungsmäßig so weit reduziert, dass sie nur einen L-Pegel aktiv ausgeben können. Der Zweig für die aktive Ausgabe eines H-Pegels fehlt. Bild 9.17 zeigt auf der linken Seite einen CMOS-Ausgang, bei dem der nicht vorhandene Schaltungsteil durchgestrichen ist. Die Funktion beeinflusst nicht die Ausgabe von 0-aktiven Signalen (bevorzugt bei TTL-Schaltungen) wie sie in der Schaltung zur Ansteuerung von LED verwendet werden können (rechte Seite in Bild 9.17).

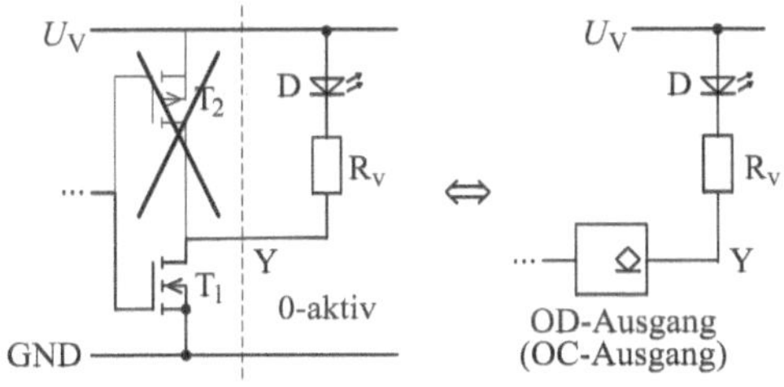

Bild 9.17
Open-Drain- (OD) bzw. Open-Kollektor-Struktur (OC)

Verwendet man nur den Widerstand, so haben wir den klassischen Ausgang der DTL-Schaltung (s. Bild 9.3). Vorteil dieser Schaltung ist, dass mehrere Transistoren für den L-Pegel parallel geschaltet werden können. Sind alle Transistoren hochohmig, so wird der Logikpegel durch den Widerstand auf H-Pegel gehalten. Aufgrund seiner Funktion, dass im passiven Zustand ein H-Pegel vorliegt, heißt dieser Widerstand auch Pull-Up-Widerstand. Ist ein Transistor (oder sind mehrere) leitend, erzwingt dieser (oder erzwingen diese) einen L-Pegel an Anschluss Y. Der Stromfluss wird durch Widerstand R (entspricht in Bild 9.17 dem Widerstand R_V) begrenzt. Die OD-Ausgänge können in verschiedenen Geräten eingebaut sein und der Widerstand R dem Eingang zugeordnet werden. Hiermit ist z. B. ein Quittungssignal der Geräte möglich. Erst wenn alle einen H-Pegel ausgeben würden (also keiner einen L-Pegel erzwingt), dann wird der H-Pegel über den Widerstand R erzeugt und der angeschlossene Eingang registriert dieses Summensignal. Dies entspricht einer UND-Verknüpfung. Die Schaltung heißt deswegen auch Wired-AND (verdrahtetes UND). Bild 9.18 zeigt den Aufbau mit angedeuteten verschiedenen Geräten. Diese Schaltung wird als Quittungssignal (Handshake-Signal) oder zur Synchronisation von Takt- und Datensignalen (z. B. beim I^2C- oder CAN-Bus) verwendet. Auf die Bus-Systeme wird hier nicht weiter eingegangen.

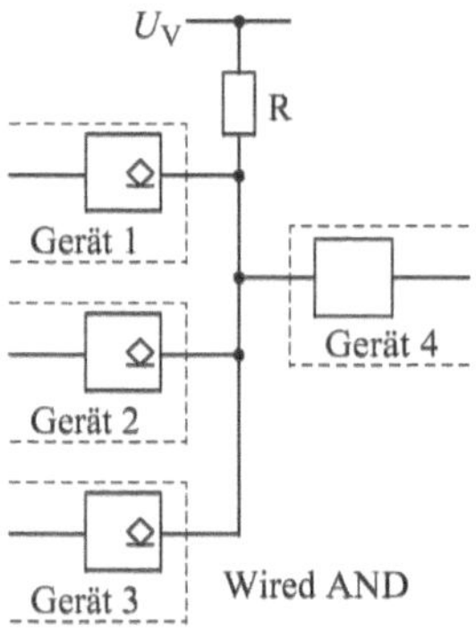

Bild 9.18
Wired-UND-Verknüpfung mit Open-Drain- (OD) Ausgangsanschlüssen

Der OD- oder OC-Ausgang kann auch als Leistungsausgang verwendet werden. Häufig können diese Ausgänge einen höheren Strom treiben als die vergleichbaren Logikausgänge. Eine direkte Ansteuerung von Relais ist bei entsprechenden Stromwerten möglich.

Relais sind elektrisch betätigte Schaltkontakte. Sie bestehen aus einer Spule mit festem (Eisen-)Kern und beweglichem (Eisen-)Anker (wird mit Federkraft etwas vom Kern entfernt positioniert). Der Strom in der Spule erzeugt ein Magnetfeld im Eisen (Kern und Anker). Bei einer gewissen Magnetfeldstärke wird der Anker angezogen und betätigt über ein Hebelwerk die Schalkontakte. Wird der Strom in der Spule reduziert, wird auch das Magnetfeld schwächer und bei einem Wert (unterhalb des Einschaltwertes) löst sich der Anker vom Kern und bewegt sich aufgrund der Federkraft mit den gekoppelten Schaltkontakten zurück in die Ruheposition. Wird nun eine Spannung an der Spule des Relais eingeschaltet, so wird durch die Induktivität L der Spule der Stromfluss i_L bis zu seinem Stromwert im Arbeitspunkt $i_{Lmax} = I_L = U_I/R_L$ verzögert ansteigen (R_L ist der ohmsche Widerstand der Spule). Wird der Strom abgeschaltet, so erzeugt das zusammenbrechende Magnetfeld eine Spannung in der Spule und deren Anschlüssen entgegen der vorherigen Polarität. Bei einer schnellen Stromkreisunterbrechung können sehr hohe Spannungsspitzen entstehen, die die steuernde Schaltung (z. B. T_1 des Gatter-Ausganges) schädigen. Um dies zu vermeiden, sind spannungsbegrenzende Maßnahmen erforderlich. Bei einer starken Spannungsbegrenzung baut sich das Magnetfeld der Spule langsamer ab (führt zu einer Verzögerung des Ausschaltvorganges) als bei einem hohen Spannungswert (hierbei darf U_{DSmax} des Transistors nicht überschritten werden).

Die verwendbare Spannung für das Relais richtet sich nach der maximal zulässigen Spannung U_{DSmax} des verbliebenen Transistors T_1 (s. Bild 9.19). Aufgrund der höheren Spannung sind auch höhere Leistungen schaltbar. Um die Spannung nicht zu überschreiten, sind für den Ausschaltvorgang (die in der Induktivität der Relaisspule gespeicherte Energie entlädt sich bei einer Unterbrechung des fließenden Stromes über die Anschlüsse und dies führt zu sehr hohen Spannungen) Schutzmaßnahmen notwendig. In Bild 9.19 ist es links die parallel zum Relais geschaltete Diode. Im aktiven Zustand (L-Pegel an Y) ist sie in Sperrrichtung und ohne Funktion. Im Ausschaltmoment nimmt der Anschluss einen Spannungswert oberhalb der Versorgungsspannung an ($U_Y \approx U_{V2} + 0{,}7\,V$). Damit wird die Diode leitend und übernimmt den Strom der Relaisspule. Die Dioden-Durchlassspannung ist entgegen der normalen Betriebsspannung gepolt und dies führt zu einer Reduzierung des Stromflusses, bis das Relais schließlich ausschaltet. Um den Ausschaltvorgang zu beschleunigen, kann eine Gegenspannung innerhalb der zulässigen Spannung U_{CEmax} verwendet werden. Mit der in der Mitte dargestellten Schutzschaltung wird der mögliche Spannungsbereich U_{DSmax} ausgenutzt um ein schnelleres Abschalten zu realisieren. Durch den abnehmenden Stromfluss während der Ausschaltphase reduziert sich auch die Gegenspannung an der Spule.

Dioden können in Sperrrichtung recht hohen Spannungen standhalten. Zenerdioden (am Symbol zu erkennen an einem kleinen Haken am Kathodenanschluss K) werden in Sperrrichtung und bei wenigen Volt leitend und begrenzen die Spannung auf die jeweilige herstellungsbedingte Zenerspannung U_{Dz}. Dieser Effekt wird zur Spannungsstabilisierung oder zur Spannungsbegrenzung genutzt. In der rechts dargestellten Schaltung in Bild 9.19 bleibt die Gegenspannung während des Ausschaltvorganges durch die konstante Spannung der Zenerdiode U_{Dz} nahe dem möglichen Maximalwert ($U_{V2} + 0{,}7\,V + U_{Dz} \approx U_Y < U_{DSmax}$) und ist dadurch die schnellste Variante.

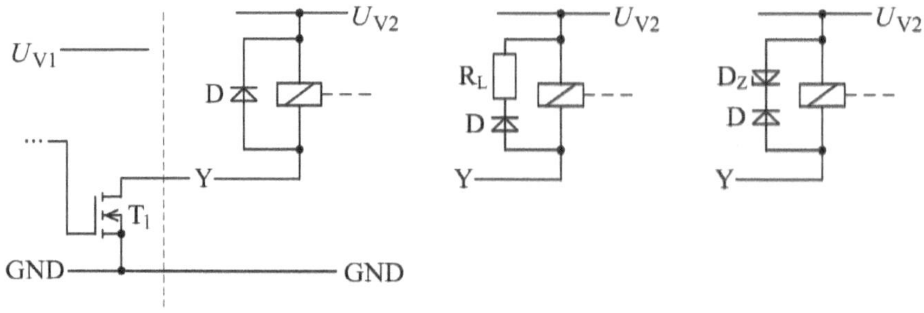

Bild 9.19 Open-Drain-Ausgänge für höhere Versorgungsspannungen (Relais mit Schutzschaltung)

9.5 Spezielle Eingänge

Digitale Signale haben zwei Spannungsbereiche, die den Logikpegel L für LOW und den Logikpegel H für HIGH repräsentieren. Zwischen diesen beiden Bereichen liegt ein Spannungsbereich, der nicht verwendet und der bei einem Signalwechsel möglichst schnell durchlaufen werden soll. Für die Schaltungsrealisierung gibt es Maximalzeiten für den Signalwechsel. Die eigentliche Umschaltung zwischen L und H erfolgt in dieser zu vermeidenden Zone. Der Grenzwert zwischen L und H zeigt eine geringe Abhängigkeit von z. B. der Versorgungsspannung, der Temperatur und den Fertigungstoleranzen. Der Hersteller garantiert eine fehlerfreie Funktion, wenn die vorgegebene maximal zulässige Zeit für den Übergang nicht überschritten wird. Kann diese Zeit nicht eingehalten werden, so ist hier ein Verstärker mit **Schmitt-Trigger-Eingang** zur Signalaufbereitung einzusetzen.

Der Schmitt-Trigger-Eingang verschiebt die Bewertungsschwelle, je nachdem, welchen Logikwert er eingelesen hat. Bei einem L-Pegel am Eingang ist die Schwelle für den H-Pegel um einige 100 mV höher als der normal verwendete Wert (der Wert unterliegt starken Streuungen, ca. 1,6 V bei HCT). Der Eingangswert muss somit einen höheren Wert überschreiten, als es normal der Fall wäre. Überschreitet er den oberen Grenzwert, so verschiebt sich hiermit der Grenzwert auf einen niedrigeren Wert (ca. 0,9 V bei HCT). Hiernach muss die Eingangsspannung den unteren Grenzwert unterschreiten, um wieder als L-Pegel verwendet zu werden. Mit dieser Methode können langsam ändernde Signale erfasst werden. Nach Erreichen der Schaltschwelle ändern sich Ausgangssignal und Schaltschwelle. Das Ausgangssignal erfüllt die Zeitkriterien für den digitalen Signalwechsel. Eine weitere Anwendung ist die Signalaufbereitung „verrauschter“ Signale (die Spannungswerte wurden z. B. während der Übertragung durch ungewollte Leitungskopplungen beeinflusst und die Einflüsse überschreiten den statischen Sicherheitsabstand zwischen Aus- und Eingangspegelbereichen (s. Bild 9.7)). Ein Beispiel zeigt Bild

9.20 für ein „gestörtes" Eingangssignal und das hieraus erzeugte Ausgangssignal bei einem Verstärker. Die zwei Schaltschwellen zwischen L und H sowie die Hysterese (Differenz der Schaltschwellen) sind eingezeichnet.

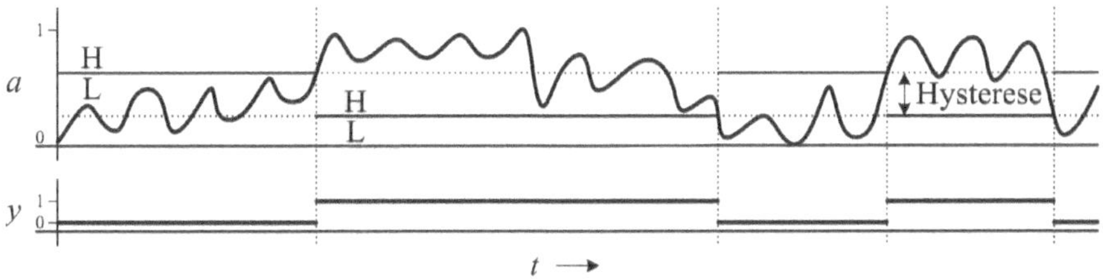

Bild 9.20 Verhalten von Schmitt-Trigger-Eingängen

Bild 9.21 zeigt links das Schaltsymbol eines Verstärkers mit dem Symbol für den Schmitt-Trigger-Eingang, welches die Übertragungsfunktion (Ausgangsspannung als Funktion der Eingangsspannung) andeutet. Eine einfache schaltungstechnische Realisierung ist rechts daneben dargestellt. An dem Eingang eines Verstärkers liegt die über die zwei Widerstände erzeugte Eingangsspannung U_A der Schaltung an. Sind die Ströme etc. vernachlässigbar und beträgt das Widerstandsverhältnis $R_2/R_1 = 10$, so ergibt sich bei einer Schaltschwelle von 1,5 V und einer Ausgangsspannung von $U_Y = 0$ V eine obere Schaltschwelle von $U_{ASH} = 1{,}65$ V (bei dieser Eingangsspannung beträgt die Spannung am Eingang des Verstärkers 1,5 V). Bei diesem Spannungswert verlässt die Ausgangsspannung die 0 V. Durch Mittkopplung wird die Eingangsspannung des Verstärkers in den positiveren Bereich gezogen und im Idealfall beträgt nach dem Umschaltvorgang die Eingangsspannung des Verstärkers 1,955 V (deutlich oberhalb der Schaltschwelle von 1,5 V). Nun muss die Eingangsspannung der Schaltung so weit reduziert werden, dass $U_{ASL} = 1{,}15$ V erreicht wird. Nun verlässt die Ausgangsspannung den Spannungswert $U_Y = 5$ V. Durch Mittkopplung schaltet der Ausgang und erreicht im Idealfall die Spannung $U_Y = 0$ V. Die Eingangsspannung des Verstärkers verändert sich dadurch auf 1,045 V (deutlich unterhalb der Schaltschwelle von 1,5 V). Nun beträgt die Schaltschwelle der Gesamtschaltung wieder $U_{ASH} = 1{,}65$ V. In realen Anwendungen sind bei einem diskreten Aufbau die Eingangsströme, die Stromabhängigkeit der Quelle (des treibenden Gatters) und der eigenen Ausgangsspannung (belastet durch das Widerstandsnetzwerk und weitere Eingänge etc.) zu berücksichtigen.

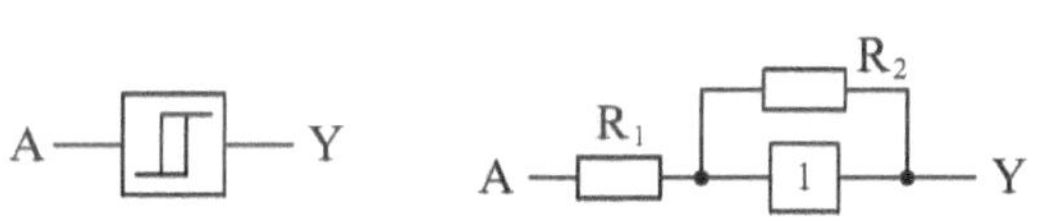

Bild 9.21 Symbol und schaltungstechnische Nachbildung eines Schmitt-Trigger-Einganges

Mit diesem Eingangsverhalten können neben der Signalaufbereitung von langsamen und verrauschten Signalen auch andere Funktionen realisiert werden. Bild 9.22 zeigt einen einfachen **Taktgenerator**. Wird der Takt über Steuereingang E freigegeben, erfolgt über Widerstand R die Entladung des Kondensators C in Richtung des L-Pegels. Erreicht die Spannung des Kondensators die untere Schaltschwelle, so wechselt das Signal *a* seinen Logikwert und der Kondensator wird in Richtung des H-Pegels aufgeladen. Erreicht die Spannung die obere Schaltschwelle, so ändert das Ausgangssignal *a* wieder seinen Logikwert. Über die Rückführung des Signals *a* über Widerstand R auf den Kondensator C pendelt die Spannung des Kondensators bei freigegebenem Takt zwischen diesen beiden Schaltschwellen hin und her. Zur Signalverstärkung und zur Vermeidung von Rückkopplungen über den Ausgang der Schaltung wird das Signal *a* von dem zweiten Inverter (ohne Schmitt-Trigger-Eingang) entkoppelt und als Signal *ck* am Ausgang CK ausgegeben. Das Zeitverhalten der Signale ist in dem nebenstehenden Impuls-Zeit-Diagramm dargestellt.

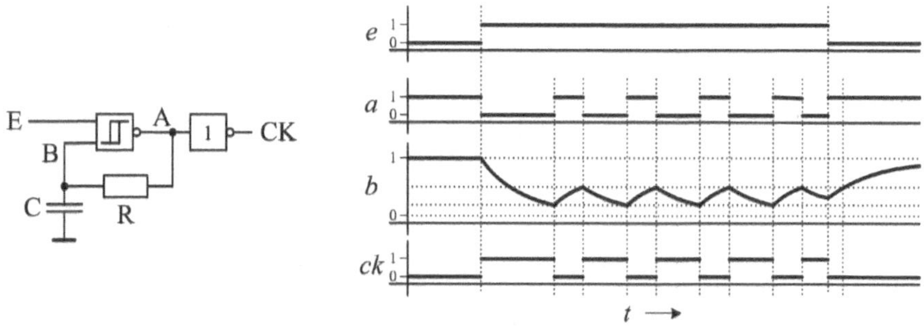

Bild 9.22 Taktgenerator mithilfe eines Schmitt-Trigger-Einganges

Einen etwas anderen Aufbau eines einfachen Taktgenerators zeigt Bild 9.23. Die „Mitkopplung“ erfolgt hier über Kondensator C. Die verwendeten Logikelemente benötigen keinen eigenen Schmitt-Trigger-Eingang. Der Ausgang der Schaltung wird von dem Kondensator C und dem Widerstand R „belastet“. Zur Entkopplung (keine Beeinflussung der Takterzeugung über den Ausgang) könnte ein nachfolgender Verstärker oder ein parallel zum jetzigen Ausgang geschalteter Inverter verwendet werden.

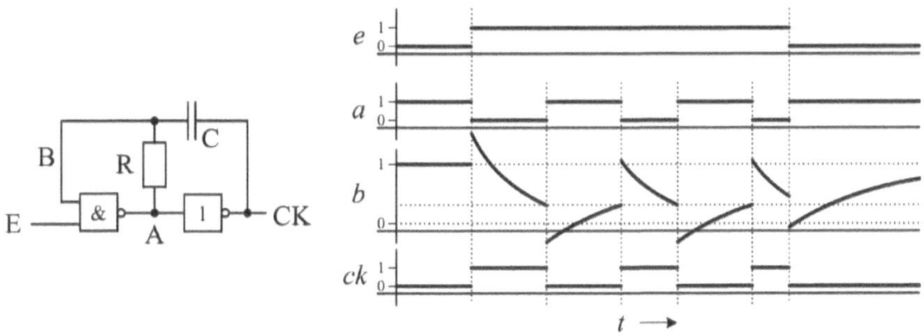

Bild 9.23 Einfacher Taktgenerator

Mit dem Schmitt-Trigger-Eingang lässt sich auch die Funktion eines **Monoflops** nachbilden. Bild 9.24 zeigt eine Schaltung. Im Ruhezustand hat das Ausgangs- und Eingangssignal L-Pegel. Der Eingang des Verstärkers mit Schmitt-Trigger-Eingang wird durch den Widerstand auf 0 V gehalten (C ist entladen). Eine ansteigende Flanke am Eingang E erzeugt einen Signalwechsel an Anschluss A, der über den Kondensator auf Anschluss B übertragen wird. Das Ausgangssignal ändert sich auf den H-Pegel. Diese Einstellung wird über die Rückführung gehalten (das Eingangssignal kann nach dem Start wieder den L-Pegel annehmen). Der Widerstand lädt den Kondensator (die Spannung von Knoten A nach B steigt), sodass die Spannung an Anschluss B gegen 0 V driftet. Wird nun die untere Schaltschwelle des Schmitt-Trigger-Eingangs erreicht, dann wechselt der Ausgang wieder auf L-Pegel. Mit e = L wechselt das Signal an Anschluss A wieder auf den Ruhepegel und der Kondensator wird über Widerstand R entladen und es entsteht wieder die Ausgangssituation für den nächsten Vorgang. Mit Eingangssignal e = H verschiebt sich die „Erholungsphase“ der Anordnung auf den H-L-Signalwechsel an Eingang E. Erst jetzt wird der Kondensator entladen und der Anfangszustand wiederhergestellt. Eine ausreichende „Erholungsphase“ nach dem Ausgangsimpuls mit e = L ist für eine Sicherstellung der Impulsdauer wichtig.

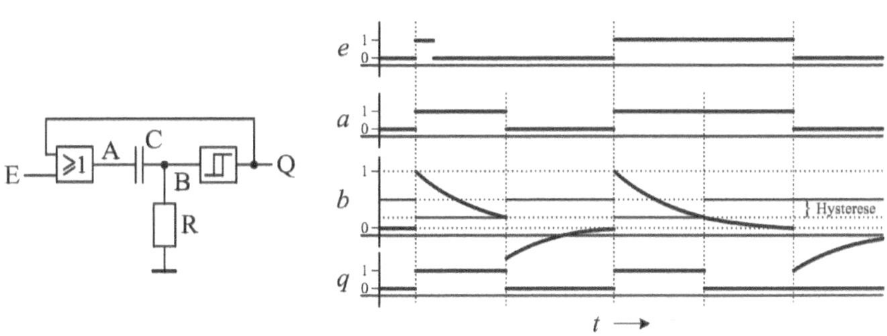

Bild 9.24 Nachbildung eines Monoflops

Ein weiteres Einsatzgebiet ist das **Entprellen** von Eingangssignalen, die bei mechanischen Kontakten entstehen. Das Problem mechanischer Kontakte ist, dass bei einem Zusammenstoß der leitenden Metallflächen diese zurückgeprellt werden (ähnlich einem Ball, der auf einen harten Boden fällt und wieder etwas hochspringt). Hierdurch entstehen für mechanische Elemente sehr kurzzeitige Unterbrechungen der leitenden Verbindung, deren Verlauf ca. eine Millisekunde dauert (die Zeitdauer hängt stark von der Schalterkonstruktion und der Betätigung ab und unterliegt zusätzlich einer starken Streuung). Für die im Nanosekundenbereich arbeitenden Logikelemente ist dieser Umschaltvorgang ein sehr großer Zeitbereich. Es werden bei einem mechanischen Schaltvorgang mehrere Logikwechsel erkannt und von der elektronischen Schaltung verwendet. Es ist z. B. fast unmöglich, einen Zähler über einen mechanischen Taster zur Erzeugung des Taktsignals in Einer-Schritten zählen zu lassen (durch den Prellvorgang entstehen mehrere Taktimpulse). Eine Möglichkeit des Entprellens ist die Verlangsamung des elektrischen Signals über einen Kondensator, der über einen Widerstand aufgeladen wird. Ein Beispiel zeigt Bild 9.25. Bei offenem Taster ($s = 0$) wird der Kondensator über die Widerstände R_1 und R_2 auf U_V aufgeladen. Wird der Schalter geschlossen ($s = 1$), so erfolgt eine Entladung des Kondensators über Widerstand R_2 (der Strom über R_1 wird direkt über den Schalter nach Masse geführt). Widerstand R_2 dient zur Strombegrenzung während des Entladevorganges. Bei kleinen Kondensatorwerten und robusten Schaltern kann auf Widerstand R_2 verzichtet werden. Die Digitalisierung des langsamen Signals übernimmt ein Schmitt-Trigger-Eingang. Die Änderungsgeschwindigkeit der Kondensatorspannung darf während des Prellvorganges nicht die Schaltschwelle des Schmitt-Triggers erreichen. Mithilfe dieser Schaltung kann mit einem Taster ein einzelner Impuls für eine digitale Schaltung erzeugt werden. Das Zeitverhalten ist in dem nebenstehenden Impuls-Zeit-Diagramm dargestellt.

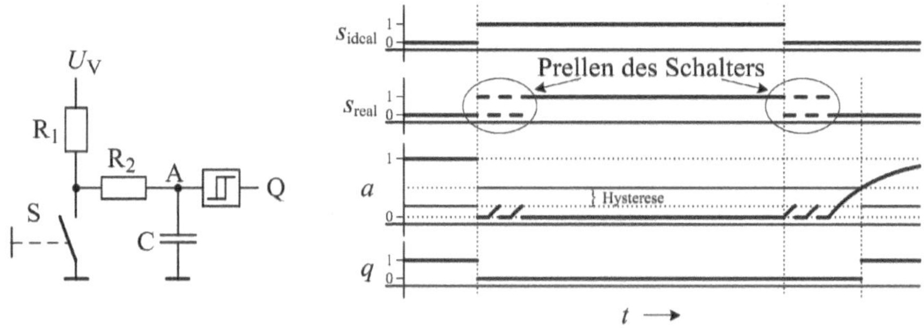

Bild 9.25 Entprellen mechanischer Schalter mithilfe eines Schmitt-Trigger-Einganges

Eine weitere Möglichkeit zum Entprellen von Signalen mechanischer Schalter zeigt Bild 9.26. In diesem Aufbau wird ein Basis-FF verwendet. Wird über den Schaltkontakt (Um- oder Wechselschalter) ein L-Signal an Anschluss A oder B erzeugt, so gibt das FF ein H- oder L-Signal aus. Während des Umschaltvorganges (der Schaltkontakt hat keine leitende Verbindung zu Anschluss A oder B) werden beide Eingänge über die Widerstände auf H-Pegel gehalten und das FF behält seinen alten Zustand bei. Mit dem ersten Kontakt des Schaltkontaktes erfolgt die Umschaltung. Einen beispielhaften Zeitverlauf zeigt nebenstehendes Impuls-Zeit-Diagramm.

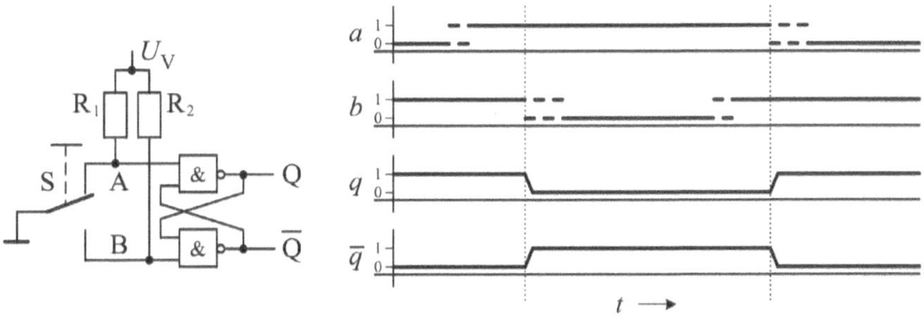

Bild 9.26 Entprellen eines mechanischen Schalters mit einem RS-FF

Die Schaltung hat ähnliches Verhalten zu dem in Bild 9.27 dargestellten Verstärker mit „Selbsthaltung". Ein kräftiges H- oder L-Signal, das über den Schalter erzeugt wird, überschreibt das schwache zurückgeführte Signal und definiert damit den aktuellen Logikpegel. Während des Umschaltvorganges wird der alte Zustand über das vorhandene schwache Signal gehalten. Diese Rückführung entspricht einer Mittkopplung, wie sie in der Schmitt-Trigger-Nachbildung in Bild 9.21 dargestellt ist.

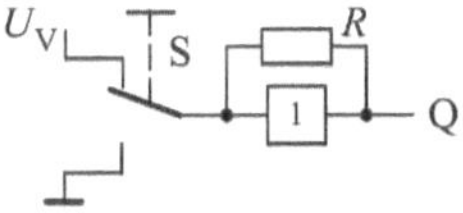

Bild 9.27
Entprellen mechanischer Schalter durch Mittkopplung

9.6 Strukturen komplexer Bausteine

Digitalschaltungen werden für kommerzielle Anwendungen nur noch in Ausnahmefällen aus niedrigintegrierten Komponenten (auf Gatterebene) aufgebaut. Die Verwendung standardisierter Strukturen, wie sie bei der Beschreibung der Steuerwerke bereits verwendet wurden, ist inzwischen weit verbreitet. Gleichungen eines Umcodierungsnetzwerkes werden z. B. mit 2-lagigen Netzwerken realisiert. Dies könnte durch eine UND- mit nachfolgender ODER-Verknüpfung (DNF) aber auch mit einer ODER- und nachfolgender UND-Verknüpfung (KNF) erfolgen. Verbreitet hat sich die UND-/ODER-Struktur. Die in Kapitel 4 verwendete Minimierung mit dem KV-Diagramm wurde für diese Gleichungsform (DNF) durchgeführt. Die andere Darstellung (KNF) kann über eine Negation der Ein- und Ausgänge entsprechend angepasst werden.

Bei einem **2-lagigen Netzwerk** stehen die Eingangssignale in der nicht negierten und der negierten Form zur Verfügung. Es erfolgt zuerst die UND-Verknüpfung zur Erzeugung der Primterme (minimierte Minterme). Diese Werte werden über ODER-Verknüpfungen zusammengefasst. Soll diese Grundstruktur den jeweiligen Anforderungen variabel angepasst werden, so kann hierzu die Verknüpfung der Eingangssignale mit den UND-Gattern zur Erzeugung der Primterme und bzw. oder die Verknüpfung der Primterme mit den ODER-Gattern zur Erzeugung der Ausgangssignale genutzt werden. Hier haben sich zwei Varianten etabliert:

In der **Mikrorechnertechnik** findet man eine feste Verknüpfung der UND-Gatter und eine variable Verknüpfung der ODER-Gatter als Programmspeicher (engl.: Programmable Read Only Memory, PROM), in der löschbaren Version als EPROM (Eraseable PROM) oder EEPROM (Electrical Eraseable PROM). Dieser „Speicher" realisiert eine Umcodierung, wie sie in einer Wahrheitstabelle dargestellt wird. Jede Zeile wird durch eine UND-Verknüpfung realisiert (UND-Array) und die Verknüpfungen, die zu einer 1 führen, werden über programmierbare ODER-Verknüpfungen (ODER-Array) zusammengefasst. Die Wahrheitstabelle (Darstellung des ROM-Speicherinhaltes) wird ohne Minimierung in das PROM übertragen. In klassischen digitalen Steuerwerken war hierdurch eine über Sockel austauschbare und damit „updatefähige" Hardwarerealisierung möglich.

Für die Erstellung von **Schaltnetzen** hat sich eine andere Variante etabliert. Hier werden die Wahrheitstabellen minimiert und die entstehenden Primterme sind programmierbar. Fest vorgegeben ist die Anzahl zusammenfassbarer Primterme (feste Anzahl der ODER-Verknüpfung mit acht oder mehr Primtermen). Dies ist die Gruppe der Programmierbaren Logikelemente (engl.: Programmable Logic Devices, PLD). Sollte die Anzahl verknüpfbarer Primterme bei sehr umfangreichen Gleichungen nicht mit einem „Durchlauf" realisierbar sein, so werden z. B. die ersten acht Primterme zusammengefasst und das Ausgangssignal wieder als Eingangssignal zurückgeführt und bei einem zweiten „Durchlauf" mit weiteren sieben Primtermen verknüpft etc. Die Beschränkung auf programmierbare UND-Verknüpfungen verringert die Chipfläche und führt zu schnelleren Verknüpfungen.

Für eine übersichtliche Darstellung umfangreicher Verknüpfungen ist das Schaltbild nicht mehr geeignet. Der Platzbedarf von einem ODER-Gatter, das über acht UND-Gatter versorgt wird, von denen jedes wiederum 40 Eingänge (20 Signale in nicht negierter und negierter Form) haben können, ist sehr unanschaulich. Bild 9.28 zeigt auf der linken Seite eine kleine Schaltung einer UND-/ODER-Verknüpfung. Die gleiche Schaltung wird auf der rechten Seite in einer übersichtlicheren Form dargestellt. Die waagerechten Linien stellen den Bereich verwendbarer Eingangssignale dar. Bei den real verwendeten Eingangssignalen wird dies durch einen Punkt symbolisiert. Das obere UND-Gatter auf der rechten Seite hat also drei Eingangssignale ($\overline{a}$, $\overline{b}$ und $\overline{d}$) wie in der linken Darstellung in dem Schaltbild veranschaulicht.

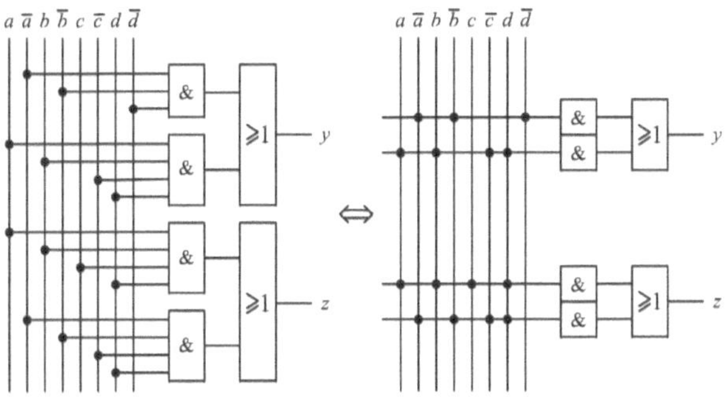

Bild 9.28 Darstellung einer zweistufigen Verknüpfung (UND-ODER-Verknüpfung)

In der Darstellung sind für die Verknüpfung unterschiedliche Symbole möglich. In einem nicht programmierten Array werden die möglichen Verbindungen durch ein kleines liegendes Kreuz symbolisiert. Nach der Programmierung und bei nicht programmierbaren Kopplungen stellt ein Punkt eine feste Verbindung dar (keine physikalische Verbindung zwischen diesen Leitungen, es ist die Darstellung einer Verbindung zu einem Eingang des UND-Gatters) und eine einfache Kreuzung der Linien symbolisiert keine Abhängigkeit. Bild 9.29 zeigt diese Symbolik. Komplexe Verknüpfungen können dadurch übersichtlich dargestellt werden.

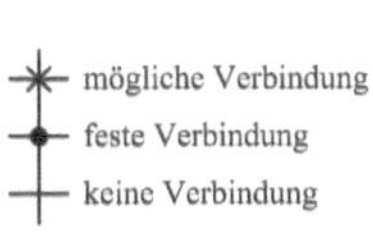

Bild 9.29
Darstellung von Verbindungen

Die verwendeten Verbindungen können auf unterschiedliche Weise realisiert werden. Eine klassische, nicht wieder umkehrbare Programmierung wird durch die ersten beiden Schaltungen in Bild 9.30 wiedergegeben. Nach der Fertigung sind z. B. alle möglichen Verbindungen durch kleine Brücken (Sicherungen, Fuse) vorhanden. Die nicht benötigten Verbindungen werden durch hohe Stromwerte „weggebrannt“. Es bleibt das gewünschte Netzwerk übrig, das eine lange Funktionsdauer, auch unter ionisierender Strahlung, gewährleistet. Unter dem Begriff

„antifuse“ ist die entgegengesetzte Realisierung gemeint, bei der während des Programmiervorganges benötigte Verbindungen aufgebaut werden. Hier gibt es eine Vielzahl an herstellerspezifischen Varianten, die hier nicht weiter vertieft werden.

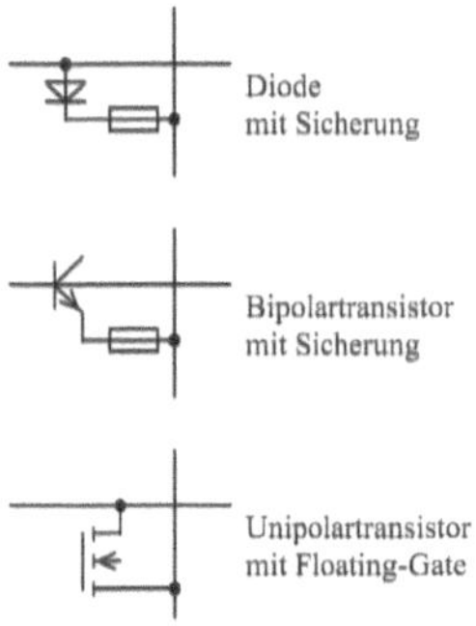

Bild 9.30
Beispiele für programmierbare Verbindungen

Für den Bereich der löschbaren Programmierung steht die untere Variante in Bild 9.30. Während des Programmiervorganges werden Ladungen auf das Gate des Unipolartransistors gebracht, der danach leitend ist. Die aufgebrachte Ladung soll mindestens 20 Jahre halten. Diese Bausteine können in der klassischen Variante durch UV-Strahlung wieder in den ursprünglichen Zustand versetzt werden (wie bei den EPROM-Bausteinen). In der gebräuchlichen Form sind diese Verbindungen elektrisch löschbar und neu programmierbar.

Für einen flexibleren Einsatz der programmierbaren Schaltungen wurden die UND-/ODER-Arrays mit D-FF an den Ausgängen erweitert. Mithilfe eines Multiplexers kann das Signal des UND-/ODER-Arrays direkt oder das gespeicherte Signal in nicht negierter oder negierter Form verwendet werden. Bild 9.31 zeigt den Bereich eines PLD mit entsprechendem Ausgangsnetzwerk für ein Ausgangssignal. Das programmierbare Ausgangsnetzwerk wird häufig Makro-Zelle genannt. Nach dem UND-/ODER-Netzwerk steht das Signal in allen vier Varianten zur Verfügung und das gewünschte Signal kann über den programmierbaren Multiplexer ausgewählt werden. Für Bussignale (s. Abschnitt 9.4.1) kann der Anschluss hochohmig geschaltet werden (Tri-State). Wird der Ausgang nicht benötigt, kann er auch ganz abgeschaltet werden und der physikalische Pin steht als zusätzlicher Eingang zur Verfügung. Ein klassischer Baustein war der GAL22V10, der z. B. in einem DIL- oder SOIC-Gehäuse mit 24 Anschlüssen zur Verfügung stand. Er hatte 22 Signalanschlüsse von denen maximal 10 als Ausgang (10 Strukturen ähnlich Bild 9.31, mit gemeinsamen Takt- und Rücksetzsignal) verwendbar waren. In dem PLCC-Gehäuse hatte dieser Baustein 28 Anschlüsse und konnte in der isp-Variante (engl.: in system programmable, isp) im eingebauten Zustand gelöscht und neu programmiert werden.

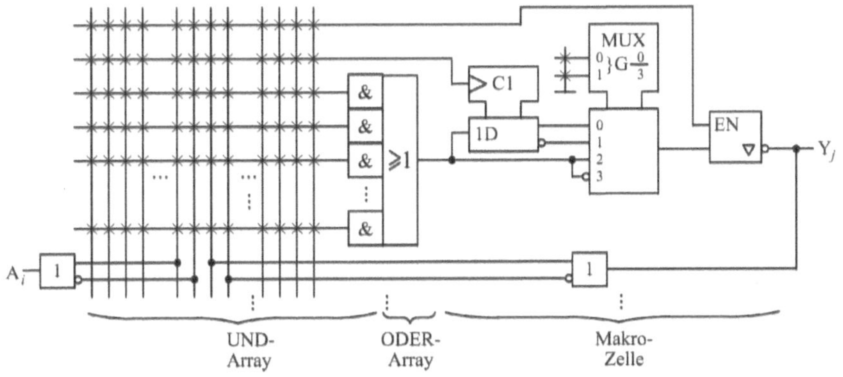

Bild 9.31 Aufbau eines UND-/ODER-Arrays mit Makro-Zelle eines PLD (Eingang *i* und Ausgang *j*)

Berücksichtigt man bei der Schaltungserstellung die strukturellen Gegebenheiten der verwendeten Hardware, so kann der benötigte Hardwareaufwand reduziert werden. Bild 9.32 zeigt in der linken Darstellung ein D-Register mit 4 Bit. Hier wird z. B. ein BCD-Wert gespeichert, der anschließend über das Umcodierungsnetzwerk auf einer 7-Segment-Anzeige dargestellt werden soll. Diese Realisierung überschreitet bereits die Ressourcen des als Beispiel verwendeten GAL22V10. Für das D-Register wird keine Verknüpfung in dem UND-/ODER-Array benötigt (nur durchgereicht). In der Makro-Zelle erfolgt die Speicherung in den D-FF und die Rückführung der Signale. Bei der Umcodierung erfolgt die gleichungsmäßige Verknüpfung für die 7 Ausgangssignale und diese werden direkt an den Pins ausgegeben. Hierzu sind 4 Makro-Zellen für das D-Register und 7 UND-/ODER-Arrays, also 11 Strukturen notwendig. Der GAL22V10 stellt jedoch nur 10 Strukturen zur Verfügung. Vertauscht man die Reihenfolge und führt zuerst die Umcodierung durch und speichert die 7 Signale in einem D-Register, so werden nur sieben Makro-Zellen benötigt. In diesem Fall sind noch drei UND-/ODER-Arrays mit Makro-Zellen frei. Trotz des höheren Aufwandes (es werden drei D-FF zusätzlich benötigt) ist diese Realisierung günstiger, da sie den Aufbau der vorgegebenen Schaltungsstruktur berücksichtigt.

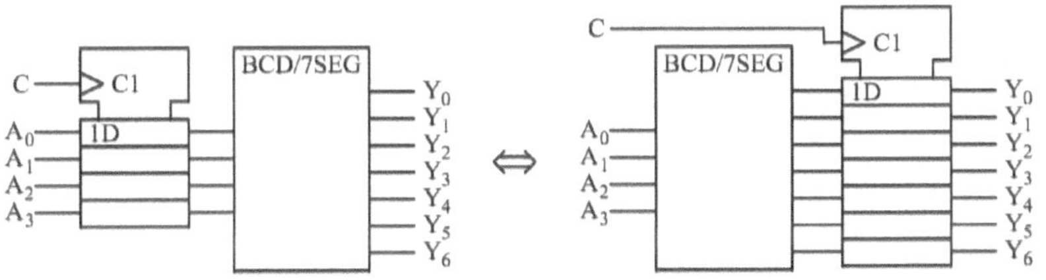

Bild 9.32 Realisierung einer Umcodierung mit Speicher unter Berücksichtigung der Schaltungstopologie

Eine Weiterentwicklung sind die Komplexen Programmierbaren Logik-Bausteine (engl.: Complex Programmable Logic Devices, CPLD). Einfach ausgedrückt, enthalten sie mehrere mit dem GAL22V10 vergleichbare Strukturen. Erweiterungen gibt es bei den Taktsignalen (mehr als ein Taktsignal), den flexibleren Rücksetzmöglichkeiten der Speicher (Reset- und Presetfunktion) und der reduzierten Anzahl an externen Anschlüssen (interne Signale belegen keinen physikalischen Pin).

Bild 9.33 zeigt den Block-Plan des ispMACH4000 von Lattice. Der zentrale Global Routing Pool (GRP) ist eine variable Zuordnung aller verwendeten Eingangssignale und rückgekoppelter interner Signale zu den einzelnen Funktionsblöcken. Je nach Bausteingröße variiert die Anzahl dieser Funktionsblöcke mit GLB, ORP und I/O-Block. Der Generic Logic Block (GLB) beinhaltet die eigentliche Logikverknüpfung mit dem programmierbaren AND-Array und einem variablen OR-Array (die Zuordnung der UND-Verknüpfungen ist variabel) sowie den Makro-Zellen (mit Taktauswahl und Preset bzw. Reset) und den Rückführungen zu dem GRP. Der Output Routing Pool (ORP) bietet eine variable Zuordnung zu den I/O-Zellen (I/O-Block) des Bausteins. Die I/O-Zellen sind die physikalische Verbindung zu den externen Anschlüssen (Pins) des Bausteins und können diese einzeln als Ausgänge (z. B. für verschiedene Low-Voltage-Logikfamilien, als OD-Ausgang oder mit Tri-State-Eigenschaft sowie zusätzlich mit einer von zwei möglichen Flankensteilheiten) und/oder Eingang (mit zuschaltbarem Pull-Up- und/oder Pull-Down-Widerstand) schalten. Des Weiteren stehen funktionsbedingte Eingänge zur Verfügung wie (Takt-) Eingänge (CLK(0) bis CLK(3)), Tri-State-Steuerungen (Global OE Signal, GOE(0) bis GOE(3)) und Anschlüsse für die Versorgungsspannungen der Ausgangstreiber (Vcco(0) und Vcco(1)). Zusätzlich benötigt der Baustein eine Spannungsversorgung (Vcc und GND) und die Anschlüsse für die Programmierung (Standardisierter Anschluss „Joint Test Action Group“, JTAG). Je nach Komplexität gibt es den Baustein in verschiedenen Gehäuseformen angefangen vom 44TQFP (44 Pins (30 I/O Pins)) bis zum 256fpBGA (fine pitch BGA mit 256 Pins (208 I/O Pins)).

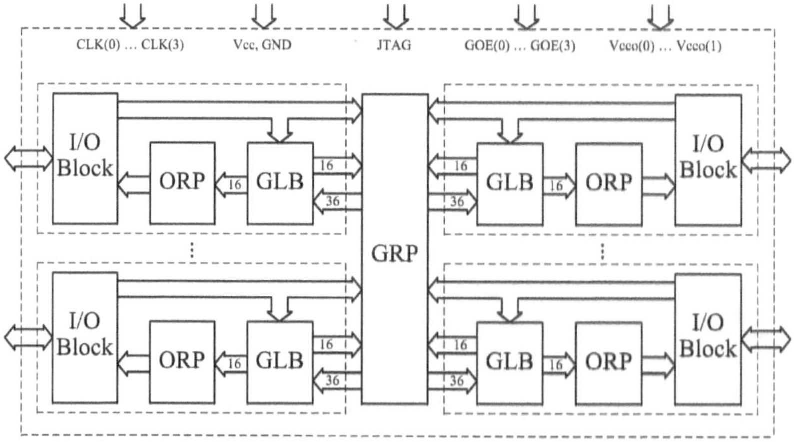

Bild 9.33 Vereinfachte Struktur eines CPLD (Lattice ispMACH4000 family)

Flexiblere Strukturen bieten Field Programmable Gate Arrays (FPGA). Hier werden Ein- und Ausgänge über Ports am Rande des Substrats geführt. Intern ist eine Vielzahl von Logikelementen (engl.: Programmable Function Units, PFU) vorhanden, die über einen Verbindungsbereich (Flexible Routing, FR) nahezu beliebig miteinander verknüpft werden können. Die Art der benötigten Logikverknüpfungen wird für jedes Element in den PFUs über Look Up Table (LUT) realisiert (s. Anwendung des Datenselektors in Abschnitt 5.3). Hierdurch ergibt sich eine hohe Flexibilität, die aufgrund der Komplexität nur mit Softwaretools genutzt werden kann. Probleme dieser Strukturen sind Nachbildungen von schnellen seriellen Schnittstellen, Rechenelementen und Speicherbausteinen, da diese nicht zeitoptimal arbeiten und vergleichsweise viel Chipfläche benötigen würden. Als Lösung stehen diese Komponenten in vorgefertigten Strukturen innerhalb der Felder mit den PFUs zur Verfügung.

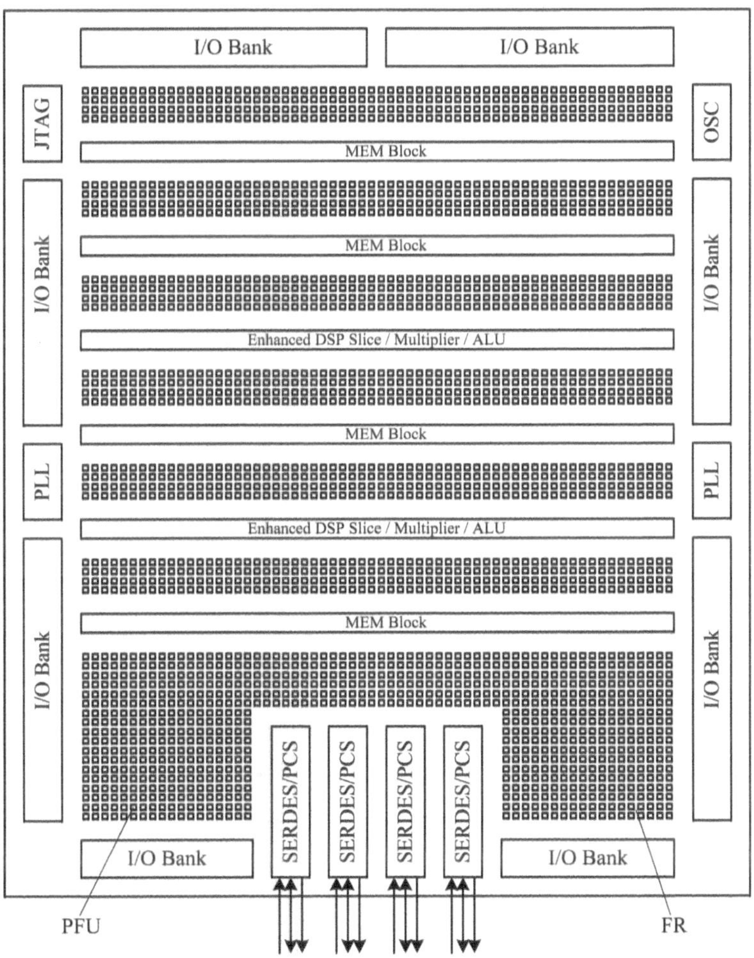

Bild 9.34 Vereinfachte Struktur eines FPGA (Beispiel Lattice-ECP3-Family)

Bei der als Beispiel verwendeten Lattice-ECP3-Familie stehen bis zu 149 kLUTs (15 576 LUTs) zur Verfügung. Der interne Aufbau unterstützt Rechnerstrukturen. Hierzu stehen bis zu 16 sehr schnelle Schnittstellen bis 3.2 Gbps (3,2 Gigabits per second) Übertragungsrate zur Verfügung. Die unterstützende Hardware kann für verschiedene Protokolle eingestellt werden. Optimierte Rechnerstrukturen für Digitale Signalprozessoren (DSP) stehen als Bit-Slice-Elemente (bis 160-Bit-Slices) zur Verfügung. Arithmetic Logic Unit (ALU) bis 54 Bit und Hardware-Multiplizierer sind ebenfalls vorhanden. Hinzu kommen 6,85 MBit zentraler Random-Access-Memory-Bereich (RAM) und bis 303 kBit verteilter RAM-Bereich. Für die Taktversorgung sind zwei interne Taktgeneratoren (Oszillator, OSC) und bis zu 10 Phase-Locked-Loop-Schaltungen (PLL) vorhanden. Die Schnittstellen nach außen zu den Pins (I/O-Bank) decken einen weiten Bereich an Logikfamilien, speziell die Low-Voltage-Varianten, ab. Die Gehäuse haben bis zu 1156 Anschlüsse (davon 16 serielle und 586 I/O-Anschlüsse) im fpBGA (Gehäusegröße: 35 mm × 35 mm).

Aufgrund der nur noch über Softwaretools handhabbaren Schaltungen (bis über 500 Ein-/Ausgänge, 1 MByte RAM, 15 000 LUT etc.) und der immer günstiger werdenden Herstellung komplexer programmierbarer Bauelemente stellt sich allgemein die Frage, ob die Kenntnis der grundlegenden Funktionen digitaler Schaltungen überhaupt noch für eine kommerzielle Schaltungsentwicklung benötigt wird. Eine wirtschaftlich orientierte Entwicklung mit komplexen Softwaretools und immer preiswerter werdenden Hardwarekomponenten verdrängt die Bedeutung der Grundlagenkenntnisse, auf die alles aufbaut.

10 Musterlösungen

10.1 Lösungen zu Kapitel 1

Aufgabe 1-1:

Tabelle 10.1 Gegenüberstellung verschiedener Zahlendarstellungen

Wert	Dualzahl	Vorzeichen und Betrag	(b-1)-Komplement 1er-Komplement	(b)-Komplement 2er-Komplement
8	./.	./.	./.	./.
7	111	0 111	0 111	0 111
6	110	0 110	0 110	0 110
5	101	0 101	0 101	0 101
4	100	0 100	0 100	0 100
3	011	0 011	0 011	0 011
2	010	0 010	0 010	0 010
1	001	0 001	0 001	0 001
0	000	0 000	0 000	0 000
−0	./.	1 000	1 111	./.
−1	./.	1 001	1 110	1 111
−2	./.	1 010	1 101	1 110
−3	./.	1 011	1 100	1 101
−4	./.	1 100	1 011	1 100
−5	./.	1 101	1 010	1 011
−6	./.	1 110	1 001	1 010
−7	./.	1 111	1 000	1 001
−8	./.	./.	./.	1 000
−9	./.	./.	./.	./.

Aufgabe 1-2:

- Bitbreite 12 Bit, $J = 12$, Wertebereich von 0000 0000 0000 bis 1111 1111 1111 hat $2^J = 4096$ Werte
- Der Eingangsspannungsbereich von 10 V wird in 4096 Stufen unterteilt. Die Stufenhöhe, das Quant Q_{DC} deckt einen Spannungsbereich von 10 V/4096 Stufen = 2,44 mV/Stufe ab (s. Bild 1.3).
- Siehe Bild 10.1 oben. Der Wertebereich der 16 Bit ist 0 bis 4095 für 0 V bis 10 V.
- Der Eingangsspannungsbereich von 20 V wird in 4096 Stufen unterteilt. Die Stufenhöhe, das Quant Q_{AC} deckt einen Spannungsbereich von 20 V/4096 Stufen = 4,88 mV/Stufe ab.
- Siehe Bild 10.1 unten. Der Wertebereich der 16 Bit ist −2048 bis +2047 für −10 V bis +10 V.

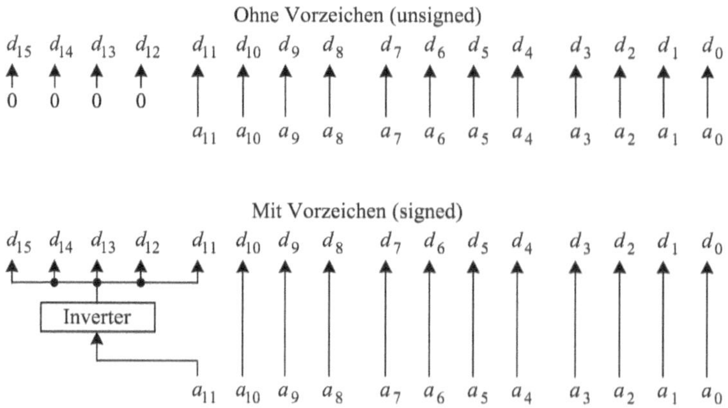

Bild 10.1 Signalzuordnung von 12 Bit auf 16 Bit

Aufgabe 1-3:

Tabelle 10.2 Gegenüberstellung verschiedener Zahlensysteme

Dezimal $B = 10$	Dual $B = 2$	Oktal $B = 8$	Hexadezimal $B = 16$
0	0	0	0
1	1	1	1
2	10	2	2
3	11	3	3

Dezimal $B = 10$	Dual $B = 2$	Oktal $B = 8$	Hexadezimal $B = 16$
4	100	4	4
5	101	5	5
6	110	6	6
7	111	7	7
8	1000	10	8
9	1001	11	9
10	1010	12	A
11	1011	13	B
12	1100	14	C
13	1101	15	D
14	1110	16	E
15	1111	17	F
16	10000	20	10
17	10001	21	11
18	10010	22	12
19	10011	23	13

Aufgabe 1-4:

Tabelle 10.3 Geänderter (2 aus 5)-Code

Wert	(2 aus 5)-Code
0	00011
1	00101
2	00110
3	01010
4	01100
5	10100
6	11000
7	01001
8	10001
9	10010

- Es können 10 Werte dargestellt werden.
- Der Code ist stetig (Distanz 2) und zyklisch und somit zur Längen- und/oder Winkelmessung geeignet, bei den Übergängen können jedoch ungeeignete Zwischenwerte entstehen, da die Hamming-Distanz größer 1 ist.

Aufgabe 1-5:

Tabelle 10.4 Fletchers Checksumme (Beispiel

Dezimalwert = Dualwert	1. Summe	2. Summe
0 = 0000	0000	0 0000
8 = 1000	1000 + 0000 = 1000	1000 + 0 0000 = 0 1000
1 = 0001	0001 + 1000 = 1001	1001 + 0 1000 = 1 0001
5 = 0101	0101 + 1001 = 1110	1110 + 1 0001 = 1 1111

Ergebnis: 1. Summe 0XE, 2. Summe 0X1F

Aufgabe 1-6:

Tabelle 10.5 Zweidimensionale Parity-Ergänzung

Wert n	Fehlerfreies Datenfeld pz $b_2..b_0$ pz_{test}	Fehlerhaftes Datenfeld p $b_2..b_0$ pz_{test}
0	0 000 0	0 000 0
1	1 001 0	1 001 0
2	0 011 0	0 011 0
3	1 010 0	1 0**0**0 **1**
4	0 110 0	0 110 0
5	1 111 0	1 111 0
6	0 101 0	0 101 0
7	1 100 0	1 100 0
(ps)	0 000 0	0 000 0
(ps_{test})	0 000	0 0**1**0

Das 3-Bit-Gray-Code-Feld wird in der Zeile um pz auf gerade Parity und in der Spalte um ps auf gerade Parity erweitert. Eine Überprüfung mit pz_{test} und ps_{test} liefert die Werte 0 für fehlerfrei (mittlere Spalte). Im Fehlerfall (rechte Spalte) liefert der Test für $pz_{test\,3}$ (n=3) und $ps_{test\,1}$ (j=1) jeweils den Wert 1. Das fehlerhafte Bit ist in der Position $b_{1,3}$.

Aufgabe 1-7:

Für 4 Datenbits d_3 bis d_0 werden 3 Paritätsbit p_2 bis p_0 benötigt (insgesamt 7 Bits). Eine günstige Reihenfolge ist d_3, d_2, d_1, p_2, d_0, p_1, p_0 für c_7 bis c_1 (die Aufteilung der Datenbits ist beliebig).

Tabelle 10.6 4-Bit-Gray-Code erweitert mit Hamming-Codierung

c_{fgray} $c_7,c_6,c_5,c_4,c_3,c_2,c_1,$ $d_3,d_2,d_1,p_2,d_0,p_1,p_0$	p_k p_2,p_1,p_0	$c_{fgesamt}$ $c_7,c_6,c_5,c_4,c_3,c_2,c_1,$ $d_3,d_2,d_1,p_2,d_0,p_1,p_0$
x - x - x - ↓ x x - - x ↓ - x x x ↓ - - -		
0 0 0 - 0 - -	0 0 0	0 0 0 0 0 0 0
0 0 0 - 1 - -	0 1 1	0 0 0 0 1 1 1
0 0 1 - 1 - -	1 1 0	0 0 1 1 1 1 0
0 0 1 - 0 - -	1 0 1	0 0 1 1 0 0 1
0 1 1 - 0 - -	0 1 1	0 1 1 0 0 1 1
0 1 1 - 1 - -	0 0 0	0 1 1 0 1 0 0
0 1 0 - 1 - -	1 0 1	0 1 0 1 1 0 1
0 1 0 - 0 - -	1 1 0	0 1 0 1 0 1 0
1 1 0 - 0 - -	0 0 1	1 1 0 0 0 0 1
1 1 0 - 1 - -	0 1 0	1 1 0 0 1 1 0
1 1 1 - 1 - -	1 1 1	1 1 1 1 1 1 1
1 1 1 - 0 - -	1 0 0	1 1 1 1 0 0 0
1 0 1 - 0 - -	0 1 0	1 0 1 0 0 1 0
1 0 1 - 1 - -	0 0 1	1 0 1 0 1 0 1
1 0 0 - 1 - -	1 0 0	1 0 0 1 1 0 0
1 0 0 - 0 - -	1 1 1	1 0 0 1 0 1 1

Tabelle 10.7 Fehlererkennung und -korrektur mit Hamming-Codierung

$c_{f\,mitFehler}$ $c_7,c_6,c_5,c_4,c_3,c_2,c_1,$ $d_3,d_2,d_1,p_2,d_0,p_1,p_0$	p_k p_2,p_1,p_0	f	$c_{f\,korrigiert}$ $c_7,c_6,c_5,c_4,c_3,c_2,c_1,$ $d_3,d_2,d_1,p_2,d_0,p_1,p_0$
0 0 **0** 0 0 0 0	0 0 0	0 fehlerfrei	0 0 **0** 0 0 0 0
0 0 **1** 0 0 0 0	1 0 1	5 c_5 ist fehlerhaft	0 0 **0** 0 0 0 0
0 1 1 0 1 **0** 0	0 0 0	0 fehlerfrei	0 1 1 0 1 **0** 0
0 1 1 0 1 **1** 0	0 1 0	2 c_2 ist fehlerhaft	0 1 1 0 1 **0** 0
1 1 1 1 1 1 1	0 0 0	0 fehlerfrei	**1** 1 1 1 1 1 1
0 1 1 1 1 1 1	1 1 1	7 c_7 ist fehlerhaft	**1** 1 1 1 1 1 1
1 0 0 1 0 1 **1**	0 0 0	0 fehlerfrei	1 0 0 1 0 1 **1**
1 0 0 1 0 1 **0**	0 0 1	1 c_1 ist fehlerhaft	1 0 0 1 0 1 **1**

Aufgabe 1-8:

Durch Vergleich der Sequenzen für *daten* = 0 und *daten* = 1 in Bild 1.20 erkennt man einen identischen Wechsel von 0X7 nach 0XE, was natürlich nicht sein kann. Vergleicht man die Restwerte der Zwischenergebnisse mit den Sequenzübergängen aus Bild 1.21 (1, 3, 6, C, A, 7, F, D), so ist zu sehen, dass das Element 0XE in der unteren Sequenz fehlerhaft ist. Die Werte 0XF und 0XE der Sequenz für *daten* = 1 sind vertauscht. Zur Kontrolle könnte man die gesamten Sequenzen kontrollieren, wie es in Bild 10.2 für die ersten Werte gezeigt wird.

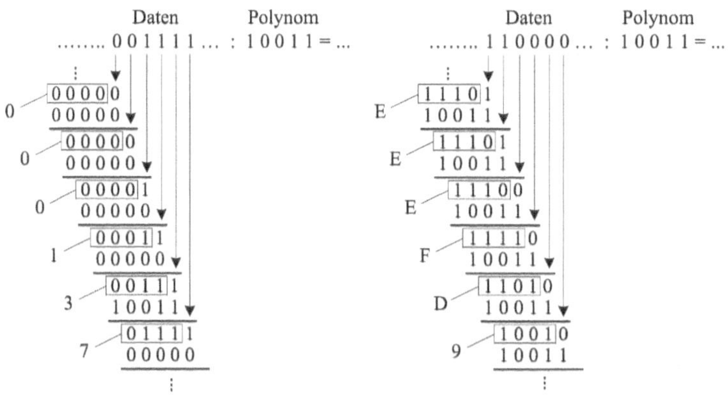

Bild 10.2 CRC-4, Bestimmung der Sequenzen für *daten* = 0 und *daten* = 1

■ 10.2 Lösungen zu Kapitel 2

Aufgabe 2-1:

Tabelle 10.8 Vergleich der Gleichungen 2.13 bis 2.16

$b\,a$	$\bar{b}\,\bar{a}$	$a \wedge b$	$\bar{a} \wedge \bar{b}$	$\overline{(a \wedge b) \vee (\bar{a} \wedge \bar{b})}$	$a \vee b$	$\bar{a} \vee \bar{b}$	$(a \vee b) \wedge (\bar{a} \vee \bar{b})$
0 0	1 1	0	1	**0**	0	1	**0**
0 1	1 0	0	0	**1**	1	1	**1**
1 0	0 1	0	0	**1**	1	1	**1**
1 1	0 0	1	0	**0**	1	0	**0**
$b\,a$	$\bar{b}\,\bar{a}$	$a \wedge \bar{b}$	$\bar{a} \wedge b$	$(a \wedge \bar{b}) \vee (\bar{a} \wedge b)$	$a \vee \bar{b}$	$\bar{a} \vee b$	$\overline{(a \vee \bar{b}) \wedge (\bar{a} \vee b)}$
0 0	1 1	0	0	**0**	1	1	**0**
0 1	1 0	1	0	**1**	1	0	**1**
1 0	0 1	0	1	**1**	0	1	**1**
1 1	0 0	0	0	**0**	1	1	**0**

Alle vier Gleichungen beschreiben das gleiche Ausgangsverhalten.

Aufgabe 2-2:

Tabelle 10.9 Vergleich der Gleichungen 2.17 und 2.18 (rechts)

$c\,b\,a$	$\bar{c}\,\bar{b}\,\bar{a}$	$\bar{a} \vee \bar{b} \vee c$	$\overline{b \wedge c}$	$(\bar{a} \vee \bar{b} \vee c) \wedge \overline{b \wedge c}$	$\bar{a} \wedge \bar{c}$	$\bar{b} \vee (\bar{a} \wedge \bar{c})$
0 0 0	1 1 1	1	1	**1**	1	**1**
0 0 1	1 1 0	1	1	**1**	0	**1**
0 1 0	1 0 1	1	1	**1**	1	**1**
0 1 1	1 0 0	0	1	**0**	0	**0**
1 0 0	0 1 1	1	1	**1**	0	**1**
1 0 1	0 1 0	1	1	**1**	0	**1**
1 1 0	0 0 1	1	0	**0**	0	**0**
1 1 1	0 0 0	1	0	**0**	0	**0**

Beide Gleichungen beschreiben den gleichen funktionalen Zusammenhang.

Aufgabe 2-3:

Tabelle 10.10 Vergleich der Topologie Bild 2.19 (UND-Verknüpfung)

$d\,c\,b\,a$	$a \wedge b$	$c \wedge d$	$(a \wedge b) \wedge (c \wedge d)$	$(a \wedge b) \wedge c$	$((a \wedge b) \wedge c) \wedge d$	$a \wedge b \wedge c \wedge d$
0 0 0 0	0	0	**0**	0	**0**	**0**
0 0 0 1	0	0	**0**	0	**0**	**0**
0 0 1 0	0	0	**0**	0	**0**	**0**
0 0 1 1	1	0	**0**	0	**0**	**0**
0 1 0 0	0	0	**0**	0	**0**	**0**
0 1 0 1	0	0	**0**	0	**0**	**0**
0 1 1 0	0	0	**0**	0	**0**	**0**
0 1 1 1	1	0	**0**	1	**0**	**0**
1 0 0 0	0	0	**0**	0	**0**	**0**
1 0 0 1	0	0	**0**	0	**0**	**0**
1 0 1 0	0	0	**0**	0	**0**	**0**
1 0 1 1	1	0	**0**	0	**0**	**0**
1 1 0 0	0	1	**0**	0	**0**	**0**
1 1 0 1	0	1	**0**	0	**0**	**0**
1 1 1 0	0	1	**0**	0	**0**	**0**
1 1 1 1	1	1	**1**	1	**1**	**1**

Die Zusammenschaltung von UND-Verknüpfungen ist beliebig.

Aufgabe 2-4:

Tabelle 10.11 Vergleich der Topologie Bild 2.19 (NAND-Verknüpfung)

$d\,c\,b\,a$	$\overline{a\wedge b}$	$\overline{c\wedge d}$	$\overline{\overline{a\wedge b}\wedge\overline{c\wedge d}}$	$\overline{\overline{a\wedge b}\wedge c}$	$\overline{\overline{\overline{a\wedge b}\wedge c}\wedge d}$	$\overline{a\wedge b\wedge c\wedge d}$
0 0 0 0	1	1	**0**	1	**1**	**1**
0 0 0 1	1	1	**0**	1	**1**	**1**
0 0 1 0	1	1	**0**	1	**1**	**1**
0 0 1 1	0	1	**1**	1	**1**	**1**
0 1 0 0	1	1	**0**	0	**1**	**1**
0 1 0 1	1	1	**0**	0	**1**	**1**
0 1 1 0	1	1	**0**	0	**1**	**1**
0 1 1 1	0	1	**1**	1	**1**	**1**
1 0 0 0	1	1	**0**	1	**0**	**1**
1 0 0 1	1	1	**0**	1	**0**	**1**
1 0 1 0	1	1	**0**	1	**0**	**1**
1 0 1 1	0	1	**1**	1	**0**	**1**
1 1 0 0	1	0	**1**	0	**1**	**1**
1 1 0 1	1	0	**1**	0	**1**	**1**
1 1 1 0	1	0	**1**	0	**1**	**1**
1 1 1 1	0	0	**1**	1	**0**	**0**

Die Zusammenschaltung von NAND-Verknüpfungen ist **nicht** beliebig.

Aufgabe 2-5:

Tabelle 10.12 Vergleich der Topologie Bild 2.19 („="-Verknüpfung) ⇒ Ungerade (2k+1)

$d\,c\,b\,a$	$a\oplus b$	$c\oplus d$	$(a\oplus b)\oplus(c\oplus d)$	$(a\oplus b)\oplus c$	$((a\oplus b)\oplus c)\oplus d$	2k + 1
0 0 0 0	0	0	**0**	0	**0**	**0**
0 0 0 1	1	0	**1**	1	**1**	**1**
0 0 1 0	1	0	**1**	1	**1**	**1**
0 0 1 1	0	0	**0**	0	**0**	**0**
0 1 0 0	0	1	**1**	1	**1**	**1**
0 1 0 1	1	1	**0**	0	**0**	**0**
0 1 1 0	1	1	**0**	0	**0**	**0**
0 1 1 1	0	1	**1**	1	**1**	**1**
1 0 0 0	0	1	**1**	0	**1**	**1**
1 0 0 1	1	1	**0**	1	**0**	**0**
1 0 1 0	1	1	**0**	1	**0**	**0**
1 0 1 1	0	1	**1**	0	**1**	**1**

d c b a	$a \oplus b$	$c \oplus d$	$(a \oplus b) \oplus (c \oplus d)$	$(a \oplus b) \oplus c$	$((a \oplus b) \oplus c) \oplus d$	2k + 1
1 1 0 0	0	0	**0**	1	**0**	**0**
1 1 0 1	1	0	**1**	0	**1**	**1**
1 1 1 0	1	0	**1**	0	**1**	**1**
1 1 1 1	0	0	**0**	1	**0**	**0**

Die Zusammenschaltung mehrerer XOR-Verknüpfungen zur Realisierung eines Logikelementes für mehrere Eingänge liefert ein UNGERADE-Element (2k + 1).

Aufgabe 2-6:

Tabelle 10.13 Vergleich der Topologie Bild 2.19 („="-Verknüpfung) ⇒ Gerade (2k)

d c b a	$a \odot b$	$c \odot d$	$(a \odot b) \odot (c \odot d)$	$(a \odot b) \odot c$	$((a \odot b) \odot c) \odot d$	2k
0 0 0 0	1	1	**1**	0	**1**	**1**
0 0 0 1	0	1	**0**	1	**0**	**0**
0 0 1 0	0	1	**0**	1	**0**	**0**
0 0 1 1	1	1	**1**	0	**1**	**1**
0 1 0 0	1	0	**0**	1	**0**	**0**
0 1 0 1	0	0	**1**	0	**1**	**1**
0 1 1 0	0	0	**1**	0	**1**	**1**
0 1 1 1	1	0	**0**	1	**0**	**0**
1 0 0 0	1	0	**0**	0	**0**	**0**
1 0 0 1	0	0	**1**	1	**1**	**1**
1 0 1 0	0	0	**1**	1	**1**	**1**
1 0 1 1	1	0	**0**	0	**0**	**0**
1 1 0 0	1	1	**1**	1	**1**	**1**
1 1 0 1	0	1	**0**	0	**0**	**0**
1 1 1 0	0	1	**0**	0	**0**	**0**
1 1 1 1	1	1	**1**	1	**1**	**1**

Die Zusammenschaltung einer **ungeraden** Anzahl an ÄQUIVALENZ-Verknüpfungen mit je zwei Eingängen zur Realisierung eines Logikelementes für mehrere Eingänge (**gerade** Anzahl an Eingängen) liefert ein GERADE-Element (2k).

Aufgabe 2-7:

Tabelle 10.14 Vergleich „=1“ und „=“ für drei Eingangsvariablen

	$a\oplus b$	$(a\oplus b)\oplus c$	„=1“	$a\odot b$	$(a\odot b)\odot c$	„=“
c b a		z_s	z_p		z_s	z_p
0 0 0	0	**0**	**0**	1	**0**	**1**
0 0 1	1	**1**	**1**	0	**1**	**0**
0 1 0	1	**1**	**1**	0	**1**	**0**
0 1 1	0	**0**	**0**	1	**0**	**0**
1 0 0	0	**1**	**1**	1	**1**	**0**
1 0 1	1	**0**	**0**	0	**0**	**0**
1 1 0	1	**0**	**0**	0	**0**	**0**
1 1 1	0	**1**	**0**	1	**1**	**1**

Der Vergleich zeigt, dass alle Logikelemente unterschiedliches Verhalten aufweisen.

Verknüpfungen mit der Kennung „=1“ liefern dann am Ausgang eine 1, wenn nur ein Eingang eine 1 führt. Bei zwei Eingängen ($n=2$) und der Kennzeichnung „=1“ ($m=1$) entspricht dies einer XOR-Verknüpfung. Zusammenschaltungen mit XOR führen zu einer „Ungerade“-Anzeige (2k + 1). Allgemein liefern Verknüpfungen mit der Kennzeichnung „=m“ ein Ergebnis, das anzeigt, dass von den *n* Eingängen der Verknüpfung *m* Eingänge eine 1 führen (*m*-aus-*n*-Element). Das Verhalten der beiden Schaltungen ist für „=1“ („*“ entspricht „=1“) nicht identisch.

Verknüpfungen mit der Kennung „=“ liefern bei mehreren Eingängen am Ausgang eine 1, wenn alle Eingänge den gleichen Logikzustand haben. Bei zwei Eingängen erhält man die Äquivalenz-Schaltung (negiertes XOR). Bei einer Zusammenschaltung von mehreren Äquivalenz-Schaltungen führt jedes Element zu einer Invertierung der „Ungerade“-Anzeige. Das Verhalten der beiden Schaltungen ist für „=“ („*“ entspricht „=“) nicht identisch.

10.3 Lösungen zu Kapitel 3

Aufgabe 3-1:

$$z_1 = a\vee(a\wedge b) = (a\wedge 1)\vee(a\wedge b) = a\wedge(1\vee b) = a\wedge 1 = a \tag{10.1}$$

$$z_2 = a\wedge(a\vee b) = (a\vee 0)\wedge(a\vee b) = a\vee(0\wedge b) = a\vee 0 = a \tag{10.2}$$

$$z_3 = a\vee(\bar{a}\wedge b) = (a\vee\bar{a})\wedge(a\vee b) = 1\wedge(a\vee b) = a\vee b \tag{10.3}$$

$$z_4 = a \wedge (\bar a \vee b) = (a \wedge \bar a) \vee (a \wedge b) = 0 \vee (a \wedge b) = a \wedge b \tag{10.4}$$

$$z_5 = (a \wedge b) \vee (a \wedge \bar b) = a \wedge (b \vee \bar b) = a \wedge 1 = a \tag{10.5}$$

$$z_6 = (a \vee b) \wedge (a \vee \bar b) = a \vee (b \wedge \bar b) = a \vee 0 = a \tag{10.6}$$

$$\begin{aligned} z_7 &= (a \wedge b \wedge c) \vee (\bar a \wedge b \wedge c) \\ &= (a \wedge (b \wedge c)) \vee (\bar a \wedge (b \wedge c)) \\ &= (a \vee \bar a) \wedge (b \wedge c) = 1 \wedge (b \wedge c) = b \wedge c \end{aligned} \tag{10.7}$$

$$\begin{aligned} z_8 &= \bar a \bar b \bar c \bar d \vee \bar a b \bar c \bar d \vee \bar a \bar b \bar c d \vee \bar a b \bar c d \\ &= \bar a \bar c\ \bar b\ \bar d \vee \bar a \bar c\ b \bar d \vee \bar a \bar c\ \bar b\ d \vee \bar a \bar c\ b\ d \\ &= \bar a \bar c (\bar b\ \bar d \vee b\ \bar d \vee \bar b\ d \vee b\ d) \\ &= \bar a \bar c \wedge 1 = \bar a \wedge \bar c \end{aligned} \tag{10.8}$$

$$\begin{aligned} z_9 &= \overline{\bar a \vee \bar b} \wedge \overline{\bar a \wedge \bar b} \\ &= (a \wedge b) \wedge (a \vee b) \\ &= (a \wedge b \wedge a) \vee (a \wedge b \wedge b) \\ &= (a \wedge b) \vee (a \wedge b) = a \wedge b \end{aligned} \tag{10.9}$$

$$\begin{aligned} z_{10} &= a \bar b c \vee \bar a \bar b \bar c \vee a b c \vee \bar a b \bar c \\ &= (a \bar b c \vee a b c) \vee (\bar a \bar b \bar c \vee \bar a b \bar c) \\ &= (a\ c) \wedge (\bar b \vee b) \vee (\bar a \bar c) \wedge (\bar b \vee b) \\ &= (a\ c) \wedge 1 \vee (\bar a \bar c) \wedge 1 = a\ c \vee \bar a \bar c \end{aligned} \tag{10.10}$$

Aufgabe 3-2:

Tabelle 10.15 Kontrolle z_{10}

$c\ b\ a$	$\bar c\ \bar b\ \bar a$	$c\bar b a$	$\bar c \bar b \bar a$	cba	$\bar c b \bar a$	z_{10}	$c\,a$	$\bar c\,\bar a$
0 0 0	1 1 1	0	1	0	0	1	0	1
0 0 1	1 1 0	0	0	0	0	0	0	0
0 1 0	1 0 1	0	0	0	1	1	0	1
0 1 1	1 0 0	0	0	0	0	0	0	0
1 0 0	0 1 1	0	0	0	0	0	0	0
1 0 1	0 1 0	1	0	0	0	1	1	0
1 1 0	0 0 1	0	0	0	0	0	0	0
1 1 1	0 0 0	0	0	1	0	1	1	0

Aufgabe 3-3:

Gleichung aufstellen und minimieren:

$$z=\left(\left(\overline{a}\overline{b}\right)\vee b\right)\overline{c}\vee a\overline{b}=\left(\left(\overline{a}\vee b\right)\wedge\left(\overline{b}\vee b\right)\right)\overline{c}\vee a\overline{b}=\left(\overline{a}\vee b\right)\overline{c}\vee a\overline{b} \tag{10.11}$$

Gleichung erweitern in die KDNF (wird in Kapitel 4 behandelt):

$$z=\overline{a}\,\overline{c}\vee b\overline{c}\vee a\overline{b}=\overline{a}b\overline{c}\vee\overline{a}\overline{b}\overline{c}\vee ab\overline{c}\vee\overline{a}b\overline{c}\vee a\overline{b}c\vee a\overline{b}\overline{c} \tag{10.12}$$

Terme für eine Minimierung neu zusammenstellen (hier: $a\overline{b}\overline{c}$ verdoppeln):

$$z=\left(\overline{a}\overline{b}\overline{c}\vee a\overline{b}\overline{c}\vee\overline{a}b\overline{c}\vee ab\overline{c}\right)\vee\left(a\overline{b}\overline{c}\vee a\overline{b}c\right) \tag{10.13}$$

Gleichung minimieren:

$$z=\overline{c}\left(\overline{a}\overline{b}\vee a\overline{b}\vee\overline{a}b\vee ab\right)\vee a\overline{b}\left(\overline{c}\vee c\right)=\left(\overline{c}\wedge 1\right)\vee\left(a\overline{b}\wedge 1\right)=\overline{c}\vee a\overline{b} \tag{10.14}$$

Aufgabe 3-4:

$$z=\overline{a}b\vee\overline{a}\overline{\overline{b}}=\overline{a}b\vee\overline{a}b=\overline{a}b \tag{10.15}$$

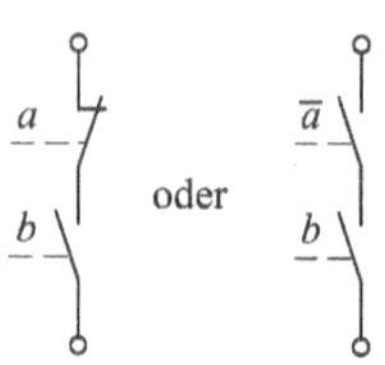

Bild 10.3
Minimierte Schaltfunktion in der Kontaktdarstellung

Aufgabe 3-5:

$$d=\overline{a\vee b}=\overline{a}\wedge\overline{b} \tag{10.16}$$

$$e=\overline{b}\wedge\overline{c}=\overline{b\vee c} \tag{10.17}$$

$$f=\overline{d\vee e}=\overline{d}\wedge\overline{e} \tag{10.18}$$

$$\begin{aligned} z &=\overline{a\wedge f}=\overline{a}\vee\overline{f}=\overline{a}\vee d\vee e=\overline{a}\vee\overline{a}\overline{b}\vee\overline{b}\overline{c}=\left(1\wedge\overline{a}\right)\vee\left(\overline{a}\wedge\overline{b}\right)\vee\left(\overline{b}\wedge\overline{c}\right) \\ &=\overline{a}\left(1\vee\overline{b}\right)\vee\overline{b}\overline{c}=\overline{a}\vee\overline{b}\overline{c} \end{aligned} \tag{10.19}$$

Aufgabe 3-6:

Tabelle 10.16 Kontrolle z_1

$d\ c\ b\ a$	$a \wedge b$	$c \wedge d$	z_1	$a \vee c$	$a \vee d$	$b \vee c$	$b \vee d$
0 0 0 0	0	0	0	0	0	0	0
0 0 0 1	0	0	0	1	1	0	0
0 0 1 0	0	0	0	0	0	1	1
0 0 1 1	1	0	1	1	1	1	1
0 1 0 0	0	0	0	1	0	1	0
0 1 0 1	0	0	0	1	1	1	0
0 1 1 0	0	0	0	1	0	1	1
0 1 1 1	1	0	1	1	1	1	1
1 0 0 0	0	0	0	0	1	0	1
1 0 0 1	0	0	0	1	1	0	1
1 0 1 0	0	0	0	0	1	1	1
1 0 1 1	1	0	1	1	1	1	1
1 1 0 0	0	1	1	1	1	1	1
1 1 0 1	0	1	1	1	1	1	1
1 1 1 0	0	1	1	1	1	1	1
1 1 1 1	1	1	1	1	1	1	1

Tabelle 10.17 Kontrolle z_2

$d\ c\ b\ a$	$a \vee b$	$c \vee d$	z_2	$a \wedge c$	$a \wedge d$	$b \wedge c$	$b \wedge d$
0 0 0 0	0	0	0	0	0	0	0
0 0 0 1	1	0	0	0	0	0	0
0 0 1 0	1	0	0	0	0	0	0
0 0 1 1	1	0	0	0	0	0	0
0 1 0 0	0	1	0	0	0	0	0
0 1 0 1	1	1	1	1	0	0	0
0 1 1 0	1	1	1	0	0	1	0
0 1 1 1	1	1	1	1	0	1	0
1 0 0 0	0	1	0	0	0	0	0
1 0 0 1	1	1	1	0	1	0	0
1 0 1 0	1	1	1	0	0	0	1
1 0 1 1	1	1	1	0	1	0	1
1 1 0 0	0	1	0	0	0	0	0
1 1 0 1	1	1	1	1	1	0	0
1 1 1 0	1	1	1	0	0	1	1
1 1 1 1	1	1	1	1	1	1	1

Aufgabe 3-7:

$$\begin{aligned} z &= (a \vee b \vee c) \wedge (\bar{a} \vee \bar{b} \vee c) \wedge (a \vee b \vee \bar{c}) \wedge (\bar{a} \vee \bar{b} \vee \bar{c}) \\ &= (a \vee b \vee c) \wedge (a \vee b \vee \bar{c}) \wedge (\bar{a} \vee \bar{b} \vee c) \wedge (\bar{a} \vee \bar{b} \vee \bar{c}) \\ &= ((a \vee b) \vee (c \wedge \bar{c})) \wedge ((\bar{a} \vee \bar{b}) \vee (c \wedge \bar{c})) = (a \vee b) \wedge (\bar{a} \vee \bar{b}) \end{aligned} \tag{10.20}$$

$$z = (a \vee b) \wedge (\bar{a} \vee \bar{b}) = \overline{\overline{\overline{\bar{a} \wedge \bar{b}} \wedge \overline{a \wedge b}}} \tag{10.21}$$

$$z = (a \wedge \bar{a}) \vee (a \wedge \bar{b}) \vee (b \wedge \bar{a}) \vee (b \wedge \bar{b}) = (a \wedge \bar{b}) \vee (\bar{a} \wedge b) = \overline{\overline{a \wedge \bar{b}} \wedge \overline{\bar{a} \wedge b}} \tag{10.22}$$

oder mithilfe der Terme der negierten Größe nach Formel 10.21:

$$\bar{z} = (a \vee \bar{b}) \wedge (\bar{a} \vee b) = \overline{\bar{a} \wedge b} \wedge \overline{a \wedge \bar{b}} \tag{10.23}$$

$$z = \overline{\overline{\bar{a} \wedge b} \wedge \overline{a \wedge \bar{b}}} \tag{10.24}$$

10.4 Lösungen zu Kapitel 4

Aufgabe 4-1:

$$\begin{aligned} z &= (\bar{a} \wedge \bar{b}) \vee (a \wedge \bar{b}) \vee (a \wedge b) = ((\bar{a} \wedge \bar{b}) \vee (a \wedge \bar{b})) \vee ((a \wedge \bar{b}) \vee (a \wedge b)) \\ &= (\bar{b} \wedge (\bar{a} \vee a)) \vee (a \wedge (\bar{b} \vee b)) = (\bar{b} \wedge 1) \vee (a \wedge 1) = \bar{b} \vee a = a \vee \bar{b} \end{aligned} \tag{10.25}$$

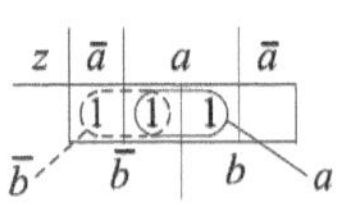

Bild 10.4
Minimierung im KV-Diagramm (Term $a\bar{b}$ wird zweimal verwendet, $z = a \vee \bar{b}$))

Aufgabe 4-2:

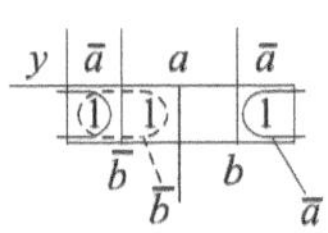

Bild 10.5
Minimierung im KV-Diagramm (Term $\bar{a}\bar{b}$ wird zweimal verwendet, $y = \bar{a} \vee \bar{b}$)

Aufgabe 4-3:

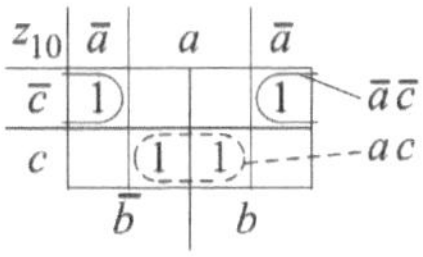

Bild 10.6
Minimierung im KV-Diagramm ($z_{10} = ac \vee \overline{a}\,\overline{c}$)

Aufgabe 4-4:

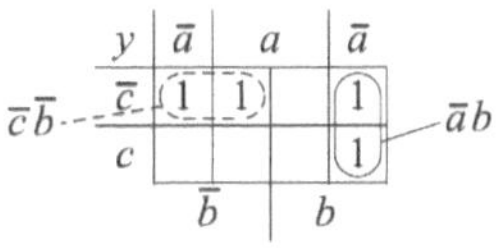

Bild 10.7
Minimierung im KV-Diagramm ($y = \overline{a}\,b \vee \overline{c}\,\overline{b}$)

Aufgabe 4-5:

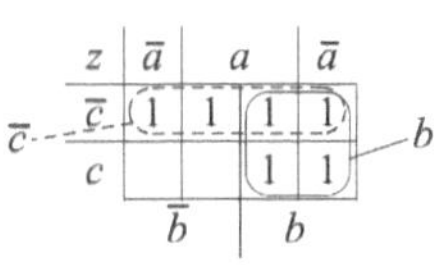

Bild 10.8
Minimierung im KV-Diagramm ($z = b \vee \overline{c}$)

Aufgabe 4-6:

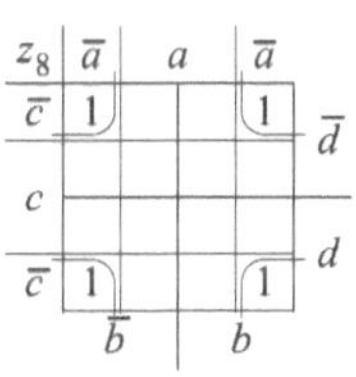

Bild 10.9
Minimierung im KV-Diagramm ($z_8 = \overline{a}\,\overline{c}$)

Aufgabe 4-7:

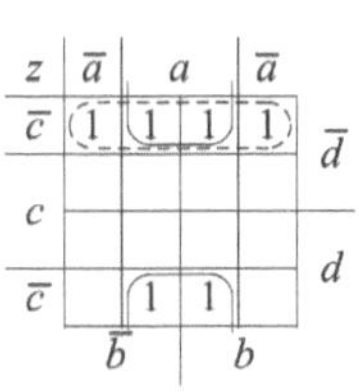

Bild 10.10
Minimierung im KV-Diagramm ($z = a\overline{c} \vee \overline{c}\,\overline{d} = \overline{c}\left(a \vee \overline{d}\right)$)

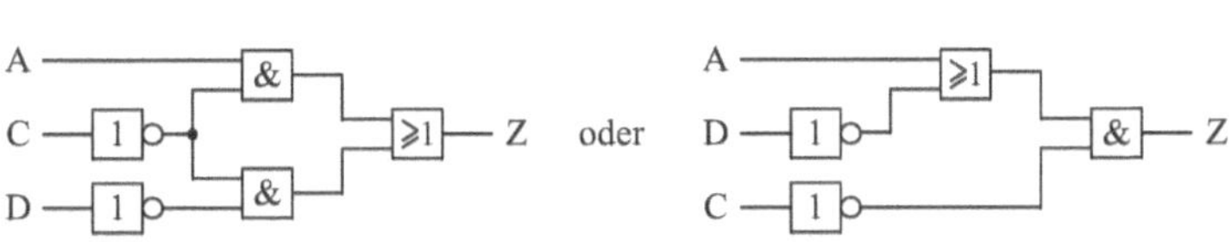

Bild 10.11 Schaltung basierend auf der DNF (Standardlösung: $z = a\overline{c} \vee \overline{c}\overline{d}$) und nach zusätzlicher algebraischer Minimierung ($z = \overline{c}\left(a \vee \overline{d}\right)$)

Aufgabe 4-8:

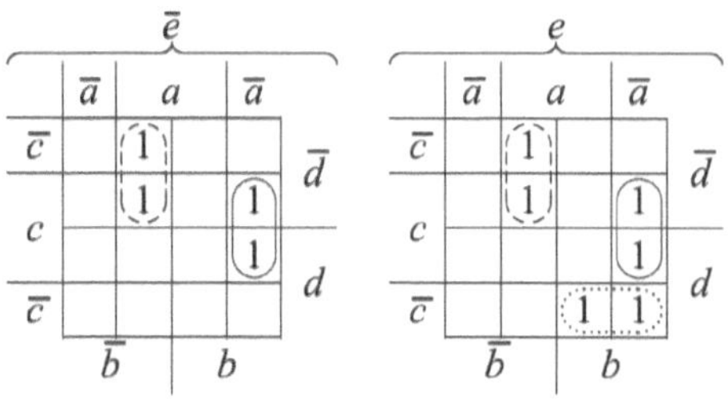

Bild 10.12 Minimierung im KV-Diagramm ($y = a\bar{b}\bar{d} \vee \bar{a}bc \vee b\bar{c}de$)

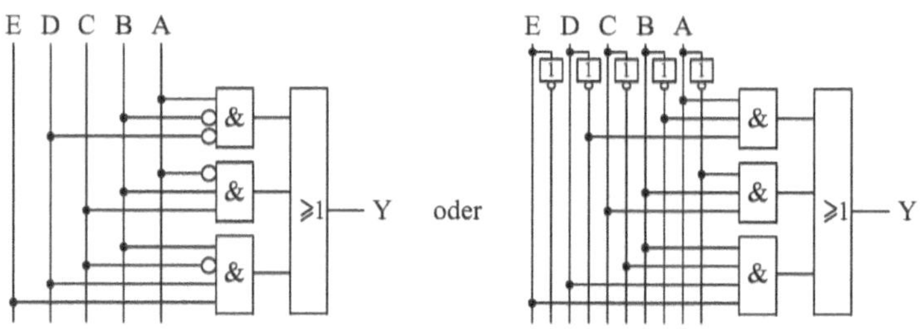

Bild 10.13 Schaltung basierend auf der DNF (Standardlösung)

Aufgabe 4-9:

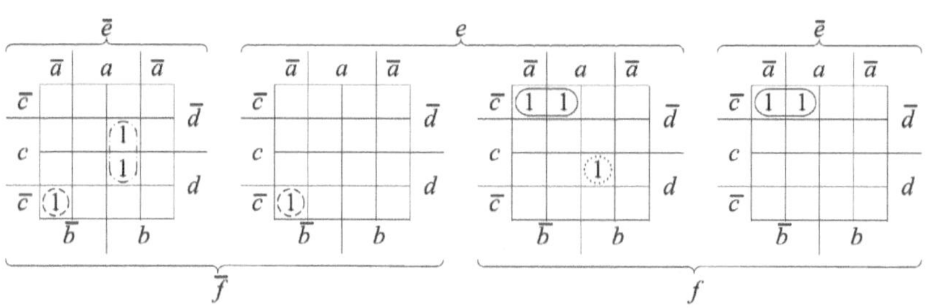

Bild 10.14 Minimierung im KV-Diagramm ($y = \bar{b}\bar{c}\bar{d}f \vee abc\bar{e}\bar{f} \vee \bar{a}\bar{b}\bar{c}d\bar{f} \vee abcdef$)

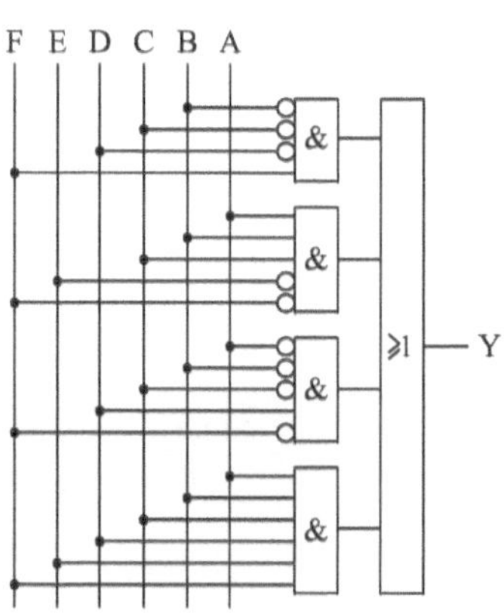

Bild 10.15 Schaltung basierend auf der DNF (Standardlösung)

Aufgabe 4-10:

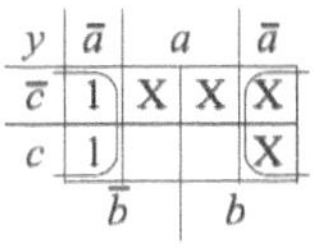

Bild 10.16 Minimierung im KV-Diagramm ($y = \overline{a}$)

Tabelle 10.18 Minimierung mit Freiheitsgraden (Lösung: y^*)

c b a	y	y*
0 0 0	1	1
0 0 1	X	0
0 1 0	X	1
0 1 1	X	0
1 0 0	1	1
1 0 1	0	0
1 1 0	X	1
1 1 1	0	0

Aufgabe 4-11:

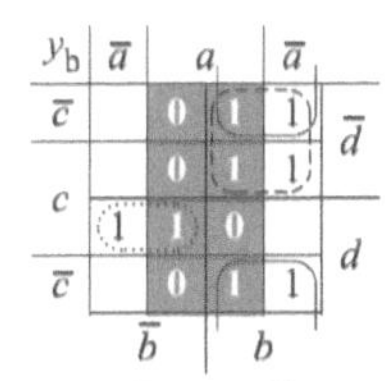

$y_b = (b\overline{d} \vee b\overline{c} \vee \overline{b}cd) \oplus a$

Bild 10.17 Zweite Lösung für y_b

$$y_b = \left(b\,\overline{c} \vee b\,\overline{d} \vee \overline{b}\,c\,d \right) \oplus a \quad (10.26)$$

Aufgabe 4-12:

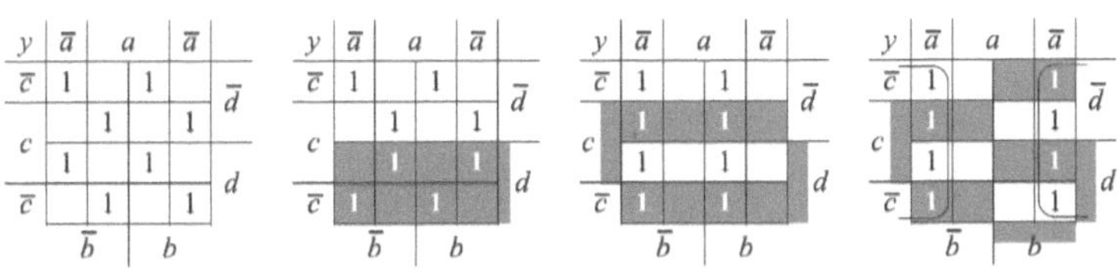

$y = \ldots \oplus d$ $\quad y = \ldots \oplus (c \oplus d)$ $\quad y = \ldots \oplus (b \oplus (c \oplus d))$

$y = \overline{a} \oplus (b \oplus (c \oplus d)) = \overline{a \oplus b \oplus c \oplus d}$

Bild 10.18 Bearbeitung der Schachbrett-Verteilung im KV-Diagramm

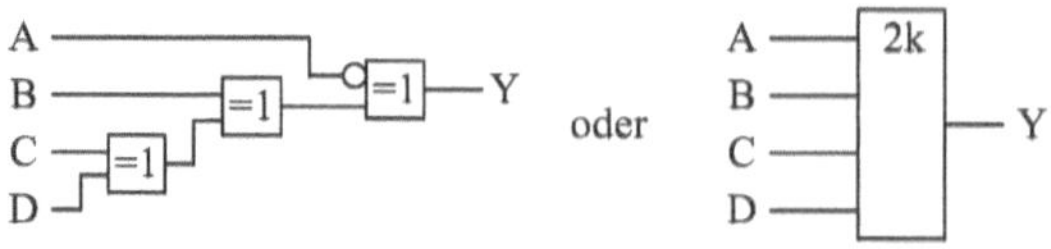

Bild 10.19 Schaltung der Schachbrett-Verteilung

Aufgabe 4-13:

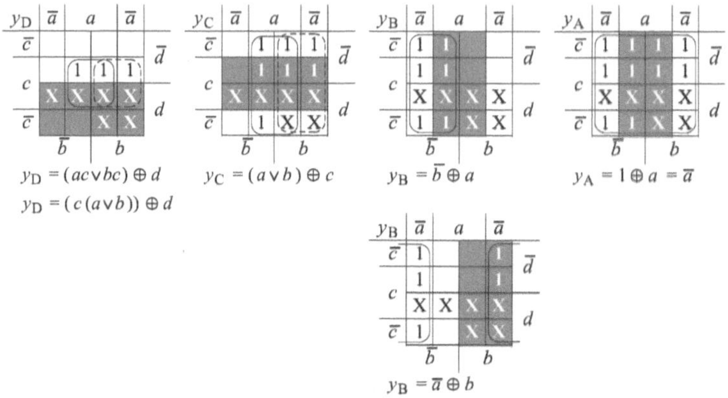

Bild 10.20 Umcodierung von BCD nach X3 mit nachgeschaltetem XOR-Gatter

Aufgabe 4-14:

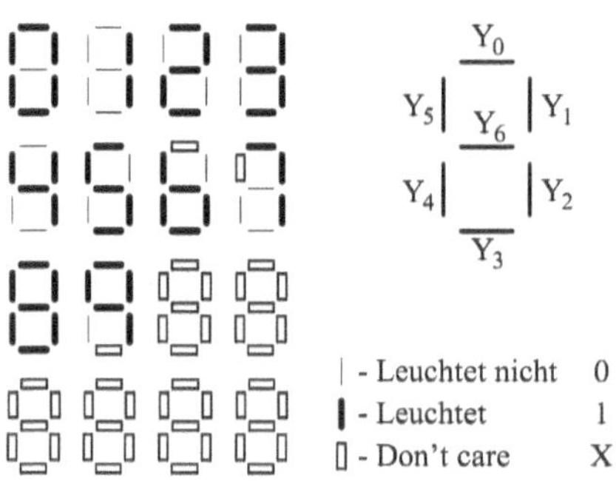

Bild 10.21 Zifferndarstellung der 7-Segment-Anzeige (Aufgabenstellung)

Tabelle 10.19 Wahrheitstabelle einer BCD-Anzeige (BCD → 7-Segment-Anzeige, mit Freiheitsgraden)

d c b a	y_0	y_1	y_2	y_3	y_4	y_5	y_6	y_0^*	y_1^*	y_2^*	y_3^*	y_4^*	y_5^*	y_6^*
0 0 0 0	1	1	1	1	1	1	0	1	1	1	1	1	1	0
0 0 0 1	0	1	1	0	0	0	0	0	1	1	0	0	0	0
0 0 1 0	1	1	0	1	1	0	1	1	1	0	1	1	0	1
0 0 1 1	1	1	1	1	0	0	1	1	1	1	1	0	0	1
0 1 0 0	0	1	1	0	0	1	1	1	1	1	0	0	1	1
0 1 0 1	1	0	1	1	0	1	1	1	0	1	1	0	1	1
0 1 1 0	X	0	1	1	1	1	1	**1**	0	1	1	1	1	1
0 1 1 1	1	1	1	0	0	X	0	1	1	1	0	0	**1**	0
1 0 0 0	1	1	1	1	1	1	1	1	1	1	1	1	1	1
1 0 0 1	1	1	1	X	0	1	1	1	1	1	**0**	0	1	1
1 0 1 0	X	X	X	X	X	X	X	**1**	**1**	**0**	**1**	**1**	**1**	**1**
1 0 1 1	X	X	X	X	X	X	X	**1**	**1**	**1**	**1**	**0**	**1**	**1**
1 1 0 0	X	X	X	X	X	X	X	**1**	**1**	**1**	**0**	**0**	**1**	**1**
1 1 0 1	X	X	X	X	X	X	X	**1**	**0**	**1**	**1**	**0**	**1**	**1**
1 1 1 0	X	X	X	X	X	X	X	**1**	**0**	**1**	**1**	**1**	**1**	**1**
1 1 1 1	X	X	X	X	X	X	X	**1**	**1**	**1**	**0**	**0**	**1**	**1**

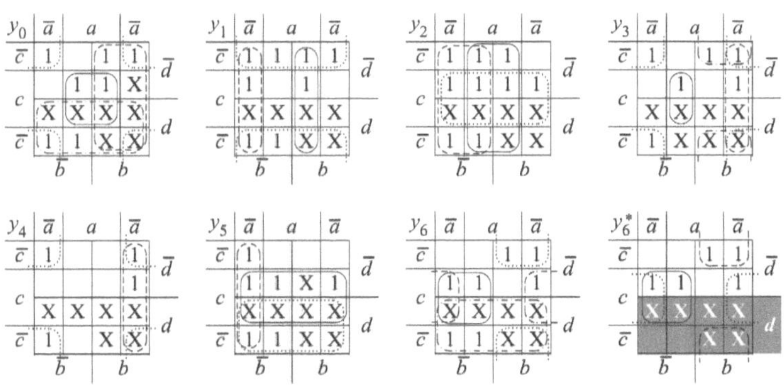

Bild 10.22 Minimierung im KV-Diagramm

$$y_0^* = \overline{a}\,\overline{c} \vee ac \vee b \vee d \tag{10.27}$$

$$y_1^* = \overline{a}\overline{b} \vee ab \vee \overline{c} \tag{10.28}$$

$$y_2^* = a \vee \overline{b} \vee c \tag{10.29}$$

$$y_3^* = \overline{a}\,\overline{c} \vee \overline{a}b \vee b\overline{c} \vee a\overline{b}c = y_4 \vee b\overline{c} \vee a\overline{b}c \tag{10.30}$$

$$y_4^* = \bar{a}\,\bar{c} \vee \bar{a}b \tag{10.31}$$

$$y_5^* = \bar{a}\bar{b} \vee c \vee d \tag{10.32}$$

$$y_6^* = \bar{a}c \vee \bar{b}c \vee b\bar{c} \vee d \quad \text{bzw.} \quad y_6^* = \bar{a}b \vee \bar{b}c \vee b\bar{c} \vee d \tag{10.33}$$

$$y_6^{\#} = \left(\bar{a}b \vee \bar{b}c \vee b\bar{c}\right) \oplus d \tag{10.34}$$

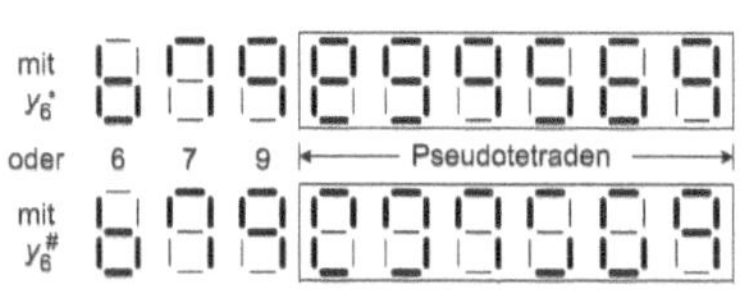

Bild 10.23 Zifferndarstellung der 7-Segment-Anzeige (Ergebnis unter Ausnutzung der Freiheitsgrade (Don't-Care-Felder), Lösung der Aufgabe sind die letzten sechs Symbole (entstandene Symbole für die Pseudotetraden))

Aufgabe 4-15:

Tabelle 10.20 Primterm-Ermittlung nach Quine

Index	Minterme *n*	*dcba*	*n*	*dcba*	*n*	*dcba*	Primterme
0	0	0000 ✓	0,1	000- ✓	0,1,2,3	00--	**A** ($\bar{c}\,\bar{d}$)
1	1	0001 ✓	0,2	00-0 ✓	0,1,4,5	0-0-	**B** ($\bar{b}\,\bar{d}$)
	2	0010 ✓	0,4	0-00 ✓	~~0,2,1,3~~		
	4	0100 ✓	1,3	00-1 ✓	0,2,4,6	0--0	**C** ($\bar{a}\,\bar{d}$)
2	3	0011 ✓	1,5	0-01 ✓	~~0,4,1,5~~		
	5	0101 ✓	1,9	-001 ✓	~~0,4,2,6~~		
	6	0110 ✓	2,3	001- ✓	1,3,9,11	-0-1	**D** ($a\,\bar{c}$)
	9	1001 ✓	2,6	0-10 ✓	1,5,9,13	--01	**E** ($a\,\bar{b}$)
	10	1010 ✓	2,10	-010 ✓	~~1,9,3,11~~		
3	11	1011 ✓	4,5	010- ✓	~~1,9,5,13~~		
	13	1101 ✓	4,6	01-0 ✓	2,3,10,11	-01-	**F** ($b\,\bar{c}$)
4			3,11	-011 ✓	~~2,10,3,11~~		
			5,13	-101 ✓			
			9,11	10-1 ✓			
			9,13	1-01 ✓			
			10,11	101- ✓			

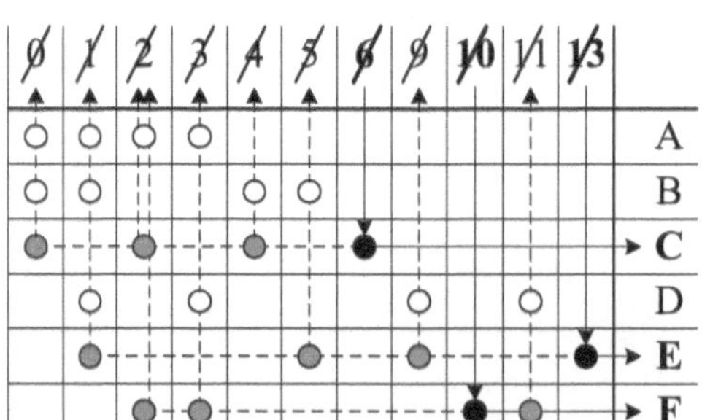

Bild 10.24 Primterm-Auswahl nach McClusky (notwendig sind C, E und F, hiermit sind alle Minterme abgedeckt, Minterm 2 wird zweimal verwendet)

$$y = (\mathrm{C}) \vee (\mathrm{E}) \vee (\mathrm{F}) = \overline{a}\,\overline{d} \vee a\overline{b} \vee b\overline{c} \tag{10.35}$$

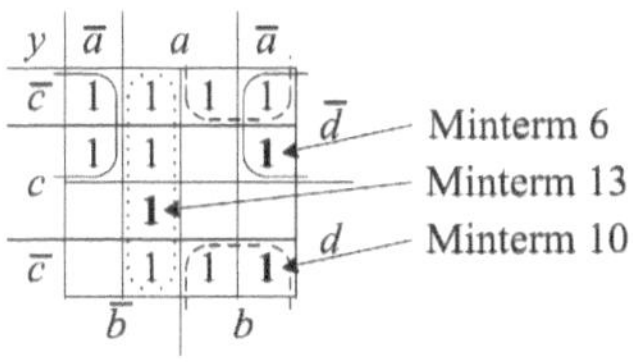

Bild 10.25
Kontrolle der Minimierung mithilfe des KV-Diagramms (Bestätigung des Ergebnisses, die in „fett" gedruckten „1"-en erfordern die Auswahl dieser Gruppe (dieses Primterms))

Aufgabe 4-16:

Tabelle 10.21 Primterm-Ermittlung nach Quine

Index	Minterme n	edcba	n	edcba	n	edcba	n	edcba
0	0	00000 ✓	0,1	0000- ✓	0,1,2,3	000-- ✓	0,1,2,3,4,5,6,7	00--- **A**
1	1	00001 ✓	0,2	000-0 ✓	0,1,4,5	00-0- ✓	~~0,1,4,5,2,3,6,7~~	
	2	00010 ✓	0,4	00-00 ✓	~~0,2,1,3~~		~~0,2,4,6,1,3,5,7~~	
	4	00100 ✓	0,8	0-000 ✓	0,2,4,6	00--0 ✓		
	8	01000 ✓	1,3	000-1 ✓	~~0,4,1,5~~			
2	3	00011 ✓	1,5	00-01 ✓	~~0,4,2,6~~			
	5	00101 ✓	2,3	0001- ✓	0,4,8,12	0--00 **B**		
	6	00110 ✓	2,6	00-10 ✓	~~0,8,4,12~~			
	12	01100 ✓	2,18	-0010 **D**	1,3,5,7	00--1 ✓		
	18	10010 ✓	4,5	0010- ✓	~~1,5,3,7~~			
3	7	00111 ✓	4,6	001-0 ✓	2,3,6,7	00-1- ✓		
	14	01110 ✓	4,12	0-100 ✓	~~2,6,3,7~~			
	26	11010 ✓	8,12	01-00 ✓	4,5,6,7	001-- ✓		
4	27	11011 ✓	3,7	00-11 ✓	~~4,6,5,7~~			
	30	11110 ✓	5,7	001-1 ✓	4,6,12,14	0-1-0 **C**		
5			6,7	0011- ✓	~~4,12,6,14~~			
			6,14	0-110 ✓				
			12,14	011-0 ✓				
			18,26	1-010 **E**				
			14,30	-1110 **F**				
			26,27	1101- **G**				
			26,30	11-10 **H**				

Nicht weiter zusammenfassbare Terme sind die Primterme A, B, C, D, E, F, G und H.

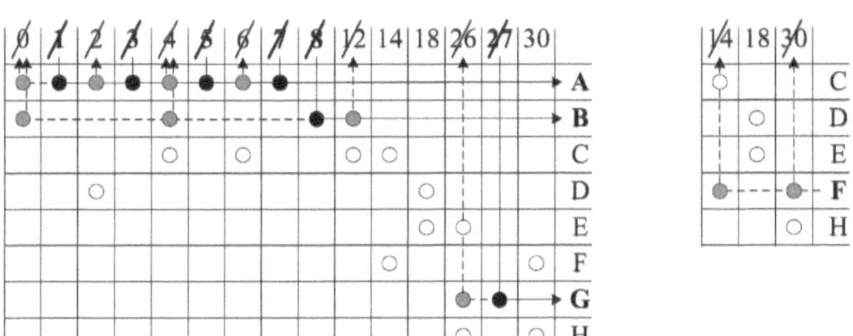

Bild 10.26 Primterm-Auswahl nach McClusky

Minterme 1, 3, 5, 7, 8 und 27 sind jeweils nur in einem Primterm vorhanden, dadurch sind die Primterme A, B und G notwendig. Durch diese Primterme sind alle Minterme bis auf Minterm 14, 18 und 30 berücksichtigt. Primterm F deckt die Minterme 14 und 30 ab und ist deshalb zu verwenden (günstige Kombination). Minterm 18 kann mit Primterm D oder E berücksichtigt werden. Beide Terme haben den gleichen Minimierungsgrad (verknüpfen jeweils zwei Terme und verwenden somit vier Variablen). Hierdurch ergeben sich zwei Gleichungen mit gleicher Komplexität.

$$y_1 = (\mathrm{A}) \vee (\mathrm{B}) \vee (\mathrm{D}) \vee (\mathrm{F}) \vee (\mathrm{G}) = \bar{d}\,\bar{e} \vee \bar{a}\,\bar{b}\,\bar{e} \vee \bar{a}\,b\,\bar{c}\,\bar{d} \vee \bar{a}\,b\,c\,d \vee b\,\bar{c}\,d\,e \tag{10.36}$$

oder

$$y_2 = (\mathrm{A}) \vee (\mathrm{B}) \vee (\mathrm{E}) \vee (\mathrm{F}) \vee (\mathrm{G}) = \bar{d}\,\bar{e} \vee \bar{a}\,\bar{b}\,\bar{e} \vee \bar{a}\,b\,\bar{c}\,e \vee \bar{a}\,b\,c\,d \vee b\,\bar{c}\,d\,e \tag{10.37}$$

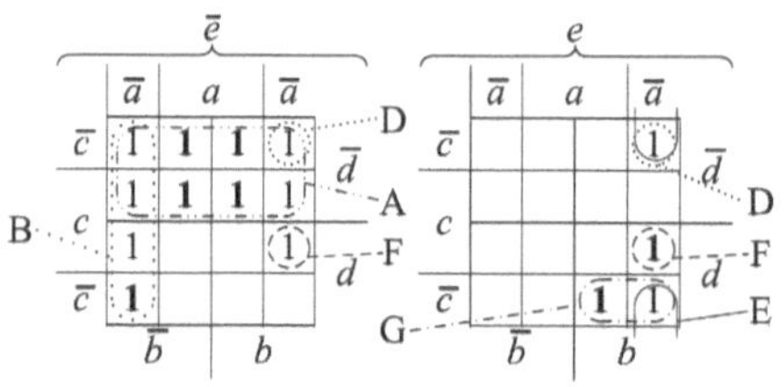

Bild 10.27
Kontrolle der Minimierung mithilfe des KV-Diagramms (mit den eingezeichneten Primtermen)

Die ermittelten Primterme werden durch das KV-Diagramm bestätigt. Der Term 18 (oben rechts in dem KV-Diagramm) kann durch den Primterm D oder E (bilden jeweils eine Zweiergruppe, es entfällt Variable e oder d) berücksichtigt werden.

Aufgabe 4-17:

- Die Parity-Ergänzungen basieren auf der XOR-Verknüpfungen oder den 2k + 1-Elementen für eine Ergänzung verwendeter Eingangssignale auf gerade (für ungerade mit nachfolgender Negation oder vergleichbares). Dadurch ergeben sich folgende Gleichungen:

$$p_0 = c_1 = d_0 \oplus d_1 \oplus d_3 \tag{10.38}$$

$$p_1 = c_2 = d_0 \oplus d_2 \oplus d_3 \tag{10.39}$$

$$p_2 = c_4 = d_1 \oplus d_2 \oplus d_4 \tag{10.40}$$

- Nach der Übertragung wird die Gültigkeit der Parity-Ergänzung überprüft. Das Ergebnis der Überprüfung liefert Bits a_2, a_1, a_0 für die fehlerhafte Position (Position 0 bedeutet fehlerfrei).

$$a_0 = p_0 \oplus d_0 \oplus d_1 \oplus d_3 \tag{10.41}$$

$$a_1 = p_1 \oplus d_0 \oplus d_2 \oplus d_3 \tag{10.42}$$

$$a_2 = p_2 \oplus d_1 \oplus d_2 \oplus d_4 \tag{10.43}$$

- Die Überprüfung liefert mit a_2, a_1, a_0 einen 3 Bit-Dualcode, der in einen 1 aus 8-Code (y_0 bis y_7) umgesetzt werden muss (wichtig y_3, y_5, y_6 und y_7 für die Korrektur der Daten). Die Umsetzung ist Teil eines Demultiplexers, der im nächsten Kapitel vertieft wird.

$$y_0 = \overline{a_2} \wedge \overline{a_1} \wedge \overline{a_0} \tag{10.44}$$

alle Permutationen bis

$$y_7 = a_2 \wedge a_1 \wedge a_0 \tag{10.45}$$

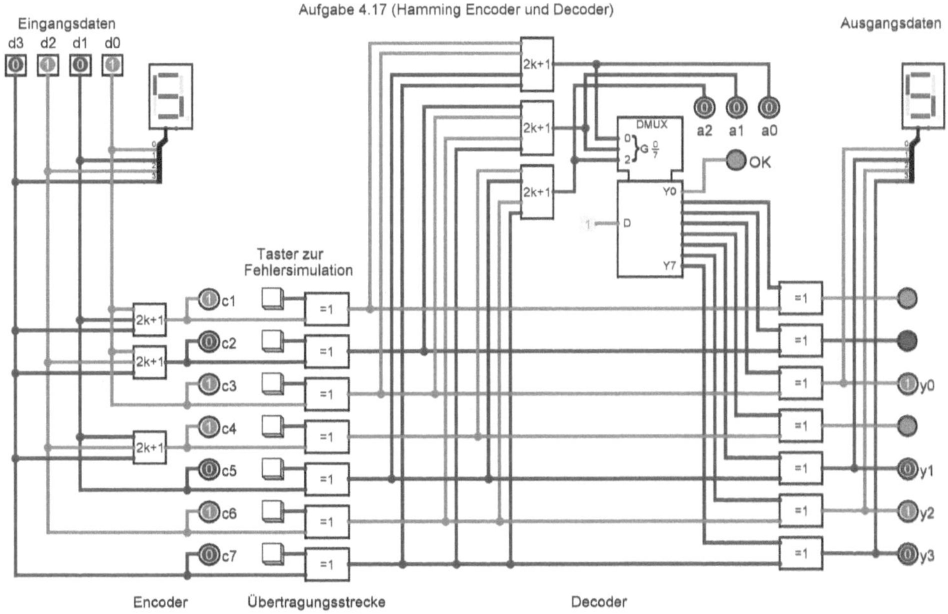

Bild 10.28 Datenübertragung mit dem Hamming-Code (Logisim-Schaltung: Aufgabe 4_17 flat.circ)

Aufgabe 4-18:

- Dargestellt ist die Umcodierung vom Dual-Code in den Gray-Code (s. auch Bild 10.29).

Dual-Code				Gray-Code			
d_3	d_2	d_1	d_0	y_D	y_C	y_B	y_A
0	0	0	0	0	0	0	0
0	0	0	1	0	0	0	1
0	0	1	0	0	0	1	1
0	0	1	1	0	0	1	0
0	1	0	0	0	1	1	0
0	1	0	1	0	1	1	1
0	1	1	0	0	1	0	1
0	1	1	1	0	1	0	0
1	0	0	0	1	1	0	0
1	0	0	1	1	1	0	1
1	0	1	0	1	1	1	1
1	0	1	1	1	1	1	0
1	1	0	0	1	0	1	0
1	1	0	1	1	0	1	1
1	1	1	0	1	0	0	1
1	1	1	1	1	0	0	0

Gray-Code				Dual-Code			
g_D	g_C	g_B	g_A	y_3	y_2	y_1	y_0
0	0	0	0	0	0	0	0
0	0	0	1	0	0	0	1
0	0	1	1	0	0	1	0
0	0	1	0	0	0	1	1
0	1	1	0	0	1	0	0
0	1	1	1	0	1	0	1
0	1	0	1	0	1	1	0
0	1	0	0	0	1	1	1
1	1	0	0	1	0	0	0
1	1	0	1	1	0	0	1
1	1	1	1	1	0	1	0
1	1	1	0	1	0	1	1
1	0	1	0	1	1	0	0
1	0	1	1	1	1	0	1
1	0	0	1	1	1	1	0
1	0	0	0	1	1	1	1

$$y_D = d_3 \qquad y_C = d_2 \oplus d_3 \qquad y_B = d_1 \oplus d_2 \qquad y_A = d_0 \oplus d_1$$

$$y_3 = g_D \qquad y_2 = g_C \oplus y_3 \qquad y_1 = g_B \oplus y_2 \qquad y_0 = g_A \oplus y_1$$

Bild 10.29 Umcodierungen zwischen Dual- und Gray-Code (invertierte Eingangsbits sind grau hinterlegt)

- Schaltungen zur Umcodierung

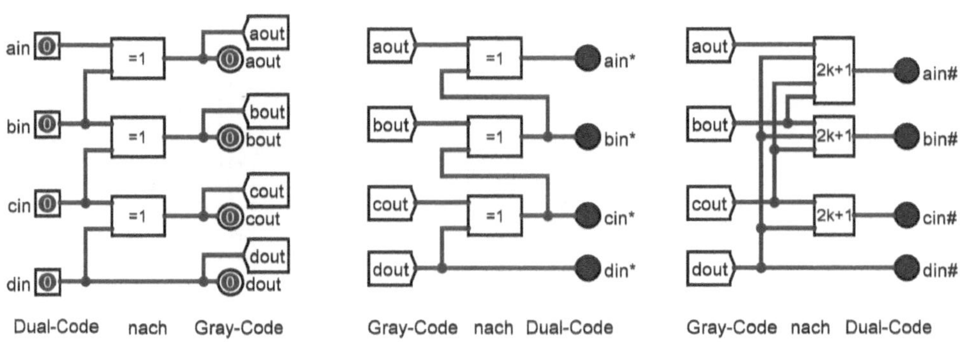

Bild 10.30 Schaltungen zur Umcodierung zwischen Dual- und Gray-Code

10.5 Lösungen zu Kapitel 5

Aufgabe 5-1:

Tabelle 10.22 Wahrheitstabelle (Primzahlen)

d c b a	*y*
0 0 0 0	0
0 0 0 1	0
0 0 1 0	1
0 0 1 1	1
0 1 0 0	0
0 1 0 1	1
0 1 1 0	0
0 1 1 1	1
1 0 0 0	0
1 0 0 1	0
1 0 1 0	0
1 0 1 1	1
1 1 0 0	0
1 1 0 1	1
1 1 1 0	0
1 1 1 1	0

$$y = a\overline{b}\,c \vee ab\overline{c} \vee ab\overline{d} \vee b\overline{c}\,\overline{d} \tag{10.46}$$

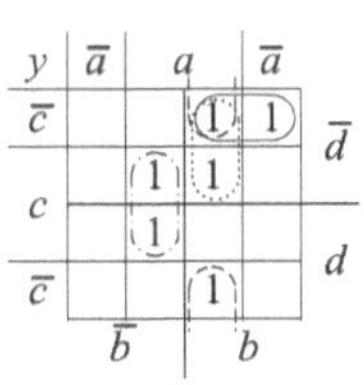

Bild 10.31
Minimierung mithilfe des KV-Diagramms

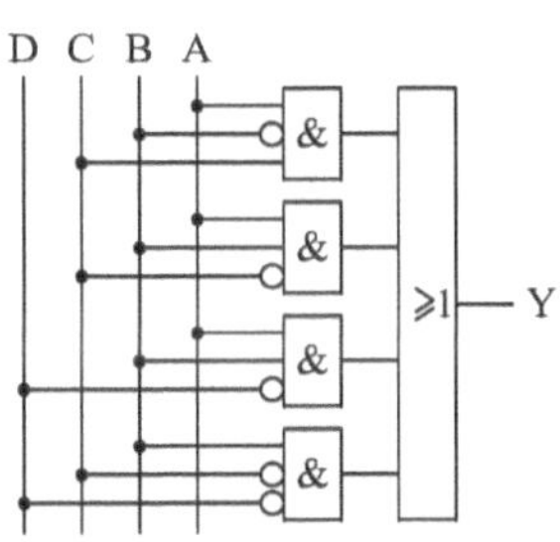

Bild 10.32
Schaltung zur Erkennung von Primzahlen im vierstelligen Dualcode

Aufgabe 5-2:

Bild 10.33 Zifferndarstellung der 7-Segment-Anzeige (gemäß Aufgabenstellung)

Tabelle 10.23 Wahrheitstabelle einer 7-Segment-Anzeige (0-aktiv, mit Freiheitsgraden)

d c b a	$\overline{y}_0$	$\overline{y}_1$	$\overline{y}_2$	$\overline{y}_3$	$\overline{y}_4$	$\overline{y}_5$	$\overline{y}_6$
0 0 0 0	0	0	0	0	0	0	1
0 0 0 1	1	0	0	1	1	1	1
0 0 1 0	0	0	1	0	0	1	0
0 0 1 1	0	0	0	0	1	1	0
0 1 0 0	1	0	0	1	1	0	0
0 1 0 1	0	1	0	0	1	0	0
0 1 1 0	0	1	0	0	0	0	0
0 1 1 1	0	0	0	1	1	X	1
1 0 0 0	0	0	0	0	0	0	0
1 0 0 1	0	0	0	X	1	0	0
1 0 1 0	0	0	0	1	0	0	0
1 0 1 1	1	1	0	0	0	0	0
1 1 0 0	1	1	1	0	0	1	0
1 1 0 1	1	0	0	0	0	1	0
1 1 1 0	0	1	1	0	0	0	0
1 1 1 1	0	1	1	1	0	0	0

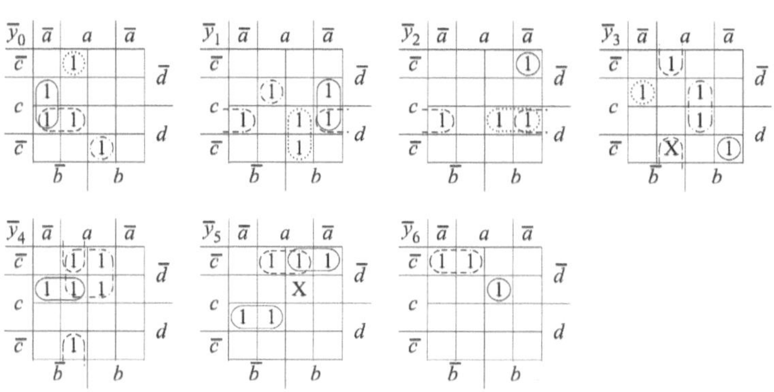

Bild 10.34 Minimierung im KV-Diagramm (7-Segment-Anzeige, 0-aktiv, mit Freiheitsgraden)

$$\overline{y}_0 = \overline{a}\,\overline{b}\,c \vee \overline{b}\,c\,d \vee a\,\overline{b}\,\overline{c}\,\overline{d} \vee a\,b\,\overline{c}\,d \qquad (10.47)$$

$$\overline{y}_1 = \overline{a}\,b\,c \vee a\,b\,d \vee a\,\overline{b}\,c\,\overline{d} \vee \overline{a}\,c\,d \quad (10.48)$$

$$\overline{y}_2 = b\,c\,d \vee \overline{a}\,b\,\overline{c}\,\overline{d} \vee \overline{a}\,c\,d \quad (10.49)$$

$$\overline{y}_3 = a\,\overline{b}\,\overline{c} \vee a\,b\,c \vee \overline{a}\,\overline{b}\,c\,\overline{d} \vee \overline{a}\,b\,\overline{c}\,d \quad (10.50)$$

$$\overline{y}_4 = a\,\overline{d} \vee a\,\overline{b}\,\overline{c} \vee \overline{b}\,c\,\overline{d} \quad (10.51)$$

$$\overline{y}_5 = b\,\overline{c}\,\overline{d} \vee a\,\overline{c}\,\overline{d} \vee \overline{b}\,c\,d \quad (10.52)$$

$$\overline{y}_6 = \overline{b}\,\overline{c}\,\overline{d} \vee a\,b\,c\,\overline{d} \quad (10.53)$$

Aufgabe 5-3:

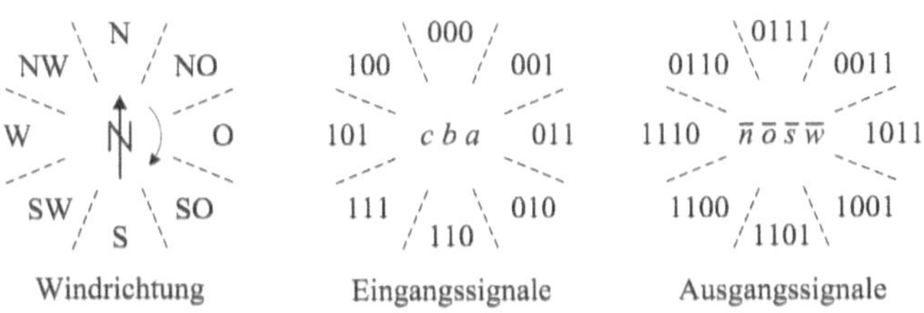

Bild 10.35 Darstellung der Aufgabe

Tabelle 10.24 Wahrheitstabelle (0-aktive Signale, nach Dualcode sortiert)

$c\,b\,a$	$\overline{n}\,\overline{o}\,\overline{s}\,\overline{w}$
0 0 0	0 1 1 1
0 0 1	0 0 1 1
0 1 0	1 0 0 1
0 1 1	1 0 1 1
1 0 0	0 1 1 0
1 0 1	1 1 1 0
1 1 0	1 1 0 1
1 1 1	1 1 0 0

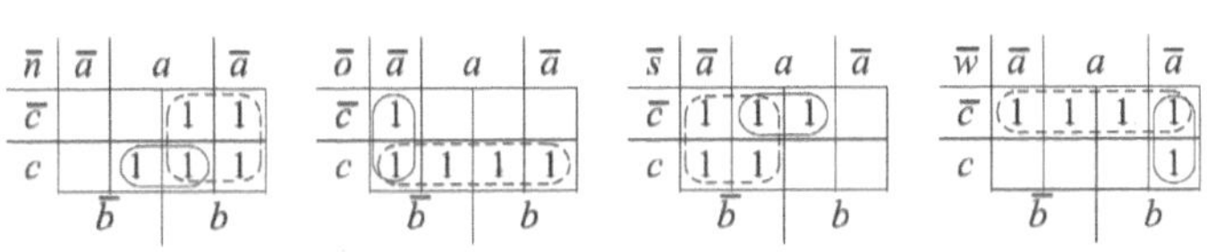

Bild 10.36 Minimierung im KV-Diagramm

$$\overline{w} = \overline{a}\,b \vee \overline{c} \tag{10.54}$$

$$\overline{s} = a\,\overline{c} \vee \overline{b} \tag{10.55}$$

$$\overline{o} = \overline{a}\,\overline{b} \vee c \tag{10.56}$$

$$\overline{n} = a\,c \vee b \tag{10.57}$$

Aufgabe 5-4:

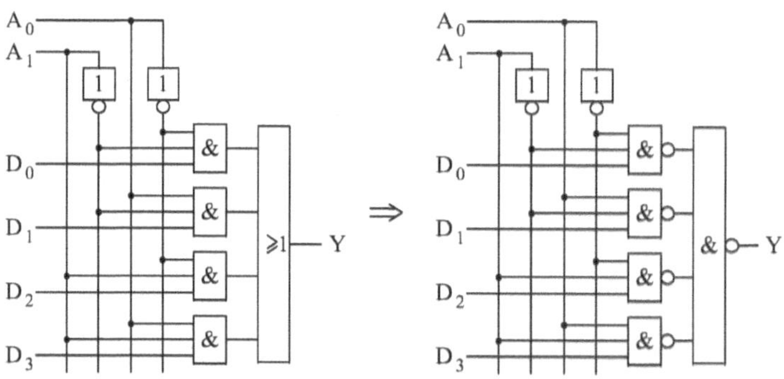

Bild 10.37 Umwandlung einer UND/ODER-Struktur in eine NAND/NAND-Struktur

Aufgabe 5-5:

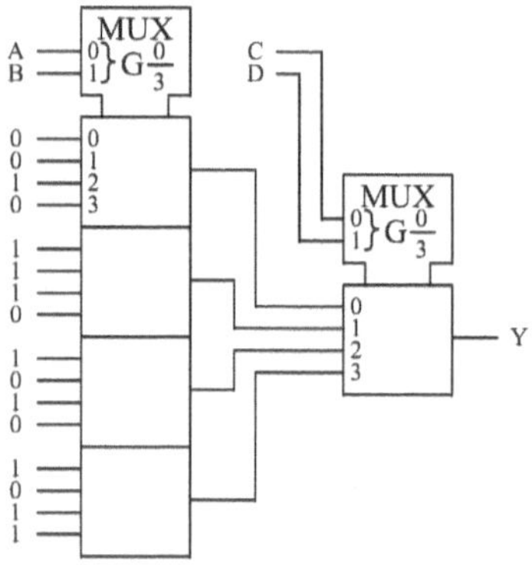

Bild 10.38
Realisierung eines 1-aus-16-Datenselektors aus 1-aus-4-Datenselektoren (die vier Datenselektoren auf der linken Seite werden identisch angesteuert)

Aufgabe 5-6:

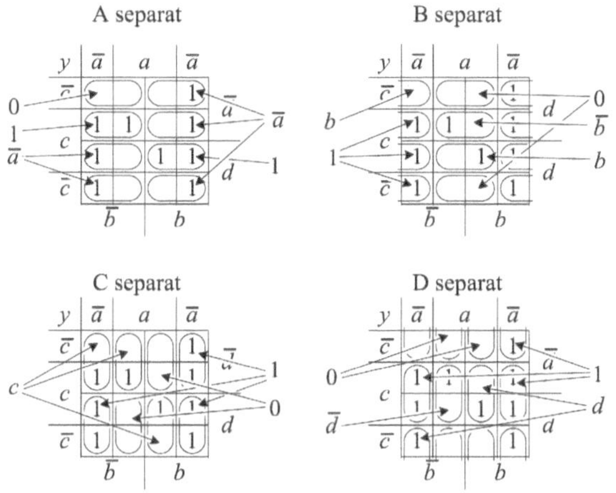

Bild 10.39 Gruppierung der über Dateneingang zugeführten Steuersignale

Nur Variante C (Steuersignal c wird separat als Datensignal verwendet; Datensignal hat die Größen 0, 1 und c ($\bar{c}$ wird nicht benötigt)). Sie kommt ohne Negation des Steuersignals aus.

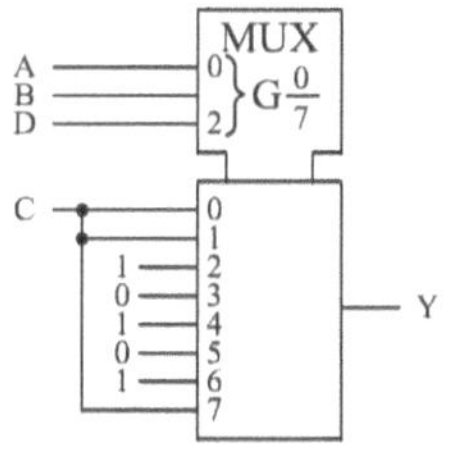

Bild 10.40
Realisierung der Logikverknüpfung mit einem 1-aus-8-Multiplexer

Aufgabe 5-7:

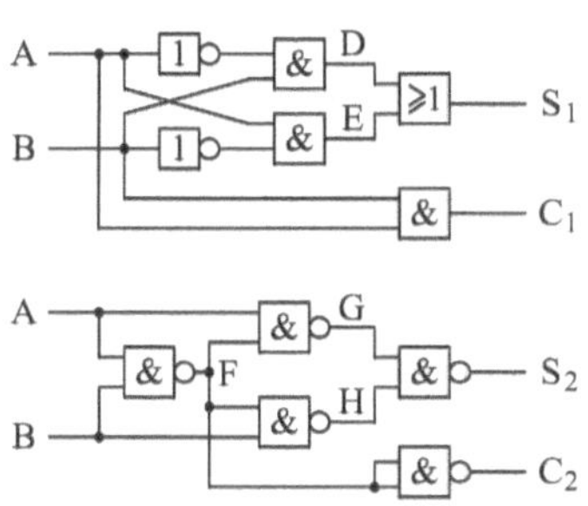

Bild 10.41
Schaltungen eines Halbaddierers

Tabelle 10.25 Wahrheitstabelle

$b\ a$	$\bar{b}\ \bar{a}$	d	e	c_1	s_1	f	g	h	c_2	s_2
0 0	1 1	0	0	0	0	1	1	1	0	0
0 1	1 0	0	1	0	1	1	0	1	0	1
1 0	0 1	1	0	0	1	1	1	0	0	1
1 1	0 0	0	0	1	0	0	1	1	1	0

Die Signale c_1, s_1 sind identisch mit c_2, s_2, somit haben die Schaltungen gleiches (statisches) Verhalten.

$$c_1 = ab = \overline{\overline{ab}} = \overline{\overline{ab}\,\overline{ab}} = c_2 \tag{10.58}$$

$$\begin{aligned} s_1 &= d \vee e = \bar{a}b \vee a\bar{b} = \left(a \wedge \bar{b}\right) \vee \left(b \wedge \bar{a}\right) = \left(a \wedge \bar{a}\right) \vee \left(a \wedge \bar{b}\right) \vee \left(b \wedge \bar{a}\right) \vee \left(b \wedge \bar{b}\right) \\ &= a \wedge \left(\bar{a} \vee \bar{b}\right) \vee b \wedge \left(\bar{a} \vee \bar{b}\right) = \left(a \vee b\right) \wedge \left(\bar{a} \vee \bar{b}\right) = \left(a \vee b\right) \wedge \left(\overline{a \wedge b}\right) \\ &= \left(a \wedge \overline{a \wedge b}\right) \vee \left(b \wedge \overline{a \wedge b}\right) = \bar{g} \vee \bar{h} = \overline{g \wedge h} = s_2 \end{aligned} \tag{10.59}$$

Aufgabe 5-8:

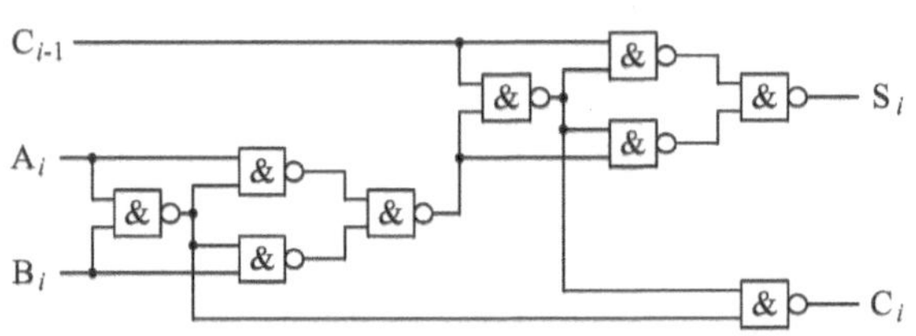

Bild 10.42 Schaltung eines Volladdierers aus NAND-Gatter mit je 2 Eingängen

Eine ODER-Verknüpfung von zwei negierten Signalen (NAND sind als Inverter geschaltet) entspricht einer NAND-Verknüpfung (nach De Morgan).

Aufgabe 5-9:

Die Signale eines zyklischen 2-Bit-Gray-Codes zeigt Tabelle 10.26. Die Wertigkeit rechtsdrehend entspricht 0, 1, 2, 3, 0, 1, 2, … (s. Bild 10.43) und linksdrehend 3, 2, 1, 0, 3, 2, 1, …. Die Kodierung ist einschrittig (Gray-Code) und damit eindeutig erkennbar. Zur Ansteuerung wird eine Schaltung benötigt, die aus den zwei 2-Bit Gray-Code-Signalen einen 2-Bit Gray-Code generiert (s. Bild 10.44). Die Addition der Signale zeigt Tabelle 10.27 und das daraus resultierende KV-Diagramm (Bild 10.45). Es sind je Ausgangssignal zwei gleichwertige Lösungen möglich (Bild 10.43 und Bild 10.44).

Tabelle 10.26 Wertigkeiten des 2-Bit Gray-Code

Wertigkeit	*b a*
0	0 0
1	0 1
2	1 1
3	1 0

Tabelle 10.27 Addition der Signale (Modulo 4, auf 2 Bit begrenzt)

Wertigkeit Eingang	Wertigkeit Ausgang	Signale Eingang b_1a_1 b_0a_0	Signale Ausgang $b\,a$
0 0	0	0 0 0 0	0 0
0 1	1	0 0 0 1	0 1
0 2	2	0 0 1 1	1 1
0 3	3	0 0 1 0	1 0
1 0	1	0 1 0 0	0 1
1 1	2	0 1 0 1	1 1
1 2	3	0 1 1 1	1 0
1 3	0	0 1 1 0	0 0
2 0	2	1 1 0 0	1 1
2 1	3	1 1 0 1	1 0
2 2	0	1 1 1 1	0 0
2 3	1	1 1 1 0	0 1
3 0	3	1 0 0 0	1 0
3 1	0	1 0 0 1	0 0
3 2	1	1 0 1 1	0 1
3 3	2	1 0 1 0	1 1

$$b = b_0\overline{a}_1\overline{b}_1 \vee a_0a_1\overline{b}_1 \vee \overline{b}_0a_1b_1 \vee \overline{a}_0\overline{a}_1b_1 = \overline{a}_0b_0\overline{a}_1 \vee a_0b_0\overline{b}_1 \vee a_0\overline{b}_0a_1 \vee \overline{a}_0\overline{b}_0b_1 \quad (10.60)$$

$$a = a_0\overline{a}_1\overline{b}_1 \vee \overline{b}_0a_1\overline{b}_1 \vee \overline{a}_0a_1b_1 \vee b_0\overline{a}_1b_1 = a_0b_0\overline{a}_1 \vee a_0\overline{b}_0\overline{b}_1 \vee \overline{a}_0\overline{b}_0a_1 \vee \overline{a}_0b_0b_1 \quad (10.61)$$

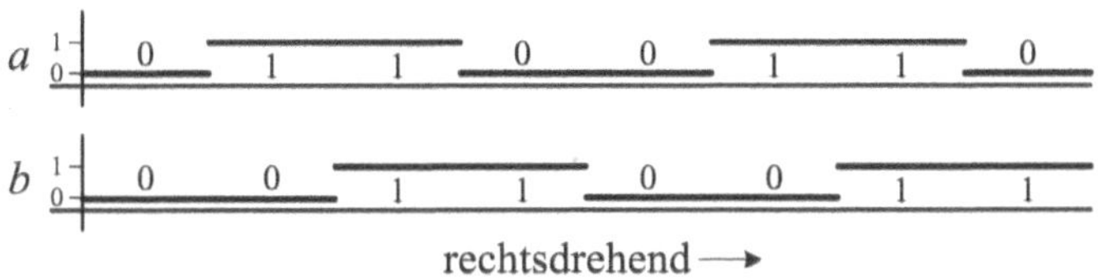

Bild 10.43 Signale eines Drehencoders (2-Bit Gray-Code)

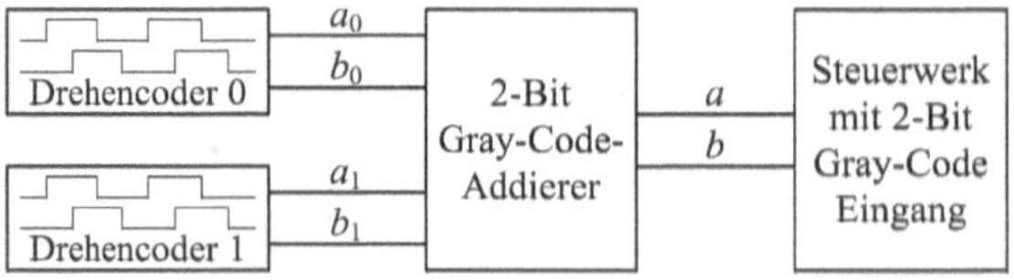

Bild 10.44 Schaltung des 2-Bit Gray-Code-Addierers

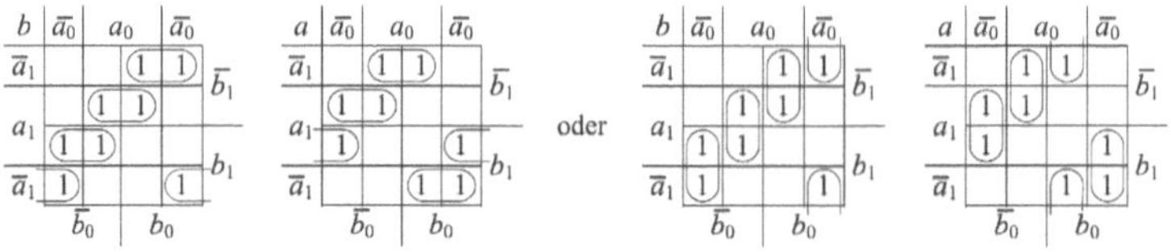

Bild 10.45 KV-Diagramme des 2-Bit Gray-Code-Addierers

Aufgabe 5-10:

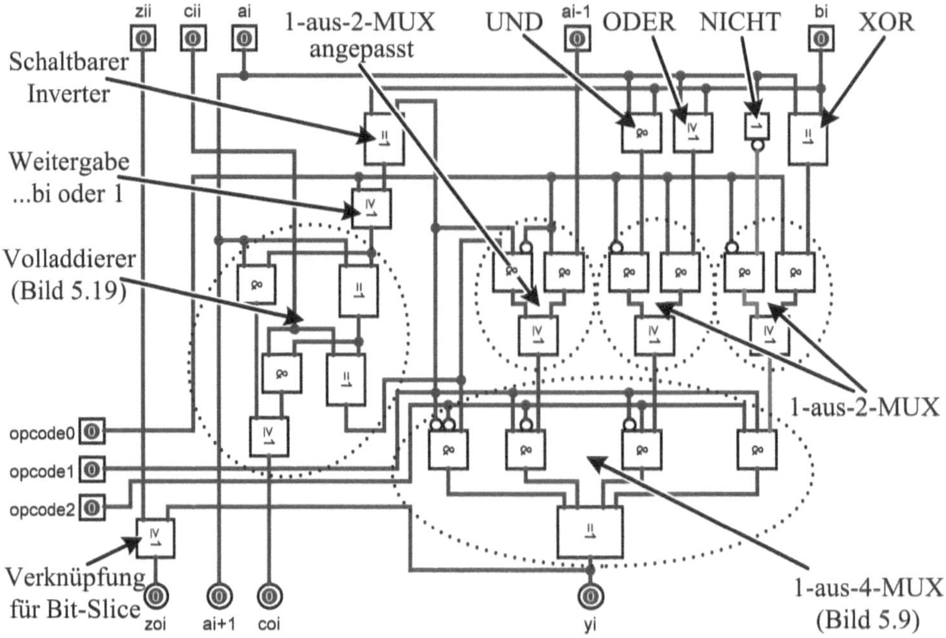

Bild 10.46 Beispiel einer 1-Bit-ALU in Bit-Slice-Technik mit Erläuterungen

Tabelle 10.28 Über $OPCODE_2...OPCODE_0$ ($oc_2..oc_0$) auswählbare Funktionen der ALU

oc_2, oc_1, oc_0	Funktion	Bemerkung
0 0 0	$co_i, y_i = ci_i + a_i + b_i$	Addition (A + B)
0 0 1	$co_i, y_i = ci_i + a_i + 1)$	Minus 1 (A + 0xFF) (A − 1)
0 1 0	$co_i, y_i = ci_i + a_i - b_i$	Subtraktion (A − B)
0 1 1	$y_i = a_{i-1}$	Schieben nach links (A << 1)
1 0 0	$y_i = a_i$ & b_i	UND-Verknüpfung (A & B)
1 0 1	$y_i = a_i$ # b_i	ODER-Verknüpfung (A # B)
1 1 0	$y_i = !a_i$	Negation (Invetieren der Bits) (!A)
1 1 1	$y_i = a_i$ XOR b_i	Exklusiv-Oder-Verknüpfung (A XOR B)

10.6 Lösungen zu Kapitel 6

Aufgabe 6-1:

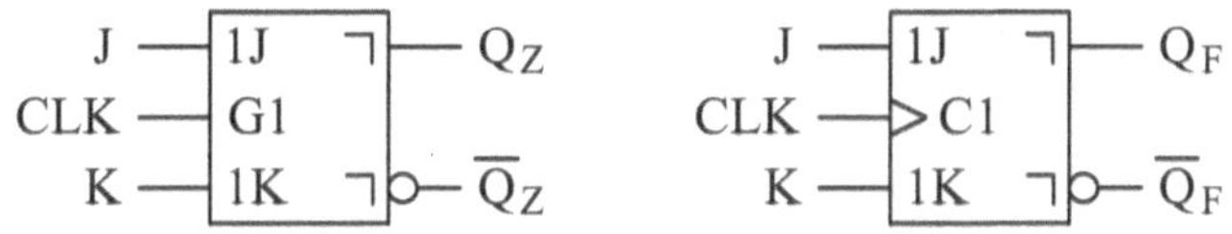

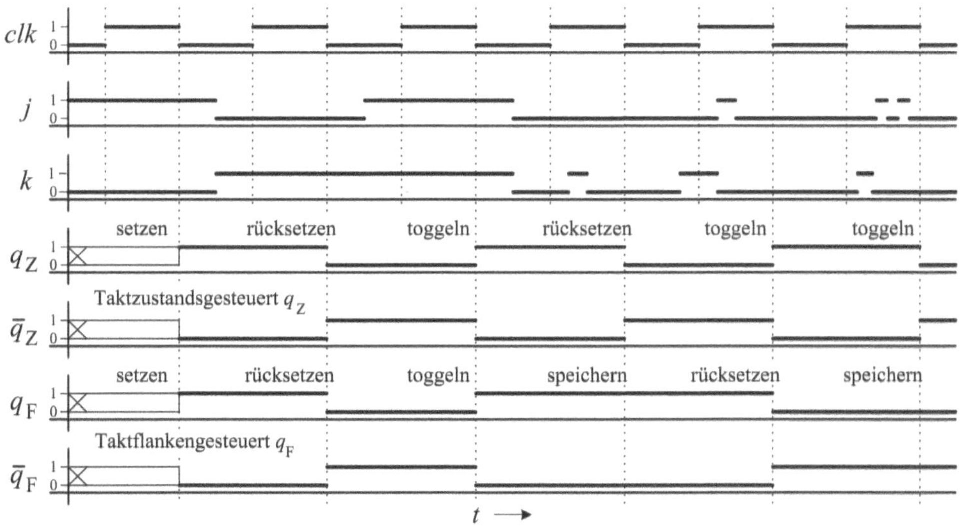

Bild 10.47 Impuls-Zeit-Diagramm eines zustands- und eines flankengesteuerten JK-MS-FF

Durch die Ansteuerung des JK-MS-FF ist zu überprüfen, ob das Master FF nur zum Zeitpunkt der Taktflanke oder während der Pulsdauer des Taktes beeinflusst werden kann (z.B. durch die Signalfolge gemäß Bild 10.47).

Aufgabe 6-2:

Tabelle 10.29 Synthese-Tabelle für S-dominierendes RS-FF

q_n	q_{n+1}	s	r	Bemerkung
0	0	0	X	$s=0$ und $r=0$ oder $s=0$ und $r=1$
0	1	1	X	$s=1$ und $r=0$ oder $s=1$ und $r=1$
1	0	0	1	$s=0$ und $r=1$
1	1	X	X	$s=0$ und $r=0$ oder $s=1$ und $r=0$ oder $s=1$ und $r=1$

In der letzten Zeile sind als Eingangsgrößen alle Kombinationen zugelassen, mit Ausnahme $s = 0$ und $r = 1$ (Rücksetzen). Dies kann in der Tabelle nicht vollständig angegeben werden.

Aufgabe 6-3:

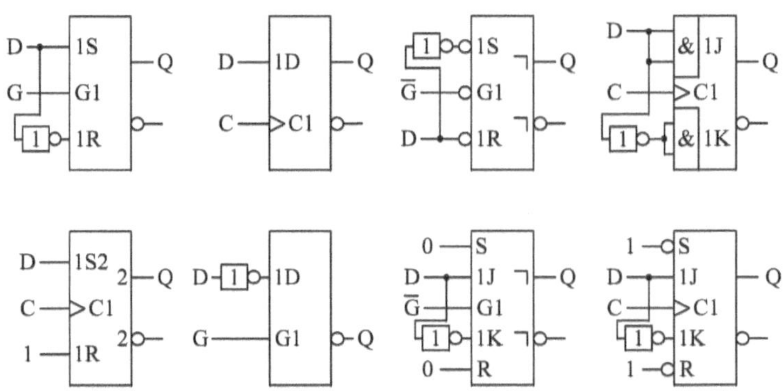

Bild 10.48 Erweiterung (Beispiel) einiger FF zu D-FF

Taktzustandsgesteuerte FF sind mit G gekennzeichnet (negierter Takt mit Negationsstrich), gespeichert wird hierbei mit dem 1→0-Wechsel des Taktsignals. Bei den einfachen FF ist während des aktiven Taktzustandes der Transparent-Mode vorhanden, bei den Master-Slave-FF ist der Master freigegeben und dieser kann getoggelt werden.

Taktflankengesteuerte FF sind mit C gekennzeichnet (gespeichert wird mit der 0→1-Flanke). Bei den Master-Slave-FF wird der Wert mit der anderen Flanke an das Slave-FF übergeben und erscheint am Ausgang Q.

Aufgabe 6-4:

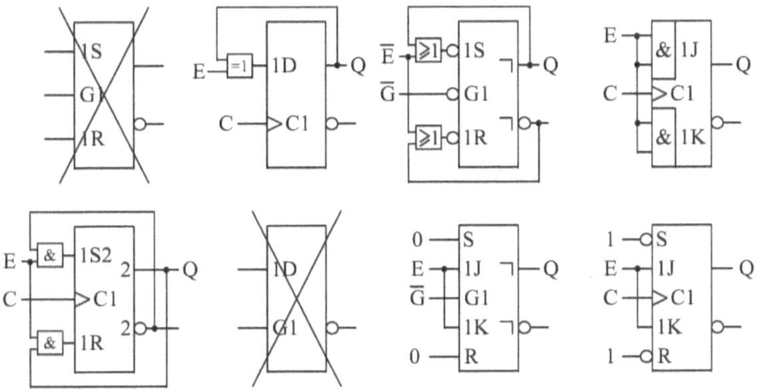

Bild 10.49 Erweiterung (Beispiel) einiger FF zu T-FF

Zustandsgesteuerte FF ohne Master-Slave-Struktur sind nicht geeignet. Zustandsgesteuerte FF sind mit G gekennzeichnet (Master ist während der Pulsdauer aktiviert) und taktflankengesteuerte FF sind mit C gekennzeichnet.

Aufgabe 6-5:

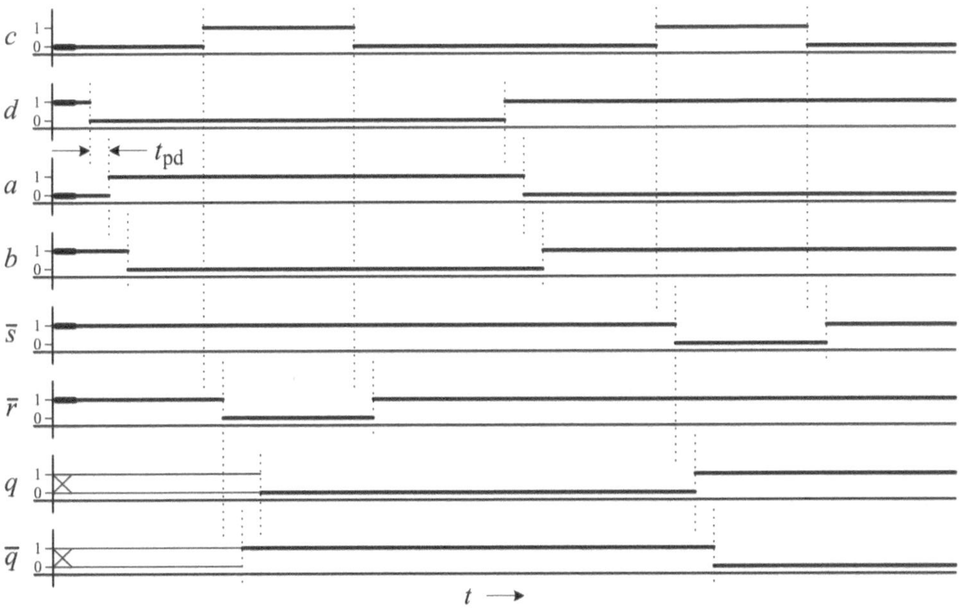

Bild 10.50 Impuls-Zeit-Diagramm eines vereinfachten einflankengesteuerten D-FF

Aufgabe 6-6:

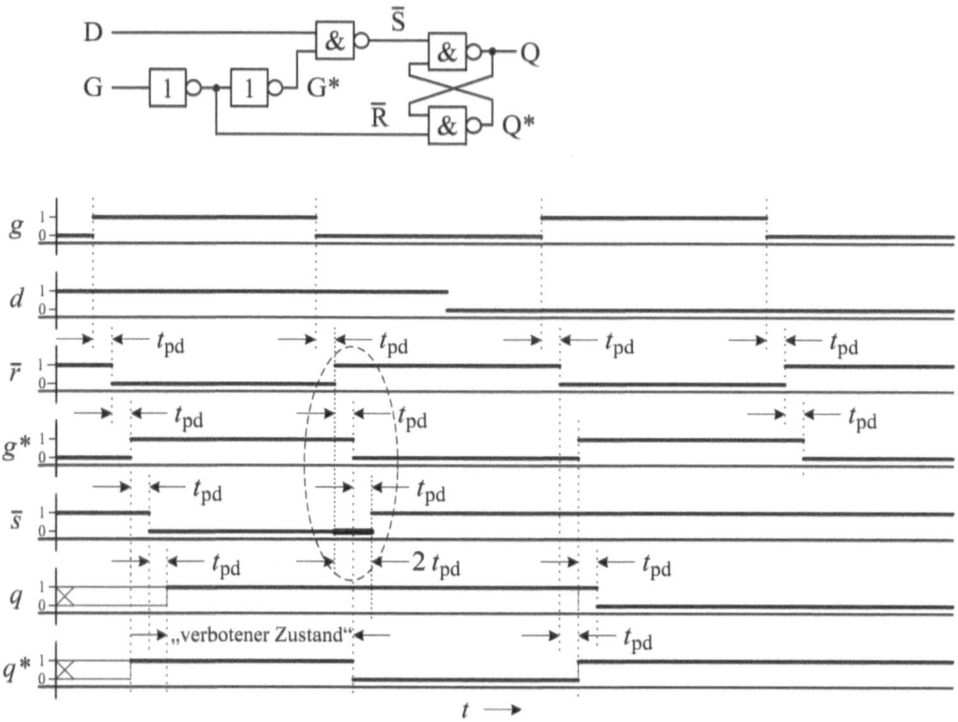

Bild 10.51 Schaltung und Zeitverhalten der Schaltung aus Bild 6.65

Bei dem Speichern des Zustandes „1" ($d = 1$, $g = 0 \rightarrow 1 \rightarrow 0$) in Bild 10.51 ist das Signal $\overline{s}$ für ca. zwei Reaktionszeiten ($2\,t_{pd}$) länger aktiv als das Signal $\overline{r}$. Hierdurch wird der „verbotene Zustand" über die Funktion „Setzen" in den speichernden Zustand überführt und es wird eindeutig eine 1 gespeichert.

Bei dem Speichern des Zustandes „1" ($d = 1$, $g = 0 \rightarrow 1 \rightarrow 0$) in Bild 10.52 wechseln bei gleichen Reaktionszeiten des NAND-Gliedes und des Inverters die Signale $\overline{s}$ und $\overline{r}$ gleichzeitig von dem aktiven Zustand „0" in den passiven Zustand „1". Hierdurch wird der „verbotene Zustand" direkt in den speichernden Zustand überführt und der stabile Ausgangszustand ist (nach einigen laufzeitbedingten Zustandswechseln) unbestimmt. Dies Problem tritt nur bei Nachbauten mit einzelnen Logikgattern auf, da jedes Gatter Ein- und Ausgangsschaltungen hat, aus denen sich t_{pd} zusammensetzt. Innerhalb eines Bausteins sind die Laufzeitdifferenzen geringer und der Hersteller hat für eine problemlose Anwendung gesorgt. Zusätzliche Verzögerungen sind bei dem Taktsignal nicht notwendig.

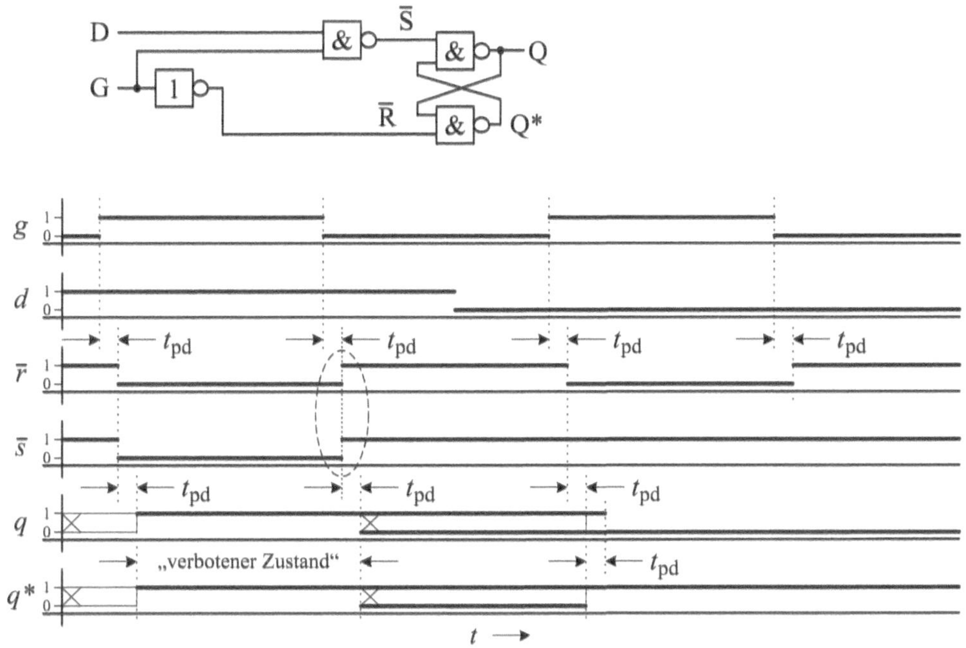

Bild 10.52 Schaltung und Zeitverhalten der Schaltung aus Bild 6.23

Aufgabe 6-7:

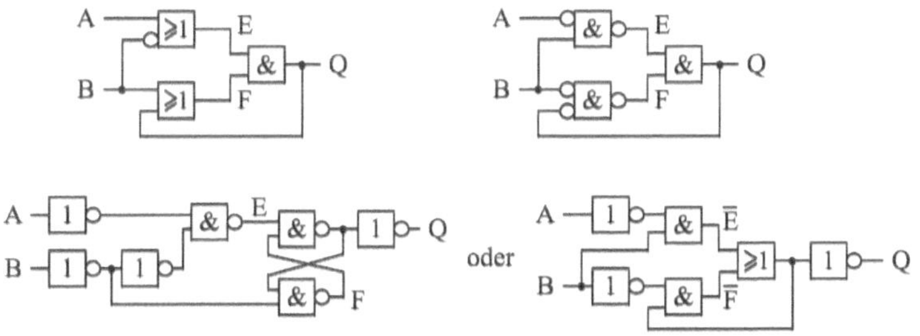

Bild 10.53 Umwandlung einer Testschaltung (Anwendung von De Morgan und Neuzeichnung mit separaten Invertern (links) oder in der Grundstruktur eines Multiplexers (rechts, mit dem Laufzeitproblem gemäß Aufgabe 6-6))

Die Schaltung entspricht nach Bild 10.53 z. B. dem D-FF mit zusätzlichem Inverter für das Eingangssignal D und das Ausgangssignal Q. Diese beiden Inverter heben sich in der Funktion auf, sodass die Testschaltung einem positiv zustandsgesteuerten D-FF entspricht. Die Analyse kann auch mit einem Impuls-Zeit-Diagramm erfolgen (ähnlich Bild 10.51).

■ 10.7 Lösungen zu Kapitel 7

Aufgabe 7-1:

Aufgrund des asynchronen Verhaltens treten für die Zeitdauer der Reaktionszeiten t_{pd} der FF instabile Zwischenzustände auf. Den vollständigen Ablauf zeigt Bild 10.54. Diese Zwischenzustände können Schaltungen stören, die z. B. auf diese Bitkombinationen reagieren sollen (z. B. die verwendete RESET-Erkennung).

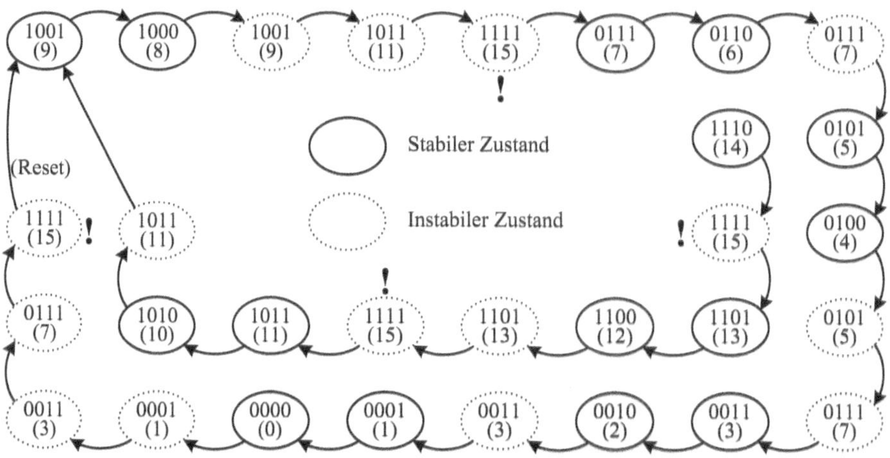

Bild 10.54 Zustandsdiagramm eines asynchronen Rückwärtszählers (mit den instabilen Zwischenzuständen)

Es besteht das Risiko, dass die Schaltung bei dem Übergang von 8 nach 7 durch den temporären Zwischenstand 15 auf den Zustand 9 zurückgesetzt wird. Dies kann durch eine Verzögerung zwischen Ausgang Q_2 und dem Eingang des NAND-Gliedes um mindestens die Reaktionszeit des FF für Q_3 verhindert werden.

Aufgabe 7-2:

Bei dem Modulo-10-Rückwärtszähler in Bild 7.10 wird der Zustand 1111 erkannt und hiermit die FF auf 1001 zurückgesetzt. Es reicht aus, den Zustand 11– zu detektieren (Zählerstände 12, 13, 14 und 15) und die FF für Q_1 und Q_2 zurückzusetzen.

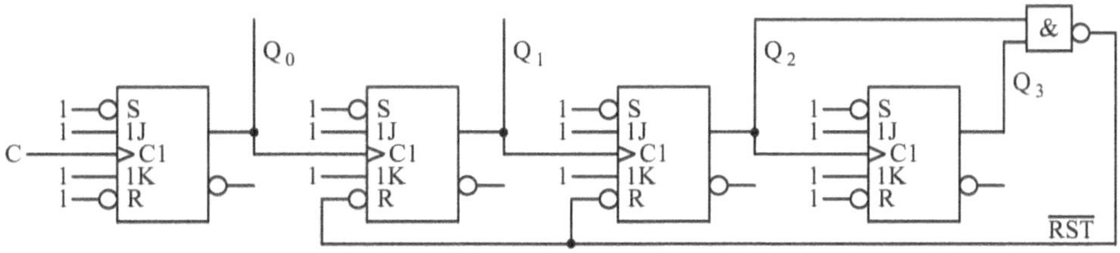

Bild 10.55 Reduzierte Schaltung des asynchronen Modulo-10-Rückwärtszählers aus Bild 7.10

Aufgabe 7-3:

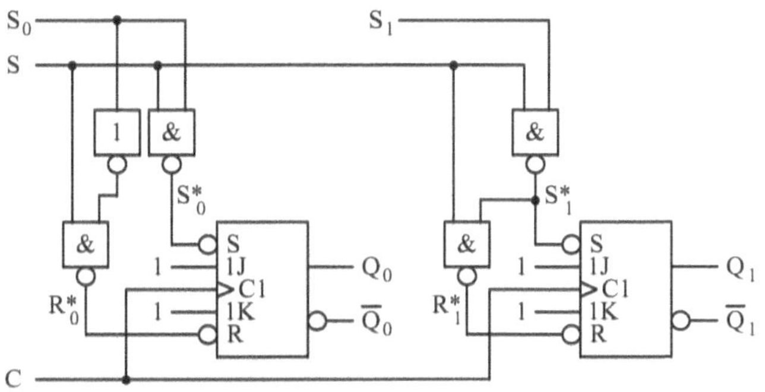

Bild 10.56 Setz-/Rücksetzschaltungen

Tabelle 10.30 Wahrheitstabellen der Setz-/Rücksetzschaltungen

s	s_0	s_0^*	r_0^*
0	0	1	1
0	1	1	1
1	0	1	0
1	1	0	1

s	s_1	s_1^*	r_1^*
0	0	1	1
0	1	1	1
1	0	1	0
1	1	0	1

Das statische Verhalten beider Schaltungen ist identisch (äquivalent).

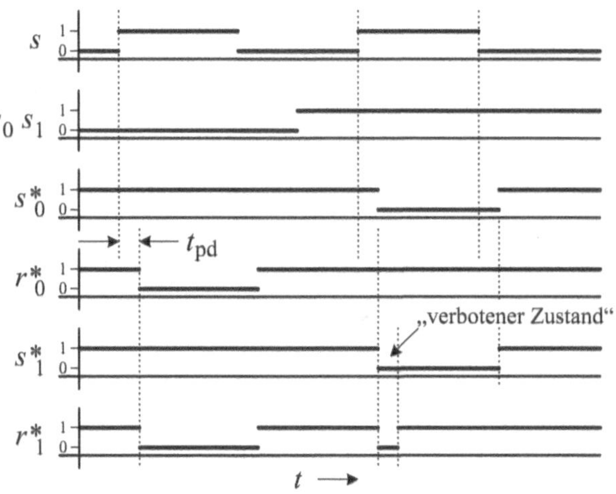

Bild 10.57 Impuls-Zeit-Diagramm der Setz-/Rücksetzschaltungen

Aufgrund von Laufzeiten entsteht in der rechten Schaltung zu Beginn des Setzvorganges ein kurzer Rücksetzimpuls, der den „verbotenen Zustand“ anregt. Durch den nachfolgenden Setzvorgang hat dies jedoch keine weitere Auswirkung.

Aufgabe 7-4:

Durch das Rücksetzen mit dem Signal $\overline{r}$ werden alle FF auf 0 gesetzt. Nach der ansteigenden Flanke von c hat nur das Master-FF des linken FF den Wert 1 und der Ausgang der Schaltung nach der abfallenden Flanke der Wert $001_2 = 1_{10}$. Während des normalen Zählvorganges haben bei dem Ausgabewert $000_2 = 0_{10}$ nach der ansteigenden Flanke von c alle Master-FF den Wert 1, der nach der abfallenden Flanke asynchron zu dem Ausgabewert $111_2 = 7_{10}$ führt. Aufgrund der unterschiedlichen internen Zustände bei dem Ausgabewert 0 entsteht das abweichende Verhalten. Tabelle 10.31 zeigt den Ablauf (zur besseren Übersicht sind nur die sich ändernden Werte eingetragen, in den MS-FF-Spalten sind die Werte des Master- und des Slave-FF angegeben). Bei einem Vorwärtszähler tritt dieser Effekt nicht auf

Tabelle 10.31 Ablauf der Zustandsänderungen beteiligter Master/Slave-Flipflops (MS-FF)

Takt c	MS-FF für q_0	MS-FF für q_1	MS-FF für q_2	Ausgabewert $q_2\ q_1\ q_0$	Bemerkung
0	00	00	0 0	0 0 0	Reset
↑	10			0 0 0	Ansteigende Flanke c
↓	11			0 0 1	Abfallende Flanke c
↑	01				
↓	00	10		0 0 0	
↑	10				
↓	11	11		0 1 1	
↑	01				
↓	00	01		0 1 0	
↑	10				
↓	11	00	10	0 0 1	
↑	01				
↓	00	10		0 0 0	
↑	10				Alle MS-FF haben den Wert 10
↓	11	11	11	1 1 1	„normaler“ Wechsel

Aufgabe 7-5:

Es ist ein synchroner Zähler mit asynchronem RESET. Bei dem Zählerstand 010 (q_2, q_1, q_0) wird der Zähler auf den Wert 110 gesetzt.

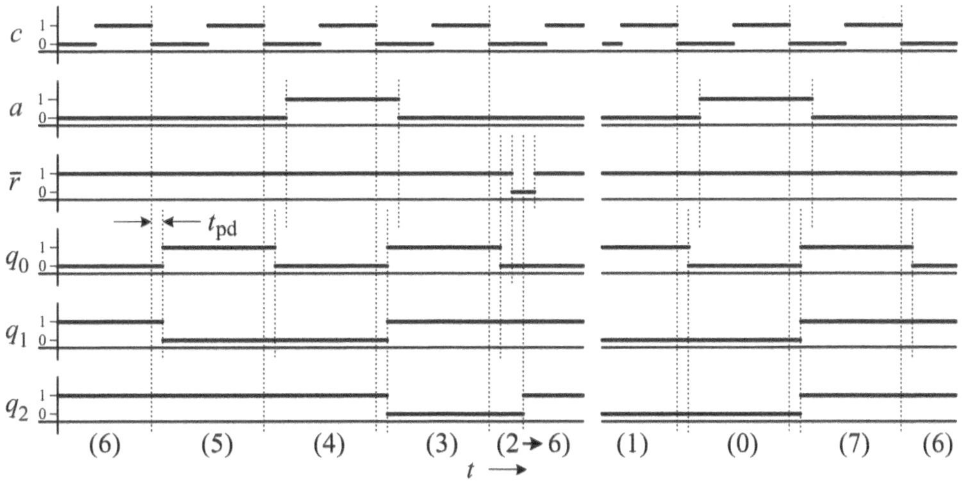

Bild 10.58 Impuls-Zeit-Diagramm des Zählers aus Bild 7.41

Im linken Teil ist die Zählsequenz 6/5/4/3/2→6 ... dargestellt und im rechten Teil die nicht zum Zählumfang gehörenden Werte 1/0/7/6 ... Der Zählerzustand 2 ist instabil und wird durch die asynchrone Rücksetzschaltung in den stabilen Zustand 6 überführt. Hieraus ergibt sich das in Bild 10.59 dargestellte vollständige Zustandsdiagramm.

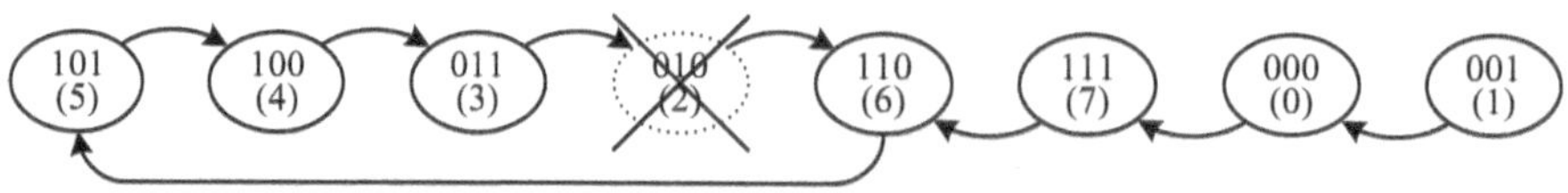

Bild 10.59 Vollständiges Zustandsdiagramm des Zählers aus Bild 7.41

Ein 2-Bit-Rückwärtszähler für q_1 und q_0 und eine NAND-Verknüpfung für $q_2 = \overline{q_1 \wedge q_0}$ würde ausreichen.

Aufgabe 7-6:

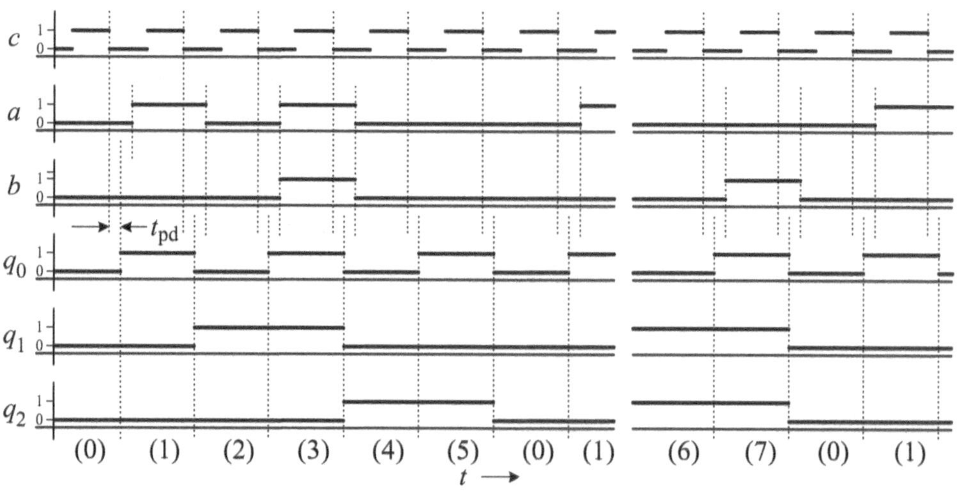

Bild 10.60 Impuls-Zeit-Diagramm des Zählers aus Bild 7.42

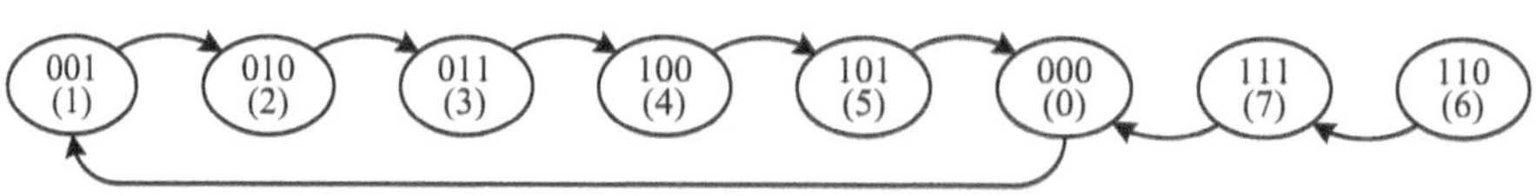

Bild 10.61 Vollständiges Zustandsdiagramm des Zählers aus Bild 7.42

Aufgabe 7-7:

Tabelle 10.32 Wahrheits- bzw. Übergangstabellen eines Zählers (JK-FF, vor und nach der Gleichungsermittlung)

$(q_3 \cdots q_0)_n$	$(q_3 \cdots q_0)_{n+1}$	$(q_3 \cdots q_0)_{n+1}$
0 0 0 0	X X X X	**1 1 1 0**
0 0 0 1	X X X X	**1 0 1 0**
0 0 1 0	X X X X	**1 1 1 0**
0 0 1 1	1 0 1 1	1 0 1 1
0 1 0 0	X X X X	**0 1 1 1**
0 1 0 1	0 1 1 1	0 1 1 1
0 1 1 0	X X X X	**0 0 1 1**
0 1 1 1	0 0 1 1	0 0 1 1
1 0 0 0	1 1 0 0	1 1 0 0
1 0 0 1	1 0 0 0	1 0 0 0
1 0 1 0	X X X X	**1 1 0 0**
1 0 1 1	1 0 0 1	1 0 0 1
1 1 0 0	1 1 0 1	1 1 0 1
1 1 0 1	0 1 0 1	0 1 0 1
1 1 1 0	X X X X	**1 0 0 1**
1 1 1 1	X X X X	**0 0 0 1**

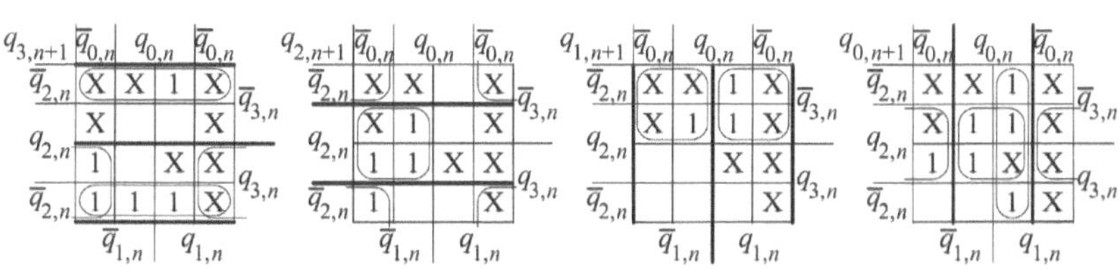

Bild 10.62 KV-Diagramm (JK-FF)

Charakteristische Gleichung eines JK-FF:

$$q_{i,n+1} = (j_i) \wedge \overline{q_{i,n}} \vee \left(\overline{k_i}\right) \wedge q_{i,n} \tag{10.62}$$

Gleichungen zur Ansteuerung der JK-FF:

$$q_{3,n+1} = \left(\overline{q_{2,n}}\right) \wedge \overline{q_{3,n}} \vee \left(\overline{q_{0,n} \wedge q_{2,n}}\right) \wedge q_{3,n} \tag{10.63}$$

$$q_{2,n+1} = \left(\overline{q_{0,n}}\right) \wedge \overline{q_{2,n}} \vee \left(\overline{q_{1,n}}\right) \wedge q_{2,n} \tag{10.64}$$

$$q_{1,n+1} = \left(\overline{q_{3,n}}\right) \wedge \overline{q_{1,n}} \vee \left(\overline{q_{3,n}}\right) \wedge q_{1,n} \tag{10.65}$$

$$q_{0,n+1} = \left(q_{2,n}\right) \wedge \overline{q_{0,n}} \vee \overline{\left(\overline{q_{1,n} \vee q_{2,n}}\right)} \wedge q_{0,n} \tag{10.66}$$

Tabelle 10.33 Gleichungen zur Ansteuerung der JK-FF (durch Koeffizientenvergleich)

FF_3	FF_2	FF_1	FF_0
$j_3 = \overline{q_{2,n}}$	$j_2 = \overline{q_{0,n}}$	$j_1 = \overline{q_{3,n}}$	$j_0 = q_{2,n}$
$k_3 = q_{0,n} \wedge q_{2,n}$	$k_2 = q_{1,n}$	$k_1 = q_{3,n}$	$k_0 = \overline{q_{1,n} \vee q_{2,n}}$

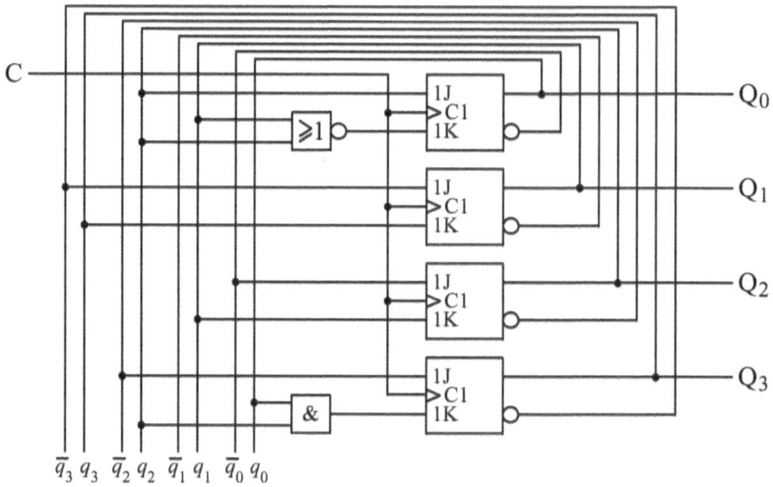

Bild 10.63 Schaltbild (JK-FF)

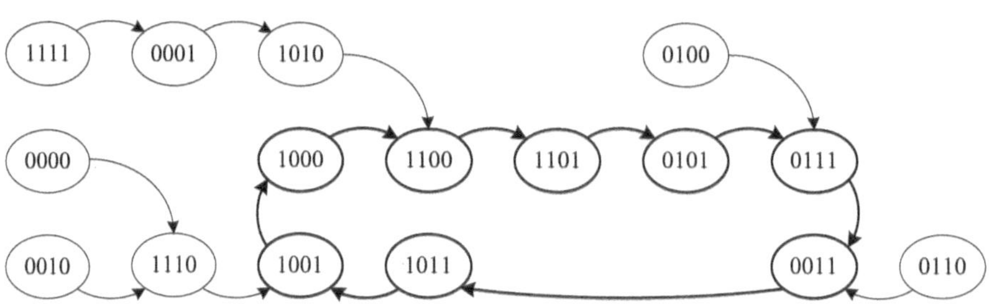

Bild 10.64 Vollständiges Zustandsdiagramm (JK-FF, Zählbereich in Fettdruck)

Das Verhalten des Zählers basiert auf den erstellten Gleichungen. Alle auf diesen Gleichungen beruhenden Zähler haben das gleiche Verhalten (das gleiche vollständige Zustandsdiagramm). Die Erstellung eines Zählers aus T-FF ist auf diesem Wege nicht zu empfehlen. Hier bietet sich die Synthese-Tabelle an, bei der die charakteristischen Eigenschaften der verwendeten FF besser berücksichtigt werden können.

Tabelle 10.34 Wahrheits- bzw. Übergangstabellen eines Zählers (T-FF, Zustandsfolgewert vor der Gleichungsermittlung, Steuersignale vor und nach der Gleichungsermittlung, Zustandsfolgewert nach der Gleichungsermittlung)

$(q_3 \cdots q_0)_n$	$(q_3 \cdots q_0)_{n+1}$	$(e_3 \cdots e_0)_n$	$(e_3 \cdots e_0)_n$	$(q_3 \cdots q_0)_{n+1}$
0 0 0 0	X X X X	X X X X	**1 1 1 0**	**1 1 1 0**
0 0 0 1	X X X X	X X X X	**1 0 1 1**	**1 0 1 0**
0 0 1 0	X X X X	X X X X	**1 1 0 0**	**1 1 1 0**
0 0 1 1	1 0 1 1	1 0 0 0	1 0 0 0	1 0 1 1
0 1 0 0	X X X X	X X X X	**0 0 1 1**	**0 1 1 1**
0 1 0 1	0 1 1 1	0 0 1 0	0 0 1 0	0 1 1 1
0 1 1 0	X X X X	X X X X	**0 1 0 1**	**0 0 1 1**
0 1 1 1	0 0 1 1	0 1 0 0	0 1 0 0	0 0 1 1
1 0 0 0	1 1 0 0	0 1 0 0	0 1 0 0	1 1 0 0
1 0 0 1	1 0 0 0	0 0 0 1	0 0 0 1	1 0 0 0
1 0 1 0	X X X X	X X X X	**0 1 1 0**	**1 1 0 0**
1 0 1 1	1 0 0 1	0 0 1 0	0 0 1 0	1 0 0 1
1 1 0 0	1 1 0 1	0 0 0 1	0 0 0 1	1 1 0 1
1 1 0 1	0 1 0 1	1 0 0 0	1 0 0 0	0 1 0 1
1 1 1 0	X X X X	X X X X	**0 1 1 1**	**1 0 0 1**
1 1 1 1	X X X X	X X X X	**1 1 1 0**	**0 0 0 1**

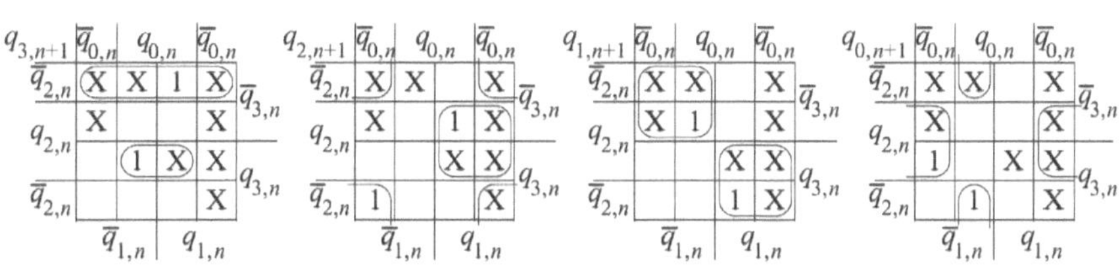

Bild 10.65 KV-Diagramm (T-FF)

Gleichungen zur Ansteuerung der T-FF:

$$e_3 = \overline{q_{2,n}}\,\overline{q_{3,n}} \vee q_{0,n}\, q_{2,n}\, q_{3,n} \tag{10.67}$$

$$e_2 = q_{1,n}\, q_{2,n} \vee \overline{q_{0,n}}\,\overline{q_{2,n}} \tag{10.68}$$

$$e_1 = q_{1,n}\, q_{3,n} \vee \overline{q_{1,n}}\,\overline{q_{3,n}} \tag{10.69}$$

$$e_0 = \overline{q_{0,n}}\, q_{2,n} \vee q_{0,n}\,\overline{q_{1,n}}\,\overline{q_{2,n}} \tag{10.70}$$

Die Folgezustände sind identisch mit der Realisierung basierend auf dem JK-FF. Das vollständige Zustandsdiagramm ist in diesem Fall identisch mit Bild 10.64.

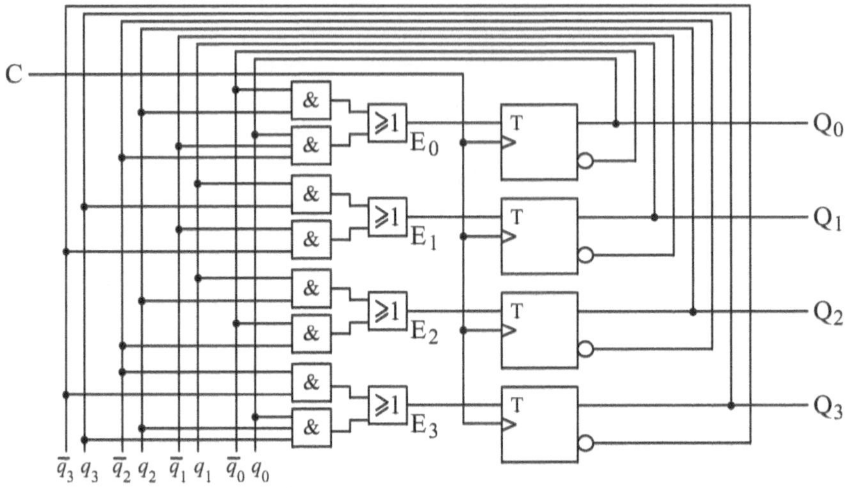

Bild 10.66 Schaltbild (T-FF)

Aufgabe 7-8:

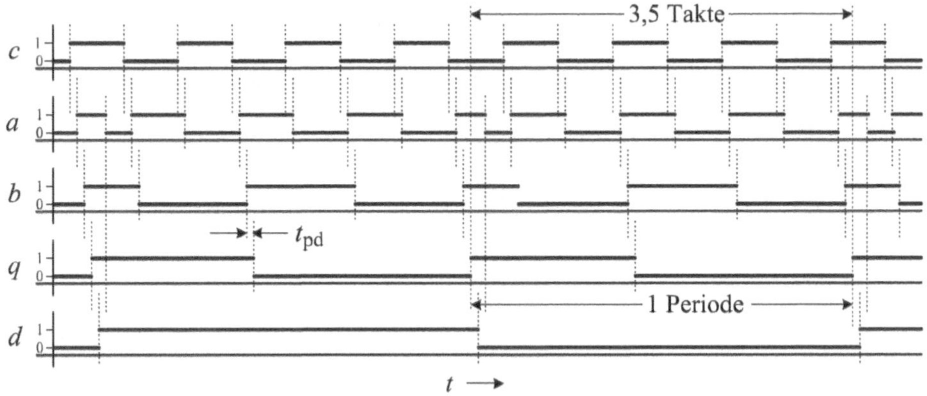

Bild 10.67 Impuls-Zeit-Diagramm des Frequenzteilers aus Bild 7.43

Die Frequenz c wird um den Teilungsfaktor 3,5 heruntergeteilt (sieben Taktperioden von c ergeben zwei Taktperioden von q).

Aufgabe 7-9:

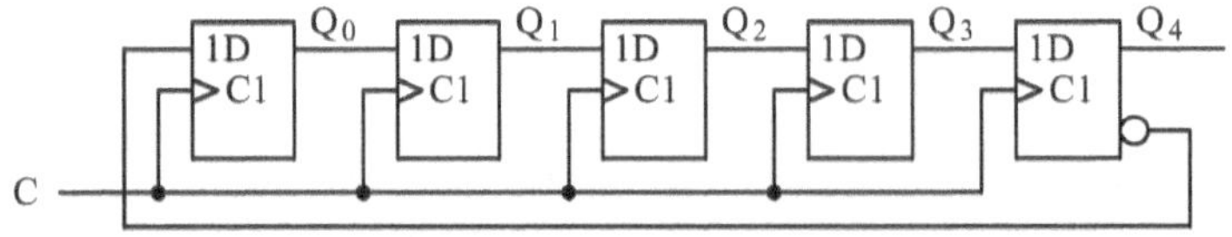

Bild 10.68 Schaltung eines 5-Bit-Johnson-Zählers

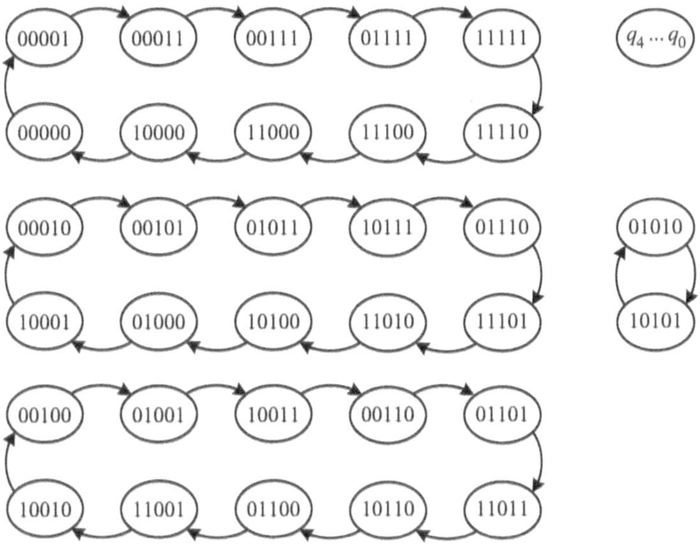

Bild 10.69 Zustandsdiagramm eines 5-Bit-Johnson-Zählers (drei Sequenzen mit je 10 Zuständen und eine Sequenz mit zwei Zuständen)

Aufgabe 7-10:

Die Strukturen der Zustandsfolgen der beiden Polynome sind prinzipiell identisch. Bild 10.70 zeigt das zugehörige Zustandsdiagramm.

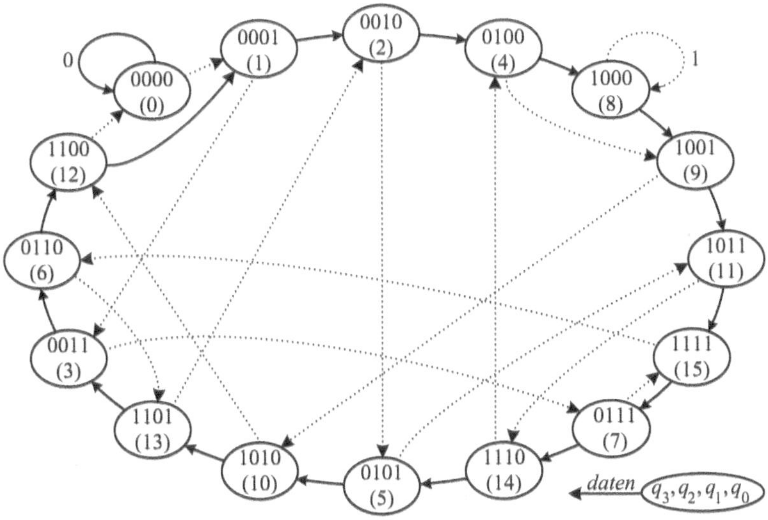

Bild 10.70 Zustandsdiagramm für Polynom x^4+x^3+1

Aufgabe 7-11:

Die XOR-Verknüpfung gilt auch für die CRC-Werte der Datenströme (s. Beispiel am Ende von Abschnitt 1.6.7 CRC-Summe mit den CRC-Werten 0XD, 0XB und 0X6)

10.8 Lösungen zu Kapitel 8

Aufgabe 8-1:

In Tabelle 8.4 sind die unteren vier Bitkombinationen für $\overrightarrow{z_{n+1}}$ und $\vec{a}$ nicht definiert und stellen somit Freiheitsgrade für die Minimierung im KV-Diagramm dar. Durch die Bestimmung der Gleichungen sind diese Übergänge definiert.

Tabelle 10.35 Übergangs- und Ausgangstabelle des Bonbonautomaten (durch Minimierung definierte Übergänge)

$z_{1,n}$	$z_{0,n}$	e_1	e_0	$z_{1,n+1}$	$z_{0,n+1}$	a_2	a_1	a_0
1	1	0	0	**1**	**1**	**0**	**0**	**0**
1	1	0	1	**1**	**0**	**1**	**0**	**1**
1	1	1	0	**0**	**1**	**1**	**1**	**0**
1	1	1	1	**0**	**0**	**0**	**1**	**1**

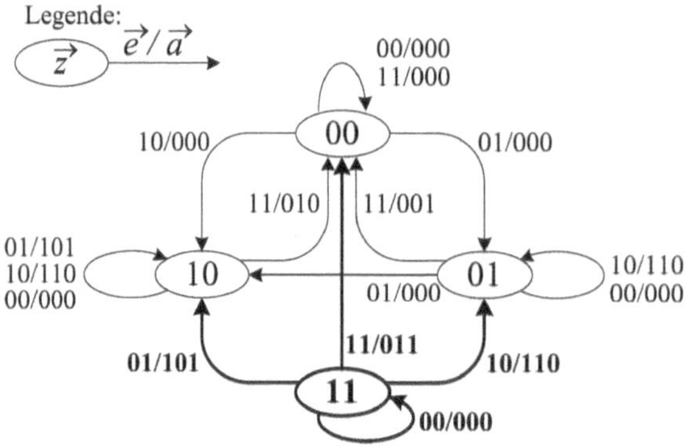

Bild 10.71 Vollständiges Zustandsdiagramm des Bonbonautomaten (Ergänzung in Fettdruck)

Aufgabe 8-2:

Tabelle 10.36 Übergangstabelle der Impulsaufbereitung (basierend auf Tabelle 8.8, Mealy-Automat, T-FF mit Enable-Eingang EN)

z_n	d	e	z_{n+1}	en
0 0 0 0	0 0 1 1	0 1 0 1	0 0 1 1	0 0 1 1
1 1 1 1	0 0 1 1	0 1 0 1	1 0 1 0	0 1 0 1

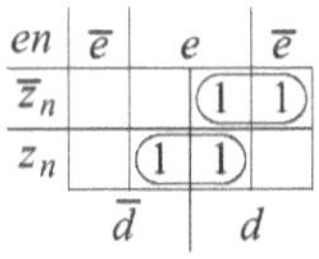

Bild 10.72
Minimierung im KV-Diagramm

$$en = d\,\overline{z_n} \vee e\,z_n \qquad (10.71)$$

Im KV-Diagramm sind keine Freiheitsgrade vorhanden, das Zustandsdiagramm entspricht Bild 8.10. Die Gleichung unterscheidet sich nur in einer Negation.

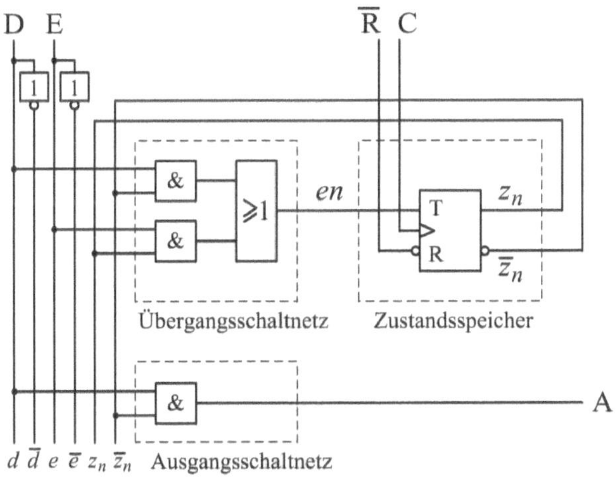

Bild 10.73 Schaltung der Impulsaufbereitung (Moore-Automat mit T-FF)

Tabelle 10.37 Übergangstabelle der Impulsaufbereitung (basierend auf Tabelle 8.10, Moore-Automat, T-FF mit Enable-Eingang EN) vor und nach der Minimierung

$\vec{z}_n$	d	e	$\vec{z}_{n+1}$	$\vec{en}$	$\vec{en}$	$\vec{z}_{n+1}$
0 0	0	0	0 0	0 0	0 0	0 0
0 0	0	1	0 0	0 0	0 0	0 0
0 0	1	0	0 1	0 1	0 1	0 1
0 0	1	1	0 1	0 1	0 1	0 1
0 1	0	0	1 0	1 1	1 1	1 0
0 1	0	1	0 0	0 1	0 1	0 0
0 1	1	0	1 0	1 1	1 1	1 0
0 1	1	1	0 0	0 1	0 1	0 0
1 0	0	0	1 0	0 0	0 0	1 0
1 0	0	1	0 0	1 0	1 0	0 0
1 0	1	0	1 0	0 0	0 0	1 0
1 0	1	1	0 0	1 0	1 0	0 0
1 1	0	0	X X	X X	**1 1**	**0 0**
1 1	0	1	X X	X X	**1 1**	**0 0**
1 1	1	0	X X	X X	**1 1**	**0 0**
1 1	1	1	X X	X X	**1 1**	**0 0**

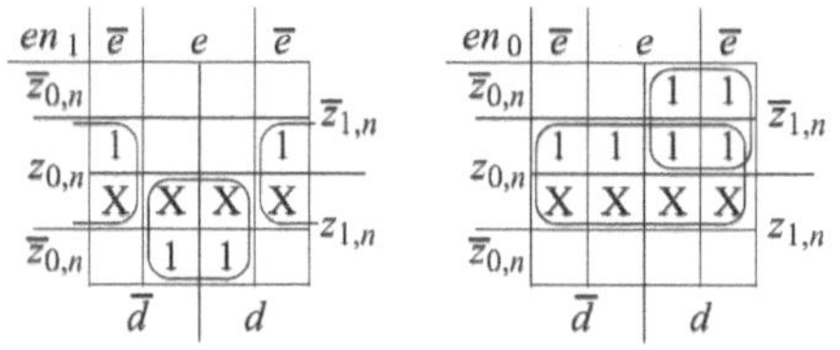

Bild 10.74
Minimierung im KV-Diagramm

$$en_1 = e\, z_{1,n} \vee \overline{e}\, z_{0,n} \tag{10.72}$$

$$en_0 = d\, \overline{z_{1,n}} \vee z_{0,n} \tag{10.73}$$

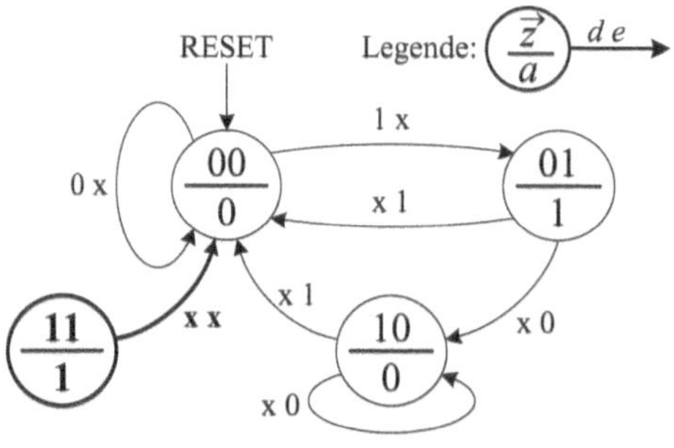

Bild 10.75
Vollständiges Zustandsdiagramm
(Moore-Automat, T-FF)

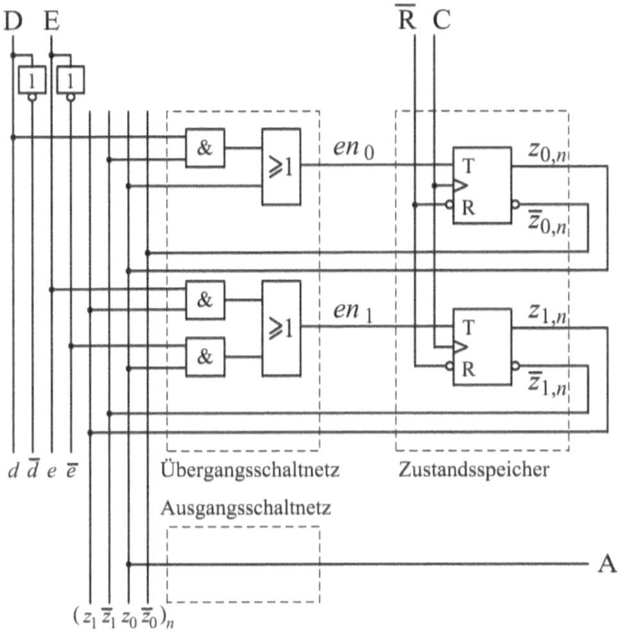

Bild 10.76 Schaltung der Impulsaufbereitung (Moore-Automat mit T-FF)

Aufgabe 8-3:

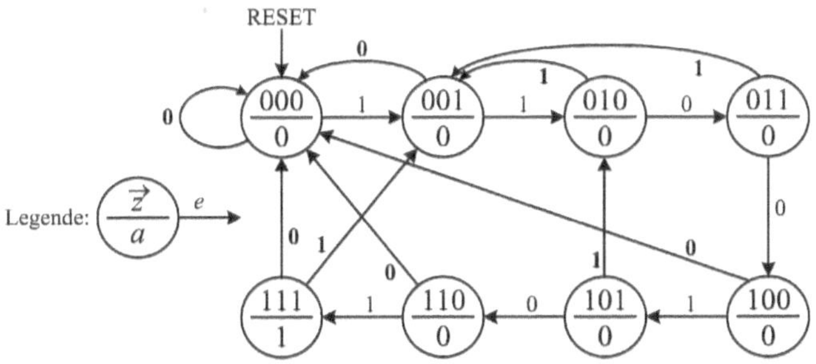

Bild 10.77 Ergänztes Zustandsdiagramm der Sequenzerkennung (Moore-Automat)

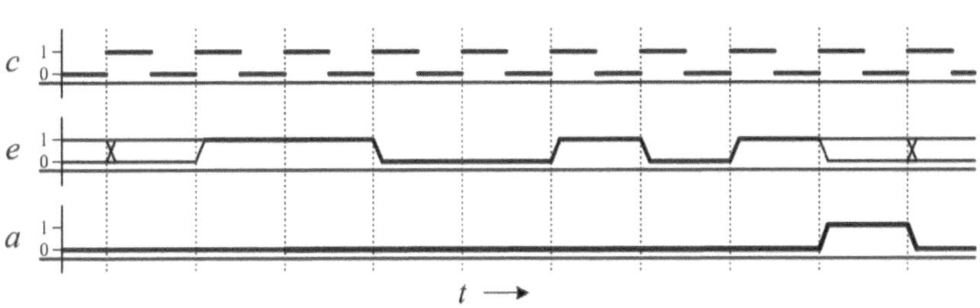

Bild 10.78 Ergänztes Impuls-Zeit-Diagramm der Sequenzerkennung (Moore-Automat)

Tabelle 10.38 Übergangstabelle der Sequenzerkennung

$\vec{z}_n$	e	$\vec{z}_{n+1}$
0 0 0	0	0 0 0
0 0 0	1	0 0 1
0 0 1	0	0 0 0
0 0 1	1	0 1 0
0 1 0	0	0 1 1
0 1 0	1	0 0 1
0 1 1	0	1 0 0
0 1 1	1	0 0 1
1 0 0	0	0 0 0
1 0 0	1	1 0 1
1 0 1	0	1 1 0
1 0 1	1	0 1 0
1 1 0	0	0 0 0
1 1 0	1	1 1 1
1 1 1	0	0 0 0
1 1 1	1	0 0 1

Tabelle 10.39 Ausgangstabelle der Sequenzerkennung

$\vec{z}_n$	a
0 0 0	0
0 0 1	0
0 1 0	0
0 1 1	0
1 0 0	0
1 0 1	0
1 1 0	0
1 1 1	1

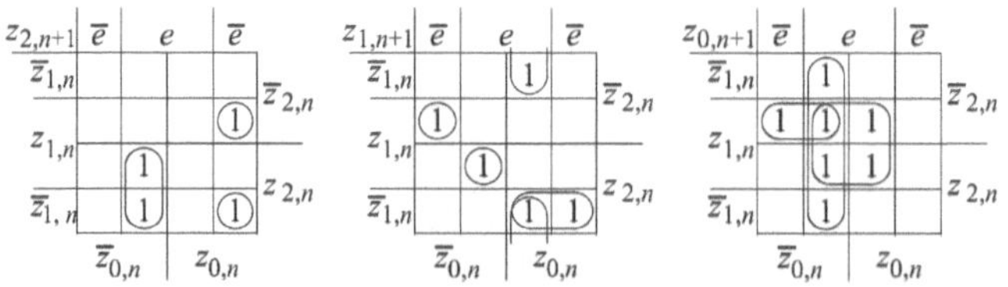

Bild 10.79 Minimierung der Gleichungen des Übergangsnetzwerkes im KV-Diagramm

$$z_{2,n+1} = \left[e\,\overline{z_0}\,z_2 \vee \overline{e}\,z_0\,z_1\,\overline{z_2} \vee \overline{e}\,z_0\,\overline{z_1}\,z_2\right]_n \tag{10.74}$$

$$z_{1,n+1} = \left[z_0\,\overline{z_1}\,z_2 \vee e\,z_0\,\overline{z_1} \vee e\,\overline{z_0}\,z_1\,z_2 \vee \overline{e}\,\overline{z_0}\,z_1\,\overline{z_2}\right]_n \tag{10.75}$$

$$z_{0,n+1} = \left[e\,\overline{z_0} \vee e\,z_1 \vee \overline{z_0}\,z_1\,\overline{z_2}\right]_n \tag{10.76}$$

$$a = \left[z_0\,z_1\,z_2\right]_n = z_{0,n}\,z_{1,n}\,z_{2,n} \tag{10.77}$$

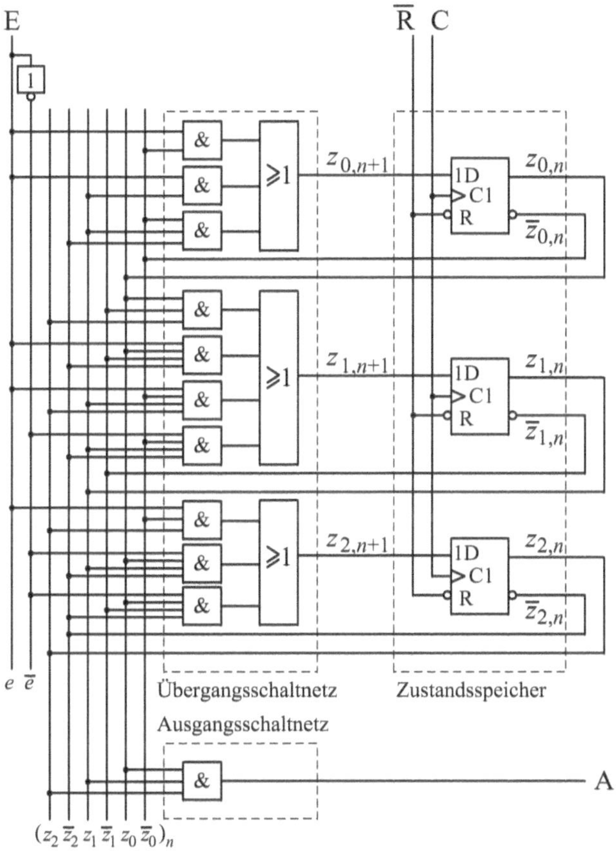

Bild 10.80 Schaltung der Sequenzerkennung

Aufgabe 8-4:

Tabelle 10.40 Wahrheits- oder Übergangstabelle des Schieberegisters

$[z_0, z_1]_n$	r, d	$[z_0, z_1]_{n+1}$
0 0	0 0	0 0
0 0	0 1	0 1
0 0	1 0	0 0
0 0	1 1	1 0
0 1	0 0	1 0
0 1	0 1	1 1
0 1	1 0	0 0
0 1	1 1	1 0
1 0	0 0	0 0
1 0	0 1	0 1
1 0	1 0	0 1
1 0	1 1	1 1
1 1	0 0	1 0
1 1	0 1	1 1
1 1	1 0	0 1
1 1	1 1	1 1

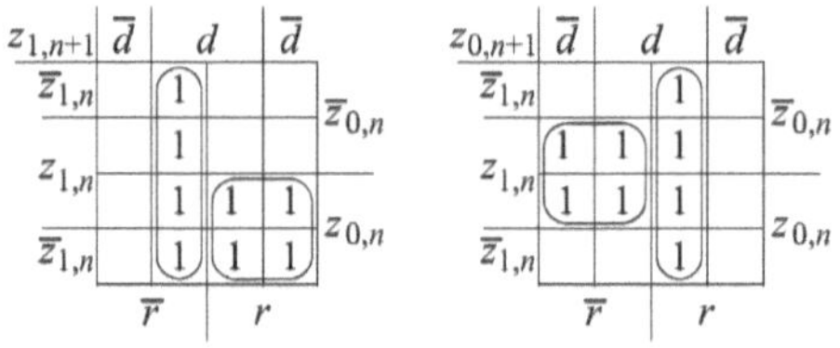

Bild 10.81
Minimierung der Gleichungen des Schieberegisters im KV-Diagramm

$$z_{0,n+1} = \overline{r}\, z_{1,n} \vee r\, d \tag{10.78}$$

$$z_{1,n+1} = \overline{r}\, d \vee r\, z_{0,n} \tag{10.79}$$

Aufgabe 8-5:

Wird bei der Addition der Signale von zwei Drehencodern nur ein Encoder betätigt, so ist das generierte Signal lediglich um den konstanten Offsetwert des nicht betätigten Encoders „verschoben". Werden hingegen beide Encoder betätigt, so haben die Signale ein unabhängiges Zeitverhalten und es entsteht prinzipiell die Möglichkeit, dass beide Encoder gleichzeitig (oder innerhalb einer Abfrageperiode des Steuerwerkes) einen Signalwechsel der gleichen Drehrichtung generieren. Hierbei würde das Steuerwerk keinen einschrittigen Code (z.B.

$\{b,a\} = \{0,0\} \rightarrow \{b,a\} = \{1,1\}$) einlesen und die Drehrichtung wäre nur aufgrund der Signale nicht mehr eindeutig.

Aufgabe 8-6:

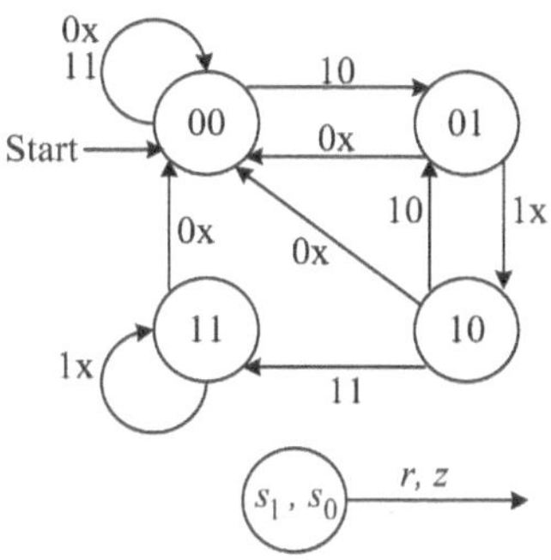

s_1, s_0	$oc_0, eo_0, ec_2, ec_1, ec_0$
0 0	0 1 1 1 1
0 1	0 0 0 1 0
1 0	1 1 0 0 1
1 1	0 0 0 0 0

Bild 10.82 Zustandsdiagramm des einfachen Multiplizierers

Aufgabe 8-7:

Die Ablaufsteuerung erfolgt über einen Zähler, der als einfacher synchroner 4-Bit-Vorwärtszähler (z. B. mit D-FF) realisiert wird. Die Steuerung Start/Stop bzw. run/set mit r beeinflusst nur den Takt des Zählers (bei 1111 und r = 1 wird Takt unterbrochen bis r = 0, bei 0000 und r = 0 wird Takt unterbrochen bis r = 1; ein Reset des Zählers erfolgt über die asynchron arbeitenden Anschlüsse. Hierdurch reichen KV-Diagramme mit vier Variablen aus. Die Darstellung der Variablen und deren Verknüpfungen verwendet einen reduzierten Zeichensatz.

Tabelle 10.41 zeigt den Ablauf des Zählvorganges und die Umcodierung der Zustandswerte s[3..0]n in die Ausgangssignale des Steuerwerkes (Moore-Verhalten).

Tabelle 10.41 Funktionstabelle des verbesserten Multiplizierers

(s[3..0])n	(s[3..0])n+1	ec(h,b,g,a)	eo(b,a)	oc[2..0]	rnld	
Start						
0000	0001	1111	xx (00)	001	0	Reset und Stop bis run=1
0001	0010	0000	10	100	1	Bit-Test ohne speichern
0010	0011	1000	01	000	1	h=a+h wenn Test positiv
0011	0100	0001	01	011	1	a=a<<1
0100	0101	0010	00	011	1	g=g<<1
0101	0110	0000	10	100	1	Bit-Test ohne speichern
0110	0111	1000	01	000	1	h=a+h wenn Test positiv
0111	1000	0001	01	011	1	a=a<<1

Tabelle 10.41 *Fortsetzung*

(s[3..0])n	(s[3..0])n+1	ec(h,b,g,a)	eo(b,a)	oc[2..0]	rnld	
1000	1001	0010	00	011	1	g=g<<1
1001	1010	0000	10	100	1	Bit-Test ohne speichern
1010	1011	1000	01	000	1	h=a+h wenn Test positiv
1011	1100	0001	01	011	1	a=a<<1
1100	1101	0010	00	011	1	g=g<<1
1101	1110	0000	10	100	1	Bit-Test ohne speichern
1110	1111	1000	01	000	1	h=a+h wenn Test positiv
1111	0000	0xxx (0001)	xx (01)	xxx (011)	1	Ende bis run=0 -> 0000

Ein negativer Bit-Test blendet ech aus (über Verzögerung).

eoh = !eob; eog = !eoa (Inverter in der Schaltung).

Konstante: s3n=s2n=oc2=oc1=0 und eob=ech=1.

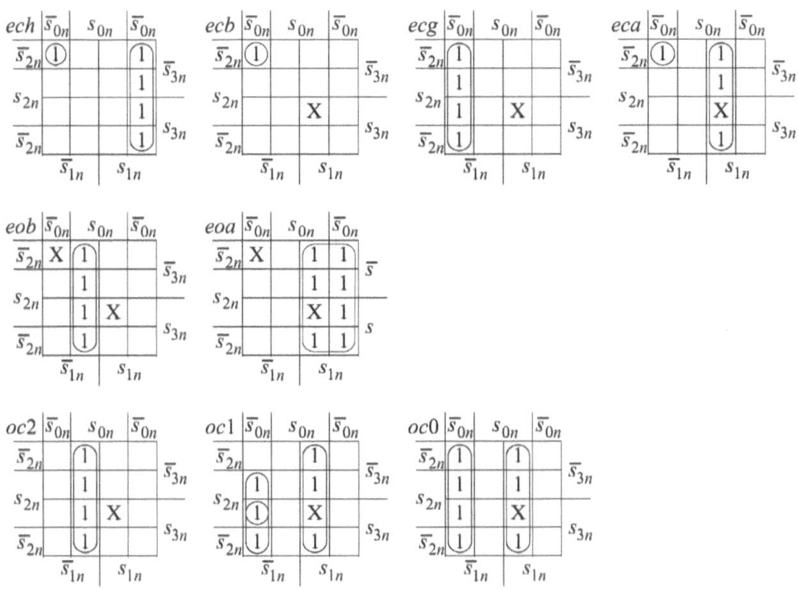

Bild 10.83 KV-Diagramme des verbesserten Multiplizierers

Gleichungen der Umcodierung zu Enable Clock (Schreibfreigabe für die Register)

ech = !s0n & s1n # !s0n & !s1n & !s2n & !s3n

(letzter Term liegt für ecb vor, deswegen nicht weiter minimiert)

ecb = !s0n & !s1n & !s2n & !s3n

ecg = !s0n & !s1n

eca = !s0n & !s1n & !s2n & !s3n # s0n & s1n

Gleichungen der Umcodierung zu Enable Output (arbeitet als Multiplexer für die Busbelegung)

eob = s0n & !s1n

eoa = s1n

Gleichungen der Umcodierung zu Op.-Code (Funktionsauswahl der ALU)

oc2 = s0n & !s1n = eob

oc1 = s0n & s1n # !s0n &!s1n & s2n # !s0n &!s1n & s3n

oc0 = !s0n & !s1n # s0n & s1n

Aufgabe 8-8:

Die zu analysierende Schaltung zeigt einen 2-Bit-Multiplikator. Die Erweiterung liefert einen 4-Bit-Multiplikator für vorzeichenlose Ganzzahlen (Ergebnis umfasst maximal 8 Bit) und liefert die gleichen Ergebnisse wie die Multiplikation mit der ALU.

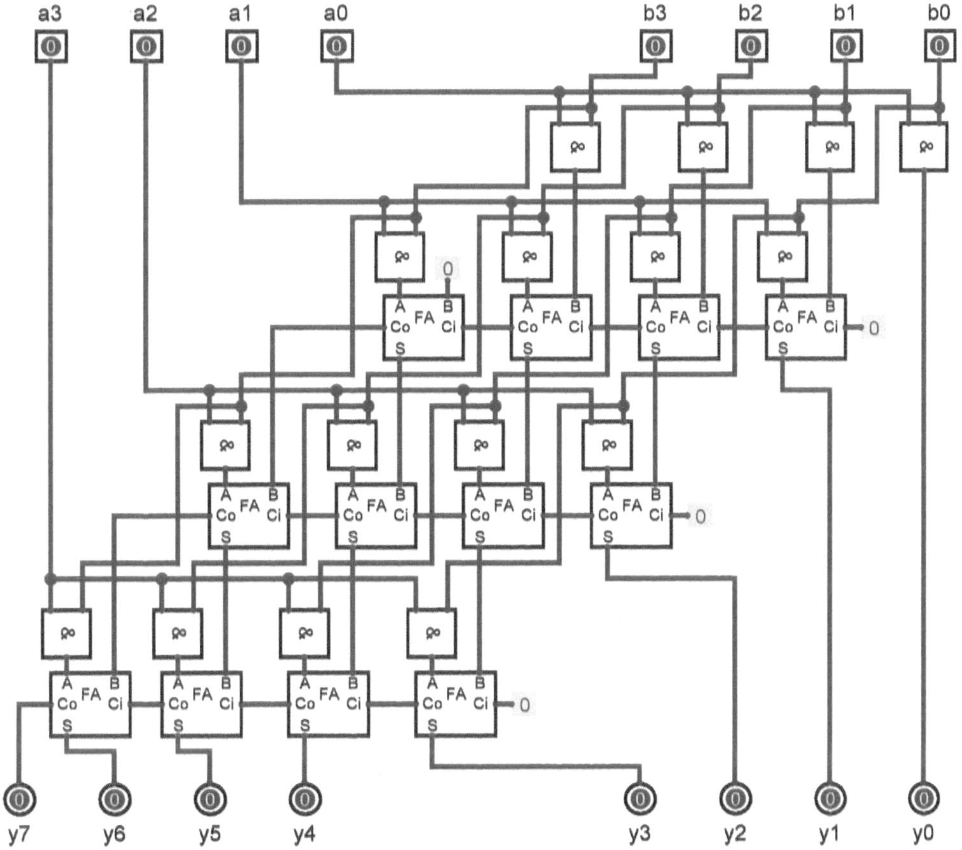

Bild 10.84 4-Bit-Multiplikator für positive Ganzzahlen

Verzeichnis von Formelzeichen und Abkürzungen

A	Anschlussbezeichnung (Eingang A oder Anode oder Ausgang)
AC	Abkürzung für Alternating Current (hier Index für negativen und positiven Messbereich)
ADU	Abkürzung für Analog-/Digital-Umsetzer
ALS	Abkürzung für Advanced Low-Power Schottky (Schaltkreisfamilie)
ALU	Abkürzung für Arithmetic Logical Unit
AT	Abkürzung für Ausgabetaste
a	Signalwert auf Anschluss (Leitung) A
$\vec{a}$	$\vec{a} = \{\ldots, a_2, a_1, a_0\}$
B	Anschlussbezeichnung (Eingang B oder Basis)
B	Basiswert des Zahlensystems
b	Signalwert auf Anschluss (Leitung) B oder Bitwert
BCD	Abkürzung für Binär Codierte Dezimalziffer
Bd	Abkürzung für Baud (Symbole je Sekunde)
BGA	Ball Grid Array
BIN	Abkürzung für Binär (Dualsystem)
blau	Farbe Blau (als Raumkoordinate, Wertebereich: 0 = aus oder 1 = an)
C	Römisches Zeichen für 100, Anschlussbezeichnung (Eingang C, Collector oder Carry) oder Kondensator
C	Kondensatorwert
c	Abkürzung für 10^{-2} (Zenti-)
c	Signalwert auf Anschluss (Leitung) C bzw. Lichtgeschwindigkeit oder Carry-Flag
CAN	Bussystem (Controller Area Network Bus)
CC	Index für Versorgungsspannung (Kollektoranschlüsse) z. B. U_{CC}
CK	Abkürzung für Takt (engl.: Clock), auch C oder CLK
CMOS	Abkürzung für Complementary Metal Oxide Semiconductor
COMP	Abkürzung für Vergleicher (engl.: Comparator)
CPLD	Abkürzung für Complex Programmable Logic Device

CPU	Abkürzung für Central Processing Unit
CRC	Abkürzung für Cyclic Redundancy Check
CTR	Abkürzung für Zähler (Counter)
ct	Abkürzung für Zählerstand
D	Römisches Zeichen für 500, Anschlussbezeichnung (Eingang D, Drain oder FF-Eingang D), Diode
d	Signalwert auf Anschluss (Leitung) D
$\vec{d}$	$\vec{d} = \{\ldots, d_2, d_1, d_0\}$
DBL	Abkürzung für 2-fach (Double)
DC	Abkürzung für Direct Current (hier Index für nur positiven Messbereich
DD	Index für Versorgungsspannung (Drainanschlüsse) z. B. U_{DD}
DI	Abkürzung für Eingangsdaten (engl.: data in)
DIL	Abkürzung für Dual In-Line (s. auch DIP)
DIN	Deutsches Institut für Normung
DIP	Abkürzung für Dual In-Line Package
DIV	Abkürzung für Teiler (Divisor)
DNF	Disjunktive Normalform
DO	Abkürzung für Ausgangsdaten (engl.: data out)
DSP	Digital Signal Processor
DTL	Dioden-Transistor-Logik
DX	Abkürzung für Demultiplexer
E	Anschlussbezeichnung (Eingang E oder Emitter)
e	Index für fehleranzeigend (z. B. fehleranzeigender Datenstrom d_e) oder Empfänger
e	Signalwert auf Anschluss (Leitung) E
$\vec{e}$	$\vec{e} = \{\ldots, e_2, e_1, e_0\}$ oder Einheitsvektor (z. B. $\vec{e}_x$ in Richtung x)
EN	Europäische Norm, Enable-Eingang
EPROM	Abkürzung für Erasable Programmable Read Only Memory
F	Anschlussbezeichnung (Eingang F)
F	Anzahl der Bitstellen (Hamming-Code)
f	Index für fehlerhaft (z. B. fehlerhafter Datenstrom d_f)
f	Signalwert auf Anschluss (Leitung) F, Frequenzwert oder fall-time (Zeitdauer der abfallenden Flanke) oder Bitstelle oder allgemeine Funktion
FF	Abkürzung für Flipflop
FPGA	Abkürzung für Field Programmable Gate Array
FR	Flexible Routing
G	Funktionskennzeichnung (UND-Verknüpfung, Tor, Gate) oder Anschlussbezeichnung (Eingang G) oder Abkürzung für 10^9 (Giga-)
g	Signalwert auf Anschluss (Leitung) G

GAL	Generic Array Logic (PAL mit programmierbarer Ausgangsstruktur zur Nachbildung verschiedener PAL-Varianten, nicht mehr aktuell)
GND	Abkürzung für Masse (Ground)
GRP	Global Routing Pool
grün	Farbe Grün (als Raumkoordinate, Wertebereich: 0 = aus oder 1 = an)
H	Kennzeichen für High (positiver Bereich binärer Signale)
h	Index für Haltezeit (engl.: hold-time)
HC	Abkürzung für High-Speed-CMOS-Schaltkreisfamilie
HCT	Abkürzung für High-Speed-CMOS-Schaltkreisfamilie mit TTL-Pegel
HEX	Abkürzung für Hexadezimal
Hz	Einheit der Frequenz in Hertz (1/s)
I	Römisches Zeichen für den Wert 1
I^2C	Bussystem (Inter-Integrated Circuit Bus)
IC	Integrierte Schaltung (Integrated Circuit)
isp	Abkürzung für In System Programmable
i	Index für Eingang (Input)
J	Anschlussbezeichnung (FF-Eingang J (jump))
J	Stellenzahl (*J*-stellige Zahl)
j	Laufindex oder Signalwert auf Anschluss (Leitung) J
JTAG	Schnittstelle entsprechend der Joint Test Action Group (IEEE-Standard 1149.1)
K	Anschlussbezeichnung (FF-Eingang K (kill) oder Kathode)
K	Anzahl an Bitstellen (Anzahl der Kontrollgruppen im Hamming-Code)
k	Abkürzung für Kilo (im Dezimalsystem für 1000, im Dualsystem für 1024)
KDNF	Kanonische Disjunktive Normalform
KKNF	Kanonische Konjunktive Normalform
KNF	Konjunktive Normalform
KV	Abkürzung für Karnaugh-Veitch (z. B. KV-Diagramm)
L	Kennzeichen für Low (negativer Bereich binärer Signale) oder römisches Zeichen für 50 oder Index für Leitung
LGA	Gehäuseform Land-Grid-Array
LS	Abkürzung für Low-Power Schottky (Schaltkreisfamilie)
LSB	Niederwertigstes Bit (Least Significant Bit)
LV	Abkürzung für Low Voltage (Logikbausteine mit niedriger Betriebsspannung)
ld	Logarithmus zur Basis 2
log	Logarithmus zur Basis 10
LUT	Abkürzung für Look Up Table
M	Römisches Zeichen für 1000, Mode (Funktionsart) oder Abkürzung 10^6 (Mega-)
M	Maxterm

m	Abkürzung für 10^{-3} (Milli-) oder Einheit der Länge (Meter)
m	Anzahl an Bitstellen oder Minterm
max	Index für Maximalwert
MEM	Abkürzung für Speicher (Memory)
min	Index für Minimalwert
MUX	Abkürzung für Multiplexer bzw. Datenselektor
MS	Abkürzung für Master-Slave (Flipflop-Variante)
MSB	Höchstwertiges Bit (Most Significant Bit)
$\mathbb{N}$	Menge der natürlichen Zahlen, Zahlenraum der positiven ganzen Zahlen $\{1,2,3,4, \ldots, \infty\}$
$\mathbb{N}_0$	Menge der natürlichen Zahlen inklusive 0 $\{0, 1, 2, 3, \ldots, \infty\}$
N	Anzahl (Anzahl an Werten)
n	Abkürzung für 10^{-9} (Nano-) oder Kennzeichnung einer Flanke (Bezugswert) oder n-dotiert
n	Laufindex oder Wert an der Stelle j entsprechend des Zahlensystems, Anzahl an Bitstellen
O	Kennzeichen für Oktal-System (z. B. 0O12 für dezimal 10)
o	Index für Ausgang (Output)
OC	Open Collector oder Funktionseinstellung (engl.: Operational Code)
oc	Signalwert auf Anschluss OC
OCT	Abkürzung für Oktalsystem
OD	Open Drain
OSC	Abkürzung für Oszillator (Oscillator)
P	Eingabewerte (z. B. beim Addierer)
p	p-dotiert oder Abkürzung für 10^{-12} (Pico-)
p	Paritywert
PAL	Programmable Array Logic (Zweilagige Logikstruktur mit programmierbarem UND-Array und festem OR-Array, nicht mehr aktuell)
pd	Index für Propagation Delay
PFU	Programmable Function Unit
PGA	Pin Grid Array
PLA	Programmable Logic Array (Zweilagige Logikstruktur mit programmierbarem UND-Array und programmierbarem OR-Array, veraltet)
PLCC	Plastic-Leaded Chip-Carrier
PLD	Programmable Logic Device (allgemeine Bezeichnung für programmierbare Logikschaltungen)
PLL	Abkürzung für Phasenregelschleife (Phase Locked Loop)
PISO	Abkürzung für Parallel-Seriell-Umsetzung (Parallel In – Serial Out)
ps	Paritywert für die Spalte
pz	Paritywert für die Zeile

Q	Anschlussbezeichnung (Ausgang eines Speichers) oder Eingabewerte (z. B. beim Addierer)
Q	Quantum, Quantisierungsstufe
q	Index für Pulsdauer (z. B. beim Monoflop)
q	Signalwert auf Anschluss (Leitung) Q
$\vec{q}$	$\vec{q} = \{\ldots, q_2, q_1, q_0\}$
QFN	Gehäuseform Quad Flat No Leads Package
QFP	Gehäuseform Quad Flat Package
$\mathbb{R}$	Menge der reellen Zahlen, umfasst alle endlichen oder unendlichen, periodische oder nicht periodische Dezimalzahlen
R	Eingangsbezeichnung RESET-Wert oder Anschlussbezeichnung (FF-Eingang R (Reset)), Widerstand
R	Redundanz, ohmscher Widerstand(swert)
r	Index für fehlerfrei (z. B. fehlerfreier Datenstrom d_r) oder rise-time (Zeitdauer der ansteigenden Flanke)
r	Signalwert auf Anschluss (Leitung) R
RAM	Random Access Memory
ROM	Read Only Memory
RST	Leitungsbezeichnung für die RESET-Funktion
rst	Signalwert auf Anschluss (Leitung) RST
rot	Farbe Rot (als Raumkoordinate, Wertebereich: 0 = aus oder 1 = an)
S	Kennbuchstabe für Schalter oder Anschlussbezeichnung für Summe oder Setzen oder Anschlussbezeichnung (FF-Eingang S (Set)) oder Source
s	Einheit der Zeit (Sekunde) oder Index für Vorbereitungszeit (engl.: set-up-time)
s	Signalwert auf Anschluss (Leitung) S, Schalter oder Sender, Richtungsvektor im binären Raum (z. B. s_1 in Richtung 1) oder Zustand (engl.: state)
SIP	Single In-Line Package
SIPO	Abkürzung für Seriell-Parallel-Umsetzung (Serial In – Parallel Out)
SL	Abkürzung für Schieben nach links (Shift Left)
SMD	Abkürzung für Surface Mounted Devices (Bauteile für Oberflächenmontage)
SOIC	Small-Outline Integrated Circuit
SOP	Small-Outline Package
SR	Abkürzung für Schieben nach rechts (Shift Right)
SRG	Abkürzung für Schieberegister (engl.: shift register)
SSOP	Shrink Small-Outline Package
STD	Abkürzung für 1-fach (Standard)
STW	Abkürzung für Steuerwerk (engl.: Finite State Machine)
T	Kennzeichen für Toggle-Funktion (FF-Eingang T), Transistor, Taster oder Steueranschluss (für Transmissions-Gate)

t	Variable der Zeit
THT	Abkürzung für Through Hole Technology (Bauteile für Durchsteckmontage)
TO	Transistor Single Outline
TP	Abkürzung für Tiefpass
TQFP	Thin Quad Flat Pack
TTL	Abkürzung für Transistor-Transistor-Logik
U	elektrische Spannung (Gleichspannung)
U_{CC}	Abkürzung für Versorgungsspannung (Voltage-Collector-Collector)
UP/DN	Eingangsbezeichnung zur Vorwärts-/Rückwärts-Umschaltung
up/dn	Signalwert auf Anschluss (Leitung) UP/DN
USB	Abkürzung für Universal Serial Bus
UV	Abkürzung für Ultra-Violett (z. B. UV-Licht)
V	Einheit der elektrischen Spannung (Volt) oder römisches Zeichen für 5 oder Funktionskennzeichnung (ODER-Verknüpfung), Index für Versorgung
v	Variable für Geschwindigkeit
VCO	Abkürzung für spannungsgesteuerter Oszillator (Voltage Controlled Oscillator)
W	Anschlussbezeichnung (Ausgang) oder Index für Breite bzw. Dauer (engl.: width)
W	Wertigkeit
WT	Abkürzung für Wechseltaste
X	Römisches Zeichen für 10 oder Anschlussbezeichnung (Ausgang) oder Kennzeichen für Don't-Care-Werte (Logikzustand 0 oder 1 ist für den Ausgang zulässig), Kennung für Hexadezimalsystem (z. B. 0XF für dezimal 15)
x	Kennzeichnung (beliebiger Zustand (0 oder 1), keine Abhängigkeit), auch „-“
X	allgemeiner Wert (Messwert)
x	Signalwert auf Anschluss (Leitung) X oder Stellenwert (Bitstelle x), Raumkoordinate
XOR	Abkürzung für Exklusive-Oder
X-3	Abkürzung für Excess-3-Code
Y	Anschlussbezeichnung (Ausgang)
y	Signalwert auf Anschluss (Leitung) Y, Raumkoordinate
$\mathbb{Z}$	Menge der ganzen Zahlen $\{-\infty, \ldots, -3, -2, -1, 0, 1, 2, 3, \ldots, \infty\}$
Z	Anschlussbezeichnung (Ausgang)
z	Signalwert auf Anschluss (Leitung) Z, Zustandswert eines Steuerwerkes, Raumkoordinate oder Zero-Flag
Z_0	Wellenwiderstand einer Leitung
∞	Kennzeichnung für unendlich
µ	Abkürzung für 10^{-6} (Mikro-)

Σ	Ausgabewerte (z. B. beim Addierer)
τ	Zeitkonstante einer Realisierung (z. B. $\tau = R \cdot C$) oder Laufzeit
$\cdot$, &, $\wedge$	Kennzeichen einer UND-Verknüpfung
+, #, |, $\vee$	Kennzeichen einer ODER-Verknüpfung
$\neg$, /, !, $\overline{}$	Kennzeichen einer Negation
$\downarrow$, $\overline{\vee}$	Kennzeichen einer NOR-Verknüpfung
$\uparrow$, $\overline{\wedge}$	Kennzeichen einer NAND-Verknüpfung
$\not\leftrightarrow$, $\not\Leftrightarrow$, $\oplus$	Kennzeichen einer Antivalenz (XOR)
$\leftrightarrow$, $\Leftrightarrow$, $\odot$	Kennzeichen einer Äquivalenz
$\rightarrow$, $\Rightarrow$	Kennzeichen einer Implikation
-	Kennzeichnung (beliebiger Zustand (0 oder 1), keine Abhängigkeit), auch „x“
0	Logikwert (falsch, nicht zutreffend)
1	Logikwert (wahr, zutreffend)
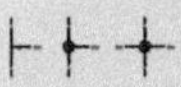	Symbole für (feste) Verbindung
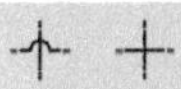	Symbole für Kreuzung (keine Verbindung)
	Symbol für mögliche Verbindung (Programmierbarer Bausteine)

Literatur

Beuth, Klaus, und Beuth, Olaf: Digitaltechnik (Elektronik 4). Würzburg: Vogel Communication Group GmbH, 14. Auflage, 2019.

Borucki, Lorenz: Digitaltechnik. Wiesbaden: Vieweg+Teubner, 5. Auflage, 2000.

Fricke, Klaus: Digitaltechnik – Lehr- und Übungsbuch für Elektrotechniker und Informatiker. Wiesbaden: Springer Fachmedien GmbH, 10. Auflage, 2023.

Lichtberger, Bernhard: Praktische Digitaltechnik. Heidelberg: Hüthig, 3. Auflage, 1997.

Lipp, Hans Martin und *Becker, Jürgen: Grundlagen der Digitaltechnik.* München: Oldenbourg Wissenschaftsverlag GmbH, 7. Auflage, 2011.

Morgenstern, Bodo: Elektronik 3: Digitale Schaltungen und Systeme. Wiesbaden: Vieweg, 2. Auflage, 1997.

Pernards, Peter: Digitaltechnik I – Grundlagen, Entwurf, Schaltungen. Heidelberg: Hüthig, 4. Auflage, 2001.

Pernards, Peter: Digitaltechnik II – Einführung in die Schaltwerke. Heidelberg: Hüthig, 1995.

Seifart, Manfred und *Beikirch, Helmut: Digitale Schaltungen.* Berlin: Verlag Technik, 5. Auflage, 1998.

Siemers, Christian und *Sikora, Axel: Taschenbuch Digitaltechnik.* München: Hanser, 4. Auflage, 2022.

Index

W

X

Z